Offermann/Tausch-Marton
Grundlagen der Maschenwarentechnologie

Dr. sc. techn.Offermann
Dr. Ing. Tausch-Marton

Grundlagen der Maschenwaren-technologie

mit 280 Bildern,
41 Tafeln und 2 Tabellen

VEB Fachbuchverlag Leipzig

Als Lehrbuch für die Ausbildung an Universitäten und Hochschulen sowie Ingenieur- und Fachschulen der DDR anerkannt.

Berlin, August 1977 Minister für Hoch- und Fachschulwesen

ISBN 978-3-663-01993-0 ISBN 978-3-663-01992-3 (eBook)
DOI 10.1007/978-3-663-01992-3

Softcover reprint of the hardcover 1st edition 1978
1. Auflage
Lizenz-Nr. 114-210/55/1978
LSV 3913
Verlagslektor: Hans Hofmann
Gestaltung: Lothar Gabler, Leipzig
Einband: Renate Schiwek, Leipzig
Satz und Druck: Offizin Andersen Nexö, Graphischer Großbetrieb, Leipzig III/18/38
Redaktionsschluß: 30. Nov. 1977
Bestellnummer: 5462372
DDR 29,20 M

Vorwort

Der Herstellung von Erzeugnissen aus Maschenwaren kommt in der Textilindustrie der Deutschen Demokratischen Republik eine hervorragende und ständig wachsende Bedeutung zu. Wirk- und Strickmaschinenbau sowie die Trikotagen- und Strumpfindustrie können dabei auf eine teilweise jahrhundertelange Tradition zurückblicken. Der unermeßliche Erfahrungsschatz der Arbeiter, verbunden mit dem Wissen und Können der Ingenieure, Techniker und aller anderen Werktätigen, ist die solide Basis für die hervorragende internationale Stellung dieser Industriezweige und aller Bereiche der Textil- und Bekleidungsindustrie in unserem Land, die in immer bedeutenderem Umfang Maschenware für die verschiedensten Finalprodukte herstellen.

Die Maschenwarenproduktion wächst planmäßig auf der Grundlage der Bedürfnisse und des Bedarfs der Bevölkerung, der objektiven Voraussetzungen der einheimischen Faserstoffbasis und des Textilmaschinenbaues sowie der ökonomischen Integration der sozialistischen Staatengemeinschaft des Rates für gegenseitige Wirtschaftshilfe.

Der dynamische Prozeß der Entwicklung der Produktivkräfte in diesen Bereichen unserer Volkswirtschaft erfordert dringend entsprechende Beiträge zur logischen und systematischen Erfassung sowie der weiteren wissenschaftlichen Durchdringung der vielfältigsten Verfahren, Maschinen und Anlagen zur Produktion von Gewirken, Gestricken und der Erzeugnisse selbst. Hierzu soll mit dem vorliegenden Lehr- und Fachbuch ein Schritt getan werden.

Die „Grundlagen der Maschenwarentechnologie“ sind aus Lehrauffassungen beider Autoren hervorgegangen, die für das Studium der Textiltechnologie an der Technischen Universität Dresden in langjähriger Lehrtätigkeit erarbeitet wurden. Dabei konnte auf kein Vorbild in der spezifischen Fachliteratur zurückgegriffen werden.

Die Aufgabe für die Lehre bestand darin, eben diese Vielfalt von Verfahren und Wirkungsprinzipien für die Herstellung von Gewirken und Gestricken auf ihre allgemeingültigen technologischen Grundlagen zurückzuführen, methodisch für das Hochschulstudium aufzubereiten und so zu einer systematischen Gesamtdarstellung der Maschenwarentechnik zu gelangen.

Die für das vorliegende Buch gestellte Aufgabe, bei dem vorgegebenen relativ geringen Umfange die Grundkenntnisse der Maschenwarentechnologie zu vermitteln, die für das Hochschulstudium ebenso wie für die industrielle Praxis, das Fachschulstudium oder das Selbststudium benötigt werden, war trotz dieses bereits erarbeiteten Ausgangsmaterials nicht leicht. Das entscheidende Mittel fanden wir in einer bislang in textiltechnologischen Fachbüchern nicht anzutreffenden konsequenten Abstraktion der zeichnerischen Darstellungen vom maschinentechnischen Hintergrund. Die Technologie der Maschenwarenherstellung wird somit auf die Darstellung ihrer verfahrenstypischen Wirkungsprinzipien und deren Wirkungen (im Sinne des Verarbeitungseffektes Faden → Maschenware) zurückgeführt. Durch die Mehrfarbendarstellung wird die Anschaulichkeit erhöht und das Erfassen des Bildinhaltes, z. B. eines Wirkungsprinzips, ohne Text erleichtert; die Informationsaufnahme wird rationeller. Das Bildmaterial der neueren Fachliteratur, insbesondere der Fachzeitschriften, stellte für die Ableitung der abstrakten Darstellungen eine gute Hilfe dar.

Mit dem Text des Buches stellten wir uns vorrangig die Aufgabe, ausgehend von einem für die Ausbildung/Hochschulausbildung geeigneten methodischen Aufbau, möglichst viele Zusammenhänge zwischen den einzelnen Verfahren darzulegen und auf der Basis des Standes der Technik Erfahrungen zu vermitteln.

Das vorgegebene Volumen gestattete es dabei nicht, den Rahmen qualitativer Aussagen zu durchbrechen und in größerem Umfang quantitatives Wissen – wie beispielsweise technologische Berechnungen, mathematische Betrachtungen zur Maschenwarenkonstruktion, Angaben zur Verfahrensführung oder Maschineneinstellparameter – mit aufzunehmen. Es ist vorgesehen, sich in der weiteren Arbeit derartigen quantifizierbaren Zusammenhängen der Maschenwarentechnologie zuzuwenden.

Bei den „Grundlagen der Maschenwarentechnologie" handelt es sich um ein Lehr- und Fachbuch, dessen Inhalt mit Hilfe von aufeinander aufbauenden Kapiteln mit logischem Denken erfaßbar ist. Ein Sachwortregister gestattet darüber hinaus das leichte Auffinden interessierender Details. Das Buch soll dem Fachmann, dem Direktstudenten und ebenso allen mit der Maschenwarentechnologie verbundenen Technologen im Selbststudium nützlich sein.

Unser besonderer Dank gilt den Gutachtern des Manuskriptes, Herrn Prof. Dr.-Ing. habil. *W. Bobeth*, Dresden, Herrn Obering. *E. Kopp*, Limbach-Oberfrohna, und Herrn Prof. Dr. *A. Vekassy*, Budapest, für die kritische Durchsicht und die zahlreichen Hinweise, die wir in Text und Bild berücksichtigen konnten. Wir danken unseren Mitarbeiterinnen Frau Dipl.-Ing. *G. Pintschovius* und Frau Dipl.-Ing. *H. Sachse* für ihre vorbildliche Unterstützung bei der Vorbereitung des Manuskriptes zum Satz und während der Korrekturarbeiten. Frau *I. Mehlig* gebührt als Technischer Zeichnerin Dank für die hervorragende Arbeit bei der Schaffung der Bildoriginale.

Für Hinweise, die der Verbesserung von Inhalt und Aufbau des Buches bei weiteren Auflagen von Nutzen sein können, sind wir sehr dankbar.

Unseren aufrichtigen Dank sprechen wir dem Verlag, insbesondere Herrn Ing. *Hofmann*, für die gute und fruchtbare Zusammenarbeit aus, die zum Gelingen des Buches wesentlich beitrug.

Peter Offermann
Harald Tausch-Marton

Inhaltsverzeichnis

Symbolverzeichnis

b_M	Maschenbreite in mm
h_M	Maschenhöhe in mm
l_M	Maschenlänge in mm
σ_M	Maschenmodul (ohne Dimension)
d_F	Fadendurchmesser in mm
Tt	Fadenfeinheit in tex
C	Cover factor
RL	Grundbindung Rechts/Links
RR	Grundbindung Rechts/Rechts
LL	Grundbindung Links/Links
RRG	Grundbindung Rechts/Rechts/gekreuzt
MR	Maschenreihe
MS	Maschenstäbchen
$F_{F_{1 \ldots n}}$	Fadenzugkraft
μ	Reibungskennzahl
α	Umschlingungswinkel des Fadens zum Arbeitsorgan
e	Eulersche Konstante
d_{NS}	Nadelspitzenkreis – Durchmesser von Rundkulierwirkmaschinen in mm
d_{NG}	Nadelgrundkreis – Durchmesser von Rundstrick- und Rundkettenwirkmaschinen in mm
d_N	Nenndurchmesser der kreisförmigen Nadelträger in mm
F_M	Maschinenfeinheit
N_{NB}	Nadelanzahl/Bezugslänge
t_M, t	Nadelteilung in der Maschine in mm
l_B	Bezugslänge in verschiedenen Längeneinheiten (z.B. 1 engl. Zoll)
N_{NA}	Nadelanzahl/Arbeitsstelle
b_A	Breite der Arbeitsstelle in mm
RLF	Rechts/Links-Fang
RLh	Rechts/Links-hinterlegt
RLhe	Rechts/Links-hinterlegt-eingebunden
RRg	Rechts/Rechts-gerippt
LLü	Links/Links-übersetzt
LLu	Links/Links-unterbrochen
RRGg	Rechts/Rechts/gekreuzt-gerippt
GRS	Großrundstricken
RLP	Rechts/Links-Plüsch
RLd	Rechts/Links-durchbrochen
FS	Flachstricken
KRS	Kleinrundstricken
KW	Kettenwirken
RKW	Rundkulierwirken
RLp	Rechts/Links-plattiert
RLFSch	Rechts/Links-Franse-Schuß
s	Weg in mm (der Arbeitsorgane)
t	Zeit in s
φ	Drehwinkel in Winkelgrade
η_{eff}	Wirkungsgrad der Maschine, effektiv
l_{N_h}	horizontale Spitzennadelbewegung in mm (Hub)
l_{N_v}	vertikale Spitzennadelbewegung in mm
d_l	Lochnadeldurchmesser in mm
v_F	Fadengeschwindigkeit (Liefer- bzw. Zuführgeschwindigkeit)
$v_{F_{soll}}$	Soll-Fadengeschwindigkeit
r_1	Radius des bewickelten Kettbaumes
r_2	Radius der Bremsscheibe
$F_{1,2}$	Seilkraft 1, 2
F_R	Reibungskraft
F_3	Fadenzugkraft
F_{Max}	Maximale Zugkraft der Fadenschar
F_{Min}	Minimale Zugkraft der Fadenschar
F_{Soll}	Soll-Zugkraft der Fadenschar
b_R	Rapportbreite
b_{R_S}	Rapportbreite bei symmetrischem Muster
h_R	Rapporthöhe
N_S	Anzahl der Stricksysteme bei GRSM
N_F	Anzahl der Musterfarben
N_P	Anzahl der Programmspuren einer Mustertrommel (senkrecht)
b_A	Arbeitsbreite
s_S	Schlittenweg für eine Umdrehung
d_N	Nenndurchmesser
N_A	Anzahl der Arbeitsstellen
N_S	Anzahl der Stricksysteme
N_L	Anzahl der Legeschienen
n	Drehzahl
DH	Schlittendoppelhub

v_S	Strickgeschwindigkeit
N_N	Nadelanzahl
V	Verfahrensvariante
p	Aussagenvariable
q	Aussagenvariable
r	Aussagenvariable
$\wedge$, $\vee$, $\sim$	logische Symbole für „Und“, „Oder“, „Nicht“

Legende

Das Kurzzeichenverzeichnis enthält nur die im Textmanuskript auftretenden Kurzzeichen, nicht die des Tafelkapitels 13 (Musterungstechnik).

1. Einführung

Die Technologie der Wirkerei und Strickerei umfaßt die Verfahren zur Herstellung von Maschenwaren. Darunter werden alle textilen Flächengebilde verstanden, die durch Maschenbildung aus textilen Fäden entstehen. Die Fertigung textiler Bekleidung durch Maschenbildung von Fäden ist seit langem bekannt. Sie erfuhr in den vergangenen Jahrzehnten sowohl eine entscheidende technische Entwicklung als auch eine wesentliche Erweiterung in der Menge und Vielfalt der Finalerzeugnisse. Technologische Neuerungen schlagen sich besonders auch in den Bereichen der Heimtextilien und der technischen Textilien nieder.
Die Finalprodukte der Wirkerei und Strickerei sind aus dem Alltag nicht mehr wegzudenken. Die folgende Aufzählung dazu ist keinesfalls vollständig:
Strümpfe, Miederwaren, Unterwäsche, Pullover, Jacken, Röcke, Kleider, Anzüge, Mäntel, Kopfbedeckung, Babybekleidung, Gardinen, Spitzen, Fußbodenbeläge, Möbelbezugsstoffe, Tischwäsche, Bettwäsche, Schichtträger für Traglufthallen und synthetische Leder, Verbandstoffe, Säcke u. v. a.
Die technische Entwicklung der Wirk- und Strickmaschinen ist in enger Verbindung mit der qualitativen und quantitativen Entwicklung der Chemiefaserstoffe zu betrachten. Die maschinentechnische Vervollkommnung, es sei z.B. nur das statische und dynamische Auswuchten von Maschinenelementen sowie die Einführung von Kurbelmechanismen genannt, ermöglichte höhere Arbeitsgeschwindigkeiten, die allerdings erst durch die hervorragenden Verarbeitungseigenschaften der Chemieseiden voll genutzt werden konnten. Diese Eigenschaften stimulieren wiederum den Maschinenbau zu höheren Leistungen und technologisch angepaßten Entwicklungen. Auch die Plastifizier- und Thermofixierbarkeit der Chemieseiden rief bedeutende Veränderungen hervor, so die weltweite Ablösung der Strumpfherstellung von der Flachkulierwirkmaschine durch die Kleinrundstrickmaschine. Andere markante Verfahrenswechsel stellen die Verdrängung des Bobinetwebens und des Netzeknüpfens durch das produktivere Raschelwirken dar.
Die Entwicklung der Bedürfnisse brachte die Forderungen nach pflegeleichter, modischer Kleidung mit hohem Tragekomfort und führte gleichzeitig zu einem höheren Bedarf. Der von den Bedürfnissen abgeleiteten zielgerichteten Erzeugniskonstruktion kamen einmal die Chemiefaserstoffe, besonders Texturseiden entgegen, zum anderen auch die Struktur der Maschenware. Die einstellbare Dehnung der Texturseide sowie die Beeinflussung der Dehnung von Gewirken und Gestricken über die Bindung ermöglichen eine große Breite der Erzeugniseigenschaften.
Der erreichte Stand der Technik und die Bedürfnisentwicklung ließen Wirken und Strikken über die traditionelle Bedeutung hinaus zu besonders progressiven Flächenbildungsverfahren werden. Diesen Verfahren widmet sich das vorliegende Fachbuch.

2. Grundbegriffe

Die *Maschenwaren (Gewirke und Gestricke)* unterscheiden sich von den Geweben durch die Art der geometrischen Fadenverbindung.

Beim Weben erfolgt die Verbindung der Fäden durch rechtwinkliges Verkreuzen von zwei Fadensystemen (Bild 2/1). Die Variation dieses Grundprinzips der textilen Flächenbildung ergibt die verschiedenartigen Gewebe.

Ausgehend von der in Bild 2/1 gezeigten Leinwandbindung, sind für ein Gewebe die geschlossene Oberfläche sowie Kraft-Dehnungs-Eigenschaften, die denen des verarbeiteten Fadens nahekommen, kennzeichnend.

Beim *Wirken* und *Stricken* entsteht das textile Flächengebilde durch *Schleifenbildung* der Fäden und deren Verbinden (Bild 2/2). Auf dieser Basis genügt zur Herstellung des Flächengebildes bereits *ein Fadensystem.* Dabei kann es sich um ein *Querfadensystem a)*, das zu Schleifen *c)* verformt wird, oder um ein *Längsfadensystem b)* und *d)* handeln. Die verschiedenartigen Abwandlungen der *Grundbindung* führen zu Konstruktionsvarianten, die eine weitgehende Eigenschaftsmodifikation ergeben und eine breite Palette von Einsatzgebieten erschließen.

Ein Gewirke oder Gestrick nach Bild 2/2 weist im Gegensatz zu dem gezeigten Gewebe eine offene Oberfläche auf und läßt bei Krafteinwirkung eine wesentlich höhere Dehnung zu, als dem Kraft-Dehnungs-Diagramm des später zur Schleife verformten Fadens entspricht.

Aus *Struktur* und *Kraft-Dehnungs-Verhalten* resultieren u.a. günstige *bekleidungshygienische Eigenschaften,* die für eine gewirkte oder gestrickte Bekleidung sprechen. Die relativ lockere und offene Struktur bedingt ein gutes *Wärmerückhaltevermögen* des Flächengebildes, ohne dabei den erforderlichen Stoffwechselaustausch zwischen Körper und Um-

Bild 2/1. Gewebebindung

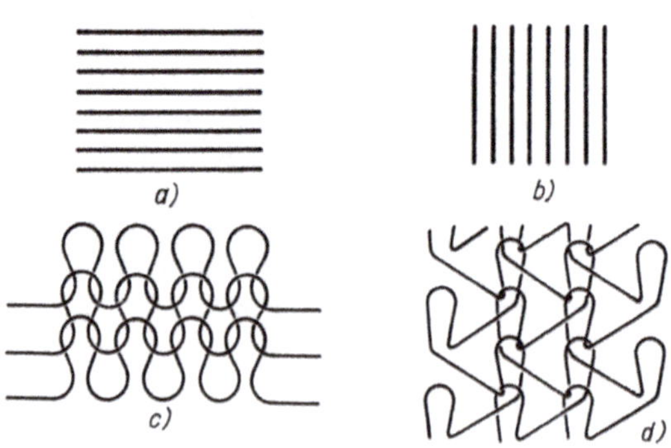

Bild 2/2. Schleifenformen als Voraussetzung zur Flächenbildung aus einem Fadensystem
a Querfadensystem; b Längsfadensystem; c Schleifen aus Querfäden; d Schleifen aus Längsfäden

gebung zu behindern und dadurch eine verstärkte Transpiration hervorzurufen. Vor allem dann, wenn diese vorteilhafte Struktur der Maschenwaren mit einer zweckmäßigen Auswahl des Faserstoffes einhergeht, entsteht ein angenehmes *Tragegefühl.* Ebenfalls aus der Tatsache, daß die Flächenbildung durch das Verbinden von Fadenschleifen zustandekommt, resultiert die sehr geringe *Knitterneigung* von Maschenwaren, die bei gleichem Faserstoffeinsatz stets unter der eines Gewebes liegt. Die geringe Knitterbildung ist eine wesentliche Voraussetzung für die *Pflegeleichtigkeit* der Textilien. So erfüllen Gewirke und Gestricke in besonderem Maße die zeitgemäßen Anforderungen an angenehm empfundene, unempfindliche, pflegeleichte und repräsentative Tages- wie auch Freizeitbekleidung.

Ein Gewirke oder Gestrick setzt sich aus *Bindungselementen* zusammen. Als Ausgangspunkt der Maschenbildung wird eine *Schleife a)* angenommen (Bild 2/3). Durch Verbinden mit einer weiteren Schleife entsteht aus der ersten ein Henkel *b)*, während die neue Schleife zur *Halbmasche* wird. Durch Hinzufügen einer dritten Schleife wird aus der *Halbmasche* eine *Masche c)*, die letzte Schleife geht in eine Halbmasche über, und der Henkel bleibt bestehen.

Die Masche ist das grundlegende Bindungselement aller Gewirke und Gestricke.

Jede Anfangsreihe eines Gewirkes oder Gestrickes ist eine *Henkelreihe*, die letzte Reihe ist immer eine *Halbmaschenreihe*.

Die horizontale Anordnung von Maschen wird als *Maschenreihe* bezeichnet, die vertikale als *Maschenstäbchen* (Bild 2/4).

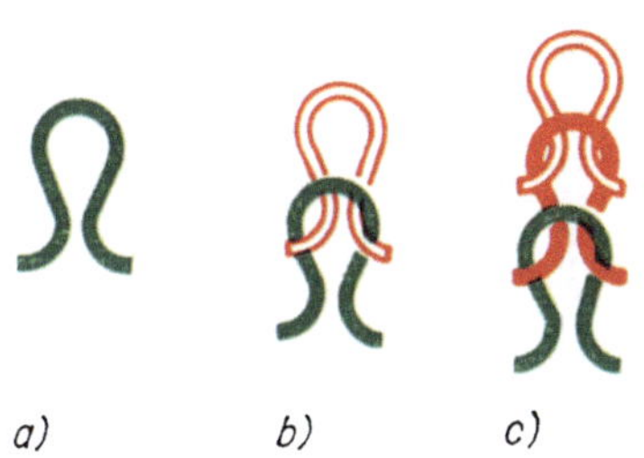

Bild 2/3. Konstruktionsphasen der Maschenbildung a Schleife; b Henkel und Halbmasche; c Masche

Bild 2/5 läßt die *Bindungsstellen*, die eine Masche zu der darunter- und der darüberliegenden hat, erkennen. Jeweils zwei Bindungstellen ergeben die im schraffierten Rechteck liegende *Bindungseinheit.* Eine Bindungssstelle besteht aus zwei im roten Feld befindlichen *Verkreuzungsstellen.*

Die Abmessungen einer Masche sind aus Bild 2/6 zu entnehmen:

h_M *Maschenhöhe* (Abstand von Maschenreihe zu Maschenreihe),
b_M *Maschenbreite* (Abstand von Maschenstäbchen zu Maschenstäbchen),
l_M *Maschenlänge* (Länge des in einer Masche enthaltenen Fadenabschnittes).

Die Maschenlänge l_M ist, abgesehen von einer Dehnung des Fadens, bei Deformation des Gewirkes oder Gestrickes die einzige Konstante der obengenannten geometrischen Größen.

Aus den Abmessungen des verarbeiteten Fadens und denen der Masche werden Kennwerte für das Erzeugnis abgeleitet, die über seine Dicke und Geschlossenheit Auskunft geben und als Anhaltswert für die Konstruktion von Maschenwaren dienen können. Solche Kennwerte sind:

$$\sigma_M = \frac{l_M}{d_F} \quad \textit{(Maschenmodul)} \qquad (2/1)$$

mit

l_M Maschenlänge in mm,
d_F Substanzdurchmesser des Fadenquerschnittes in mm

und

$$C = \frac{Tt}{l_M} \quad \textit{(cover factor)} \qquad (2/2)$$

mit

Tt Fadenfeinheit in tex.

Es wurden bereits umfangreiche wissenschaftliche Arbeiten durchgeführt, um die Konstruktion von Maschenwaren mit mathematischen Methoden zu beschreiben und zu unterstützen. Die Ansätze dazu sind jedoch mit vielen vereinfachenden Randbedingungen sowie der

Beschränkung auf in der Praxis kaum angewandte Bindungen behaftet, so daß sie bisher keine Bedeutung für die Produktion erlangten.

Neben der Masche sind weitere Bindungselemente ***Henkel*** und ***Flottung***, die die Bilder 2/7 und 2/8 am Beispiel einer Rechts/Links-Bindung zeigen. Auch in der Form des Bindungselementes ist der Henkel durch eine ***Kopfbindung*** und die fehlende ***Fußbindung*** gekennzeichnet. Henkel dienen im Gestrick oder Gewirke zur Musterung und/oder zur Variation der Dehnung, der Flächenmasse und der Abmaße einer Maschenware. Die Flottung ist ein sich in Maschenstäbchen- oder Maschenreihenrichtung über eine oder mehrere Maschen erstreckender Fadenabschnitt, meist eines zweiten Fadensystems. Dieser flottliegende Fadenabschnitt wird selbst durch Maschen oder Henkel begrenzt und erhält dadurch die Verbindung mit dem ersten maschenbildenden Fadensystem. Bild 2/9 gibt die Anordnung des Henkels in einer Maschenware aus Längsfäden (Kettengewirke) wieder, der sich nach der Definition der Bindungseinheit nicht von dem in einem Gestrick unterscheidet.

Für die Masche (Bild 2/10) ist eine *rechte Seite* mit nach vorn gebogenen Maschenschenkeln *2* und eine *linke Seite* mit quer dazu hervortretenden Maschenbogen *1* und *3* definiert. Der obere Bogen einer Masche wird als *Maschenkopf 1*, die unteren Bogen werden als *Maschenfuß 3* bezeichnet. Während die in Bild 2/10 gezeigte Masche auf die Querfadenverarbeitung hinweist, gibt Bild 2/11 die rechte und die linke Seite einer aus Längsfäden gebildeten Masche wieder.

Die festen (nicht geschnittenen) Kanten einer Maschenware werden durch *Randmaschen* gebildet. Sie sind dadurch gekennzeichnet, daß der an sich nach außen zur Nachbarmasche verlaufende Maschenbogen zurück in die eigene Masche führt und dort einen dritten Maschenschenkel entstehen läßt. Daher haben die Randmaschen des aus einem Querfadensystem bestehenden Gestrickes in Bild 2/12 von Maschenreihe zu Maschenreihe abwechselnd zwei und drei Maschenschenkel. Das Bild verdeutlicht, daß die jeweils dritten Maschenschenkel aus der durch die Maschen-

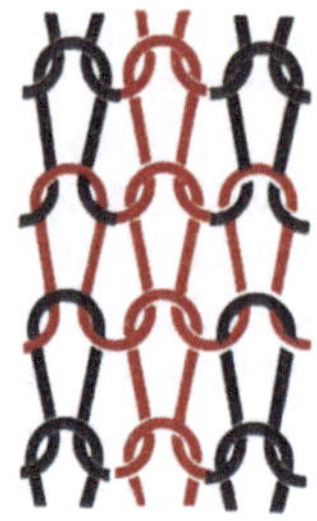

Bild 2/4. Maschenreihe (MR-horizontal) Maschenstäbchen (MS-vertikal)

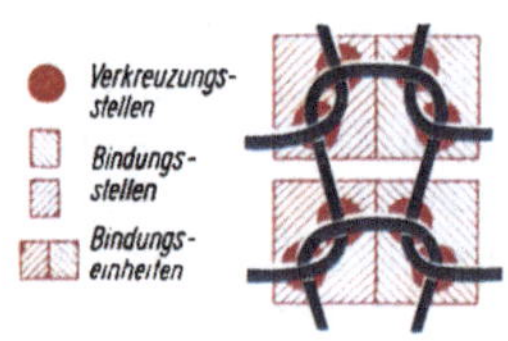

Bild 2/5. Maschenkonstruktion

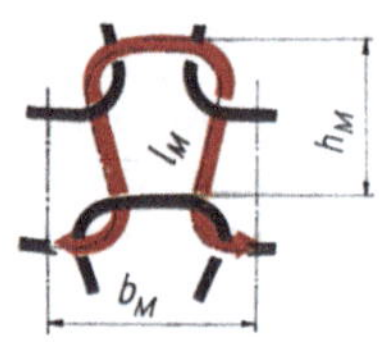

Bild 2/6. Maschengeometrie

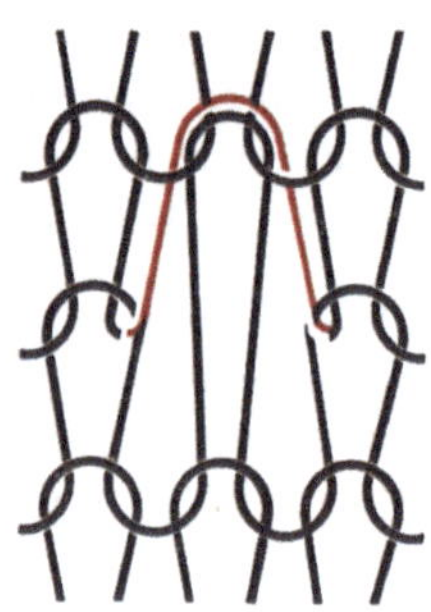

Bild 2/7. Bindungselement Henkel

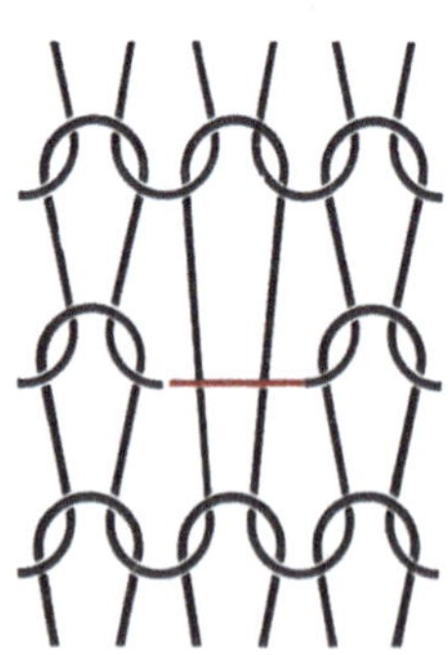

Bild 2/8. Bindungselement Flottung

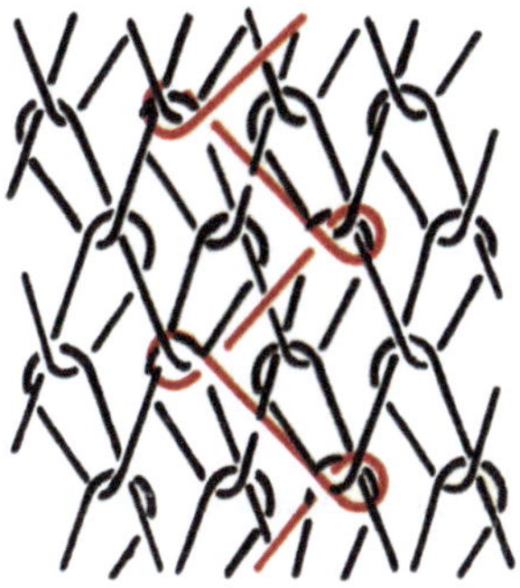

Bild 2/9. Bindungselement Henkel in einem Kettengewirke

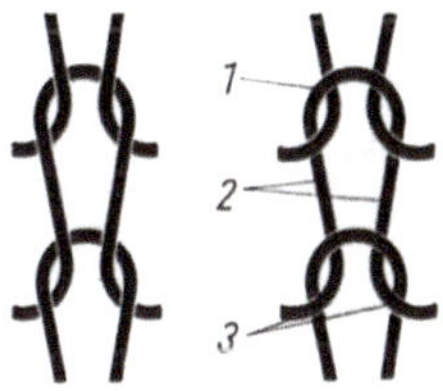

Bild 2/10. Masche aus Querfäden
rechte Seite   linke Seite

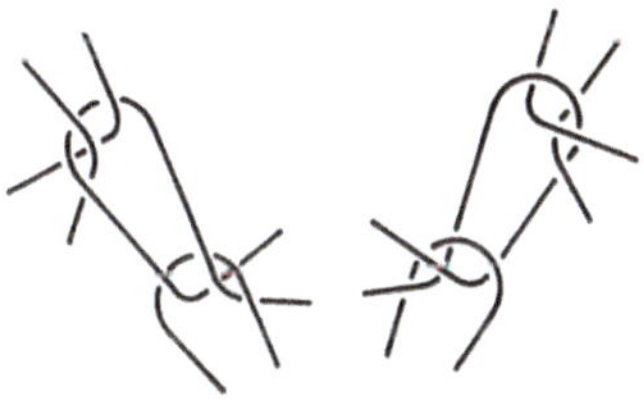

Bild 2/11. Masche aus Längsfäden
rechte Seite   linke Seite

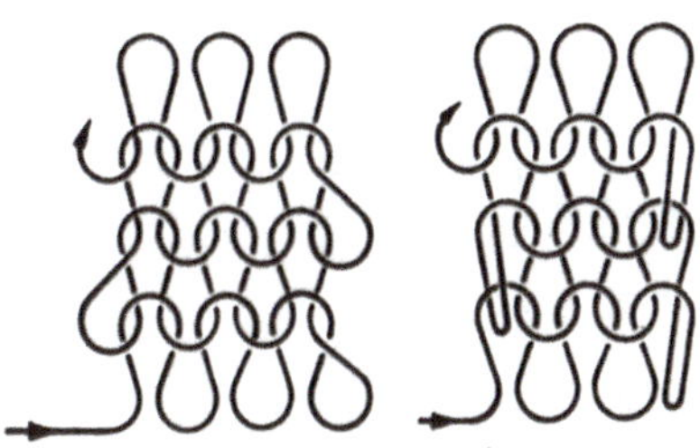

Bild 2/12. Randmaschenbildung
a theoretische Lage der Randmaschenschenkel
b spannungsarme Lage der Randmaschenschenkel

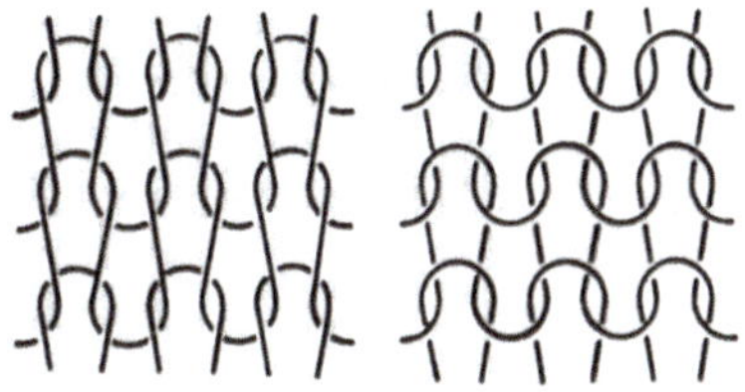

Bild 2/13. Rechts/Links-Grundbindung
rechte Seite   linke Seite

bildung bestimmten Lage *a)* in eine spannungsärmere Lage *b)* übergehen. Aus Bild 2/2 läßt sich ableiten, daß die Randmaschen des dort gezeigten Kettengewirkes durchweg über drei Maschenschenkel verfügen, da sich Randschleifen, die keine Kopfbindung erhalten, als dritter Fadenschenkel an die Gewirkekante anlegen.

Nach der Anordnung der Maschenschenkel und -bogen in der Maschenware werden die vier ***Grundbindungen*** der Wirkerei und Strickerei definiert. Diese sind:

	Kurzzeichen
Rechts/Links	RL
Rechts/Rechts	RR
Links/Links	LL
Rechts/Rechts/gekreuzt	RRG

Die *Rechts/Links-Bindung* (Bild 2/13) zeigt auf der rechten (vorderen) Seite die V-förmigen Maschenschenkel und auf der linken (hinteren) Seite die Maschenbogen.

Die *Rechts/Rechts-Bindung* (Bild 2/14) weist beiderseits Maschenstäbchen mit nach außen liegenden V-förmigen Maschenschenkeln auf; zwischen diesen Maschenstäbchen liegen jeweils Maschenbogen, die im quergedehnten Zustand (wie in Bild 2/14) sichtbar sind.

Die *Links/Links-Bindung* (Bild 2/15) ist an reihenweise rechts- sowie linksliegenden Maschenbogen zu erkennen.

Bild 2/14. Rechts/Rechts-Grundbindung

Die *Rechts/Rechts/gekreuzt-Bindung* (Bild 2/16) kann als Kombination zweier Rechts/Rechts-Bindungen angesehen werden, wie es auch der im unteren Teil des Bildes 2/16 angegebene Fadenverlauf verdeutlicht.

Die jeweils zwischen zwei Maschenstäbchen der Rechts/Rechts-Bindung liegenden Maschenbogen werden durch die Maschenstäbchen einer zweiten Rechts/Rechts-Bindung so überdeckt, daß beide Seiten auch im quergedehnten Zustand nur die Maschenschenkel erkennen lassen. Diese Bindung wird auch als *Interlockbindung* bezeichnet.

Die bindungsgemäße Verarbeitung des Fadens zur Maschenware und die damit verbundene Fadenverformung zu Raumkurven verursacht Fadenkräfte und innere Spannungszustände in der Maschenware. Die Gewirke und Gestricke sind bestrebt, eine Lage einzunehmen, in der diese Spannungen ausgeglichen werden. In Abhängigkeit von der angewandten Grundbindung rollen sich daher gewirkte und gestrickte Flächen von den Rändern her ein (Bild 2/17). Die Maschenwaren in der Rechts/Links-Grundbindung *a)* **zeigen das *Einrollen* von der linken zur rechten Seite an den oberen und unteren Kanten und von der rechten zur**

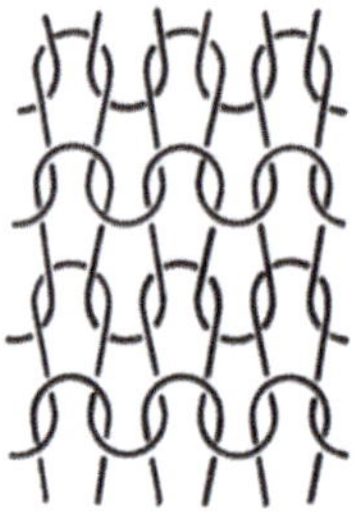

Bild 2/15. Links/Links-Grundbindung

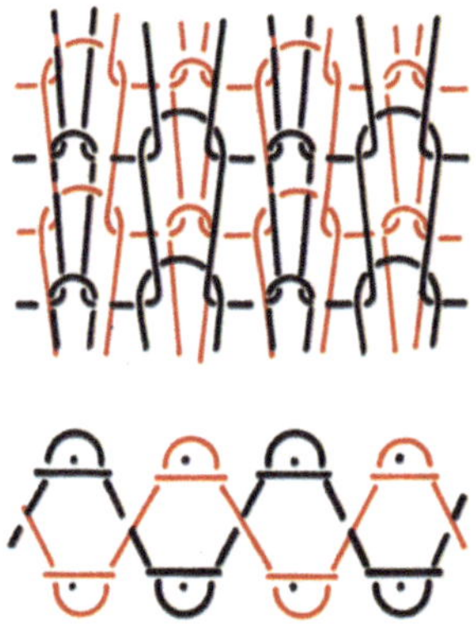

Bild 2/16. Rechts/Rechts/gekreuzt-Grundbindung

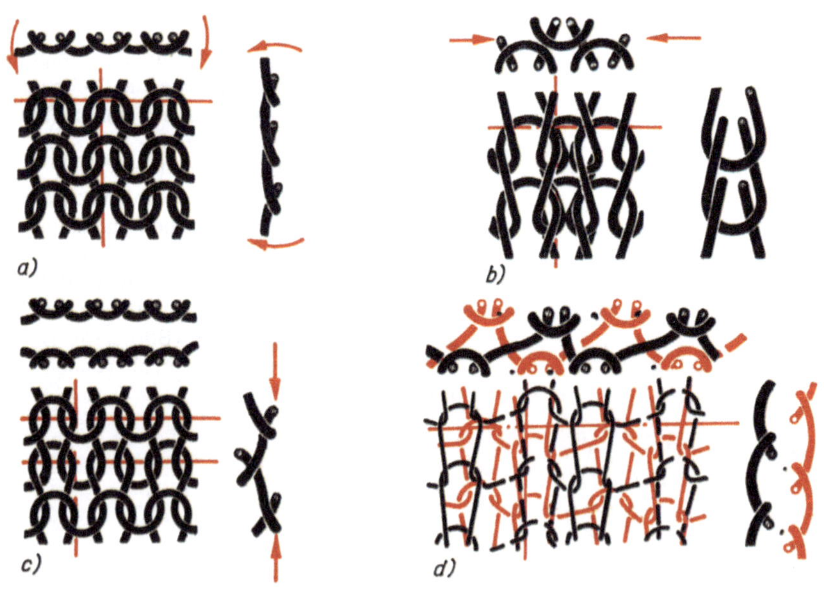

Bild 2/17. Maschengeometrie und Dehnungseigenschaften der Grundbedingungen

a RL *c LL*
b RR *d RRG*

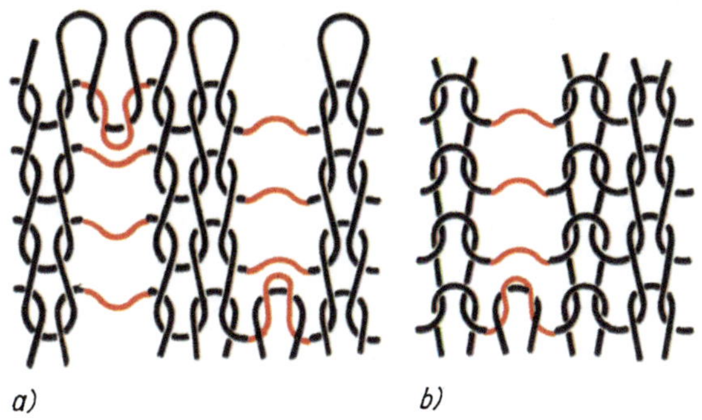

Bild 2/18. Laufstelle
a bei einer RL-Bindung
b bei einer RR-Bindung

linken Seite an den Seitenkanten. Der in Bild 2/17 in der Darstellung *a)* entlang der horizontalen und vertikalen Schnittlinie angegebene Fadenverlauf erklärt diese Tendenz zum Einrollen, wenn vorausgesetzt werden darf, daß die gekrümmten Fadenabschnitte das Bestreben haben, sich zu strecken. Die Rechts/Rechts-Bindung *b)*, Links/Links-Bindung *c)* und die Rechts/Rechts/gekreuzt-Bindung *d)* neigen dagegen nicht zum Einrollen, da sich die in der Maschenware diesbezüglich aneinander entgegenwirkenden Kräfte aufheben. Der angegebene Fadenverlauf entlang der markierten Schnittlinie läßt dies erkennen.

Abgesehen vom Einrollen beeinflußt die Geometrie des Fadenverlaufes maßgebend das *Dehnungsverhalten* der Maschenwaren. Während die Rechts/Links-Bindung nur wenig dehnbar ist, weist die Rechts/Rechts-Bindung vor allem in Maschenreihenrichtung eine hohe elastische Dehnbarkeit auf. Die Ursache dafür ist darin gegeben, daß die Maschenbogen, in dem Bestreben sich zu strecken, die Maschenstäbchen eng aneinander anlegen und bei Krafteinwirkung in Gegenrichtung eine reversible Dehnung möglich ist. Für Maschenwaren in Links/Links-Bindung gilt dies analog für die Maschenstäbchenrichtung. Die gebogenen Maschenschenkel verursachen – wenn sie gestreckt werden – eine Kontraktion in vertikaler Richtung. Die Rechts/Rechts/gekreuzt-Bindung ist sowohl in Maschenstäbchen- als auch Maschenreihenrichtung wenig dehnbar, da durch die Kombination zweier Rechts/Rechts-Bindungen kaum Raum für eine Kontraktion gegeben ist und weiterhin sich durch die Fadendeformation hervorgerufene Kräfte gegenseitig aufheben.

In der gleichen Weise, wie sich ein Gestrick oder Gewirke durch das Verbinden von Fadenschleifen mit bestehenden Halbmaschen aufbaut, ist auch die als *Laufstelle* bezeichnete maschenstäbchenweise Auflösung (in der Umgangssprache: Laufmasche) einer Maschenware möglich. Bild 2/18 zeigt diesen Vorgang bei einer RL-Bindung *a)*, wobei sich die Bindungseinheiten in zwei Richtungen entlang der Maschenstäbchen lösen können. Die im gleichen Bild gezeigte RR-Bindung *b)* läßt nur das Auflösen von Bindungseinheiten entgegen der Herstellungsrichtung zu.

3. Systematik der Maschenbildungsverfahren und maschinentechnische Grundbegriffe

Den vorangegangenen Ausführungen ist zu entnehmen, daß die Maschen durch das Verbinden von Fadenschleifen entstehen. Der biegsame Faden wird durch das Zusammenwirken mit *Arbeitsorganen* zur Schleife geformt. Das wichtigste Arbeitsorgan einer jeden Wirk- und Strickmaschine ist die *Nadel.* Beim Verarbeiten eines Querfadensystems legt ein *Fadenführer* nacheinander über die Arbeitsbreite den Nadeln den Faden vor, während beim Verarbeiten eines Längsfadensystems (Kettfadensystem) jeder Nadel mindestens ein eigener Fadenführer zugeordnet ist. Der erste *Arbeitsschritt* zur Maschenbildung ist somit das *Fadenlegen,* ein weiterer das *Schleifenbilden.* Der letzte Schritt führt zum *Verbinden* der Fadenschleife mit einer auf der Nadel bereits befindlichen Halbmasche. Dabei erhält diese Halbmasche eine Kopfbindung und wird zur Masche, während aus der Fadenschleife durch die entstandene Fußbindung (entspricht der Kopfbindung der gebildeten Masche) eine Halbmasche geworden ist. Das Ineinanderschieben oder Hindurchziehen der Schleifen erfordert jedoch zuvor noch einen Arbeitsschritt, das sogenannte *Brückebilden.* Da die Nadel zunächst zur Aufnahme der Fadenschleife offen sein muß, ist die Öffnung mittels einer „Brücke" zu schließen. Dieses Brückebilden – also das Schließen der Nadel – kann durch unterschiedliche *Nadelkonstruktion* realisiert werden.

Die erste bekannt gewordene *Nadelart* ist die *Spitzennadel.* Sie besteht nach Bild 3/1 aus Fuß *1*, Schaft *2*, Zasche *3*, Spitzenbiegung *4*, Haken *5*, Kopf *6*, Hals *7* und Rücken *8*. Die untere Kante des Nadelschaftes wird auch als Rücken bezeichnet. Durch äußere Krafteinwirkung kann die Spitze bei elastischer Deformation in die Zasche des Nadelschaftes gedrückt werden. Am Schaftende wird die Nadel durch den Nadelfuß sicher in einer formschlüssigen Einspannung oder einer stoffschlüssigen Fassung gemeinsam mit mehreren Nadeln gefaßt, und es wird ihnen gemeinsam die zur Maschenbildung erforderliche Bewegung übertragen.

Die in Bild 3/2 dargestellte *Zungennadel* besteht aus folgenden wesentlichen Teilen: Haken *1*, Zunge *3* mit Löffel *2*, Scharnier *4*, Schaft *5*, Rücken *6*, Kröpfung *7*, Fuß *8* und Nachführung *9*. Brückebilden und Öffnen der Nadel erfolgen hier durch Umschlagen der

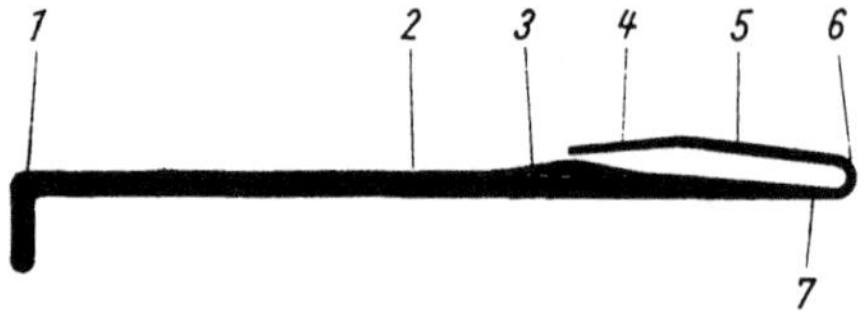

Bild 3/1. Spitzennadel

1 Fuß; 2 Schaft; 3 Zasche; 4 Spitzenbiegung; 5 Haken; 6 Kopf; 7 Hals

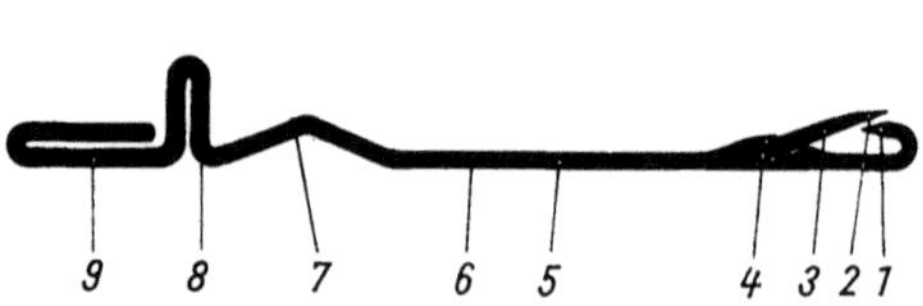

Bild 3/2. Zungennadel

1 Haken; 2 Löffel; 3 Zunge; 4 Scharnier; 5 Schaft; 6 Rücken; 7 Kröpfung; 8 Fuß; 9 Nachführung

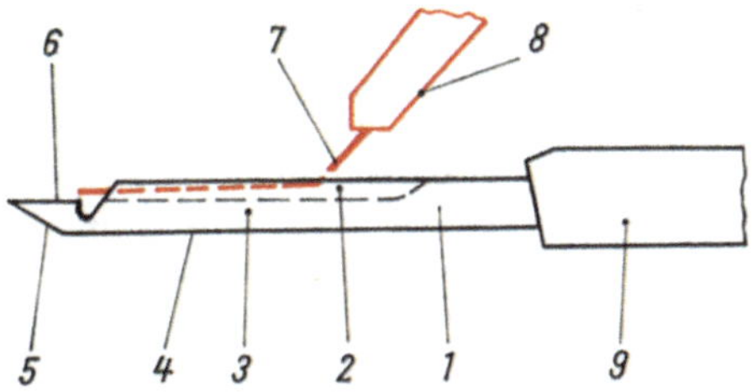

Bild 3/3. Schiebernadel (Rinnennadel)
1 Nadel; 2 Rinne; 3 Schaft; 4 Rücken; 5 Kopf; 6 Haken; 7 Schließdraht; 8 Schließdrahtfassung; 9 Nadelfassung

Nadelzunge, was die jeweils auf dem Nadelschaft befindliche Halbmasche bei ihrer Relativbewegung auf dem Nadelschaft selbst übernimmt. Die Bewegungsübertragung auf die Nadel erfolgt formschlüssig über deren Fuß.

Die *Schiebernadel*, in Bild 3/3 in der Ausführung als *Rinnennadel*, ist aus zwei unabhängig voneinander gesteuerten Elementen zusammengesetzt, der eigentlichen Nadel *1* und dem Schließdraht *7*; weitere zu bezeichnende Teile sind Rinne *2*, Schaft *3*, Rücken *4*, Kopf *5*, Haken *6*, Schließdrahtfassung *8* und Nadelfassung *9*. Bei der Bewegung des Schließdrahtes axial zur Rinnennadel nach links bildet dieser über dem Nadelhaken die zum Hindurchziehen der Fadenschleife durch die Halbmasche erforderliche Brücke. Bei einer anderen Ausführung der Schiebernadel, der *Röhrchennadel*, ist der Nadelschaft als Röhrchen aus-

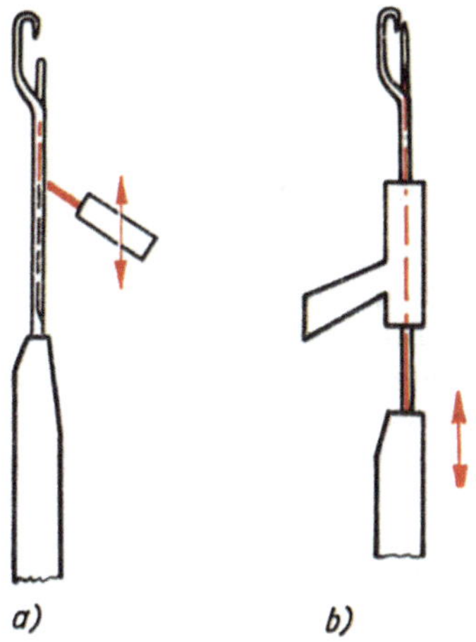

Bild 3/4. Schiebernadeln
a Rinnennadel; b Röhrchennadel

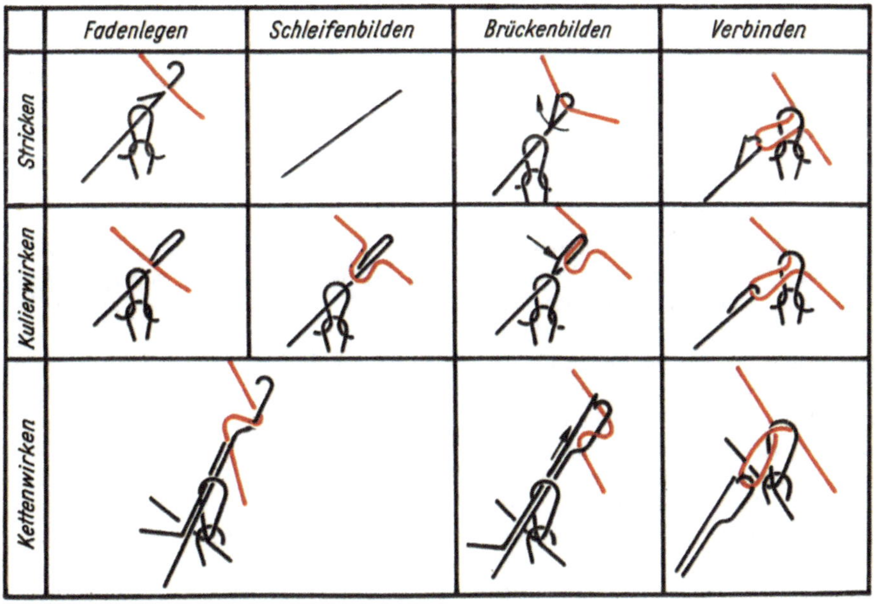

Bild 3/5. Prinzip der Maschenbildung

gebildet, in dem sich der Schließdraht bewegt. Der Nadelkopf ist in der Funktion dem der Rinnennadel identisch. Nadel und Schließdraht sind ähnlich wie die Spitzennadel gruppenweise gefaßt. Alle Nadeln führen folglich die Maschenbildung gleichzeitig durch. Bild 3/4 stellt Rinnen- und Röhrchennadel gegenüber. Bild 3/5 veranschaulicht das in den skizzierten vier grundlegenden Arbeitsschritten

Fadenlegen
Schleifenbilden
Brückebilden
Verbinden (Bindungseinheiten herstellen)

beschriebene Prinzip der Maschenbildung für die *Maschenbildungsverfahren Stricken, Kulierwirken* und *Kettenwirken.*

Durch die Relativbewegung zwischen Fadenführer und Zungennadel wird beim Stricken der Faden in den geöffneten Nadelkopf gelegt. Die exakte, gesonderte Ausbildung einer Schleife entfällt als technologisches Merkmal. Die Brücke wird durch Zuklappen der Nadelzunge gebildet, sobald die Halbmasche bei ihrer Relativbewegung entlang des Nadelschaftes zum Nadelkopf hin an die Zunge anstößt. Der in den Nadelkopf vorgebrachte, gesicherte Faden kann jetzt durch die Halbmasche gezogen werden. Erst dabei wird der Faden vollständig zur Schleife verformt (kuliert) und die Größe der Masche ausgebildet.

Beim Kulierwirken wird der Faden durch den Fadenführer über die Nadelschäfte von Spitzennadeln gelegt. Getrennt davon erfolgt im nächsten Arbeitsschritt die Formung der Schleifen. Das ist nicht allein von theoretischer oder technologischer Bedeutung. Die gesonderte Schleifenbildung bedingt für alle Maschen der Maschenreihe eine konstante Maschenlänge, aus der ein gegenüber den Strickverfahren gleichmäßigeres Maschenbild resultiert. Die Fadenschleife wird durch axiale Nadelbewegung in den Nadelkopf vorgebracht, der durch das Pressen der Nadelspitze in die Zasche geschlossen wird. Die weitere Nadelbewegung in gleicher Richtung führt zum Verbinden der Fadenschleife mit der Halbmasche.

Bei den Kettenwirkverfahren übernimmt das fadenführende Arbeitsorgan, die *Lochnadel*, sowohl Fadenlegen als auch Schleifenbilden. Beides wird in einer Arbeitsphase ausgeführt, indem die Lochnadel die Kettenwirknadel gewissermaßen umkreist. Beim Kettenwirken können alle drei genannten Grundnadelarten Verwendung finden. Wird mit Zungen- oder Schiebernadeln gearbeitet, erfolgt das Fadenlegen in den geöffneten Nadelkopf. Bei Spitzennadeln und Zungennadeln mit verlängertem Nadelhaken wird der Faden auf die Nadelspitze bzw. den Nadelhaken und damit eine größere Fadenlänge gelegt. Anschließend wird der als Schleife vorgeformte Faden in den Nadelkopf gebracht. Das Hindurchziehen der Fadenschleife erfolgt nach dem für die entsprechende Nadelkonstruktion spezifischen Brückebilden. Dabei wird die endgültige Schleifen-, d.h. Maschenlänge bestimmt.

Das Prinzip der Maschenbildung beinhaltet auch das Prinzip zum Herstellen einer Bindungseinheit, wie es in Bild 3/6 in seinen Varianten wiedergegeben wird. Die Darstellungen zeigen dort *a)* Stricken, *b) Flachkulierwirken, c) Rundkulierwirken* und *d)* Kettenwirken.

Für das Stricken wird auch in dieser Darstellung das gleichzeitige Kulieren der Schleife und Herstellen der neuen Bindungseinheit deutlich herausgestellt. Dabei gilt es zu beachten, daß im wesentlichen erst eine Fadenschleife voll ausgebildet sein muß, bevor die nächste kuliert werden kann, da sich beim gleichzeitigen Kulieren mehrere Fadenschlei-

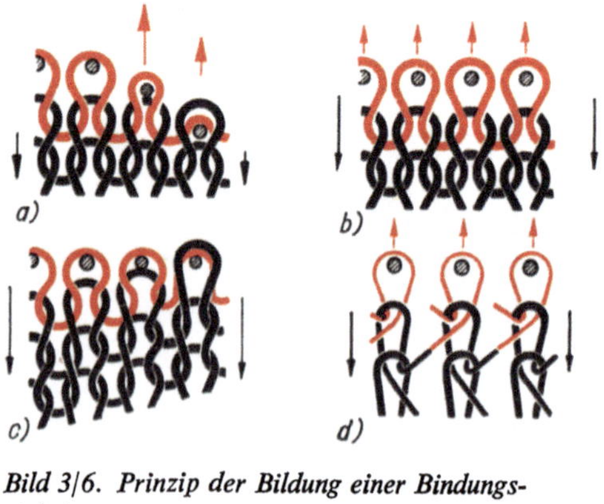

Bild 3/6. Prinzip der Bildung einer Bindungseinheit

a Stricken; b Flachkulierwirken; c Rundkulierwirken; d Kettenwirken fen unter Annahme der Festkörperreibung entsprechend der mathematischen Beziehung

$$F_{F_1} = F_{F_n} \cdot e^{\mu\left(i \sum_{1}^{2n-3} \alpha_i\right)} \qquad (3/1)$$

mit

μ Reibungskennzahl,

α Umschlingungswinkel des Fadens um die Arbeitsorgane,

F_{F_1} Fadenzugkraft im ersten kulierenden Fadenabschnitt F_1 in N,

F_{F_n} Fadenzugkraft vor dem Schleifenbilden in N,

die Umschlingungswinkel $\alpha_1 \ldots \alpha_i$ um die Arbeitsorgane addieren und eine Fadenzugkraft F_{F_1} hervorrufen, die zu einer unzulässig hohen Beanspruchung des Fadens (→ Fadenbruch) und der Arbeitsorgane führen würde (Bild 3/7).

Dieser Zusammenhang gilt für alle Wirk- und Strickverfahren, bei denen ein Querfadensystem verarbeitet wird und der zur *Arbeitsstelle* geführte Faden nicht über ein außergewöhnliches Dehnungsvermögen verfügt, wie es z.B. für ungereckte synthetische Seiden zutrifft. Somit gilt die Gesetzmäßigkeit auch für die Verfahren Rundkulierwirken und Flachkulierwirken, jedoch nicht für das Kettenwirken.

Die technologisch bedingte Zeit für die Bildung einer Masche kann nicht mehr wesentlich verkürzt werden. Die Leistung von Strickmaschinen wird folglich maßgebend durch die Anzahl der Arbeitsstellen bestimmt, an denen phasenverschoben aber zeitgleich Maschenbildungen für aufeinanderfolgende Maschenreihen ablaufen. Beim Kettenwirken können aufgrund der Zuordnung von mindestens einem Faden je Nadel gleichzeitig alle Maschen einer Reihe gebildet werden. Das Kettenwirken bietet damit unter den Maschenbildungsverfahren sehr günstige Voraussetzungen für eine hohe Produktivität der Flächenbildung.

Flachkulierwirken und Rundkulierwirken sind dadurch gekennzeichnet, daß das Kulieren abgeschlossen ist, bevor das Brückebilden beginnt. Nach Bild 3/6 besteht der technologische Unterschied zwischen den beiden Verfahren darin, daß beim Rundkulierwirken das Brückebilden und das Verbinden von Nadel zu Nadel nacheinander erfolgen, beim Flachkulierwirken dagegen gleichzeitig über die Arbeitsbreite.

Die Kettenwirkverfahren realisieren die Schritte zur Maschenbildung an jeder Nadel phasengleich. Das Fadenlegen (s. Bild 3/5) ist jedoch sehr zeitaufwendig, so daß trotz der gleichzeitigen Maschenbildung in der Praxis die Produktivität der rationellsten Strick- und Kettenwirkverfahren in der gleichen Größenordnung liegen.

Die Arbeitsorgane Nadel und Fadenführer genügen zur Realisierung der Maschenbildung in den Wirk- und Strickmaschinen nicht. Das Ausbilden einer Fadenschleife setzt in zwei

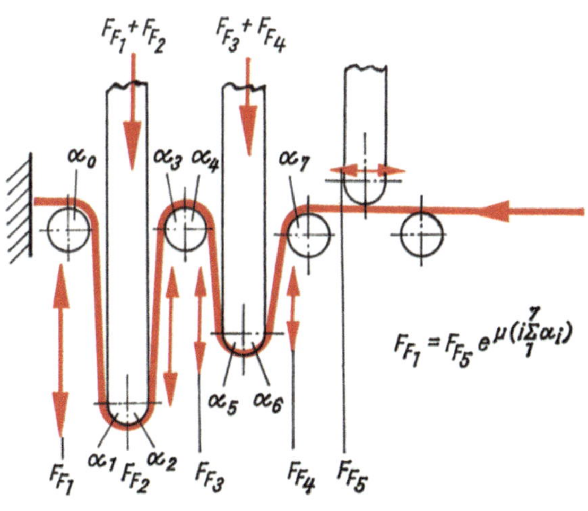

Bild 3/7. Fadenzugkraftverhältnisse beim Kulieren

Richtungen wirkende Kräfte voraus. Die Nadel übt dabei jeweils in einer Richtung eine Kraft auf den Faden aus. Sie zieht beim Stricken den Faden durch die Halbmasche; die sich dabei ausbildende Fadenschleife wird von *Stegen* gehalten, die die Gegenkraft zur Nadel aufbringen (Bild 3/8). (Da die Schleife hindurchgezogen wird, spricht man von *Zugkulierung.*)
Bei den Kulierwirkverfahren bewegen sich *Platinen* auf den vor oder über den Nadeln liegenden Faden zu und drücken ihn in die Nadellücken *(Druckkulierung)* (Bild 3/9).
Für die Kettenwirkverfahren ist u.a. charakteristisch, daß das Ausformen der Schleife letztlich beim Hindurchziehen des um die Nadel gelegten Fadens durch die Halbmasche bestimmt wird. Dieser Vorgang ist mit der Zugkulierung vergleichbar. Die zur Nadel erforderliche Gegenkraft wird auch hier durch Stege oder ähnlich ausgebildete Platinen aufgebracht (Bild 3/10).
Bisher wurden folgende technologische Kriterien für die Maschenbildung genannt:

die Art der Fadenvorlage (für die einfachste Konstruktion einer Maschenware, d.h. für eine der Grundbindungen),
der Zeitpunkt des Kulierens,
die Beweglichkeit der Nadel.

Diese Kriterien sind in Tafel 3/1 erfaßt. Sie bestimmen das jeweilige Maschenbildungsverfahren, das sich unter Beachtung der Nadelanordnung in ebenen oder kreisförmigen *Nadelträgern* weiter spezifizieren läßt. Für die Strickverfahren kommen als Nadelträger ebene *Nadelbetten* sowie kreisförmige, sogenannte *Nadelzylinder* und *Nadelteller* in Betracht. Der kreisförmige Nadelträger der Rundkulierwirkmaschinen heißt *Nadelkranz.* Die Nadelträger der Flachkulierwirk- und Flachkettenwirkmaschinen sind ebene *Nadelbarren.* Aus der Anzahl und Anordnung der Nadelträger sind die herstellbaren Grundbindungen abzuleiten. Bedingt durch Verfahren und Nadelträger ist jeweils die Nadelart zuzuordnen. Aus diesen Angaben resultiert die genaue Maschinenbenennung im untersten Teil der Tafel († nicht mehr praktizierte Verfahren). Lediglich bei Rundstrickmaschinen erfolgt noch eine Unterteilung nach dem

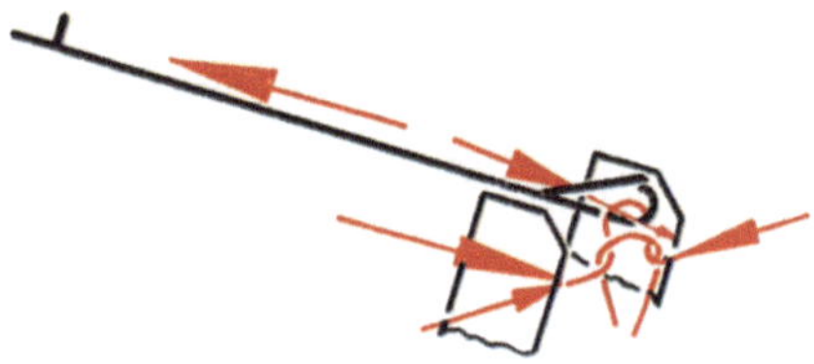

Bild 3/8. Kuliervorgang beim Stricken mit Zungennadel

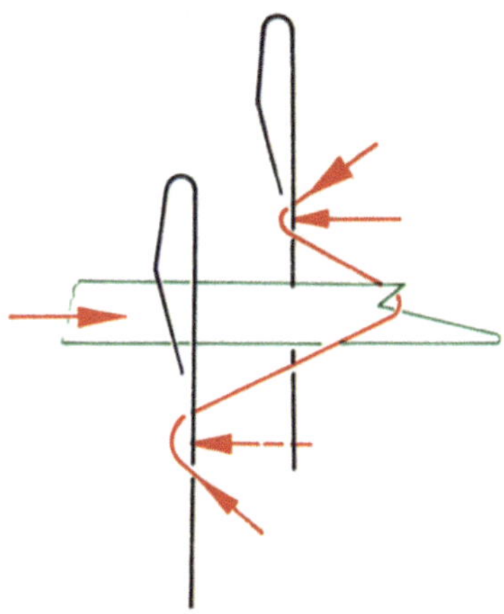

Bild 3/9. Kuliervorgang beim Kulierwirken mit Kulierplatine

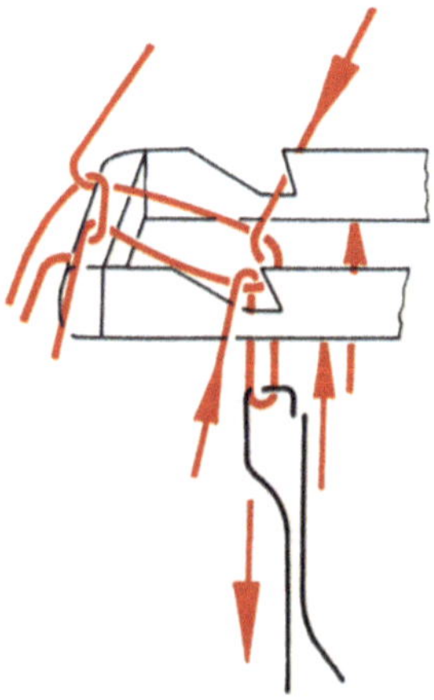

Bild 3/10. Schleifenausformen beim Kettenwirken mit Abschlagplatine

Tafel 3.1

Einteilung von Maschenbildungsverfahren nach technologischen Kriterien																				
Fadenvorlage für die Grundbindung	quer														längs					
Zeitpunkt des Kulierens	beim Abschlagen									vor Abschlagen					vor und beim Abschlagen					
Beweglichkeit des Arbeitsorganes Nadel	einzeln									gemeinsam					gemeinsam					
Verfahrensbezeichnung nach der Anordnung des Arbeitsorganes Nadel (eben/kreisförmig)	Stricken Flach-			Rund-						Kulierwirken Flach-			Rund-		Kettenwirken Flach-					Rund-
Anzahl der Nadelträger	1	2		1		2				1	2		1	2	1			2		1
Anordnung der Nadelträger	—	\ - -		|		|‾		¦		|	|‾		—	|‾	|		—	||	/\	|
Nadelart																				
Herstellbare Grundbindung	RL	RL RR (RRG) (LL)	LL RL RR (RRG)	RL		RR RRG (RL)		LL RL RR		RL	RR	RR RL	RL	RR	RL			RR		RL
Durchmesser des kreisförmigen Nadelträgers	/	/	/	< 7″E	> 7″E	< 7″E	> 7″E	< 7″E	> 7″E	/	/	/	/	/	/	/	/	/	/	/
Maschinenbenennung	RL-Flachstrickmaschine	RR-Flachstrickmaschine	LL-Flachstrickmaschine	RL-Kleinrundstrickmaschine	RL-Großrundstrickmaschine	RR-Kleinrundstrickmaschine	RR-Großrundstrickmaschine, Interlock-Rundstrickmaschine	LL-Kleinrundstrickmaschine	LL-Großrundstrickmaschine	RL-Flachkulierwirkmaschine (Syst. Cotton)	RR-Flachkulierwirkmaschine	RR-RL-Flachkulierwirkmaschine	RL-Rundkulierwirkmaschine (Franz. Bauart)	† (RR-Rundkulierwirkmaschine)	RL-Flachkettenwirkmaschine (Kettenwirkmaschine)	RL-Flachkettenwirkmaschine (Raschelmaschine)	RL-Flachkettenwirkmaschine (Nähwirkmaschine)	RR-Flachkettenwirkmaschine (RR-Raschelmaschine)	RR-Flachkettenwirkmaschine (Simplex-Kettenwirkmaschine)	† (RL-Rundkettenwirkmaschine)

Durchmesser des Nadelträgers in Kleinrundstrickmaschinen (< 7 engl. Zoll) und Großrundstrickmaschinen (> 7 engl. Zoll). Die Tafel 3/1 liefert somit den aus technologischen Kriterien abgeleiteten Überblick über die Maschenbildungsverfahren.

An dieser Stelle seien noch zwei maschinentechnische Grundbegriffe erklärt, deren Kenntnis nachfolgend vorausgesetzt wird – die *Nadelteilung* und die *Maschinenfeinheit* (Bild 3/11) Der Abstand von geometrischer Nadelmitte zu Nadelmitte in Millimeter wird als Nadel-

Art der Maschine	*Meßstelle*	*Bild*
Flachstrickmaschine *Flachkulierwirkmaschine* *Flachkettenwirkmaschine*	*in Nadelebene*	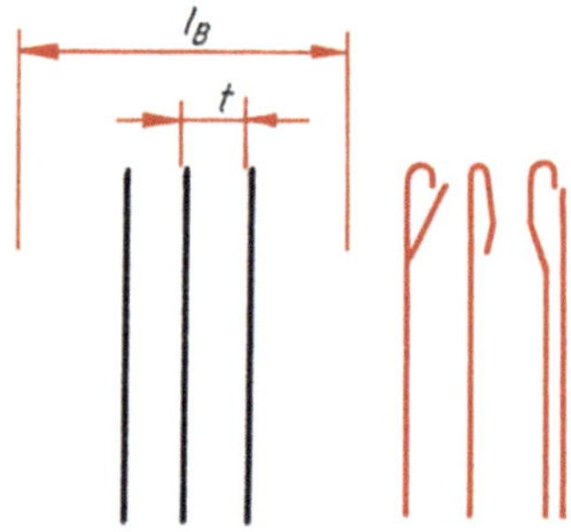
Rundkulierwirkmaschine	*auf Nadel-* *spitzenkreis*	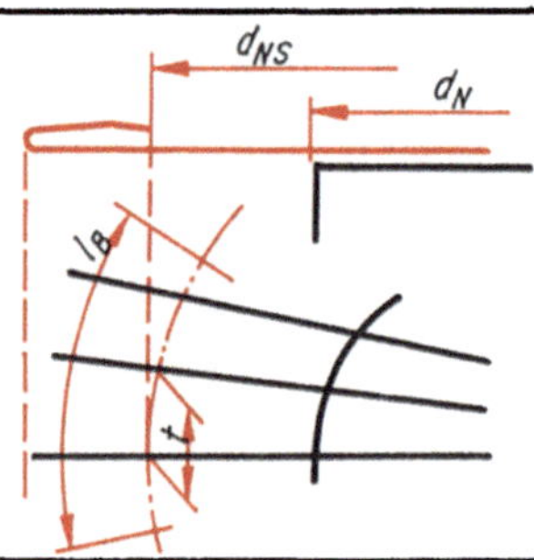
Rundstrickmaschine *Rundkettenwirkmaschine*	*auf Nadel-* *grundkreis*	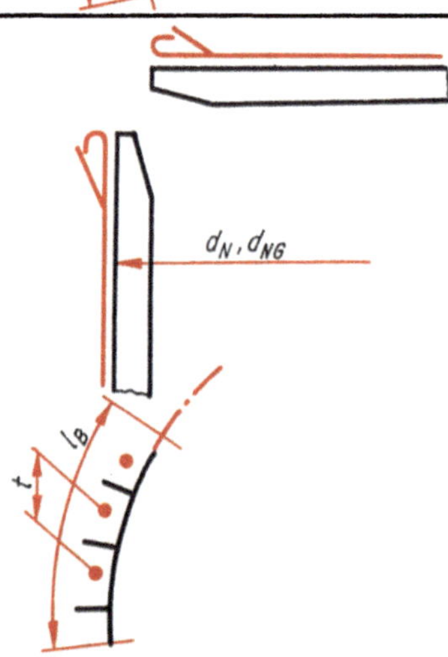

Bild 3/11. Definition von Nadelteilung und Bezugslänge der Feinheit von Wirk- und Strickmaschinen

Tabelle 3/1. Feinheitsbezeichnungen, zugeordnete Bezugslängen und Maschinengruppen

Feinheitsbezeichnung	Bezugslänge im ursprünglichen Maßsystem	metrischen Maßsystem	Maschinengruppe
E	1 engl. Zoll	25,4000 mm	Flachstrickmaschinen, Rundstrickmaschinen, Kettenwirkmaschinen mit Spitzen- oder Schiebernadel
gg (gauge)	$1^1/_2$ engl. Zoll	38,1000 mm	Flachkulierwirkmaschinen
Fg (französisch grob)	$1^1/_2$ franz. Zoll	41,6655 mm	Rundkulierwirkmaschinen (bis 27 Fg)
Ff (französisch fein)	1 franz. Zoll	27,7777 mm	Rundkulierwirkmaschinen (ab 20 Ff)
gg (gauge) ER	2 engl. Zoll	50,8000 mm	Kettenwirkmaschinen mit Zungennadel (Raschel)
F (fein)	25,0000 mm	25,0000 mm	Nähwirkmaschinen Malimo
m	100,0000 mm	100,0000 mm	Nähwirkmaschinen Arachne
	10,0000 mm	10,0000 mm	Häkelgalon-Maschinen[1])

[1]) werden zunehmend anderen Feinheitsbezeichnungen (ER, F) zugeordnet.

teilung bezeichnet. Während dafür bei ebenen Nadelträgern die Meßstelle frei wählbar ist, sind für runde Nadelträger Meßstellen festgelegt. Für Rundkulierwirkmaschinen wird die Nadelteilung auf dem *Nadelspitzenkreis* mit dem Durchmesser d_{NS} gemessen und für Rundstrickmaschinen (sowie Rundkettenwirkmaschinen) auf dem *Nadelgrundkreis* mit dem Durchmesser d_{NG}, der dem Nenndurchmesser d_N der Maschine entspricht.

Als Maschinenfeinheit wird die Anzahl der Nadeln auf eine für das jeweilige Maschenbildungsverfahren definierte *Bezugslänge* an den jeweils genannten Meßstellen angegeben. Gegenwärtig gelten die in Tabelle 3/1 zusammengestellten Feinheitsbezeichnungen und Bezugslängen.

Es gelten folgende einfache mathematische Beziehungen: Ausgehend von der Definitionsgleichung

$$F_M = N_{NB} \tag{3/2}$$

mit

F_M Maschinenfeinheit,
N_{NB} Nadelanzahl/Bezugslänge

werden die Nadelteilung t_M

$$t_M = \frac{l_B}{N_{NB}} \tag{3/3}$$

und die Maschinenfeinheit F_M

$$F_M = \frac{N_{NA} \cdot l_B}{b_M} \tag{3/4}$$

bzw. für kreisförmige Nadelträger

$$F_M = \frac{N_{NA} \cdot l_B}{d_i \cdot \pi} \tag{3/5}$$

errechnet. Dabei bedeuten:

l_B Bezugslänge (entsprechend Tabelle 3/1),
N_{NA} Nadelanzahl/Arbeitsstelle,
b_A Breite der Arbeitsstelle in mm,
d_i Nadelkreis-Durchmesser (d_N, d_{NG}, d_{NS}) in mm.

Weiterhin gilt die Beziehung

$$\frac{l_{B_1}}{l_{B_2}} = \frac{F_{M_1}}{F_{M_2}}, \tag{3/6}$$

Tabelle 3/2. Zahlenwerte für die Maschinenfeinheiten und die zugehörigen Nadelteilungen

Zahlenwert der Feinheit	Feinheitssystem (Kurzzeichen und Bezugslänge)						
	E 1 engl. Zoll	gg 1,5 engl. Zoll	Fg 1,5 franz. Zoll	Ff 1 franz. Zoll	gg/ER 2 engl. Zoll	F 25 mm	m 100 mm (bzw. × 10^{-1} für 10 mm)
	Nadelteilung in mm						
3		12,7000				8,333	33,333
4		8,4667			12,700	6,250	25,000
5			8,333		10,160	5,000	20,000
6		6,3500	6,944		8,467	4,167	16,667
7	3,629		5,952		7,257	3,571	14,286
8	3,175		5,208		6,350	3,125	12,500
9	2,822	4,233	4,630		5,644	2,778	11,111
10	2,540		4,167		5,080	2,500	10,000
11	2,309		3,788		4,618	2,273	9,091
12	2,117	3,175	3,472		4,233	2,083	8,333
13	1,954		3,205		3,908	1,923	7,692
14	1,814		2,976		3,629	1,786	7,143
15	1,693	2,540	2,778		3,387	1,667	6,667
16	1,588		2,604		3,175	1,563	6,250
17	1,494		2,451		2,988	1,471	5,882
18	1,411	2,117	2,315		2,822	1,389	5,556
19	1,377		2,193		2,674	1,316	5,263
20	1,270		2,083	1,389	2,540	1,250	5,000
21	1,210	1,814	1,984	1,323	2,419	1,191	4,762
22	1,555		1,894	1,263	2,309	1,136	4,545
23	1,104		1,812	1,208	2,209	1,087	4,348
24	1,058	1,588	1,736	1,157	2,117	1,042	4,167
25	1,016		1,667	1,111	2,032	1,000	4,000
26	0,977		1,603	1,068	1,954	0,962	3,846
27	0,941	1,411	1,543	1,029	1,882	0,926	3,704
28	0,907			0,992	1,814	0,893	3,571
29	0,876			0,958	1,752	0,862	3,448
30	0,847	1,270		0,926	1,693	0,833	3,333
31	0,819			0,896	1,639		3,226
32	0,794			0,868	1,588		3,125
33	0,770	1,155		0,842	1,539		3,030
34	0,747			0,817	1,494		2,941
35	0,726			0,794	1,451		2,857
36	0,706	1,058		0,772	1,411		2,778
37	0,686			0,751	1,373		2,703
38	0,668			0,731	1,337		2,632
39	0,651	0,977		0,712	1,303		2,564
40	0,635			0,694	1,270		2,500
42	0,605				1,210		
44	0,577				1,155		
46	0,552				1,104		
48	0,529				1,058		
50	0,508				1,016		
52					0,977		
54					0,941		
56					0,907		
58					0,876		
60					0,847		1,667
62					0,819		
64					0,794		
66					0,770		
68					0,747		
70					0,726		1,429
80							1,250

d.h., die Bezugslängen verhalten sich wie die Maschinenfeinheiten.
Folgendes Beispiel soll der Erläuterung dienen. Eine Flachkulierwirkmaschine 1 ist mit der Feinheit 21 gg angegeben. Sie hat 21 Nadeln pro $1\frac{1}{2}$ engl. Zoll. Ein der Produktion dieser Maschine äquivalentes Gestrick soll auf einer Flachstrickmaschine 2 gefertigt werden.

Sie muß folgende Feinheit aufweisen:

$$F_{M_2} = \frac{F_{M_1} \cdot l_{B_2}}{l_{B_1}} = \frac{21 \cdot 1''}{1\frac{1}{2}''} = 14\,E$$

Die Feinheit dieser Flachstrickmaschine beträgt 14 E.
In der Tabelle 3/2 sind alle gebräuchlichen Maschinenfeinheiten mit ihren zugehörigen Nadelteilungen zusammengestellt.

4. Technologie der Maschenbildung

Die in Abschnitt 3 systematisierten Maschenbildungsverfahren sollen an dieser Stelle soweit ausführlich behandelt werden, daß die einzelnen zur Maschenbildung erforderlichen *Arbeitstakte* für die wichtigsten technologischen Verfahren bekannt werden. Es ist verbreitet, diese Arbeitstakte auch als *Tempi* (Singular: Tempo) der Maschenbildung zu bezeichnen. Dabei werden die Arbeitsorgane zur Maschenbildung und ihre Funktionen bereits genannt, auf Einzelheiten, wie deren konstruktive Ausführung und Antrieb usw., wird jedoch erst in Abschnitt 7 eingegangen.

Der Ablauf der Arbeitstakte für einen Maschenbildungszyklus beginnt immer mit einer Ausgangsstellung, in der sich eine Halbmasche im Nadelkopf befindet. Hinsichtlich der Arbeitstaktfolge ist besonders auf die Gemeinsamkeiten und die Unterscheidungsmerkmale der einzelnen Verfahren zu achten.

Tafel 4/1 vermittelt in Zusammenfassung des Abschnittes 4 eine systematische Übersicht über die nachfolgend beschriebenen Verfahren und entsprechenden Maschinen der Maschenbildung. Es sind die Ausführungsformen der Nadelträger, die Nadelart, die Zuordnung beider sowie ihre Beweglichkeit ersichtlich. In gleicher Weise enthält die Tafel darüber hinaus, um vollständig zu sein, in der Gegenwart nicht mehr angewandte (†) oder wenig bedeutende (‡) Verfahren, die deshalb nicht beschrieben werden.

Tafel 4/1

Maschinen zur Maschenbildung

1. Strickmaschinen

1.1. Flachstrickmaschine

1.1.1. RL-Flachstrickmaschine (Intarsienm.)

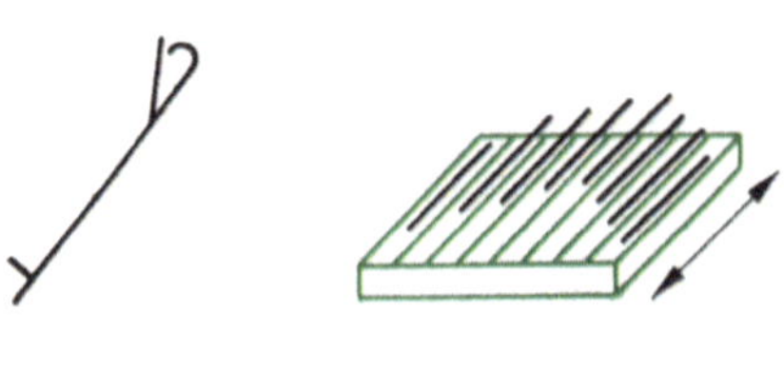

1.1.2. RR-Flachstrickmaschine

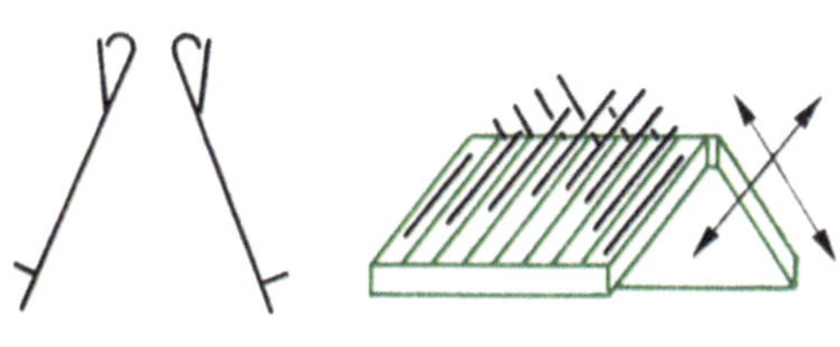

1.1.3. LL-Flachstrickmaschine

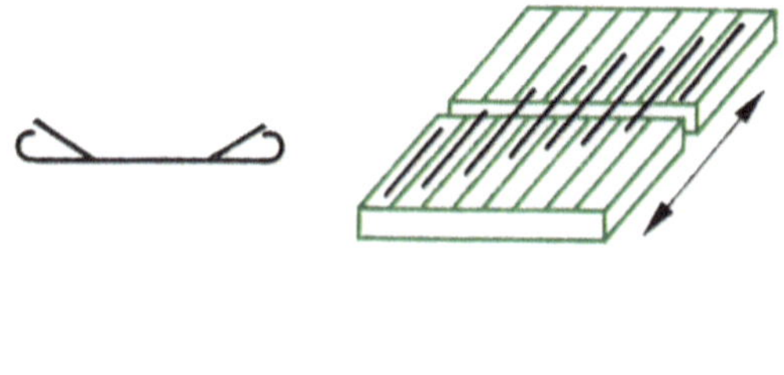

1.2. Rundstrickmaschinen

1.2.1. RL-Rundstrickmaschine

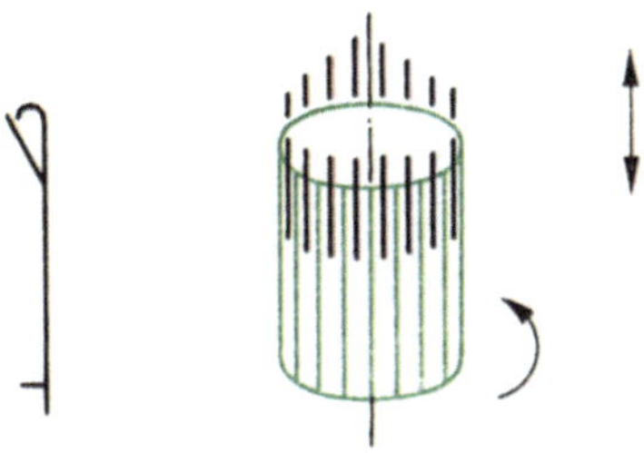

1.2.2. RR-Rundstrickmaschine (dazu auch Interlock-Rundstrickmaschine)

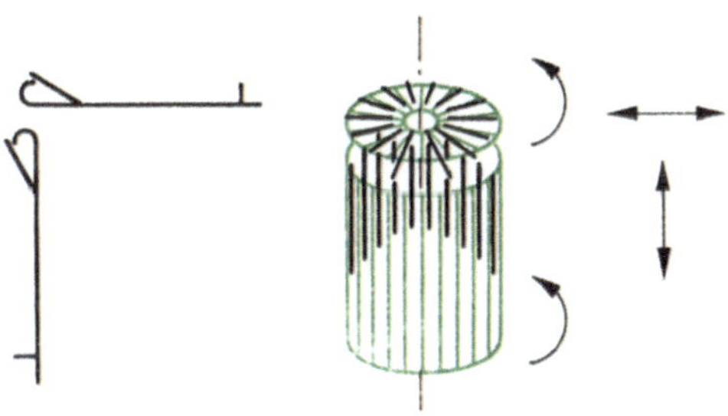

1.2.3. LL-Rundstrickmaschine

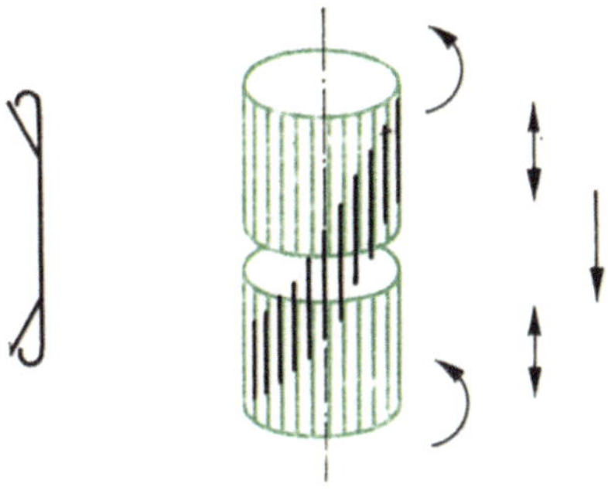

2. Kuliermaschine

2.1. Flachkulierwirkmaschine

2.1.1. RL-Flachkulierwirkmaschine

2.1.1.1. RL-Flachkulierwirkmaschine Bauart Paget (†)

Die schwarze Darstellung ist mit 3.1.1.5. auszutauschen

2.1.1.2. RL-Flachkulierwirkmaschine Bauart Cotton

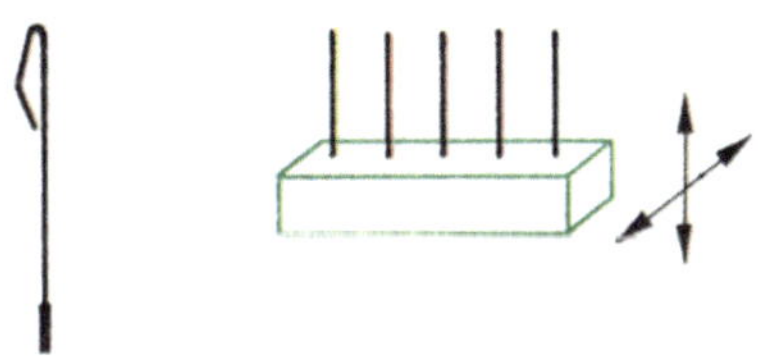

2.1.2. RR-Flachkulierwirkmaschine

2.1.2.1. RR-Flachkulierwirkmaschine Bauart Paget (†)

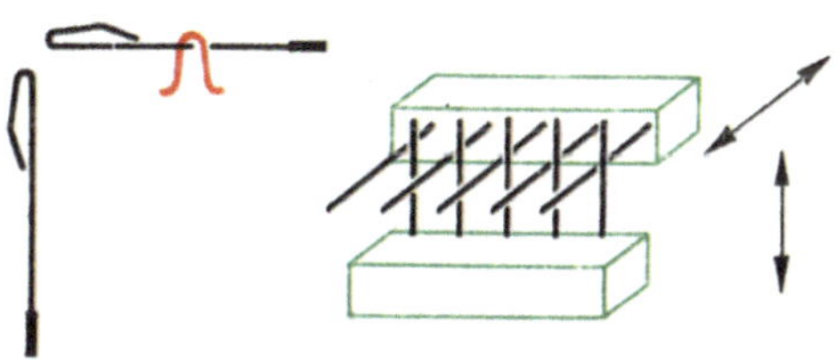

2.1.2.2. RR-Flachkulierwirkmaschine Bauart Cotton

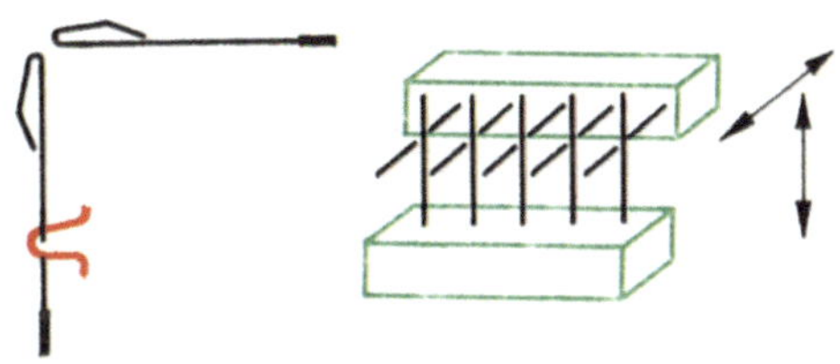

2.1.2.3. RR-RL-Flachkulierwirkmaschine
Bauart Cotton

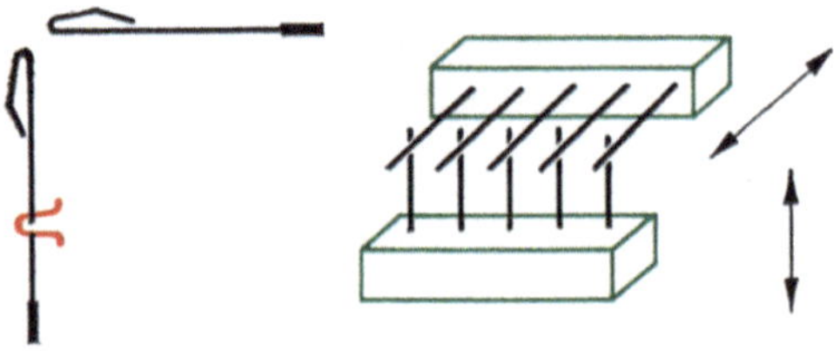

2.2. Rundkulierwirkmaschine

2.2.1. RL-Rundkulierwirkmaschine

2.2.1.1. RL-Rundkulierwirkmaschine
Franz. Bauart

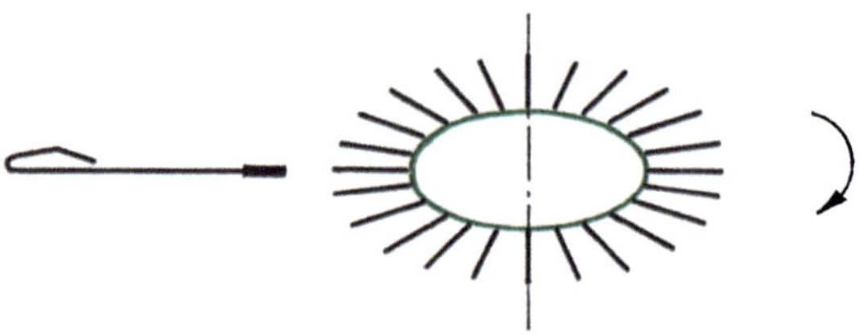

2.2.1.2. RL-Rundkulierwirkmaschine
Engl. Bauart (†)

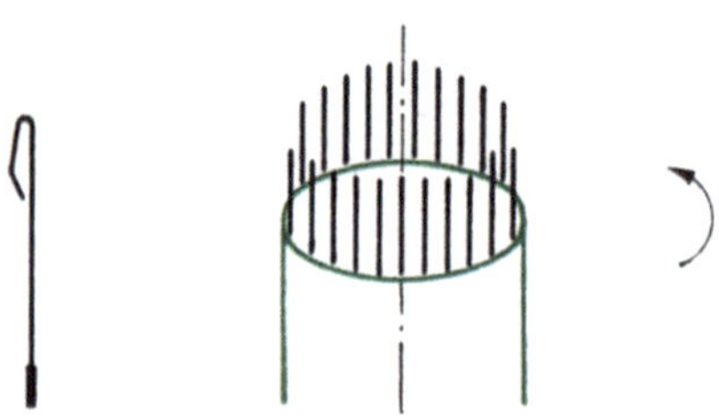

2.2.1.3. RL-Rundkulierwirkmaschine
Deutsche Bauart (†) (ohne Platinrad)

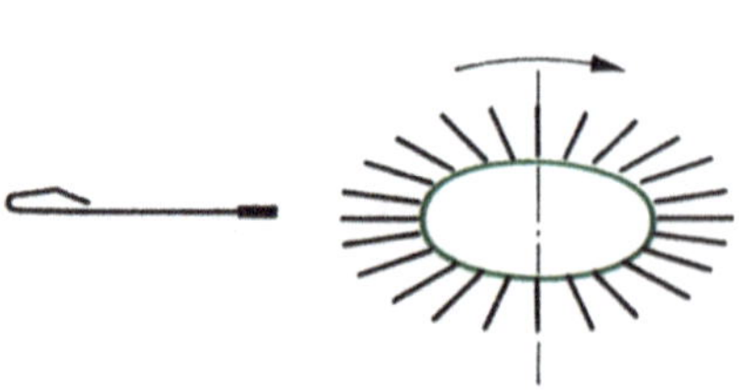

2.2.1.4. RL-Rundkulierwirkmaschine
Engl. Bauart (†) (Challenger)
(mit einzeln beweglichen Nadeln)

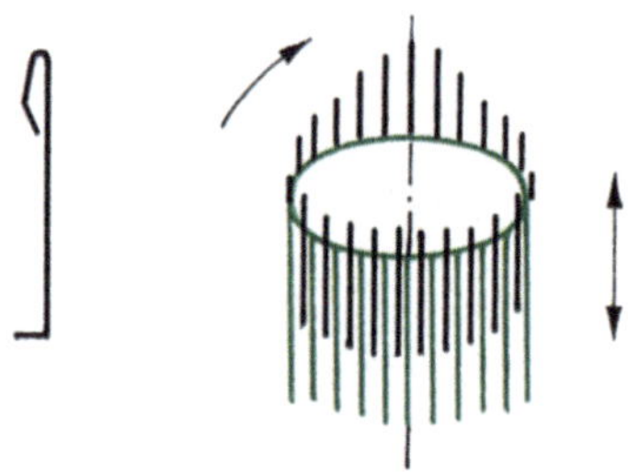

2.2.2. RR-Rundkulierwirkmaschine
Franz Bauart (†)

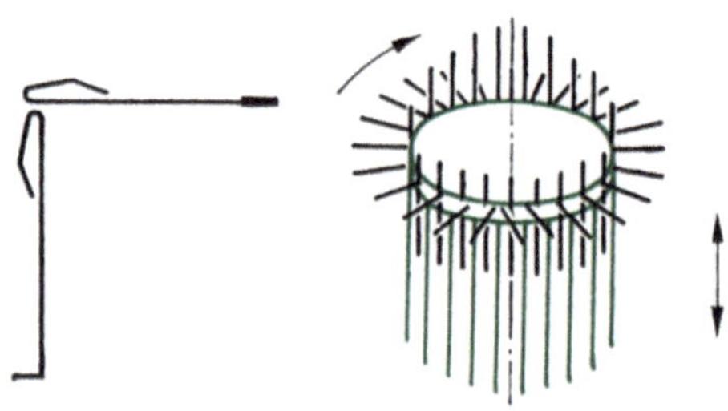

3. Kettenwirkmaschine

3.1. Flachkettenwirkmaschine

3.1.1. RL-Flachkettenwirkmaschine

3.1.1.1. RL-Flachkettenwirkmaschine
mit Spitzennadel

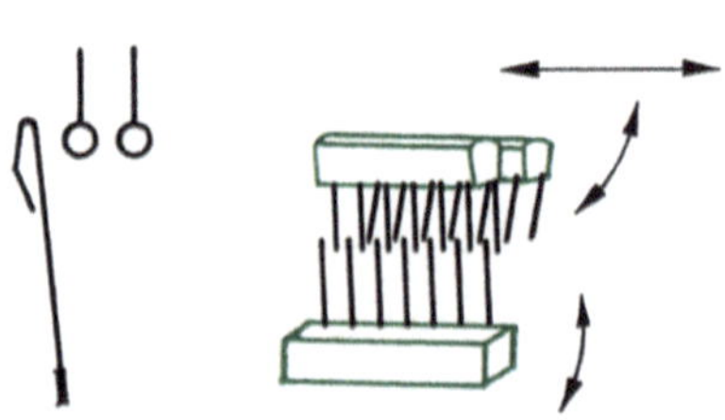

3.1.1.2. RL-Flachkettenwirkmaschine mit Zungennadel „RL-Raschelmaschine“

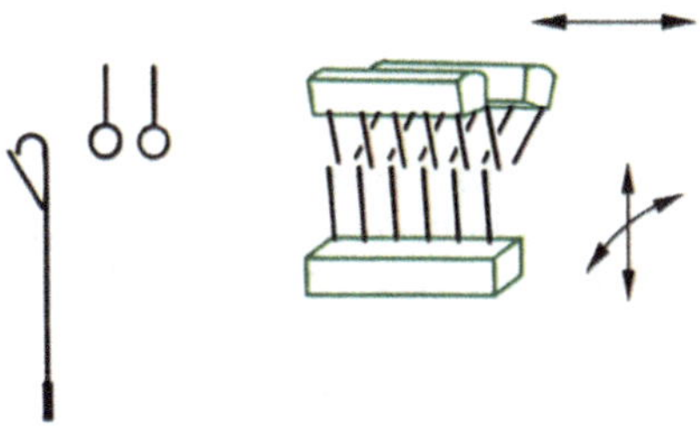

3.1.1.3. RL-Flachkettenwirkmaschine mit Schiebernadel (Rinnen-(Nähwirkmaschine)/Röhrchennadel)

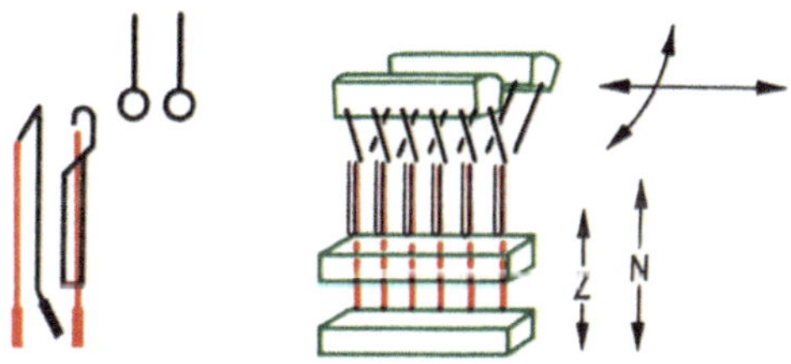

3.1.1.4. RL-Flachkettenwirkmaschine „Milanese“ (†)

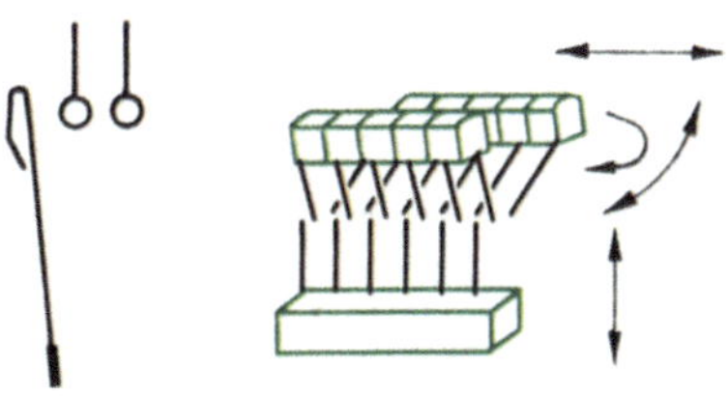

3.1.1.5. RL-Flachkettenwirkmaschine „Milanese“ (Bauart Saupe) (†)

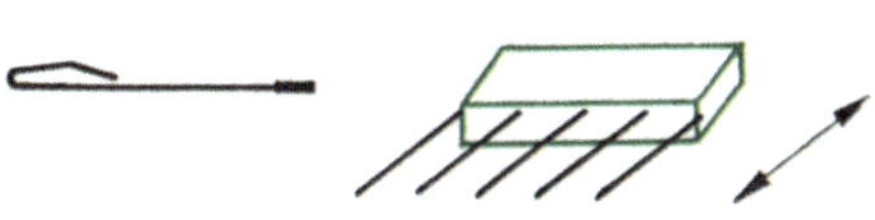

3.1.2. RR-Flachkettenwirkmaschine

3.1.2.1. RR-Flachkettenwirkmaschine mit Zungennadeln „RR-Raschelmaschine“

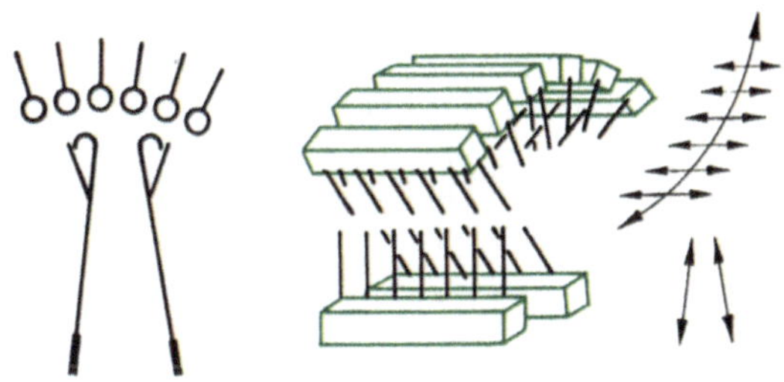

3.1.2.2. RR-Flachkettenwirkmaschine „Simplex“ (†)

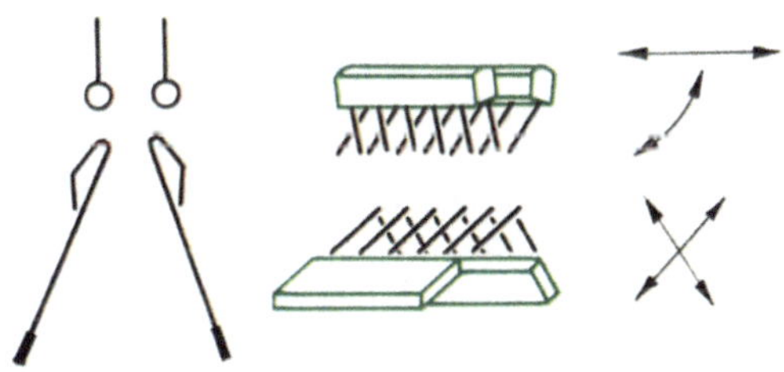

3.2- Rundkettenwirkmaschine

3.2.1. RL-Rundkettenwirkmaschine „Maratti“ (†)

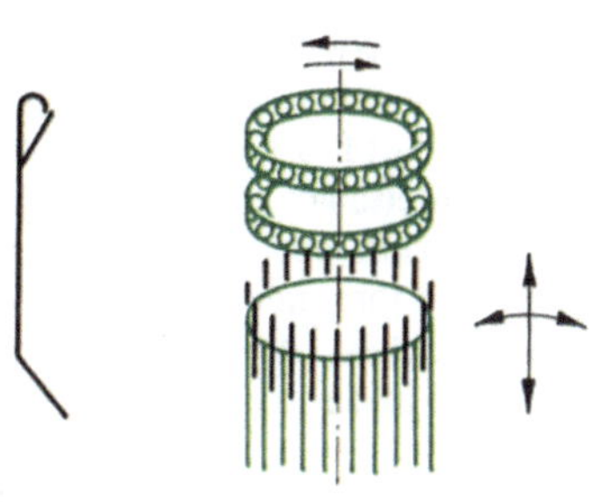

3.2.2. RL-Rundkettenwirkmaschine „Rundmilanese" (†)

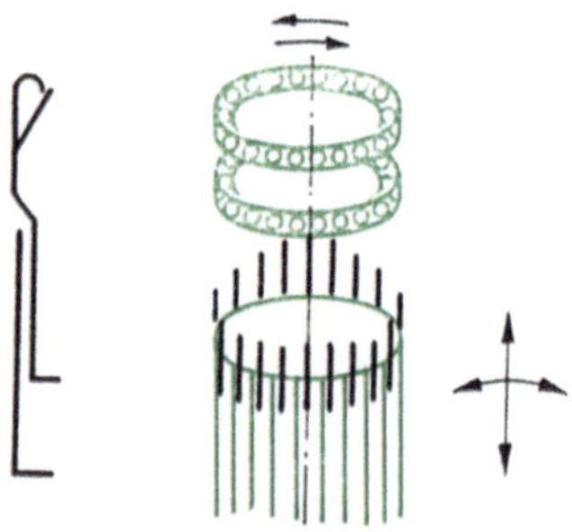

4.1. Technologie des Strickens

4.1.1. Technologie des Flachstrickens

Die einfachste Technologie zur Maschenbildung beruht auf der Verwendung eines Nadelbettes, in dem die Zungennadeln axial gleitend zwischen Nadelstegen gelagert sind (Bild 3/8 und Tafel 4/1). Die Maschenbildung erfolgt am *Abschlagkamm.* Auf der Grundlage dieser Nadelanordnung ist die Grundbindung Rechts/Links herstellbar.
Beschreibung der Arbeitstakte nach Bild 4/1 *a) ... g)*:

1. Einschließen a) :

Die Nadel *1* wird im Nadelbett soweit ausgetrieben, daß die im Nadelkopf hängende Halbmasche *2* vor den Abschlagkämmen *3* infolge der *Abzugskraft*, die auf das Gestrick wirkt, etwa senkrecht zum Nadelbett ausgerichtet ist.

2. Einstreichen b) :

Bei der weiteren gleichgerichteten Nadelbewegung trifft die Halbmasche auf die Nadelzunge und öffnet den Nadelkopf. Sie gleitet über die Zunge auf den Nadelschaft. Da dabei die Nadelzunge wieder zuklappen könnte, muß diese durch Bürsten in ihrer neuen Lage fixiert werden. Das Einstreichen ist beendet, wenn sich die Zungennadel in der rechten Umkehrstellung befindet.

3. Fadenlegen c), d) :

Die Nadel ist soweit ausgetrieben, daß der jetzt über dem geöffneten Nadelkopf positionierte Fadenführer 4, der sich entlang des Nadelbettes über die Nadeln bewegt, den Faden legen kann.

4. Vorbringen d) :

Durch das Zurückziehen der Nadel in das Nadelbett wird in der ersten Phase der Faden in den Nadelkopf vorgebracht und damit in

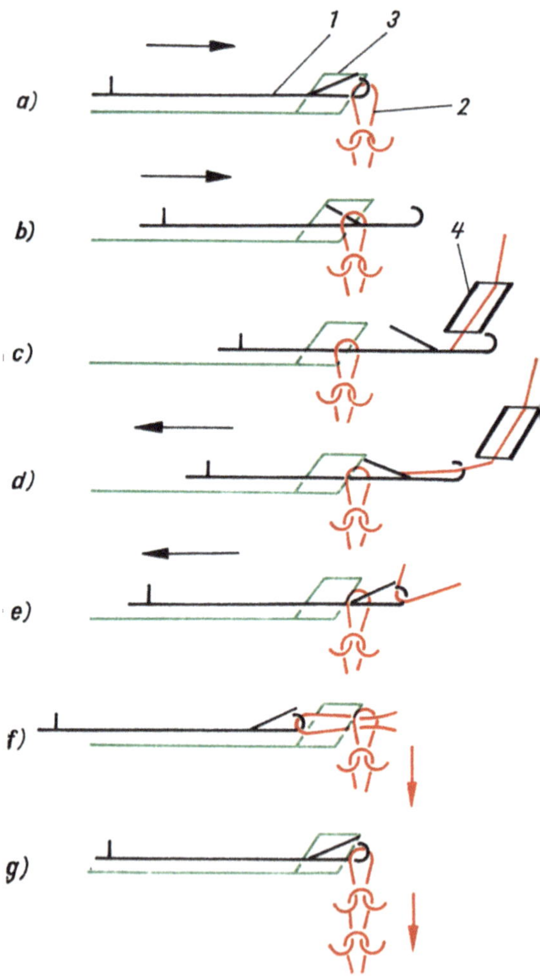

Bild 4/1. Rechts/Links-Flachstricken Arbeitstakte der Maschenbildung

1 Zungennadel; 2 Halbmasche; 3 Abschlagkamm; 4 Fadenführer

seiner Lage auf der Nadel gesichert. Dabei wird vom Fadenführer weitere Fadenlänge nachgezogen. Gleichzeitig wird die auf dem Nadelschaft befindliche Halbmasche in Richtung des Nadelkopfes geschoben.

5. Nadelkopfschließen und
6. Auftragen e) :

Die rückläufige Nadelbewegung hat eine Position erreicht, in der die Halbmasche an die Nadelzunge trifft, diese umklappt, also den Nadelkopf schließt, damit die „Brücke bildet“ und auf die Zunge aufgetragen wird.

7. Kulieren und 8. Abschlagen f) :

Die Nadel wird soweit in die Abschlagkämme gezogen, daß die Halbmasche vom Nadelkopf gleitet (abgeschlagen wird) und der im Nadelkopf befindliche Faden bei seiner gleichzeitigen Schleifenbildung entsprechend der gewünschten Schleifenlänge durch die Halbmasche hindurchgezogen wird.

9. Abziehen g) :

Die nunmehr hergestellte Masche wird durch eine Abzugskraft straff in die entstandene neue Halbmasche hineingezogen. Damit ist die Maschenbildung abgeschlossen und die Voraussetzung für den nachfolgenden ersten Arbeitstakt geschaffen.
Üblicherweise sind Flachstrickmaschinen mit zwei Nadelbetten ausgestattet, die dachförmig zueinander stehen (Tafeln 3/1 und 4/1). Damit ist die Möglichkeit gegeben, die Grundbindung Rechts/Rechts herzustellen.
Die Nadeln beider Nadelbetten stehen auf Lücke zueinander und überkreuzen sich in ausgetriebener Position. Der Fadenführer legt den Nadeln beider Nadelbetten den Faden vor. Diese führen entsprechend ihrer Anordnung die Bewegung in gegenläufigen Richtungen aus, d. h., von Nadel zu Nadel wechselt die Abschlagrichtung – das technologische Merkmal für die Herstellung einer Rechts/Rechts-Bindung.
Die Nadelbewegung erfolgt an gleichen Stellen der beiden Nadelbetten mit einer geringen Phasenverschiebung. Der Ablauf der Arbeitstakte zur Maschenbildung ist somit für die Rechts/Links- und die Rechts/Rechts-Bindung identisch, so daß das Prinzip des Rechts/Rechts-Flachstrickens nicht extra zu betrachten ist.
Als charakteristisch für das Links/Links-Flachstricken wurden bereits die zwei in einer Ebene befindlichen Nadelträger herausgestellt (Tafeln 3/1 und 4/1). Das dabei (Bild 4/2) verwendete Arbeitsorgan, die doppelköpfige Zungennadel *1*, wechselt, angetrieben durch Nadelschieber *2*, von einem Nadelbett in das gegenüberliegende und umgekehrt, wodurch sich auch die abschlagenden Nadelköpfe der Zungennadel und die mit ihnen zusammenwirkenden Nadelbetten bei der Maschenbildung abwechseln. Das heißt, die Abschlagrichtung wechselt in diesem Falle reihenweise.
Der Ablauf der Arbeitstakte der Maschenbildung ist identisch mit den Arbeitstakten beim Rechts/Links-Flachstricken. So wird in Bild 4/2 auf dem linken Nadelbett durch den rechten Nadelhaken ein vorgelegter Faden *3* erfaßt und daraus die rot dargestellte Halbmasche gebildet. Aus der Anordnung der vorhergehenden Masche ist ersichtlich, daß sie vor der Nadelübergabe ebenfalls auf dem linken Nadelbett gebildet wurde.

4.1.2. Technologie des Rundstrickens

4.1.2.1. Rechts/Links-Rundstricken

Zur Verwirklichung dieses Maschenbildungsverfahrens wird ein zylinderförmiger Nadelträger (Tafeln 3/1 und 4/1) verwendet, in dem die Zungennadeln in außenliegenden Nuten entlang des Zylindermantels axial beweglich sind. Zur Unterstützung der Maschenbildung dienen radial von außen zwischen die Nadellücken eingreifende Platinen. Die Maschenbildung weist eine weitgehende Analogie zum Flachstricken auf.
Beschreibung der Arbeitstakte nach Bild 4/3, *a) ... d) :*

1. Einschließen a) :

Die von der Nadel *1* gehaltene Halbmasche *2* wird durch Eintritt der Einschließplatine *3* zwischen die Nadellücken in die Einschließstellung, also etwa senkrecht zum Nadelschaft, gebracht. Die *Einschließkehle* der Platine nimmt dabei den Fußbogen der Halbmasche auf.

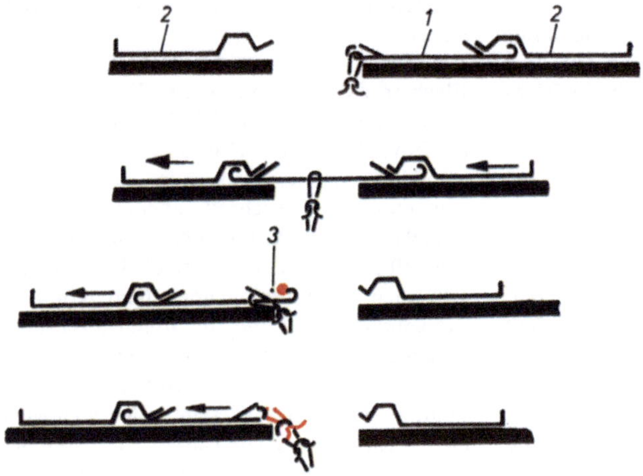

Bild 4/2. Links/Links-Flachstricken Nadelübergabe
1 doppelköpfige Zungennadel; 2 Nadelschieber; 3 Faden

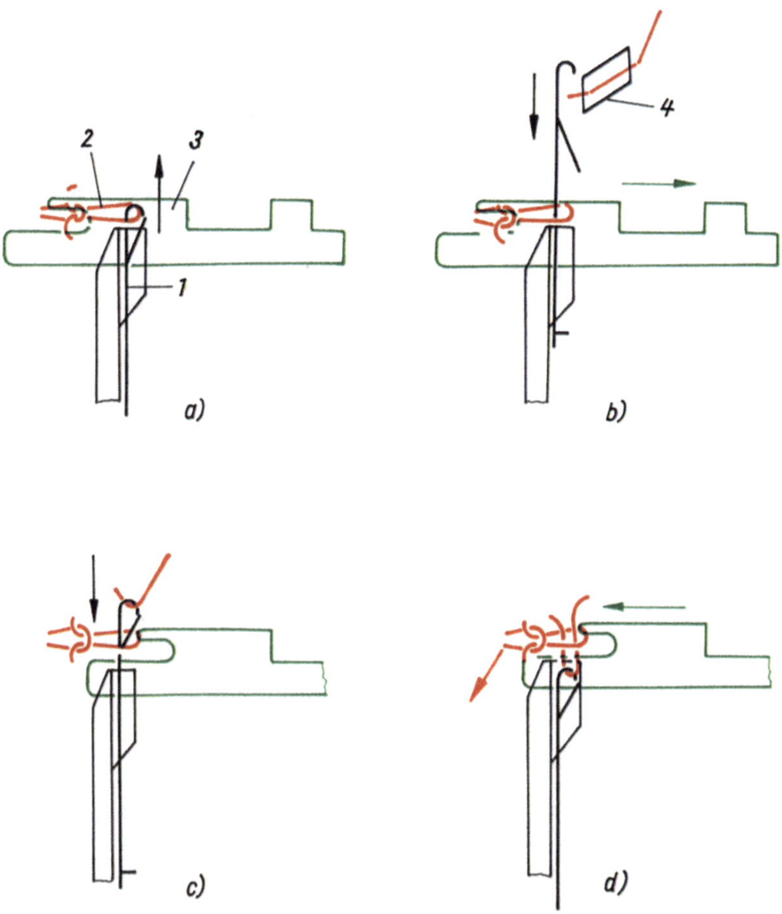

Bild 4/3. Rechts/Links-Rundstricken – Arbeitsphasen der Maschenbildung
1 Zungennadel; 2 Halbmasche; 3 kombinierte Einschließ- und Abschlagplatine; 4 Fadenführer

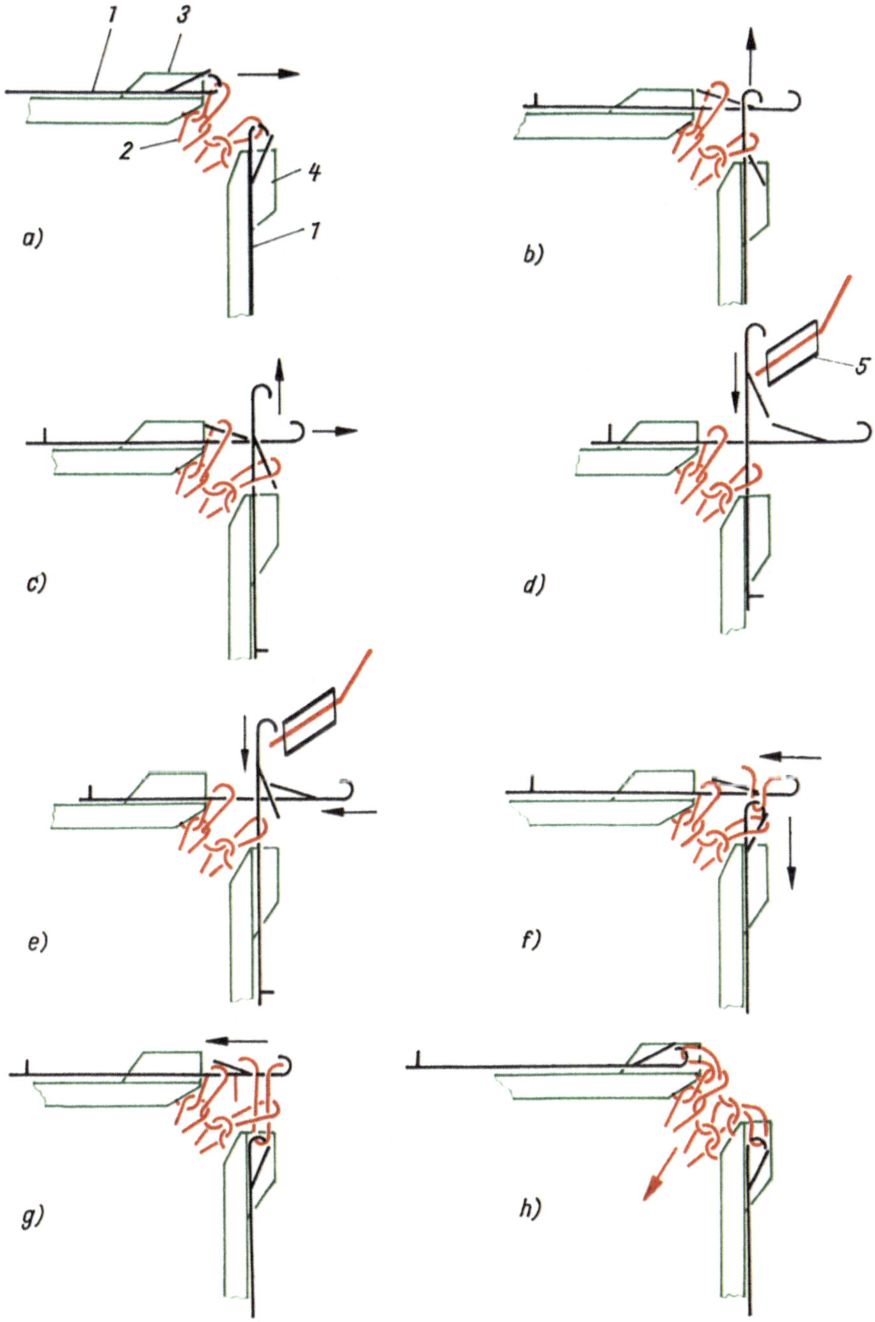

Bild 4/4. Rechts/Rechts-Rundstricken – Arbeitstakte der Maschenbildung
1 Zungennadel; 2 Halbmasche; 3 und 4 Steg (Abschlagkamm); 5 Fadenführer

2. Einstreichen a), b) :

Während die Nadel vertikal ausgetrieben wird, verbleibt die Halbmasche in der Einschließkehle der Platine und gelangt nach Öffnen der Nadelzunge auf den unteren Nadelschaft. Da auch hier die Zunge der Nadel die Tendenz zum Zurückspringen aufweist, muß sie durch den Fadenführer *4*, in dessen Bereich der Nadelkopf zu diesem Zeitpunkt gelangt, zurückgehalten werden.

3. Fadenlegen b) :

Auf die Nadel wird der Faden in einer dem Flachstricken analogen Weise gelegt. Um allen Nadeln den Faden vorlegen zu können, ist eine Relativbewegung zwischen den Nadeln bzw. dem Nadelbett und dem Fadenführer erforderlich. Üblicherweise rotiert dazu der Nadelzylinder mit den Nadeln, während der Fadenführer stationär angeordnet ist. Nur selten wird umgekehrt verfahren.

4. Vorbringen und
5. Nadelkopfschließen b), c) :

Die Halbmasche wird während des Vorbringens des eben gelegten Fadens unter den Nadelhaken durch die Einschließplatine gehalten. Dabei wird die Platine radial soweit nach außen bewegt, daß auf die Halbmasche möglichst keine die Reibung erhöhende Zugkraft mehr wirkt. Im Verlaufe der weiteren rückläufigen Nadelbewegung schiebt sich die Halbmasche unter die Nadelzunge und klappt diese schließlich um.

6. Auftragen c), 7. Kulieren, 8. Abschlagen und
9. Abziehen d) :

Diese Arbeitstakte sind inhaltlich identisch mit denen des Flachstrickens, wobei lediglich die unterstützende Wirkung der kombinierten Einschließ- und Abschlagplatine beim Auftragen und Abschlagen hinzukommt. Der Abzug des Gestrickes erfolgt in das Innere des Nadelzylinders.

4.1.2.2. Rechts/Rechts-Rundstricken

Zur Herstellung der Rechts/Rechts-Bindung sind zwei Nadelträger, ein Nadelteller und ein Nadelzylinder (Tafeln 3/1 und 4/1) erforderlich. Die Maschenbildung auf den zwei Nadelträgern verläuft annähernd synchron mit einer Phasenverschiebung von einer halben bis zu wenigen Nadelteilungen. Die beim Rechts/Links-Rundstricken den Einschließplatinen übertragene Funktion, die Halbmasche zur Maschenbildung in einer bestimmten Position zu halten, übernehmen hier gegenseitig die Nadeln des gegenüberliegenden Nadelbettes. Beschreibung der Arbeitstakte nach Bild 4/4, *a)... h)*:

1. Einschließen a):

Die Nadeln *1* des Tellers und Zylinders ragen aus den Abschlagkämmen *3* und *4* heraus, so daß mit Hilfe der in das Zylinderinnere wirkenden Abzugskraft die Einschließstellung der Halbmaschen *2* erreicht wird.

2. Einstreichen b), c):

In dem hier gezeigten Ablauf wird zunächst die Tellernadel ausgetrieben. Dabei fixiert sie mit ihrem Schaft die Halbmasche der Zylindernadel, die durch ihre vertikal aufsteigende Bewegung diese Halbmasche auf den Nadelschaft bringt. Die Zylindernadel wiederum übernimmt die gleiche Funktion des Zurückhaltens der Halbmasche für die Tellernadel.

3. Fadenlegen d), e):

Analog dem Rechts/Links-Rundstricken rotieren hier sowohl Teller als auch Zylinder, so daß ihre Nadeln vom Fadenführer 5 Faden abziehen können. Die Zylindernadel hat dabei einen Vorlauf, faßt den Faden und legt diesen während ihrer rückläufigen vertikalen Bewegung in den Kopf der Tellernadel.

4. Vorbringen e), f),
5. Nadelkopfschließen f), h),
6. Auftragen f), 7. Kulieren und
8. Abschlagen f), g), h), 9. Abziehen h):

Die Zylindernadel hat bei den letztgenannten Arbeitstakten 4 ... 8 weiter einen Vorlauf und bildet zuerst die neue Bindungseinheit aus. Die Tellernadel nimmt bei der verzögert ablaufenden Maschenbildung eine bestimmte Fadenlänge von der Halbmasche auf der Zylindernadel in Anspruch, da bereits die nachfolgende(n) Zylindernadel(n) Masche bildete(n), so daß die durch die mehrfache Um-

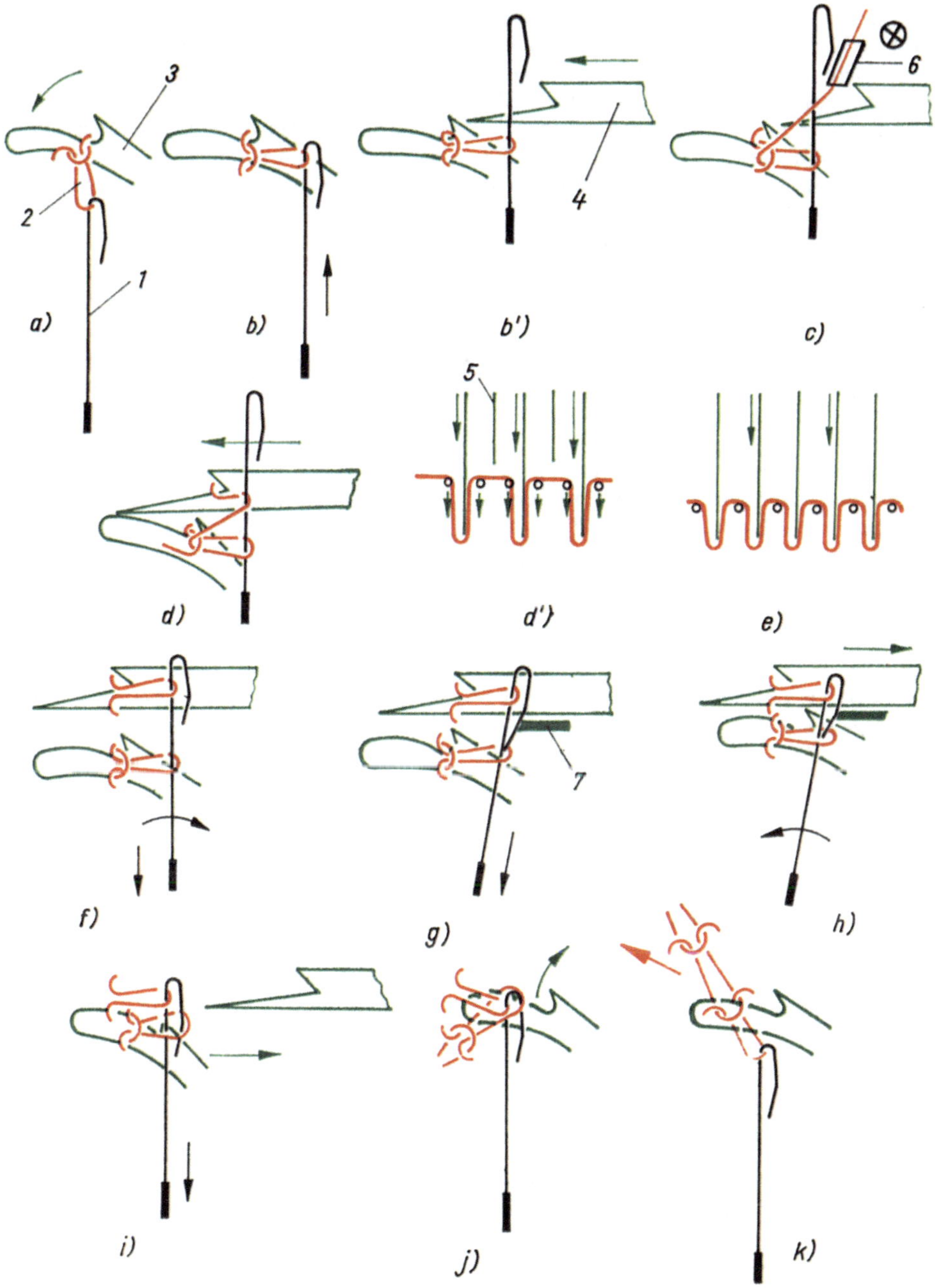

Bild 4/5. Rechts/Links-Flachkulierwirken – Arbeitstakte der Maschenbildung

1 Spitzennadel; 2 Halbmasche; 3 kombinierte Einschließ- und Abschlagplatine; 4 Kulierplatine
5 Verteilplatine; 6 Fadenführer; 7 Presse (Preßkante)

lenkung des Fadens verursachte Reibungskraft kein Nachziehen des Fadens vom Fadenführer mehr zuläßt. Das Abschlagen wird durch das Zusammenwirken von Nadel, Abschlagkämmen und Abzugskraft realisiert.
Die in Bild 4/4 dargestellte Maschenbildung beim Rechts/Rechts-Rundstricken entspricht der *Nachzugkulierung*. Entfällt der Maschenbildungsvorlauf für die Zylindernadeln, so wird von einer *Gleichzugkulierung* gesprochen.

4.2. Technologie des Kulierwirkens

4.2.1. Technologie des Flachkulierwirkens

Das Flachkulierwirken ist eine Technologie, nach der fast ausschließlich Maschenwaren in der Rechts/Links-Bindung hergestellt werden. Demzufolge ist ein Nadelträger, und zwar hier in Form einer *Nadelbarre* mit Spitzennadeln, erforderlich (Tafeln 3/1 und 4/1). Die Schleifenbildung erfolgt nach Bild 3/9 durch *Kulierplatinen* im Zusammenwirken mit den Spitzennadeln. Als zusätzlich die Maschenbildung unterstützende Arbeitsorgane treten kombinierte *Einschließ- und Abschlagplatinen* auf, deren Funktionen mit den Aufgaben der Platinen für das Rechts/Links-Rundstricken vergleichbar sind. Sie bestimmen die Position der Halbmasche auf der Nadel und übertragen die zum Abschlagen der Halbmasche erforderliche Gegenkraft. Die zum Schließen der Spitzennadeln notwendige Kraft wird durch eine *Presse (Preßkante)*, an die sich die Spitzennadeln im Bereich der Spitzenkröpfung anlegen, aufgebracht.
Beschreibung der Arbeitstakte nach Bild 4/5, *a) ... k)*:

1. Einschließen a), b):

Die Halbmasche *2* wird durch eine Schwingbewegung der Einschließ- und Abschlagplatine *3*, bei gleichzeitigem Einsetzen der Einstreichbewegung der Nadel *1*, in die Einschließstellung gebracht. Dabei greift die Einschließkehle in den Fußbogen der Halbmasche.

2. Einstreichen b), b'):

Die sich vertikal aufwärts bewegende Nadel bringt die in der Platineneinschließkehle gehaltene Halbmasche auf ihren Schaft, wobei im allgemeinen die Halbmasche etwas entlastet wird. Gleichzeitig übernehmen in die Nadellücken tretende Kulierplatinen *4* die Funktion, das Gewirke entgegen der zwischen Nadelschaft und Halbmasche wirkenden Reibungskraft in der ursprünglichen Position zu halten *b')*.

3. Fadenlegen c):

Den Faden legt ein Fadenführer *6*, der etwas tiefer steht als die Oberkante der Kulierplatine. Dadurch gelangt der Faden in die *Kulierkehle* der Platine, wenn sich diese beim nächsten Arbeitstakt weiter zwischen die Nadeln bewegt.

4. Kulieren d), d'):

Durch das nacheinander über die Arbeitsbreite der Nadelbarre erfolgende Hineinbewegen der Kulierplatinen zwischen die Spitzennadeln wird eine Schleife nach der anderen gebildet und in ihrer Abmessung fixiert. Da die Kulierplatinen eine konstante Endstellung einnehmen, wird die gewünschte Schleifenlänge durch die horizontale Nadelposition in der Einstreichstellung, die somit den Abstand zwischen Nadelschaft und Kulierkehle bestimmt, vorgewählt und festgelegt. Bis auf Maschinen mit einer groben Nadelteilung (im allgemeinen bis 12 gg) wird nur zwischen jede zweite Nadel eine Kulierplatine bewegt. Die Schleifen werden etwa doppelt tief kuliert *d')*.

5. Verteilen e):

Da jedoch in jeder Nadellücke und somit über jedem Nadelschaft eine Fadenschleife vorliegen muß, treten nun gleichzeitig in alle „unbesetzten" Nadellücken die *Verteilplatinen 5* und formen die flottliegenden Fadenabschnitte ebenfalls zu Schleifen. Die notwendige Fadenlänge wird von den Fadenschleifen der Kulierplatinen zurückgenommen. Dazu bewegen sich die Spitzennadeln horizontal auf die feststehenden Kulierkehlen zu und geben so die erforderliche Fadenlänge frei. Nach dem Verteilen liegt über der Arbeitsbreite eine Schleifenreihe mit konstanter Schleifenlänge vor.
Bild 4/6 zeigt eine Verteilplatine *3* und dahinter eine Kulierplatine *2*. Letztere ist zum sicheren Erfassen des vom Fadenführer *1* ge-

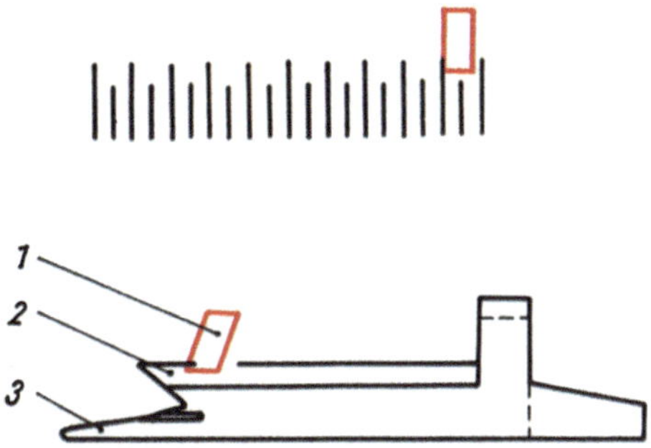

Bild 4/6. Rechts/Links-Flachkulierwirken Stellung des Fadenführers zu den Kulier- und Verteilplatinen

1 Fadenführer; 2 Kulierplatine; 3 Verteilplatine

legten Fadens höher ausgeführt als die Verteilplatine. Der Faden gleitet in der Kulierkehle zu deren tiefstem Punkt und wird in dieser Position beim Verteilen auch von den niedrigeren Verteilplatinen erfaßt. Wird der Fadenführer bei einer derartigen Platinenausführung innerhalb der Platinenreihe angehalten, dann immer über einer Verteilplatine, da sie niedriger ist als die Kulierplatine. Unter der eigentlichen Kulierkehle weisen die Verteilplatinen eine weitere, schlitzartige Kehle auf. Diese hat für die Bildung der Randmaschen folgende Funktion:

Der von der am Gewirkerand arbeitenden Spitzennadel ausgehende Faden legt sich am Gewirkerand selbsttätig in die untere Kehle der Verteilplatine und nicht in die höherliegende Kulierkehle ein, da er aus einer tieferen Lage kommt. Die zwischen dem Endpunkt dieses Schlitzes und dem Nadelschaft kulierte Schleifenlänge ist auf Grund des geringeren Abstandes zwischen beiden Bezugspunkten kürzer als die zwischen Kulierkehle und Nadelschaft kulierte Schleife, wodurch eine feste Randmasche entsteht. Die Verteilplatinen erfüllen also die technologische Voraussetzung für einen Gewirkerand mit den gleichen Dehnungseigenschaften wie sie das Gewirke hat.

Die Arbeitsweise mit Kulier- und Verteilplatinen wird vorwiegend für feine Nadelteilungen gewählt, da dann ihr Vorteil trotz des höheren Aufwandes besonders Gewicht erlangt. Der Vorteil besteht im wesentlichen in der Zeiteinsparung für den Arbeitstakt Kulieren, der etwa zwei Drittel der Zeit für die Bildung einer Maschenreihe beansprucht. Dieser Zeitanteil reduziert sich zunächst auf etwa die Hälfte. Er erhöht sich um den Zeitanteil für das Verteilen, der jedoch geringer ist, da sich dabei alle Verteilplatinen gleichzeitig bewegen.

6. Vorbringen f):

Die von den Kulier- bzw. Verteilplatinen geformten Fadenschleifen werden durch die vertikale Abwärtsbewegung der Spitzennadeln in den Nadelkopf gebracht. Gleichzeitig schieben sich die von den Einschließ- und Abschlagplatinen gehaltenen Halbmaschen nach vorn bis unmittelbar vor die Nadelspitzen.

7. Pressen g), h):

Die Spitzennadeln schwingen gegen die feststehende Preßkante 7, wodurch jede Nadelspitze in die Zasche des Schaftes gedrückt wird (Brückebilden).

8. Ausschließen und 9. Auftragen h), i):

Um die Halbmasche zu entlasten, schwingt die Einschließ- und Abschlagplatine in Richtung der Preßkante, wodurch die Einschließkehle die Halbmasche freigibt. Dieser als Ausschließen bezeichnete Arbeitstakt ist die Voraussetzung für das spannungsarme, schonende Auftragen. Während die Nadel ihre Bewegung fortsetzt, gleitet die Halbmasche über die geschlossene Spitze auf den Nadelkopf.

10. Presse zurück und
11. Ausstreichen h), i):

Indem die Nadel in ihre senkrechte Ausgangslage zurückschwingt, entfernt sich der Nadelkopf von der Preßkante. Darauf abgestimmt ziehen sich Kulier- und Verteilplatinen gemeinsam zurück und geben die Fadenschleifen frei. Damit sind die Voraussetzungen gegeben, durch weiteres Abziehen der Nadelbarre die Fadenschleifen mit den noch immer von den Abschlag- und Einschließplatinen unterstützten Halbmaschen zu verbinden.

12. Abschlagen j):

Die Nadelbewegung wird soweit fortgesetzt, wobei gleichzeitig die Abschlag- und Einschließplatine eine Kippbewegung vollführt, daß die Halbmasche über die Fadenschleife abgeschlagen wird.

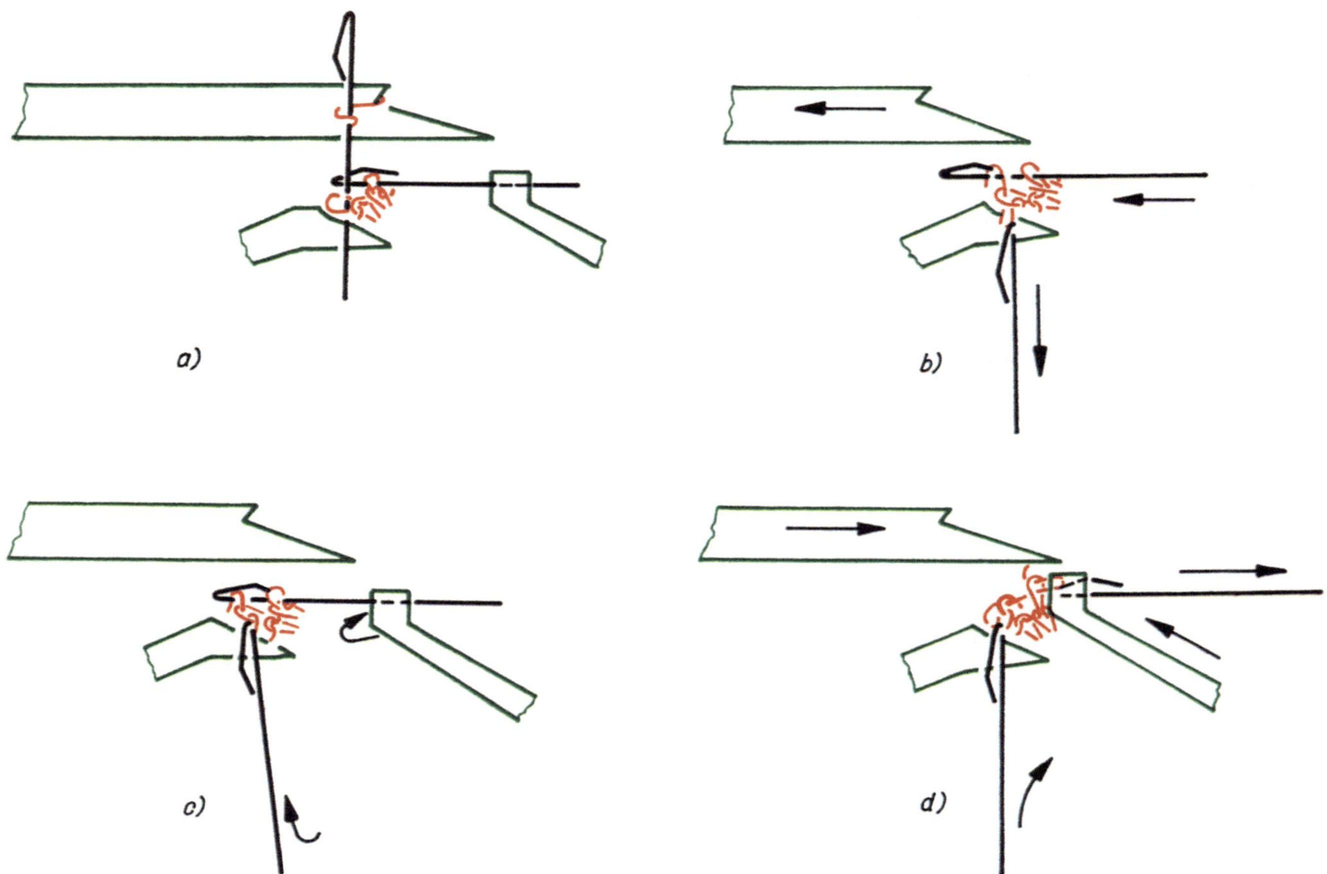

Bild 4/7. Rechts/Rechts-Flachkulierwirken – Wichtige Arbeitsphasen der Maschenbildung

13. Abziehen k):

Auf die neu gebildete Halbmasche wirkt die Abzugskraft.
Für das Rechts/Rechts- und das kombinierte Rechts/Rechts- Rechts/Links-Flachkulierwirken laufen bei Verwendung von Spitzennadeln die gleichen Arbeitstakte zur Maschenbildung ab. Die in Bild 4/7 gezeigte Arbeitsstelle einer Rechts/Rechts-Flachkulierwirkmaschine ist, bezogen auf die vertikale Spitzennadelanordnung, in Aussehen und Funktion zunächst identisch mit der Arbeitsstelle einer Rechts/Links-Flachkulierwirkmaschine. Es laufen für die vertikale Spitzennadel die notwendigen Arbeitstakte ebenso ab. Die zweite, horizontale Nadel erhält ihre Fadenschleife beim Abschlagen der Halbmasche von der vertikalen Nadel, der sie somit gleichzeitig als Abschlagkante dient *b)*. Das Kulieren für die horizontale Nadel erfolgt daher aus der durch die vertikale Nadel kulierten Fadenlänge. Die weiteren Arbeitstakte werden in der bekannten Folge durchgeführt *c)*, *d)*. Aus Bild 4/7 ist auch zu entnehmen, daß der vertikalen Spitzennadel nur eine einfache Abschlagplatine (ohne Einschließkehle) zugeordnet ist, der horizontalen Spitzennadel ein Abschlagkamm. Ähnlich wie beim Rechts/Rechts-Rundstricken erläutert wurde, sichert immer das eine Nadelsystem das Einschließen der Halbmaschen des anderen.
Flachkulierwirkmaschinen für die aufeinanderfolgende Fertigung der Rechts/Links- und Rechts/Rechts-Bindung verfügen zum Teil auch über horizontal angeordnete *Zungennadeln.* In jedem Falle muß die Möglichkeit gegeben sein, daß jede zweite vertikale Spitzennadel außer Arbeitsstellung gebracht werden kann, nämlich dann, wenn vertikale und horizontale Nadeln ein Gewirke in Rechts/Rechts-Bindung fertigen. Beim Übergang auf die Rechts/Links-Bindung treten die übrigen vertikalen Nadeln in Tätigkeit, während die horizontalen, die bis dahin an ihrer Stelle arbeiteten, zurückgezogen werden.

4.2.2. Technologie des Rundkulierwirkens

Auch die praktizierten Verfahrensvarianten des Rundkulierwirkens dienen der Herstellung von Gewirken in Rechts/Links-Bindung. In der Anordnung und Art der Arbeitsorgane unterscheidet sich dieses Maschenbildungsverfahren vom Flachkulierwirken (Tafeln 3/1 und 4/1). Als wesentlichstes Arbeitsorgan liegt jedoch auch hier eine *Spitzennadel* vor. Gruppenweise gefaßt, sind diese Nadeln radial auf einem kreisförmigen Nadelträger, dem *Nadelkranz*, befestigt. Sie sind nicht einzelbeweglich und rotieren mit dem Nadelträger. Zur Schleifenbildung dienen wiederum *Kulierplatinen.* Eine weitere Platinenart sorgt für das Abschlagen.
Beschreibung der Arbeitstakte nach Bild 4/8 *a) ... h)*:

1. Einschließen a):

Die Halbmasche 2 wird durch die Abzugskraft in die vertikale Lage zu den Spitzennadeln *1* gezogen. Damit ist die Bedingung des Einschließens erfüllt. Voraussetzung dafür ist eine durch den letzten Arbeitstakt vollständig über den Nadelkopf abgeschlagene Halbmasche. Da dies durch die Abschlagplatine *3* nicht immer erreicht wird, bewirkt eine *Abstreifvorrichtung*, ein über den Hals der Spitzennadel gleitendes Abstreifrädchen, das vollständige Herunterdrücken der Halbmasche vom Nadelkopf (Bild 4/9).

2. Einstreichen a), b):

Auf das unmittelbar unter der Ebene des Nadelkranzes parallel zu diesem liegende *Einstreichrad 4* laufen die Halbmaschen auf und werden dabei nacheinander in die Einstreichstellung auf den Schaft der Spitzennadeln geschoben. Damit ist der Arbeitsbereich für das Fadenlegen freigemacht.

3. Fadenlegen c):

Der Fadenführer *6* steht knapp über den Nadelschäften und legt den Faden zwischen Nadelspitze und Halbmasche auf die Nadel.

4. Kulieren c), d):

Den auf den Nadelschäften liegenden Faden erfassen die Kulierplatinen *5* in den Kulierkehlen und drücken ihn zwischen die Nadeln, wobei die Fadenschleife ausgebildet wird. Entsprechend dem Kuliergesetz greifen die Kulierplatinen nacheinander einzeln ein.

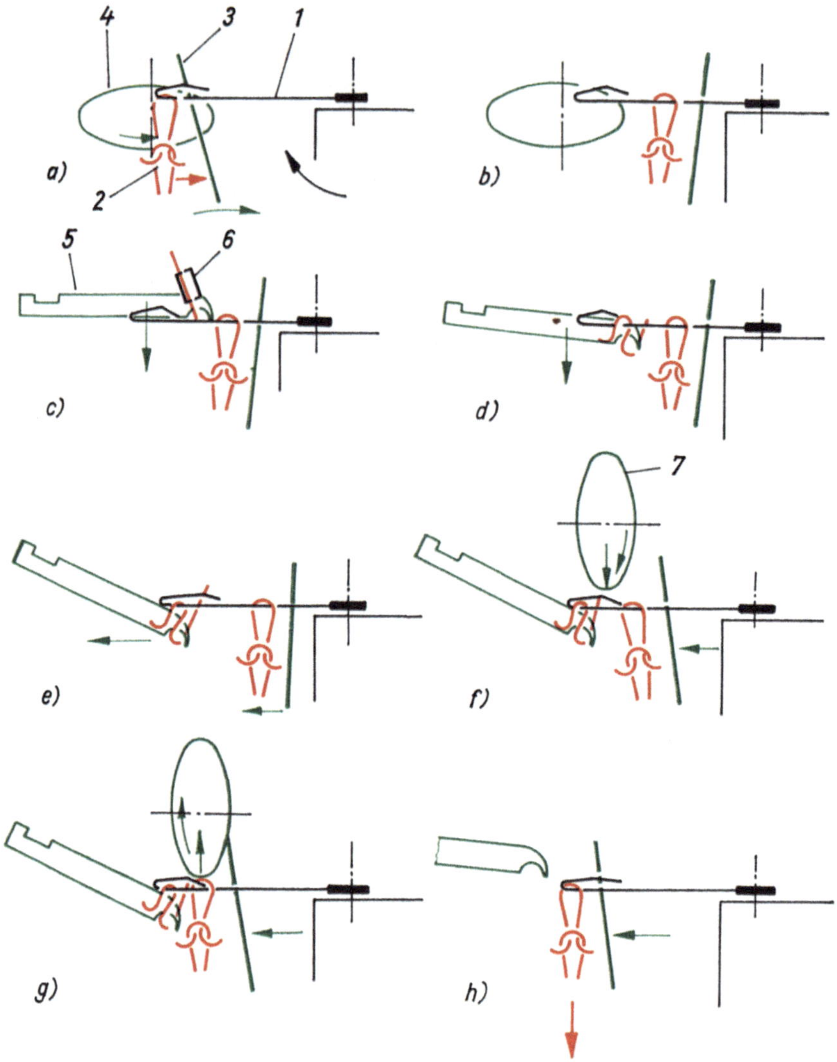

Bild 4/8. Rechts/Links-Rundkulierwirken – Arbeitstakte der Maschenbildung
1 Spitzennadel; 2 Halbmasche; 3 Abschlagplatine; 4 Einstreichrad; 5 Kulierplatine; 6 Fadenführer; 7 Preßrad

5. Vorbringen e):

Während sich die Kulierplatine vom Nadelkranz entfernt, zieht sie die Fadenschleife unter die Nadelspitze in den Nadelkopf.

6. Pressen f):

Die mit Fadenschleife und Halbmasche versehenen Nadeln des Nadelkranzes sind zum Zeitpunkt des Pressens in den Bereich eines *Preßrades* 7 gelangt, dessen Achse parallel zu den Nadeln verläuft. Dieses Preßrad schließt nacheinander kurzzeitig die Köpfe der unter ihm passierenden Spitzennadeln. Gleichzeitig schiebt die Abschlagplatine die Halbmasche auf den Nadelkopf zu.

7. Auftragen g):

Die Abschlagplatinen setzen ihre Bewegung fort und tragen so nacheinander die Halb-

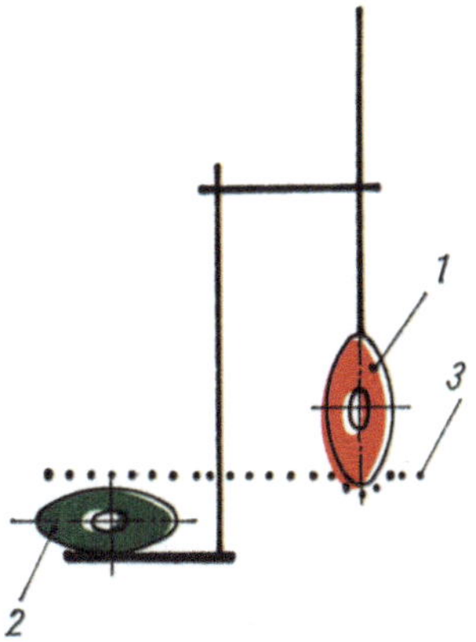

Bild 4/9. Rundkulierwirken
Abstreifvorrichtung
1 Abstreifrädchen; 2 Einstreichrad; 3 Spitzennadel

maschen auf die jeweils geschlossenen Nadelköpfe der Spitzennadeln auf.

8. Presse zurück g):

Der Nadelkranz hat sich soweit unter dem Preßrad weitergedreht, daß sich beide nicht mehr berühren; damit ist die Preßwirkung aufgehoben und die Voraussetzung für das weitere Auftragen der Halbmaschen gegeben.

9. Ausstreichen h):

Ebenso wie das Zurücknehmen der Presse ist der Austritt der Kulierplatinen aus den Nadellücken eine Voraussetzung für den nächsten Arbeitstakt.

10. Abschlagen h):

Die Abschlagplatinen können sich nach den Arbeitstakten *8* und *9* soweit in den Nadellücken aus dem Nadelkranz herausbewegen, daß sie die Halbmaschen abschlagen. Das Ausstreichen und Abschlagen erfolgt in einer hohen zeitlichen Überlappung, um die Schleifen durch die Halbmaschen schnellstens zu fixieren.

11. Abziehen h):

Abschlagen, Abziehen sowie die Wirkung der schon erwähnten Abstreifvorrichtung bringen die Halbmasche in die senkrechte Ausgangslage für den nächsten Maschenbildungszyklus.

4.3. Technologie des Kettenwirkens

4.3.1. Kettenwirken mit Spitzennadeln

Neben dem Arbeitsorgan Spitzennadel ist an der Maschenbildung eine kombinierte *Einschließ- und Abschlagplatine* beteiligt, ferner eine *Preßschiene*. Der Fadenführer ist als *Lochnadel* ausgebildet, wobei jeder Spitzennadel eine Lochnadel zugeordnet ist. Alle Arbeitsorgane sind in Gruppen gefaßt und nur gemeinsam als Barre beweglich; die Preßschiene ist durchgehend ausgeführt (Tafeln 3/1 und 4/1). Es werden die Arbeitstakte zur Herstellung der hier fast ausschließlich üblichen Rechts/Links-Bindung betrachtet.
Beschreibung der Arbeitstakte nach Bild 4/10, *a) ... i)*:

1. Einschließen a), b):

Während sich die Spitzennadel *1* hebt, führt die Einschließplatine *3* mit der Halbmasche *2* eine Schwingbewegung aus und bringt die Halbmasche annähernd in die zum Nadelschaft senkrechte Lage.

2. Einstreichen b), c):

Die Nadel hebt sich, wobei die Halbmasche von der Platine zurückgehalten wird und dadurch auf den Nadelschaft gleitet. Der Abstand der Einschließplatinenkehle zur Nadel wird verringert, um die Spannung der Halbmasche während der Nadelbewegung zu vermindern.

3. Unterlegen b):

Dieser Arbeitstakt überlagert sich in der Regel mit dem Einstreichen. Die Lochnadel *4* führt dabei eine Bewegung unter den Rücken der Nadeln um eine oder das Vielfache einer Nadelteilung aus.

4. Durchschwingen b), c):

Die Lochnadel schwingt durch die Lücken zwischen den Nadeln und steht nun vor bzw. über der Nadel.

5. Überlegen c):

Die Lochnadel wird in der Regel um eine Nadelteilung versetzt. Das Überlegen erfolgt entweder entgegen der Unterlegung oder auch in der gleichen Richtung wie die Unterlegung.

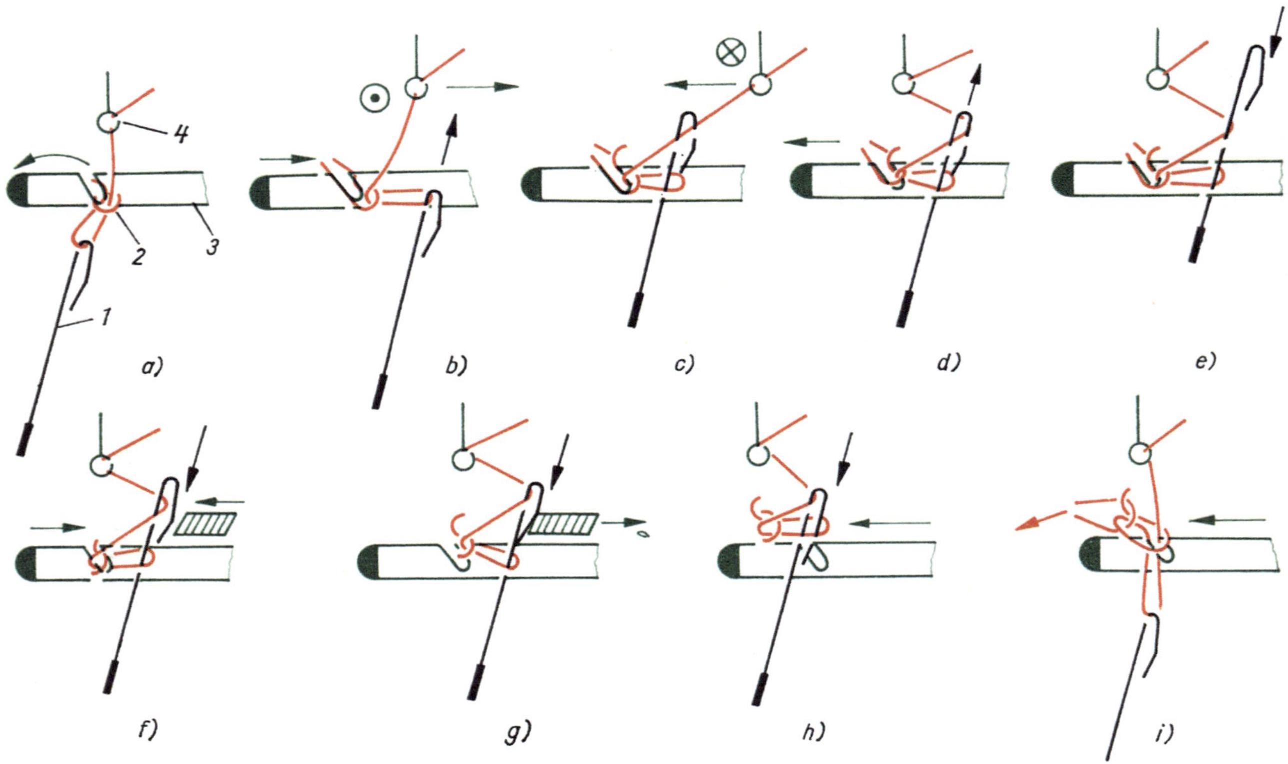

Bild 4/10. Rechts/Links-Flachkettenwirken mit Spitzennadeln – Arbeitstakte der Maschenbildung
1 Spitzennadel; 2 Halbmasche; 3 Einschließ- und Abschlagplatine; 4 Lochnadel; 5 Preßschiene

6. Zurückschwingen c), d):

Die Lochnadel schwingt durch die Nadellücken in die Position unter die Nadelschaftebene zurück. Durch Unterlegung, Durchschwingen, Überlegung und Zurückschwingen hat die Lochnadel eine Fadenschleife um den Nadelkopf ausgebildet.

7. Ausholen d), e):

Durch eine weitere aufsteigende Bewegung der Spitzennadel wird die Fadenschleife vom Nadelkopf auf den Nadelschaft geschoben.

8. Vorbringen e), f):

Die Spitzennadel senkt sich. Dabei gleitet die Fadenschleife in den Nadelkopf, und die von der Einschließplatine gehaltene Halbmasche wird in Richtung des Nadelkopfes geschoben.

9. Pressen f), g):

Die Preßschiene 5 bewegt sich auf die Spitzennadel zu, um in der üblichen Weise die Spitze in die Zasche zu drücken.

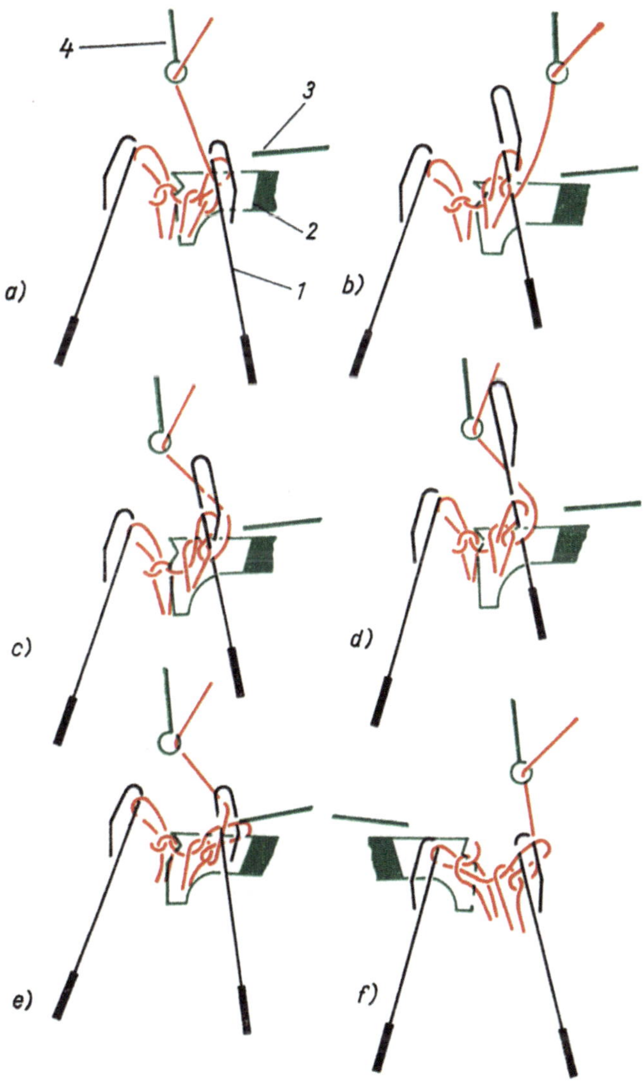

Bild 4/11. Rechts/Rechts-Flachkettenwirken mit Spitzennadeln
Arbeitsphasen der Maschenbildung
1 Spitzennadel; 2 Einschließ- und Abschlagplatine; 3 Preßschiene; 4 Lochnadel

10. Ausschließen f), g):

Die Einschließwirkung der Einschließplatine auf die Halbmasche wird aufgehoben, um die Halbmasche für die folgenden Arbeitstakte zu entspannen. Dazu führt die Einschließplatine eine rückläufige Bewegung aus.

11. Auftragen g), h):

Die Spitzennadel senkt sich unter der Wirkung der Preßschiene weiter und trägt dabei die Halbmasche auf die Nadelspitze auf.

12. Presse zurücknehmen g), h):

Die Presse rückt von der Spitzennadel ab, um für die nächsten Arbeitstakte den Weg der Halbmasche freizugeben.

13. Abschlagen h), i):

Die Spitzennadel bewegt sich soweit abwärts, daß sie die Fadenschleife durch die Halbmasche hindurchzieht. Das Abschlagen wird durch die Platinenbewegung unterstützt. Die Platine trägt dazu vor der Einschließkehle eine unterschiedlich gestaltete *Abschlagkurve* (im Bild nicht dargestellt). Gleichzeitig wird die spätere Maschenlänge durch die Stellung der Nadel zur Platine beim Abschlagen beeinflußt.

14. Abziehen i):

Am Gewirke greift die Abzugskraft an, sie bestimmt damit die endgültige Maschenlänge mit. Die Einschließplatine nimmt den Fußbogen der neuen Halbmasche in ihrer Kehle auf.

Das Rechts/Rechts-Kettenwirken auf der Basis von Spitzennadeln verwendet bis auf den Fadenführer die hier genannten Arbeitsorgane paarweise (Tafeln 3/1 und 4/1). Die Spitzennadeln stehen dachförmig mit dem Rücken zueinander (Bild 4/11). Die Maschenbildung erfolgt abwechselnd auf je einem der beiden Nadelsysteme. Während die linke Nadel sich in Einschließstellung befindet, bewegt sich die rechte Nadel *1* zum Einstreichen *a)*. Anschließend laufen die in Verbindung mit den vom Rechts/Links-Kettenwirken her bekannten Arbeitsorganen Einschließ- und Abschlagplatine *2*, Presse *3* und Lochnadel *4* schon beschriebenen Arbeitstakte ab *b) ... e)*. Während die rechte Nadel abschlägt und schließlich in die Einschließstellung zurückkehrt, hebt sich die linke Spitzennadel und beginnt mit der Lochnadel und den anderen Arbeitsorganen nach gleichem Ablauf ihre Maschenbildung *f)*.

4.3.2. Kettenwirken mit Schiebernadeln

Nach diesem Prinzip arbeiten z. B. die Maschinen der *Nähwirktechnik*. In einer zunehmenden Anzahl von Kettenwirkmaschinentypen wird gleichfalls von den Spitzennadeln zu den verschiedenartigen Schiebernadeln (Tafeln 3/1 und 4/1) übergegangen. Die Arbeitsweise mit Schiebernadeln wird hier am Beispiel des „*Malimo*“-Verfahrens behandelt. In der Funktion der einzelnen Arbeitsorgane liegt weitgehende Analogie zum Kettenwirken mit Spitzennadeln vor.

Beschreibung der Arbeitstakte nach Bild 4/12, *a) ... e)*:

1. Einschließen a):

Die im Haken der Rinnennadel *1* hängende Halbmasche nimmt infolge der über die Masche *3* wirkenden Abzugskraft die Einschließstellung ein, sobald der Nadelkopf durch die angezeigte Bewegung der Nadel zwischen Abschlagplatine *4* und *Gegenhalterstift 5* getreten ist.

2. Einstreichen und Nadelkopf öffnen a), b):

Die Rinnennadel *1* tritt zwischen die Gegenhalterstifte hindurch, wobei vorher der Schließdraht *2* zurückgeführt wird. Dadurch wird der Nadelkopf geöffnet. Die Halbmasche gleitet auf den Nadelschaft. Die Funktion des Gegenhalterstiftes besteht im Zurückhalten der Halbmaschen während des Austriebes der Rinnennadeln. Für das Verfahren „Malimo“ gilt es zudem noch, zwischen Abschlagplatine und Gegenhalterstift eingebrachte Querschußfäden in ihrer Lage zu fixieren, während die Schiebernadeln zwischen ihnen hindurchstechen. Die Gegenhalterstifte werden an ihrem spitzen Ende durch die *Gegenhalterschiene 6* gegen Biegung unterstützt.

3. Unterlegen a), b):

Die Lochnadel *7* führt unterhalb der Rinnennadelrücken eine Bewegung um eine oder das Vielfache einer Nadelteilung aus, womit das Fadenlegen beginnt.

a)

b)

c)

d)

e)

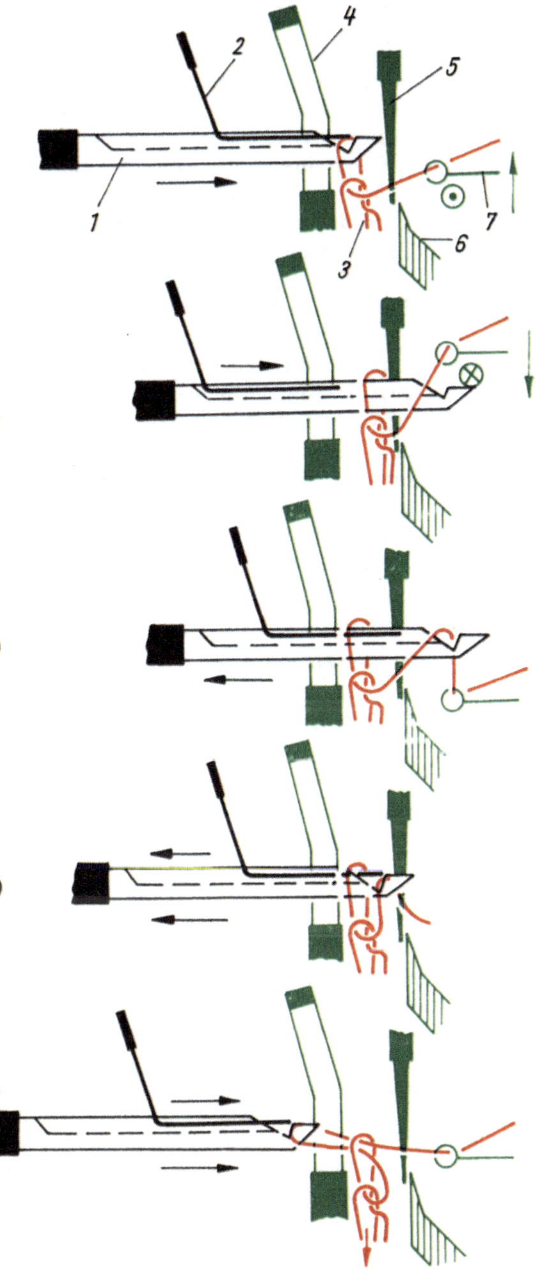

Bild 4/12. Rechts/Links-Kettenwirken mit Schiebernadeln (Malimo)
Arbeitstakte der Maschenbildung
1 Rinnennadel; 2 Schließdraht; 3 Masche; 4 Abschlagplatine; 5 Gegenhalterstift; 6 Gegenhalterschiene; 7 Lochnadel

4. Durchschwingen b):

Die Lochnadel schwingt durch die in Einstreichstellung befindlichen Rinnennadeln hindurch.

5. Überlegen b):

Die Lochnadel bewegt sich entgegen (oder gleich) der Richtung beim Unterlegen um eine Nadelteilung oberhalb der Nadeln.

6. Zurückschwingen b), c):

Die Lochnadel schwingt in ihre Ausgangsstellung unterhalb der Ebene der Nadelrücken zurück und legt dabei den Faden in den geöffneten Nadelkopf.

7. Vorbringen c):

Die Rinnennadel beginnt aus dem Bereich der Gegenhalterstifte zurückzutreten, die Fadenschleife wird vorgebracht. Gleichzeitig legt sich die Halbmasche an die Abschlagplatine an und wird in Richtung des Nadelkopfes geschoben.

8. Nadelkopf schließen d):

Während die Rinnennadel ihre Bewegung fortsetzt, bildet der Schließdraht über dem Nadelkopf eine Brücke, so daß die gelegte Fadenschleife im Nadelkopf gesichert wird.

9. Auftragen d):

Die Halbmasche wird durch die sich weiter zwischen die Abschlagplatinen zurückziehenden Rinnennadeln auf den Schließdraht oberhalb des Nadelkopfes geschoben.

10. Abschlagen e):

Rinnennadel und Schließdraht ziehen sich durch die Abschlagplatinen zurück und schlagen dadurch die Halbmasche über die Fadenschleife ab. Die Endstellung der Nadel beim Abschlagen bestimmt entscheidend die Schleifen- und spätere Maschenlänge.

11. Abziehen e):

Die Abzugskraft zieht die neue Masche senkrecht nach unten und formt gleichzeitig die neugebildete Halbmasche in der endgültigen Maschenlänge aus. Die Abzugsgeschwindigkeit ist dabei auf die Zuführgeschwindigkeit der *Querschuß-Fadenlagen* zur Arbeitsstelle abgestimmt.

4.3.3. Kettenwirken mit Zungennadeln

Dieses Kettenwirkverfahren wird auch als Rascheln bezeichnet. Es sei hier am Beispiel einer Rechts/Links-*Raschelmaschine* erläutert (Tafeln 3/1 und 4/1). Wie bei den Kettenwirkverfahren mit Spitzen- und Schiebernadeln sind die Arbeitsorgane *Zungennadel 1*, *Lochnadel 5* und *Stechkamm 4* gruppenweise in Halterungen gefaßt und nur gemeinsam beweglich (Bild 4/13). Die Zungennadeln erhalten in Form des *Fräsbleches 3* eine Führung. Dieses Fräsblech ist dem Nadelbett nebst Abschlagkamm beim Flachstricken vergleichbar und gewährleistet auch hier die zum Abschlagen erforderliche Gegenkraft. Abweichend von dem beschriebenen allgemeinen Prinzip arbeitet als Ausnahme auch eine Kettenwirkmaschine mit Zungennadeln anstelle mit einem Fräsblech mit Platinen analog dem Kettenwirken mit Spitzennadeln.
Beschreibung der Arbeitstakte nach Bild 4/13, *a) ... g)*:

1. Einschließen a), b):

Die Zungennadel wird in der Barre aus ihrer unteren Umkehrstellung nach dem letzten Maschenbildungsvorgang angehoben, so daß die Halbmasche 2 wiederum in die zum Nadelschaft senkrechte Lage gerät.

2. Einstreichen einschließlich Nadelkopf öffnen b), c):

Während der Aufwärtsbewegung der Zungennadeln hält der Stechkamm *4*, der aus Lamellen besteht, die Halbmaschen zurück, damit sie nicht infolge Reibung der Bewegung der Nadeln folgen. Die Halbmaschen gleiten aus dem Nadelkopf auf den Nadelschaft. Sie klappen dabei die Nadelzunge zurück. Die Nadelzunge muß auch hier – wie bereits beim Stricken erörtert – vor dem Zurückspringen bewahrt werden. Dazu ist vor der Zungennadelreihe in Höhe des geöffneten Zungenlöffels ein Draht gespannt, der in Darstellung *c)* im Querschnitt sichtbar ist.

3. Unterlegen a), b), c):

Während des Einstreichens beginnt das Unterlegen des Fadens. Dazu wird die Lochnadel um eine oder das Vielfache einer Nadelteilung unterhalb der Nadelrückenebene versetzt.

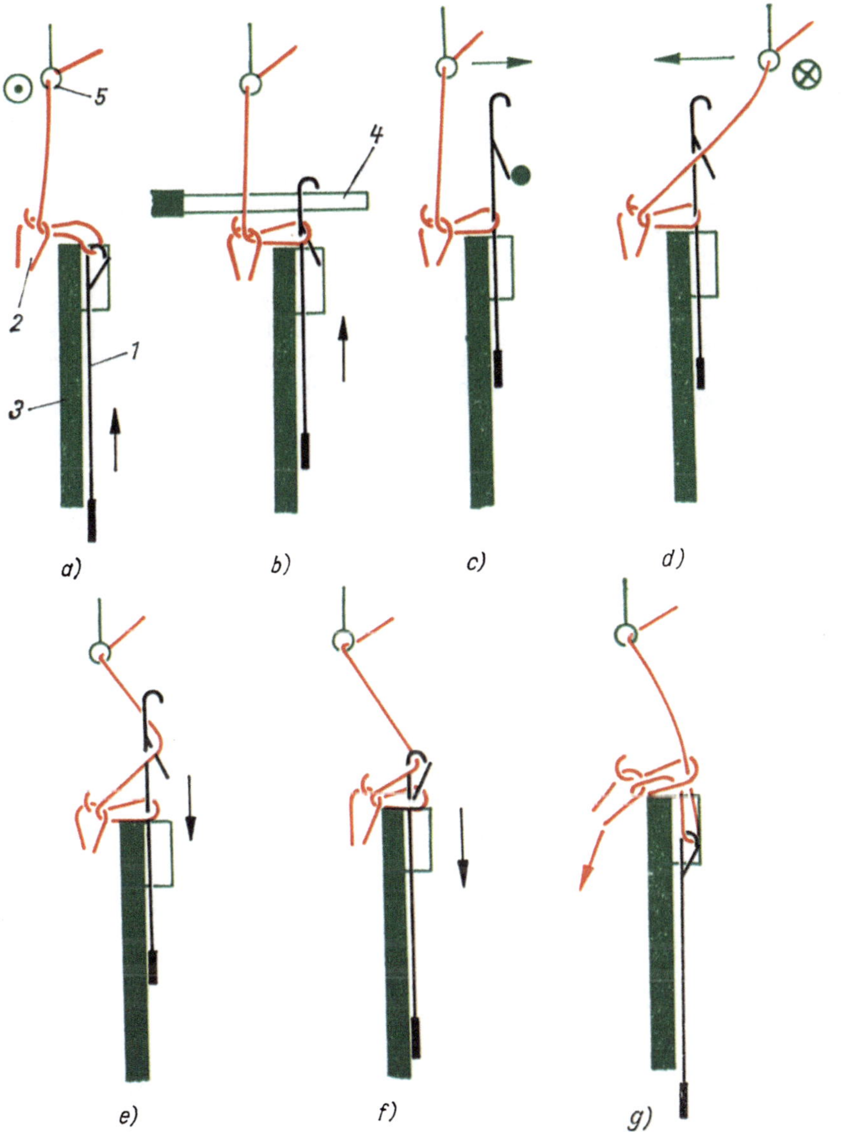

Bild 4/13. Rechts/Links-Kettenwirken mit Zungennadeln (Rascheln)
Arbeitstakte der Maschenbildung
1 Zungennadel; 2 Masche mit Halbmasche; 3 Fräsblech; 4 Stechkamm; 5 Lochnadel

4. Durchschwingen c), d):

Die Lochnadeln schwingen aus ihrer Stellung hinter den Nadelrücken vor die geöffneten Nadelköpfe und legen dabei den Faden zwischen die Nadelschäfte. Teilweise kommen bei dieser Bewegung die Zungennadeln den Lochnadeln entgegen.

5. Überlegen d):

Die Lochnadeln legen entgegen der Bewegungsrichtung beim Unterlegen (oder damit gleichgerichtet) den Faden um eine Nadelteilung über und in den geöffneten Nadelkopf. (Bei Zungennadeln mit verlängertem Nadelhaken erfolgt die Legung auf den Haken.)

6. Zurückschwingen d), e):

Die Lochnadeln schwingen in die Stellung zurück, die sie zu Beginn des Durchschwingens einnahmen. Gegebenenfalls bewegen sich auch hier wieder die Zungennadeln gegenläufig. Damit wurde der Faden um den Nadelkopf herum zu einer Fadenschleife gelegt. (Erfolgt diese Legung auf den verlängerten Nadelhaken, muß sich der Arbeitstakt *Ausholen,* wie er vom Kettenwirken mit Spitzennadeln her bekannt ist, anschließen, damit die Fadenschleife in den Nadelkopf gelangt und später darüber die Brücke gebildet werden kann.)

7. Vorbringen e):

Die Zungennadel bewegt sich abwärts und bringt die Fadenschleife sicher unter den Nadelhaken. Dazu parallel gleitet die auf dem Fräsblech aufliegende Halbmasche entlang des Nadelschaftes in Richtung Nadelkopf.

8. Nadelkopf schließen f):

Die Halbmasche legt sich schließlich an die Nadelzunge an und klappt diese infolge der fortschreitenden rückläufigen Nadelbewegung zu (Brückebilden ≙ Pressen).

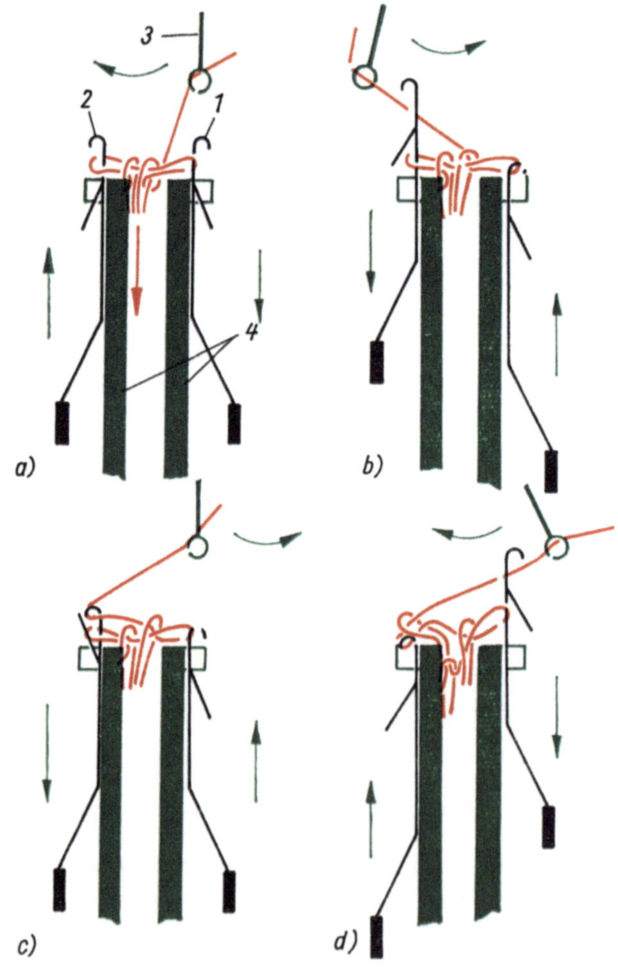

Bild 4/14. Rechts/Rechts-Kettenwirken mit Zungennadeln
Arbeitsphasen der Maschenbildung
1 und 2 Zungennadel;
3 Lochnadel; 4 Fräsblech

9. Auftragen f):

Dieser Vorgang setzt sich fort, die Halbmasche wird auf die Nadelzunge aufgetragen.

10. Abschlagen g):

Die Nadeln ziehen sich in die Fräsungen des Fräsbleches zurück, so daß die Halbmasche vom Nadelkopf abgeschlagen wird. Der dabei eingestellte Abstand von Abschlagkante zu Nadelkopf ist für die Bestimmung der endgültigen Schleifenlänge maßgebend.

11. Abziehen g):

Auf die Halbmasche wirkt die Abzugskraft ein, womit die Länge der neuen Halbmasche endgültig festgelegt wird.
Ein großer Teil der Kettenwirkmaschinen mit Zungennadeln arbeitet als Rechts/Rechts-Maschinen. Diese Maschinen sind spiegelbildlich mit zwei Zungennadelbarren *1* und *2* und zwei Fräsblechen *4* ausgestattet (Bild 4/14). Die Fräsbleche stehen in gleicher Höhe senkrecht Rücken an Rücken (es sind also die Nadelrücken einander zugewandt, Tafeln 3/1 und 4/1). Die Nadeln stehen auf Lücke. Zwischen den Fräsblechen wird das Kettengewirke abgezogen, d.h., es wechselt die Abschlagrichtung von Maschenstäbchen zu Maschenstäbchen. Die Arbeitsweise zum Herstellen der Rechts/Rechts-Bindung ist dabei in der einfachsten Weise so, daß wie beim Rechts/Links-Verfahren zunächst eine Nadelbarre gemeinsam mit den übrigen Arbeitsorganen die zur Maschenbildung erforderlichen Arbeitstakte ausführt, während sich die andere Nadelbarre in Einschließstellung befindet. Sie fixiert damit auch die Lage des Gewirkes, so daß das Arbeitsorgan Stechkamm nicht mehr erforderlich ist. Hat die erste Nadelbarre ihre Maschenbildung beendet und ist ebenfalls in die Einschließstellung zurückgekehrt, beginnt analog zum Rechts/Rechts-Kettenwirken mit Spitzennadeln die zweite Nadelbarre in gleicher Folge mit ihren Arbeitstakten. An neueren Konstruktionen überschneiden sich die Bewegungskurven der beiden Nadelbarren; dadurch ist der Zeitaufwand zur Herstellung einer Rechts/Rechts-Maschenreihe geringer. Die Folge der Arbeitstakte bleibt jedoch für jede Nadelbarre erhalten.

5. Prinzipien der Bindungs- und Musterungstechnik

5.1. Bindungselemente

Im Abschnitt 2 wurden die Bindungselemente Masche, Henkel und Flottung definiert. Vollständig aus Maschen können Gestricke oder Gewirke nur in Form einer Grundbindung entstehen. Aus der *topologischen Anordnung* der Maschen in der Maschenware ergibt sich die jeweilige Grundbindung. Gemusterte Maschenwaren basieren immer auf einer Grundbindung.

Eine solche Abwandlung besteht sehr oft aus mustergemäß im Gewirke oder Gestrick anstelle von Maschen angeordneten Henkeln. Bild 5/1 zeigt beispielsweise die für die Herstellung von Damenfeinstrümpfen anwendbaren maschenhemmenden Bindungen „*Maschenfest*" und „*Micro-Mesh*". Durch die Anordnung von Henkeln in der Rechts/Links-Grundbindung sowie eine entsprechende Steuerung der Fadenzugkraft entstehen große, langgezogene und kleine zusammengeschnürte Maschen (Bild 5/2). Bei Fadenbruch wird durch Reibung das Ausbreiten einer Laufstelle behindert. Der sichtbare Mustereffekt ist hierbei nur sekundär. Primär dem Mustereffekt dient die Kombination von Maschen und Henkeln beim maschenreihenweise wechselnden Verarbeiten zweier unterschiedlich farbiger Fäden zur *Rechts/Links-Fang-Bindung* (Bild 5/3). Die geradzahligen Nadeln bilden regelmäßig mit dem Faden einer Farbe Maschen und die ungeradzahligen Henkel, während dies für den Faden der zweiten Farbe gerade umgekehrt ist. Die auf der rechten Gestrickseite entstehende Farbmusterung zeigt einen maschenstäbchenweisen Farbwechsel. In Abschnitt 13., Musterungstechnik,

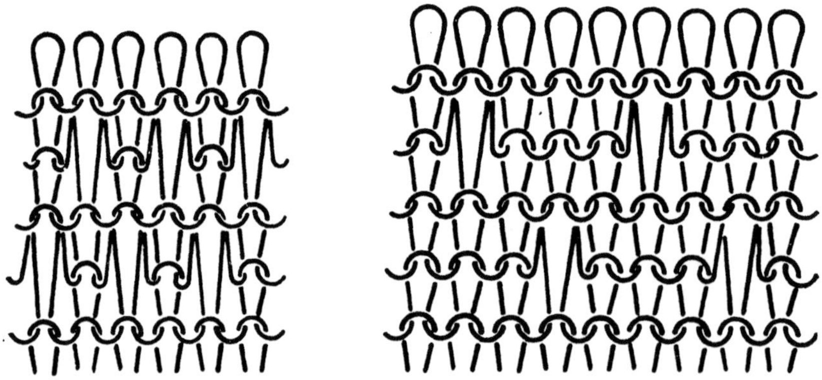

Bild 5/1. Rechts/Links-Fang-Bindung (RLF)
Maschenfest- und Micro-Mesh (diagonal)- Bindung

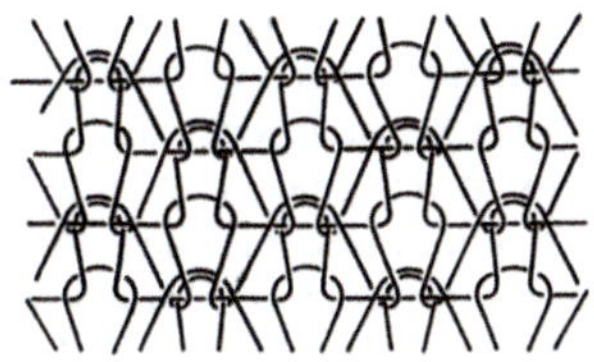

Bild 5/2. Rechts/Links-Fang-Bindung (RLF)

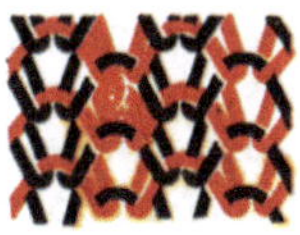

Bild 5/3. Rechts/Links-Fang-Bindung Farbmusterung

Bild 5/4. Rechts/Links-hinterlegt-Bindung (RLh) Farbmusterung

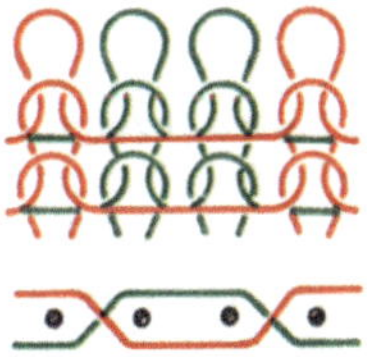

Bild 5/5. Rechts/Links-hinterlegt-Bindung Maschenbild und Lauf der Fäden zu den Nadeln

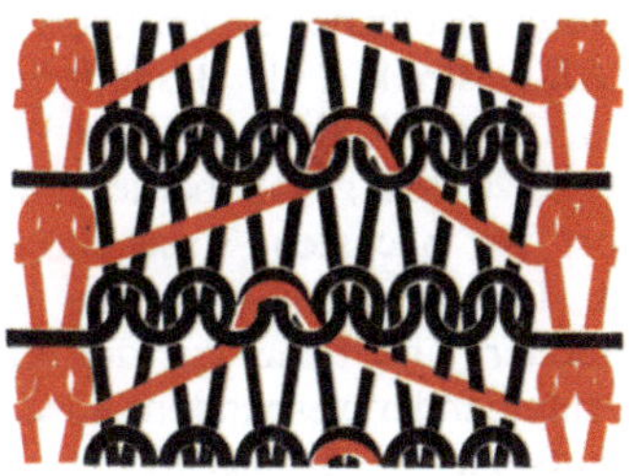

Bild 5/6. Rechts/Links-hinterlegt-Bindung (RLhe) Farbmusterung

sind eine Vielzahl derartiger, durch Henkel entstandene Abwandlungen der Grundbindungen enthalten. Das dritte Bindungselement, die Flottung, tritt vorwiegend in Erscheinung, wenn mehrere Fadensysteme zur Verarbeitung gelangen, die aber nur mustergemäß wechselweise an der Bildung von Maschen beteiligt sind. Über die Strecke, die der Faden nicht zur Maschenbildung herangezogen wird, liegt er flott. Die in Bild 5/4 dargestellte Rechts/Links-Bindung besteht aus zwei Fadensystemen, die im Wechsel von zwei Maschenstäbchen zur Maschenbildung herangezogen werden und ebenso wechselweise auf der linken Gestrickseite Flottungen bilden. Daraus resultiert das *Längsstreifenmuster* auf der rechten Gestrickseite.

Aus Bild 5/5 ist der für die *Rechts/Links-hinterlegt-Bindung* charakteristische Fadenlauf zu entnehmen. Das Bild zeigt unterhalb des Maschenbildes die Fadenlage einmal vor und einmal hinter den Nadeln (Nadelschäfte im Schnitt dargestellt); nur der vor den Nadeln liegende Faden nimmt an der Maschenbildung teil, der dahinterliegende wird „hinterlegt“.

Diese Flottung bzw. *Hinterlegung* kann sich über mehrere Maschenstäbchen erstrecken. Dabei kann es zweckmäßig sein, den flottliegenden Fadenabschnitt noch einmal in die Maschen einzubinden, um z. B. die Zugstellenempfindlichkeit einer derartigen Maschenware zu vermindern. Diese Einbindung erfolgt wie in Bild 5/6 durch eine Kopfbindung, d. h., die Hinterlegung wird mit einem Henkel kombiniert. Die Bindung ist als *Rechts/Links-hinterlegt-eingebunden* standardisiert.

Das Entstehen einer Farbmusterung im Maschenbild setzt die mustergemäße Anordnung verschiedenfarbiger Bindungselemente voraus. Aus den Bildern 5/3 bis 5/6 geht hervor, daß in einem Falle jede Nadel Henkel und Masche (ergibt: Henkelmasche) bildet – jedoch beide im *Farbwechsel* –, in einem anderen nach je zwei Maschenstäbchen ein Farbwechsel erfolgt, und in einem dritten Falle tritt nach je sechs Nadeln ein Farbwechsel auf, wobei innerhalb dieses Intervalls noch ein Henkel entsteht. Derartige Musterungen entstehen somit durch ein gezieltes (programmiertes) Zusammenwirken von Fadenlegen und Arbeiten der Nadel.

Es muß ein Wechsel in der Farbe des zu legenden Fadens und das wahlweise Herstellen von Bindungseinheiten auf den Nadeln möglich sein, um zur farbig mustergemäßen Anordnung der Bindungselemente in einer Maschenware zu gelangen (Farbmusterung). Ist ausschließlich der Farbwechsel des zu legenden Fadens möglich, können – entsprechend der Fadenvorlage – nur Quer- oder Längsstreifenmuster hergestellt werden. Die mustergemäße Anordnung von mehr als einem Bindungselement ohne Farbwechsel ergibt immer ein *Strukturmuster*. Bezüglich des Herstellens von Bindungseinheiten durch die Nadeln bestehen drei Möglichkeiten:

alle Nadeln stellen *gemeinsam* Bindungseinheiten her (keine Musterung durch Bindungselemente),
die Nadeln werden *gruppenweise* zum Herstellen von Bindungseinheiten ausgewählt (dadurch können rechteckige oder quadratische Muster auf der Basis verschiedener Bindungselemente erzielt werden),
es ist eine *Einzelnadelauswahl* zum Herstellen von Bindungseinheiten möglich (freie Mustergestaltung auf der Basis verschiedener Bindungselemente).

Zur Steuerung des Fadenlegens und zur gruppenweisen oder Einzelauswahl der Nadeln sind Steuerungsvorrichtungen erforderlich (Abschnitt 11.).

5.2. Herstellung der Grundbindungen

Die verschiedenartigen Gewirke- und Gestrickbindungen entstehen durch die Anwendung der Bindungselemente auf der Basis der Grundbindungen. Die Struktur der Grundbindungen wurde bereits im Abschnitt 2. vorgestellt, so daß jetzt nur das Prinzip ihrer Herstellung zu erläutern ist. Die Grundbindungen lassen sich auf Kombinationsmöglichkeiten folgender technischer Merkmale zurückführen:

ein oder zwei Nadelträger,
Anordnung der Nadelträger zwischen 0 und 90° zueinander oder in einer Ebene (180°).

Die Grundbindungen entstehen durch die drei möglichen Kombinationen dieser technischen Merkmale.

Die *Rechts/Links-Bindung* basiert auf der Verwendung eines Nadelträgers. Ausgehend von der räumlichen Anordnung von Flächengebilde und Nadelsystem in der Maschine, kann das Abschlagen der Halbmaschen unverändert nur in einer Richtung erfolgen. Daraus resultiert, daß eine Maschenware in Rechts/Links-Bindung durchgängig von der rechten Seite Maschenstäbchen und von der linken Maschenbogen zeigt.

Die *Rechts/Rechts-Bindung* entsteht mit Hilfe zweier Nadelträger, die meist im rechten Winkel, möglicherweise aber auch parallel zueinander angeordnet sind. Die Nadeln der beiden Nadelträger stehen zueinander auf Lücke. Das hergestellte Flächengebilde befindet sich zwischen den beiden Nadelträgern, so daß deren Nadeln von zwei Seiten die Halbmaschenreihe des Flächengebildes tragen und die Halbmaschen wechselweise abschlagen. Zur Herstellung einer Maschenreihe arbeiten alle Nadeln; jede Nadel bildet ein Maschenstäbchen. Folglich ändert sich von Maschenstäbchen zu Maschenstäbchen die Abschlagrichtung der Halbmaschen. Gleichzeitig wechselt die Lage der Maschenschenkel maschenstäbchenweise für den Betrachter von der rechten zur linken Seite und umgekehrt.

Im Bild 5/7 wird das Herstellen der *RR*- und *RL*-Bindung am Beispiel einer Flachstrickmaschine in der Draufsicht der dachförmig zueinander stehenden Nadelbetten gezeigt. Die Ansicht a läßt erkennen, wie der Faden von Nadel zu Nadel gezogen wurde (Zugkulierung) und somit auch von Maschenstäbchen zu Maschenstäbchen die Abschlagrichtung wechselt. Dagegen arbeiten in der Ansicht *b* die Nadeln eines jeden Nadelbettes für sich, und zwar ein Nadelsystem nach dem anderen. Die Abschlagrichtung bleibt von Maschenstäbchen zu Maschenstäbchen unverändert; es entsteht ein *RL*-Gestrick. (Als Besonderheit tritt hierbei auf, daß der Faden nach Verlassen eines Nadelbettes zu dem gegenüberliegenden führt und dort zur nächsten Maschenreihe gebildet wird. Die zwei *RL*-Gestricke der beiden Nadelbetten sind daher an den Gestrickkanten miteinander verbunden, so daß ein Schlauch entsteht: *RL-Schlauch*.)

Die dritte Kombinationsmöglichkeit besteht in zwei sich in einer Ebene gegenüberstehenden

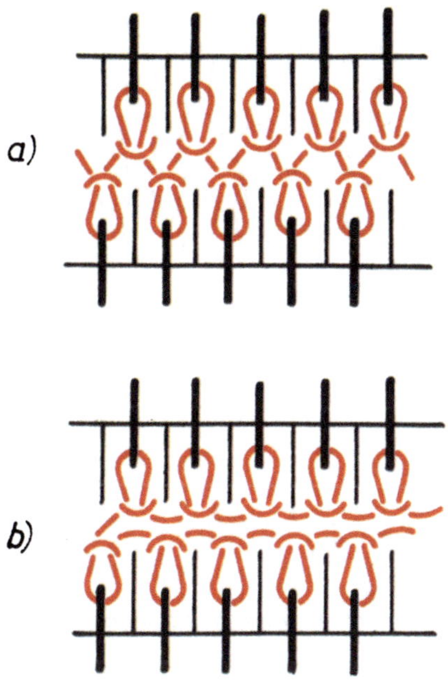

Bild 5/7. Fadenlauf beim Flachstricken
a RR-Bindung; b RL-Bindung

Nadelträgern. Dieses Verfahren zum Herstellen der *Links/Links-Bindung* wird nur auf Strickmaschinen realisiert. Die *Doppelzungennadeln* bilden zunächst auf einem Nadelbett Halbmaschen und anschließend auf dem gegenüberliegenden. Bei dem Wechsel von einem Nadelbett zum anderen wechseln sie auch ihre Position zum Gestrick und damit die Abschlagrichtung. Der Wechsel erfolgt maschenreihenweise; daher liegen auch die Maschenschenkel von Maschenreihe zu Maschenreihe einmal rechts- und einmal linksseitig des Betrachters.

Als vierte Grundbindung ist die *Rechts/Rechts/gekreuzt-Bindung* in engem Zusammenhang mit der Rechts/Rechts-Bindung zu sehen (wobei die Frage, ob es sich bei der *RRG*-Bindung tatsächlich um eine Grundbindung handelt, nicht diskutiert werden soll, da ihr nur eine formale Bedeutung zukommt). Die *RRG*-Bindung setzt zwei Nadelträger voraus, wobei jeder zwei Nadelgruppen aufnimmt. Eine Nadelgruppe eines Nadelträgers bildet mit einer weiteren Gruppe des gegenüberliegenden Nadelträgers aus einem Faden eine Rechts/Rechts-Bindung; ebenso wie jeweils die zweite Gruppe der beiden Nadelträger aus einem weiteren Faden (Bild 5/8). In jedem Nadelträger ist im Wechsel eine Nadel der ersten und eine der zweiten Gruppe angeordnet. Die Nadeln der beiden Nadelträger stehen auf Stoß zueinander. Daraus folgt, daß die Nadeln der Nadelgruppen beider Nadelträger, die jeweils zusammen eine Rechts/Rechts-Maschenreihe bilden, auf Lücke stehen. Nachdem die Nadeln beider Gruppen und Nadelträger jeden der beiden Fäden zu einer Rechts/Rechts-Maschenreihe verarbeitet haben, ist mit der Verkreuzung der beiden Fadensysteme die Rechts/Rechts/gekreuzt-Bindung entstanden.

Zusammenfassend ist festzustellen, daß der technologische Unterschied beim Entstehen der Grundbindungen, ausgehend von der Rechts/Links-Bindung, im verschiedenartigen Wechsel der Abschlagrichtung liegt.

Bei den bisher aufgeführten Beispielen, den

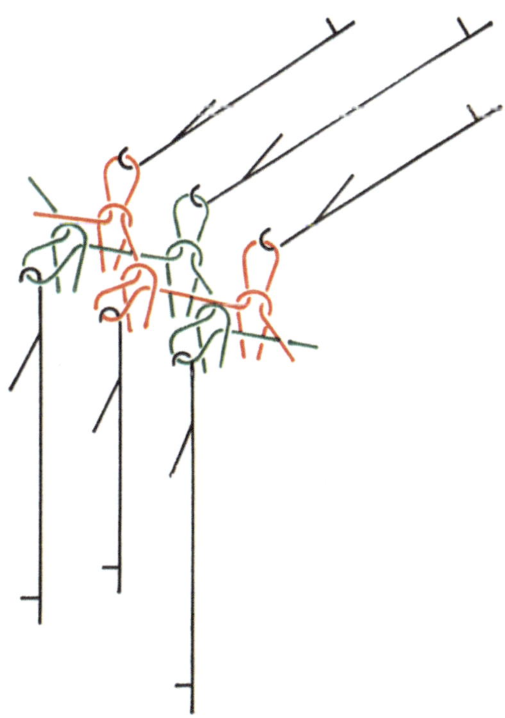

Bild 5/8. Herstellen einer RRG-Bindung am Beispiel des Großrundstrickens

Grundbindungen, erfolgte der Wechsel der Abschlagrichtung jeweils nach einem Maschenstäbchen bzw. nach einer Maschenreihe. Wird von dieser Folge abgegangen, kommen bereits die ersten Ableitungen von den Grundbindungen zustande. Es kann hier nicht die Vielzahl der Möglichkeiten, sondern nur das jeweilige technologische Prinzip behandelt werden. Das wird am Beispiel der *Rechts/Rechts-gerippt-Bindung* in den Bildern 5/9 und 5/10 veranschaulicht. An einer Großrundstrickmaschine wird für den Wechsel der Abschlagrichtung die Folge 2:2:1:2 gewählt. Daraus resultiert der Nadeleinsatz: 2 Zylindernadeln, 2 Tellernadeln, 1 Zylindernadel, 2 Tellernadeln. Bild 5/10 zeigt dazu das Maschenbild, den Fadenverlauf auf den Nadeln von Teller und Zylinder sowie den schematisierten Nadeleinsatz innerhalb der Nadelträger (das Schema zeigt oberhalb der Horizontalen den Nadeleinsatz im Teller und unterhalb den Nadeleinsatz im Zylinder; Strich bedeutet Nadel, Punkt bedeutet nadelfreier Nadelkanal).
In ähnlicher Weise wird auch eine einfache Variation der anderen bzw. die Kombination mehrerer Grundbindungen praktiziert. So

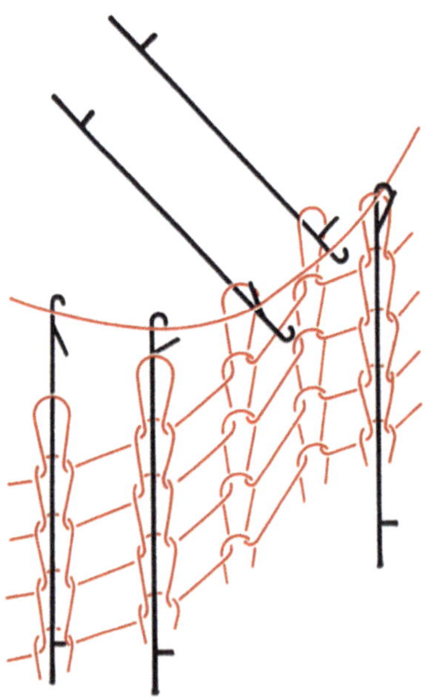

Bild 5/9. Variation der Abschlagrichtung Rechts/Rechts-gerippt-Bindung (RRg)

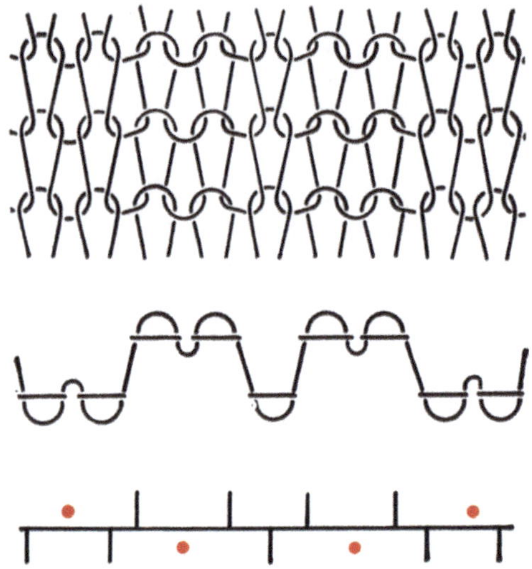

Bild 5/10. RRg
Maschenbild, Fadenlauf und Nadeleinsatz

kann in einer Links/Links-Bindung die Abschlagrichtung maschenreihen- und maschenstäbchenweise wechseln *(LLü)*, es können Rechts/Links-Maschenstäbchen mit der Links/Links-Bindung kombiniert sein *(LLu)* und ebenso mit der Rechts/Rechts/gekreuzt-Bindung *(RRGg)*,) Die Kombination von Rechts/Rechts-, Rechts/Rechts/gekreuzt- und Rechts/Links-Maschenstäbchen und -Maschenreihen sowie des Bindungselementes Flottung führt schließlich zu den verschiedensten Rechts/Rechts- bzw. Rechts/Rechts/gekreuzt-*Jacquardmusterungen* (s. Abschnitt 5.3.1.). In diesem Falle werden daher sowohl verschiedene Bindungselemente als auch die Änderung der Abschlagrichtung zur Musterung herangezogen.

5.3. Technologische Varianten zur Erzielung von Musterungen

Die Betrachtung der Rechts/Links-Bindung als einfachste Bindung ergab, daß aus ihr die weiteren Grundbindungen durch die Variation der Abschlagrichtung entwickelt werden konnten. Die Herstellung von Bindungselementen setzt einen Eingriff in den Ablauf der Arbeitstakte zur Maschenbildung voraus. Auch durch zusätzliche Arbeitstakte sind Musterungen erreichbar. Eine Vielzahl von Bindungsvarianten und daraus resultierenden Mustereffekten basiert schließlich auf der Variation der Fadenzuführung, die speziell auch Grundlage der Kettenwirk-Bindungen ist.

5.3.1. Variation der Arbeitstakte zur Maschenbildung

Zunächst wird auf die sich beim Stricken ergebenden Möglichkeiten eingegangen, die besonders durch die dort vorhandene Einzelbeweglichkeit der Nadeln für die Musterung sehr günstig sind.

Vor dem Fadenlegen wird durch den Arbeitstakt Einstreichen die im Nadelkopf befindliche Halbmasche auf den Nadelschaft gebracht. Wird die Bewegung des Einstreichens nur so weit vollzogen, daß die Nadel den neuen Faden erfassen kann, die Halbmasche aber noch im Nadelkopf, nämlich auf der Nadelzunge, verbleibt, befinden sich beide – Halbmasche und Fadenlegung – nach dem folgenden Arbeitstakt Vorbringen im Nadelkopf (Bild 5/11, *a*, links). Werden im nächsten Maschenbildungsablauf durch den Arbeitstakt Einstreichen, der nun vollständig ausgeführt werden soll, Halbmasche und Fadenlegung auf den Nadelschaft gebracht und nimmt der Nadelkopf wiederum einen Faden (Bild 5/11, *a*, rechts) auf, wird dieser während der folgenden Arbeitstakte sowohl durch die Halbmasche als auch durch den zuerst gelegten Faden hindurchgezogen. Beide erhalten dabei eine gemeinsame Kopfbindung, so daß die Halbmasche, die bereits die Fußbindung besitzt, zur Masche wird; aus der Fadenlegung, der die Fußbindungen fehlten und die sie auch nicht mehr erlangen kann, entsteht dagegen das Bindungselement Henkel.

Ein analoges Ergebnis wird erzielt, wenn statt des Einstreichens der Arbeitstakt Abschlagen entfällt (Bild 5/11, *b*). Die nur aufgetragene aber nicht abgeschlagene Halbmasche gelangt während des folgenden Maschenbildungsvorganges durch das Einstreichen gemeinsam mit der Fadenlegung auf den Nadelschaft. Damit ist die gleiche Situation erreicht, wie sie durch Unterbrechen des Einstreichens zustande kam. In der weiteren Folge wird in gleicher Weise verfahren.

Ein technologischer Unterschied zwischen den beschriebenen Verfahren der Henkelbildung beim Stricken besteht darin, daß beim erstgenannten Ablauf die zum Henkel vorbestimmte Fadenlegung vollständig kuliert wird, beim letztgenannten jedoch nicht, da der Arbeitstakt Abschlagen entfiel. Somit weist der nach dem zweiten Verfahren entstandene Henkel eine geringere Fadenlänge auf und deformiert daher die an gleicher Stelle vorhandene Masche. In der Praxis wird die Henkelbildung im allgemeinen nach dem Verfahren „Nicht Einstreichen" angewandt.

Als Trivialbezeichnungen haben sich für die beiden Verfahren die Begriffe *„Fang in der Nadel"* und *„Fang auf der Nadel"* durchgesetzt.

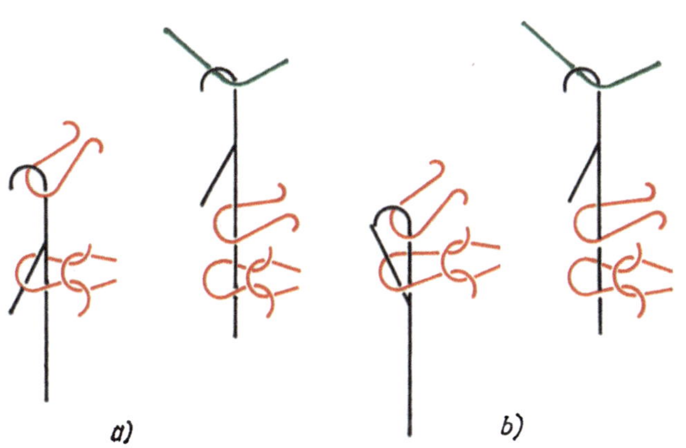

Bild 5/11. Henkelbildung beim Stricken
a nicht Einstreichen;
b nicht Abschlagen

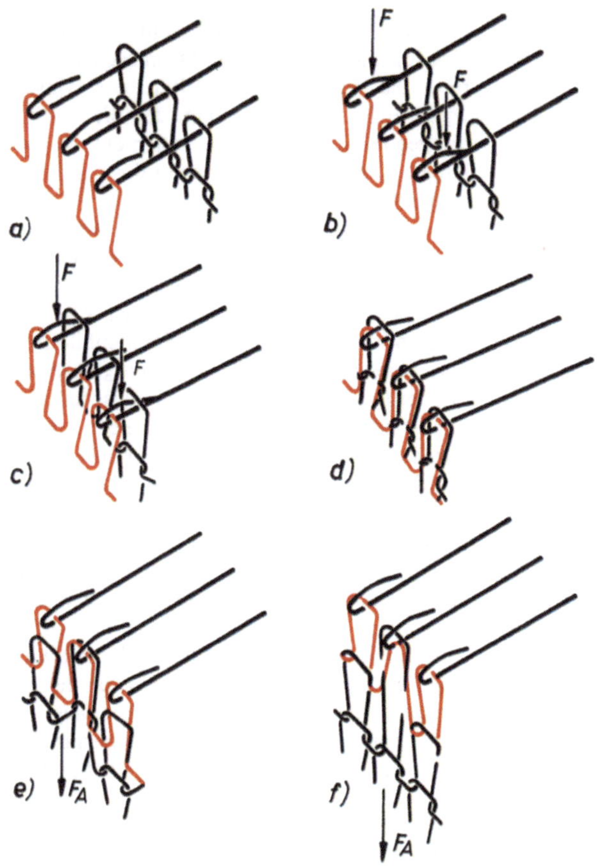

Bild 5/12. Henkelbildung beim Wirken mit Spitzennadeln

Auch die Verfahren des Wirkens unter Verwendung einer Spitzennadel bringen auf dem Wege zur Henkelbildung Fadenschleife und Halbmasche zunächst gemeinsam in den Nadelkopf. Aus dieser Position heraus läuft dann der Maschenbildungsvorgang in der üblichen Weise ab, wobei durch die neue Bindungseinheit die Halbmasche zur Masche und die Fadenschleife zum Henkel wird.

Verfahrensspezifisch ist lediglich, wie Fadenschleife und Halbmasche gemeinsam in den Nadelkopf gelangen (Bild 5/12). Dazu wird das dem Arbeitstakt Vorbringen folgende Pressen unterlassen (Bild 5/12, *b*). Die Halbmasche wird demzufolge nicht aufgetragen, sondern in den Nadelkopf zur dort befindlichen Fadenschleife gebracht; sie kann somit auch nicht abgeschlagen werden. (Dem Bild 5/12 liegt als Beispiel das Kulierwirken zugrunde.)

Spezifische Henkelmaschenmuster ermöglichen die Strickverfahren. So ist beispielsweise die Anhäufung von Henkeln über mehrere Maschenreihen einer Rechts/Rechts-Bindung auf allen Nadeln eines Nadelsystems möglich oder auch die Anhäufung von Henkeln auf einzelnen Nadeln. Diese Muster sind verschiedenartig und mannigfaltig variierbar und werden in Abschnitt 13. näher betrachtet.

Als drittes mögliches Bindungselement außer Masche und Henkel wurde die Flottung bzw. Hinterlegung bereits angeführt. Sie tritt dort auf, wo eine oder mehrere Nadeln nicht an der Maschenbildung beteiligt waren, wohl aber die ihnen benachbarten Nadeln. Wenn vorausgesetzt wird, daß zunächst alle Nadeln eine Halbmasche tragen, bedeutet das „nicht an der Maschenbildung beteiligt sein“, daß bei den Strickverfahren eine Zungennadel den Arbeitstakt Einstreichen zum Aufnehmen des Fadens unterläßt, womit auch alle übrigen Bewegungen der Nadel entfallen (*Rundlauf* der Nadel),

bei den Verfahren Rundkulierwirken und Kettenwirken eine Nadel keinen durch einen bestimmten Fadenführer vorgelegten Faden bekommt.

Effektiv entfällt der Arbeitstakt Fadenlegen auf die Nadel. Es wird keine Bindungseinheit hergestellt. Da der Faden zur nächsten oder einer der folgenden Nadeln geführt wird, resultiert eine Hinterlegung.

Tritt bei fehlender Fadenlegung an einer Nadel auch keine Bewegung dieser Nadel und damit kein Abschlagen ein, verbleibt die vorhandene Halbmasche auf der Nadel. Bei einzelbeweglichen Nadeln (Stricken) ist es durch entsprechende Steuerung der Nadeln möglich, sie nicht an der Bewegung der übrigen teilnehmen zu lassen (Abschnitt 11.). Für Musterungen auf der Basis der Rechts/Links-Bindung wurde als Ergebnis solcher Verfahrensweise die Rechts/Links-hinterlegt-Bindung angeführt.

Wird von der Rechts/Rechts-Bindung ausgegangen, wechselt der Faden zunächst regelmäßig im Abstand der Nadelteilung zwischen Nadeln des vorderen und hinteren Nadelbettes bzw. zwischen Zylinder und Teller. Soll eine Gestrickseite ein Muster erhalten, nämlich die vom vorderen Nadelbett (Flachstricken) oder vom Zylinder (Rundstricken) gebildete Gestrickseite, dann ist dort für jede Nadel die Entscheidung zu treffen, ob sie zur Maschenbildung bewegt werden soll oder nicht.

Daraus kann für jede Maschenreihe, wie in Bild 5/13 dargestellt, ein anderer Fadenverlauf resultieren (Jacquardmuster). In diesem Beispiel wird an drei aufeinanderfolgenden Arbeitsstellen jeweils ein andersfarbiger Faden zu Maschen in unterschiedlicher Folge verstrickt. Nach drei Arbeitsstellen ist auf den musternden Nadeln erst eine vollständige Maschenreihe in drei Farben entstanden. An der vierten Arbeitsstelle wird wieder mit dem Verstricken des ersten Fadens begonnen. Die Nadeln des nicht musternden Nadelträgers bilden die Rückseite des Gestrickes in zwei möglichen

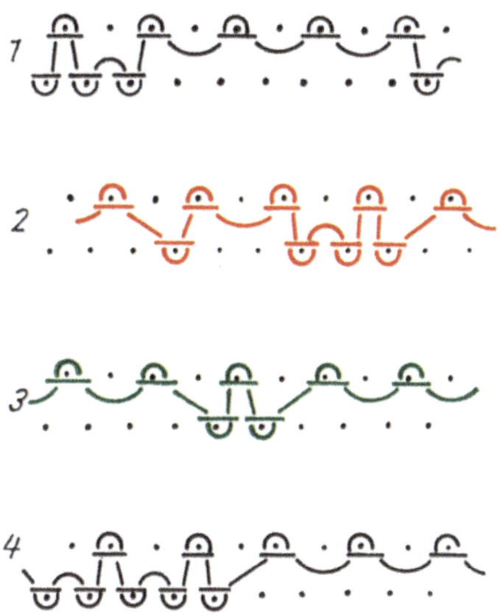

Bild 5/13. GRS-Fadenlauf für eine dreifarbige Jacquard-Buntmusterung an vier aufeinanderfolgenden Arbeitsstellen

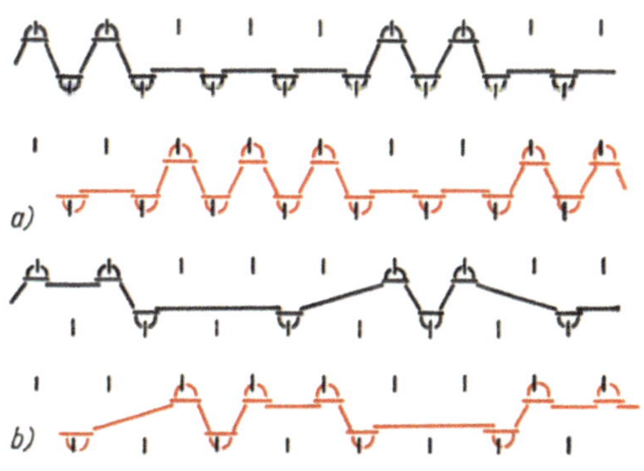

Bild 5/14. Jacquard-Buntmusterung
a Ringelrückseite; b Köperrückseite

Varianten (Bild 5/14). Entweder jeder Faden bildet mit jeder Nadel Masche, dann entstehen horizontale Farbstreifen, sogenannte *Ringel (Ringel-Rückseite)*, oder jeder Faden strickt im Wechsel nur mit jeder zweiten Nadel, die Farbe wechselt auf der Rückseite des Gestrickes von Masche zu Masche *(Köper-Rückseite)*.

In diesem Zusammenhang der Jacquardmusterung sind die *Reliefmusterungen* als

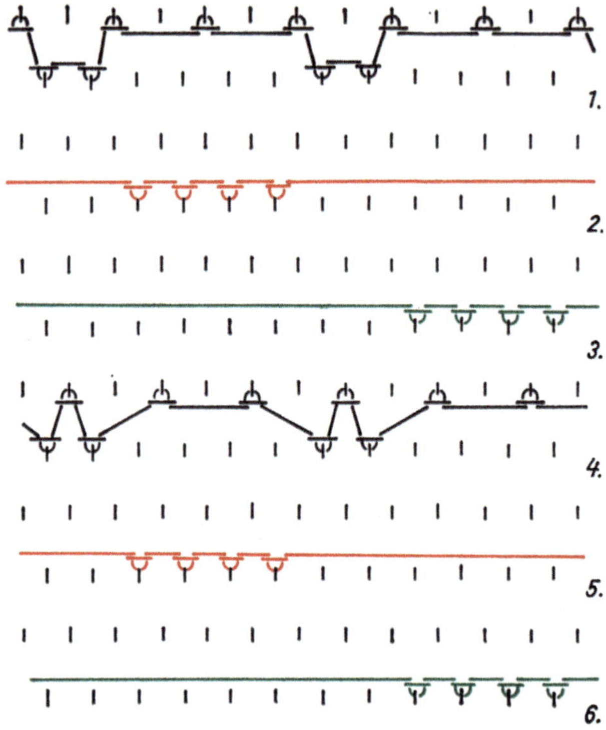

Bild 5/15. Jacquardmusterung Dreifarbenrelief

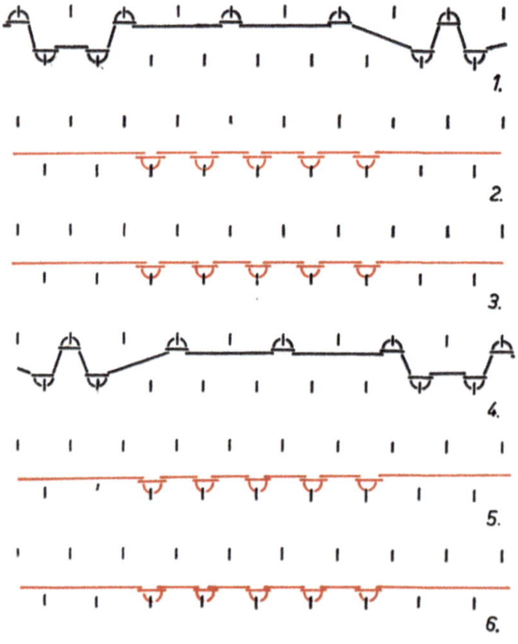

Bild 5/16. Jacquardmusterung Doppelrelief

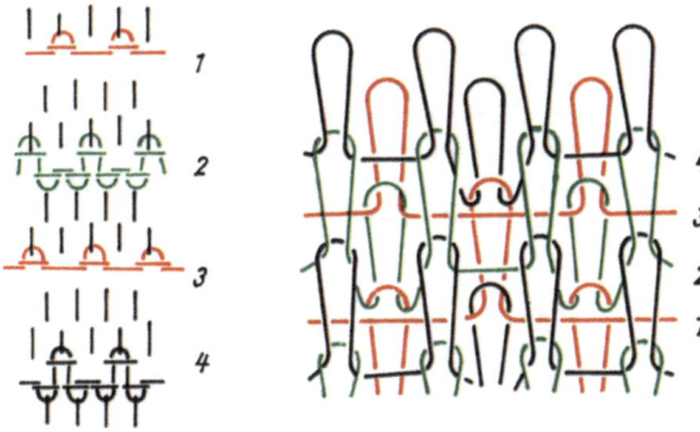

Bild 5/17. GRS-Spezialbindung Schweizer Overnit

kombinierte Bindungen zu erwähnen. Bild 5/15 zeigt ein solches dreifarbiges Muster. Auf eine Rechts/Rechts-Maschenreihe folgen zwei Rechts/Links-Maschenreihen, die die Rechts/Rechts-Reihe zu einer vollständigen Maschenreihe ergänzen. Die den Reliefcharakter bestimmenden Rechts/Links-Reihen besitzen keine Bindung zu den linksseitigen Maschen und werfen sich daher auf der Schauseite reliefartig auf. Von *Doppelrelief* (Bild 5/16) wird gesprochen, wenn zwei Rechts/Links-Reihen auf eine Rechts/Rechts-Reihe folgend mit den gleichen Nadeln stricken. Die *Reliefstruktur* tritt dann besonders markant hervor.

Kennzeichnend für die (Rund-) Strickerei sind kombinierte Bindungen, die gezielt dehnungsarm konstruiert werden. Bild 5/17 zeigt eine solche Bindung, die Rechts/Rechts-, Rechts/Rechts/gekreuzt- und Rechts/Links-Elemente in Kombination enthält (s. Abschnitt 13.).

Auch auf der Basis der Links/Links-Bindung ist die Musterung durch Ausführen oder Nicht-Ausführen der Arbeitstakte zur Maschenbildung, bezogen auf einen Nadelträger, möglich. Die Voraussetzungen sind jedoch andere als eben für die Rechts/Rechts-Bindung beschrieben; dort verbleiben nicht strickende Nadeln in Rundlaufstellung (Rundstricken). Für das Links/Links-Stricken bedeutet die Entscheidung, eine Nadel in einem Nadelbett nicht an der Maschenbildung zu beteiligen, daß sie an das gegenüberliegende Nadelbett übergeben wird und folglich dort strickt. Das heißt, es erfolgt die mustergemäße Verteilung der Nadeln auf die zwei Nadelbetten. Daraus ergeben sich analoge Fadenverläufe wie bereits im Zusammenhang mit der Rechts/Rechts-Bindung beschrieben.

Für die Maschenbildungsverfahren mit gemeinsamer Nadelbewegung entfällt logischerweise die Einzel- oder gruppenweise Nadelauswahl. Trotzdem kann für Nadelgruppen, unter bestimmten Voraussetzungen auch für Einzelnadeln, die Fadenlegung gesteuert werden. So ist es z.B. möglich, daß jede erste und zweite Nadel einer Kettenwirkmaschine einen *Grundfaden* verarbeitet, während durch einen zusätzlichen Fadenführer auf jede dritte Nadel ein andersfarbiger *Musterfaden* gelegt wird. Dieser Musterfaden würde z.B. an jeder ersten und zweiten Nadel als Hinterlegung *(Unterlegung)* auftreten.

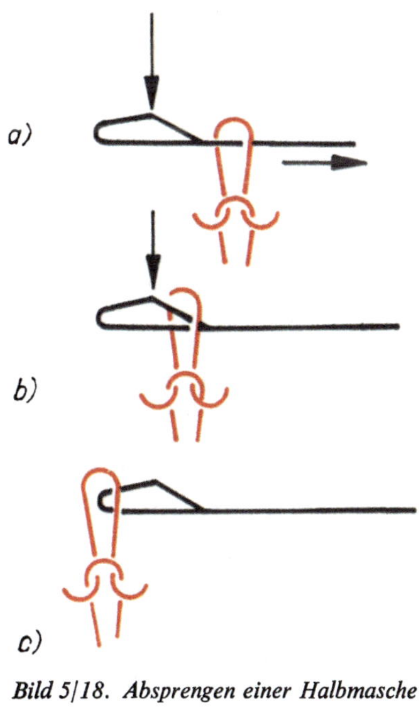

Bild 5/18. Absprengen einer Halbmasche

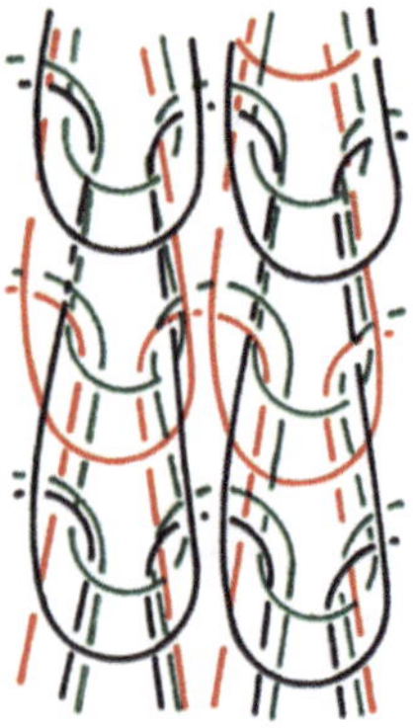

Bild 5/19. Rechts/Links-Plüsch-Bindung (RLP) Maschenbild

Keinen Faden legen aber trotzdem Pressen, Auftragen und Abschlagen führt zum Absprengen einer Halbmasche von der Nadel (Bild 5/18). Der Faden liegt dann z.B. bei einer Rechts/Links-Bindung als breiterer Fußbogen zwischen zwei Maschenstäbchen; dazwischen fehlt ein Maschenstäbchen *(Nadelzug)*. Diese Verfahrensweise findet beispielsweise häufig als beidseitige Begrenzung eines *Zopfmusters* Anwendung, um diesen Zopf entsprechend hervorzuheben.
Zusammenfassend kann schon hier gesagt werden, daß die Bindungselemente Masche, Henkel und Flottung unter Beachtung bestimmter bindungstechnischer Grundsätze wahlweise in Gewirken und Gestricken angeordnet werden können. Dazu sind Steuerungsvorrichtungen erforderlich, die die Variation der zur Maschenbildung ablaufenden Arbeitstakte bewirken. Von der Funktion dieser Vorrichtungen und der Ansteuerbarkeit der Nadeln ist abhängig, ob von der Variation alle Nadeln des jeweiligen Nadelträgers betroffen sind, eine bzw. mehrere Gruppen von Nadeln oder schließlich einzelne ausgewählte Nadeln.
Nicht in jedem Falle ist unter Variation des Arbeitstaktes die logische Zweiwertigkeit der Aussage zu verstehen, ob dieser Arbeitstakt durchgeführt werden soll oder nicht, er kann auch in seiner Intensität beeinflußt werden. Gelangen gleichzeitig zwei Fadensysteme zur Maschenbildung, wovon eines zu kurzen, eines zu langen Schleifen kuliert wird, dann werden die lang kulierten Schleifen als Fußbogen ihrer Masche aus dem Flächengebilde hervorstehen (Bild 5/19). In der Praxis werden sie als *Plüschhenkel* bezeichnet. In Übertragung der Möglichkeiten zur Steuerung auf diese Verfahrensvariante können auch hier die Plüschhenkel in der Maschenware mustergemäß, auch als Musterbild, auftreten.

5.3.2. Zusätzliche Arbeitstakte

Einige, zum Teil modisch besonders vielseitig variable Musterungen, entstehen durch Hinzufügen zusätzlicher Arbeitstakte zur Folge der für die Grundbindung erforderlichen Arbeitstakte der Maschenbildung. Dazu gehören *Versatz-*, *Kreuz-* bzw. *Zopfmuster*, die auf Rechts/Rechts-Flachstrickmaschinen gefertigt werden.
Bild 5/20 veranschaulicht die Entstehung eines Versatzmusters. Nach Bildung einer Rechts/Rechts-Maschenreihe sind mit dem Wechsel der Abschlagrichtung Halbmaschen auf den Zungennadeln des vorderen und hinteren Nadelbettes entstanden. Das hintere Nadelbett, dessen Halbmaschen rot dargestellt sind, wird zum vorderen um den Weg einer Nadelteilung versetzt. Die Halbmaschen dieses Nadelbettes erhalten dabei eine schräge Lage. Es wird die nächste Maschenreihe gestrickt und anschließend das hintere Nadelbett wiederum versetzt. Nachdem dies mehrfach wiederholt wird, erfolgt in gleicher Weise der Versatz des hinteren Nadelbettes in Gegenrichtung. Da die Fadenspannungen der Maschen des vorderen und hinteren Nadelbettes im Gleichgewicht stehen, zeigen letztlich beide Gestrickseiten zick-zackförmig verlaufende Maschenstäbchen.
Die gleiche Technologie wird auch auf der Grundlage der Rechts/Rechts-Fang-Bindung

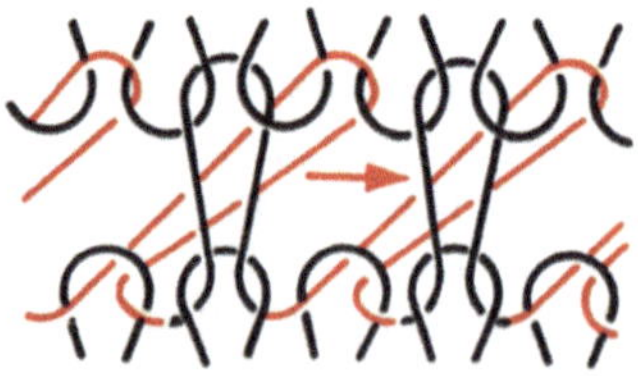

Bild 5/20. Prinzip der Herstellung einer Rechts/Rechts-Versatzbindung

angewandt. Der erste Versatz des Nadelbettes erfolgt nach der Bildung der Halbmaschen; nach Entstehung der Henkel wird zurückversetzt usw. Schließlich wird eine Reihe ohne Versatz gestrickt und dann in Gegenrichtung verfahren.

Es lassen sich somit Muster mit beliebiger Anzahl versetzter Maschenreihen herstellen, während auf der Basis der Rechts/Rechts-Bindung ihre Anzahl durch die Versatzbewegung des versetzbaren Nadelbettes (3, 4, 5, 6 Nadelteilungen) abhängig ist.

Eine Vielzahl von Mustermöglichkeiten entsteht durch *Übertragung (Umhängen) von Halbmaschen* von einer Nadel auf eine benachbarte. Bild 5/21 stellt die einzelnen Arbeitsschritte zur Herstellung der Bindung *Rechts/Links-durchbrochen* am Beispiel einer Flachkulierwirkmaschine dar. Nach der Halbmaschenübertragung trägt die abgebende Nadel keine Halbmaschen mehr, die benachbarte dagegen zwei. Auf der leeren Nadel entsteht mit dem nächsten Maschenbildungszyklus ein Henkel.

Das Herstellen einer Rechts/Links-durchbrochen-Musterung an einer Rechts/Rechts-Flachstrickmaschine gibt Bild 5/22 wieder.

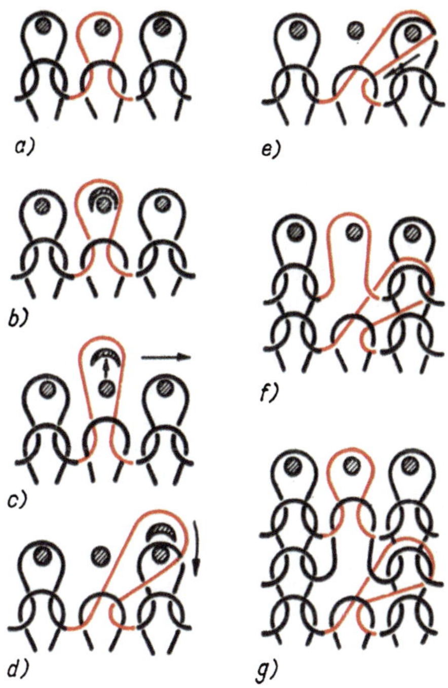

Bild 5/21. Arbeitsschritte zum Herstellen einer durchbrochenen Musterung (RLd)

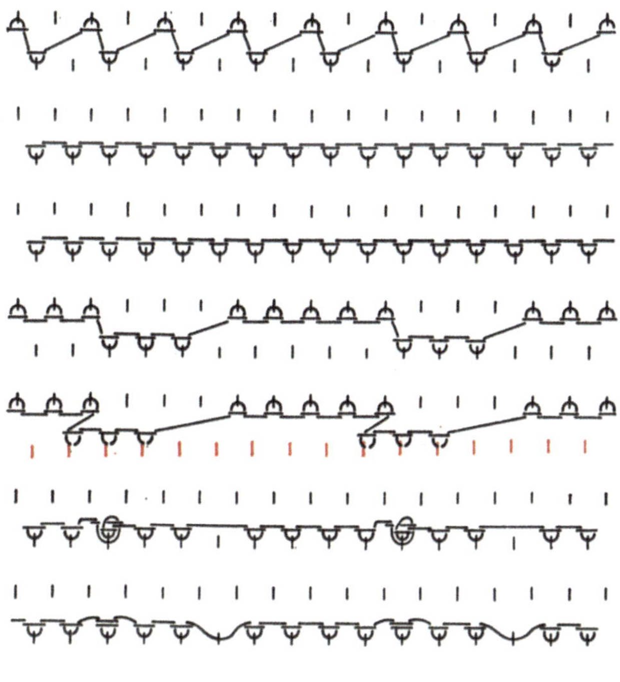

Bild 5/22. FS-Musterung durch Halbmaschenübertragung (RLd „Petinet“)

Zunächst erfolgt die Übergabe aller Halbmaschen von den Nadeln des hinteren Nadelbettes auf die freien Nadeln des vorderen. Darauf erfolgt eine mustergemäße Verteilung dieser Halbmaschen auf die Nadeln des vorderen und des hinteren Nadelbettes durch die Übertragung der entsprechenden Halbmaschen auf die Nadeln des hinteren Nadelbettes. Das vordere Nadelbett führt eine Versatzbewegung um eine Nadelteilung nach links aus (rote Nadeln), wonach alle Halbmaschen von den hinteren auf die Nadeln des vorderen Nadelbettes übertragen werden. Im vorderen Nadelbett tragen nun einige Nadeln zwei Halbmaschen. Andere Nadeln sind ohne Halbmasche; an diesen Stellen entsteht mit dem folgenden Maschenbildungsvorgang ein Henkel.

Die Halbmaschenübertragung kann schließlich auch „über Kreuz" durchgeführt werden (Bild 5/23). Erfolgt dabei nicht nur der Versatz

Bild 5/23. Kreuzweises Halbmaschenverhängen (Prinzip Zopf)

jeweils eines Maschenstäbchens kreuzweise, sondern sind mehrere nebeneinanderliegende Halbmaschen beteiligt, entstehen Zopfmuster, wie in Bild 5/24 dargestellt. Die Halbmaschen sind auf die Nadeln des vorderen und hinteren Nadelbettes verteilt *1*. Das vordere Nadelbett wird um drei Nadelteilungen nach rechts versetzt *2* und ein Teil der Halbmaschen des hinteren Nadelbettes auf das vordere übertragen *3*. Nach Versatz des vorderen Nadelbettes in Gegenrichtung um sechs Nadelteilungen *4* werden auch die restlichen Halbmaschen von den Nadeln des hinteren Nadelbettes auf die des vorderen übertragen *5*. Gegenüber der

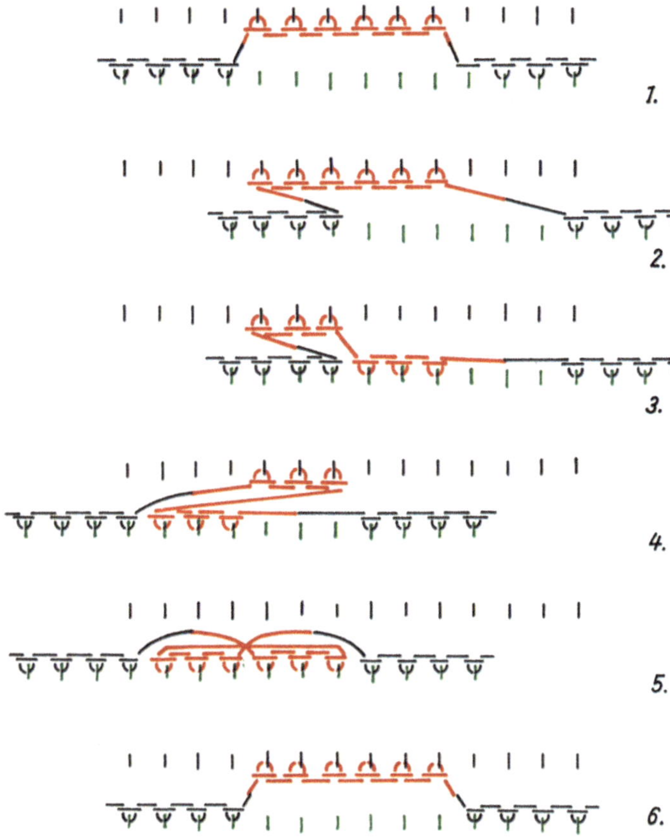

Bild 5/24. FS-Kreuzweises Verhängen von Halbmaschen Zopfmuster

ersten Maschenreihe wurden damit je drei nebeneinanderliegende Halbmaschen kreuzweise übertragen. Der Vorgang wird nach einigen Maschenreihen wiederholt, wodurch das Zopfmuster entsteht *6*.
Analog zum Übertragen von Halbmaschen ist das *Umhängen von Maschenfußbogen* möglich. Dazu dienen Arbeitsorgane, die die Fußbogen spreizen und erneut auf die Nadel bringen (Bild 5/25). Erfolgt das Umhängen über zwei Nadeln (Bild 5/26), entsteht das in Bild 5/27 wiedergegebene Maschenbild. Es ist in gleicher Weise das Umhängen von Fußbogen von Nadeln eines Nadelträgers auf die des zweiten bei Rechts/Rechts-Bindungen möglich (Bild 5/28). Bindungstechnisch gehören derartige Gestricke zu den durchbrochenen Bindungen, deren Trivialname *Eyelet* lautet.
Die Entstehung von Henkeln, wie unter Abschnitt 5.3.1. beschrieben, ist gleichfalls durch einen zusätzlichen Arbeitstakt möglich, der damit auch eine Variation der Arbeitstakte darstellt. Zur Bildung des Henkels gilt dabei das gleiche Prinzip: eine Halbmasche und eine Fadenschleife werden gemeinsam vom Nadelschaft aus abgeschlagen. Um das zu erreichen, wird (Bild 5/29) ein durch eine Lochnadel

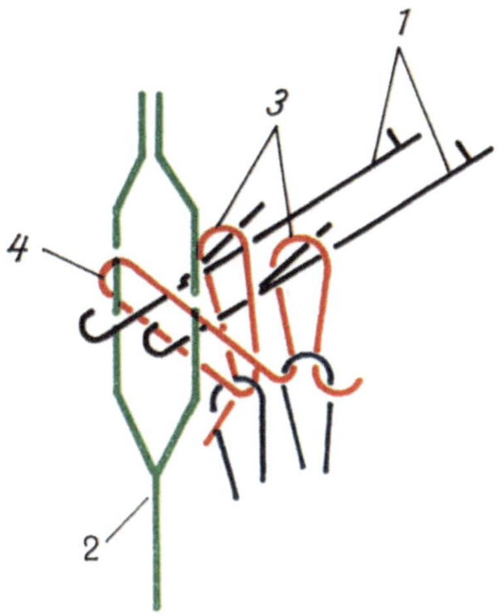

Bild 5/26. GRS-Zweiseitiges Umhängen eines Maschenfußbogens

1 Zungennadel; 2 Spreiznadel; 3 Halbmasche; 4 Maschenbußbogen

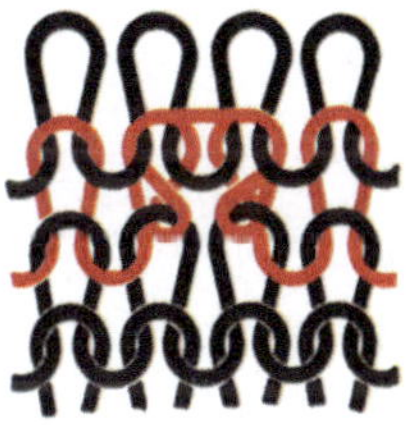

Bild 5/27. KRS – RLd (Eyelet) Maschenbild

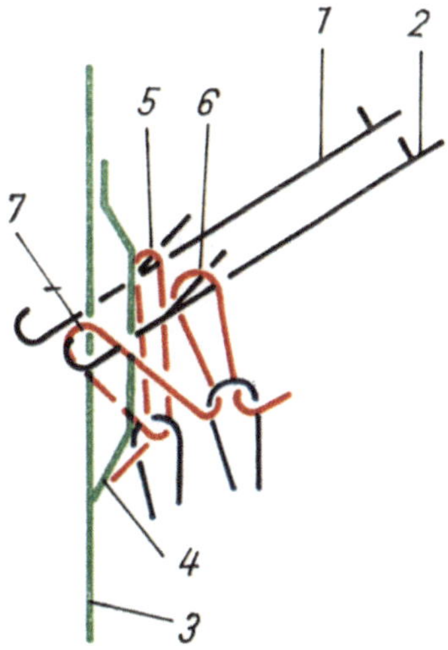

Bild 5/25. GRS-Einseitiges Umhängen eines Maschenfußbogens

1 und 2 Tellernadel; 3 Spreiznadel; 4 Spreizfeder; 5 und 6 Halbmasche; 7 Maschenfußbogen

über die Zungennadel gelegter Faden aus dem Nadelkopf heraus zurück auf den Nadelschaft geschoben. Dazu dient, wie Bild 5/30 weiter verdeutlicht, ein zwischen Zungen- und *Lochnadelbarre 1* stehendes *Fallblech 3.* Der von der Lochnadel *2* gelegte Faden wird letztlich zur Masche. Diese Art des Bildens von Henkeln ist für die Musterung und Eigenschaftsmodifikation beim Kettenwirken mit Zungennadeln (Raschelmaschine) bedeutsam *(„Fallblechmusterung“)*.
Als Beispiel verdient deshalb in Zusammenhang mit der Nutzung des Fallbleches eine als Co-We-nit-Verfahren bezeichnete Musterungstechnik Erwähnung (Bilder 5/31 und 5/32; die im Bild enthaltenen technologischen Angaben zur Legung werden aus Abschnitt 7. verständ-

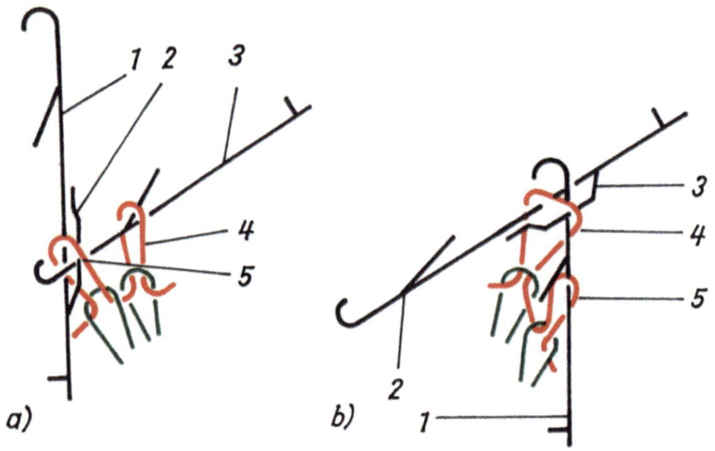

Bild 5/28. GRS-Umhängen einer Halbmasche vom Zylinder auf den Teller a und umgekehrt b
1 Zylindernadel; 2 Tellernadel; 3 Spreizfeder; 4 Halbmasche der Tellernadel; 5 Halbmasche der Zylindernadel

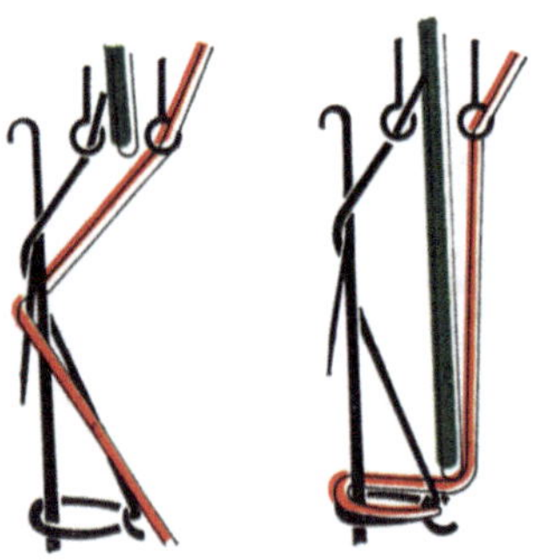

Bild 5/29. KW-Funktion des Fallbleches

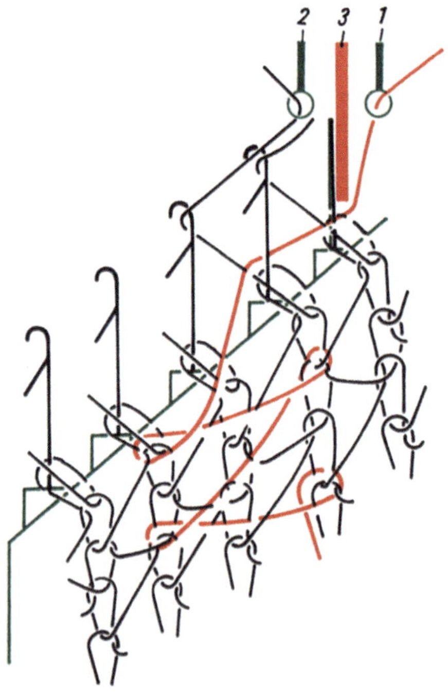

Bild 5/30. KW-Henkelbildung durch Fallblech
1 und 2 Lochnadel; 3 Fallblech

lich). Ihr Prinzip besteht in Querschußlegungen, die durch Wirkung eines Fallbleches als Henkel eingebunden sind (Legeschiene *2*) und durch Stehschußlegungen, die im Wechsel über und unter den Querschußlegungen führen, ergänzt werden (Legeschienen *3* und *4*). Zur Einbindung der Querschußlegungen erfolgt eine Grundlegung als Franse (Legeschiene *1*). Zur Grundlegung wird ein feiner sowie ein fester Faden, der optisch nicht in Erscheinung tritt, eingesetzt, während als Steh- und Querschuß weniger feine Fäden Verwendung finden, die dem Gewirke ein gewebeähnliches Aussehen verleihen. Durch die Gewirkestruktur wird die Dimensionsstabilität, vor allem bei Veredlungsprozessen, besonders bei Einsatz nativer Faserstoffe, wesentlich beeinflußt.

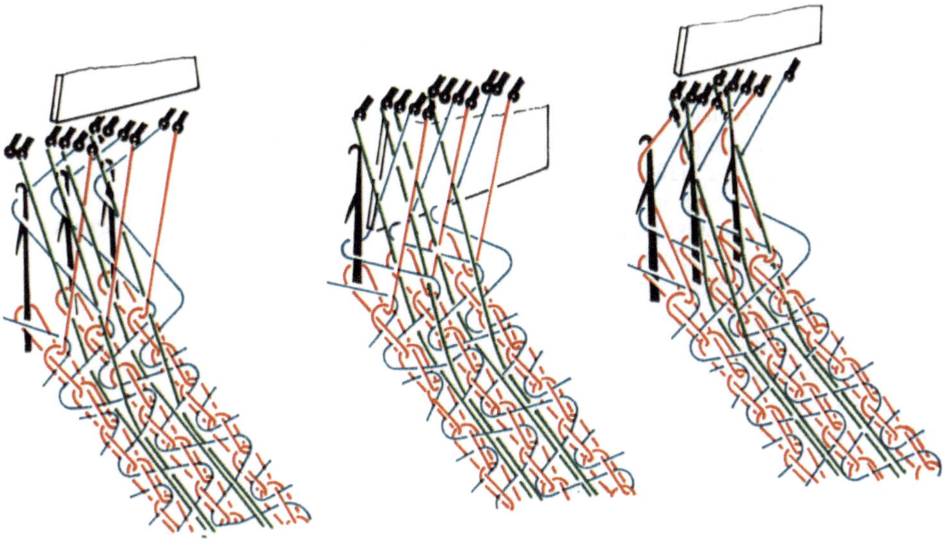

Bild 5/31. KW-Anwendung des Fallbleches für die Co-we-nit-Bindung

L1	L2	L3	L4
0	0	0	0
0	2	0	0
0	2	0	0
2	2	0	0
2	6	4	0
2	4	4	0
2	4	0	0
0	4	0	0
(2x)	(2x)	0	0
		0	0
		0	0
		0	0
		0	4
		0	4
		0	0
		0	0

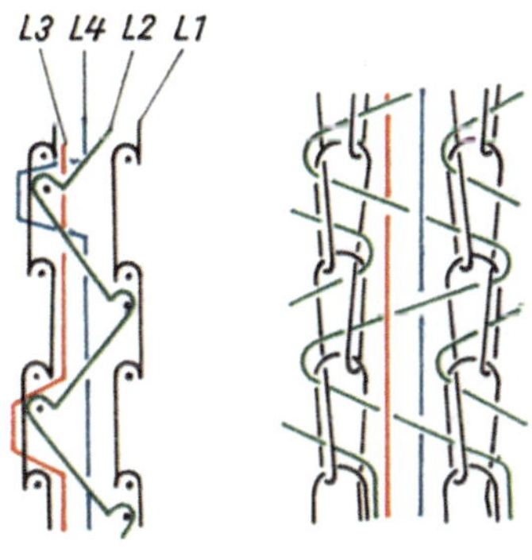

Bild 5/32. KW-Co-we-nit-Legung und Bindung

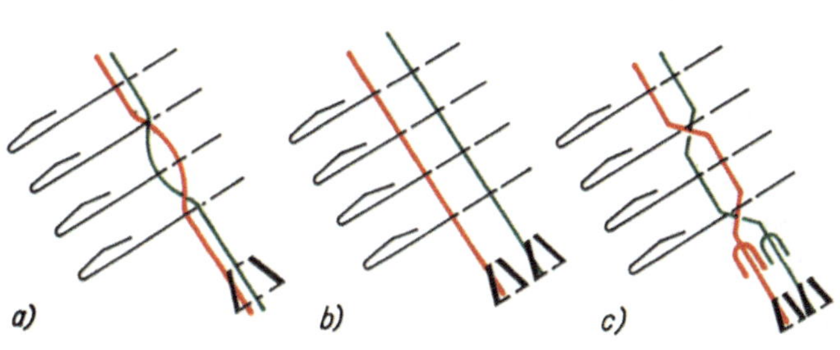

Bild 5/33. Fadenlegen – Beispiel RKW
a gefacht; b plattiert; c wendeplattiert

5.3.3. Variation der Fadenzuführung

Die bisherigen Betrachtungen zur Maschenbildung gingen davon aus, daß der jeweiligen Nadel *ein* Faden vorgelegt wird. Erfolgt dagegen die Zuführung mehrerer Fäden über ein Fadenführungsorgan zur Nadel, wird von *gefachter* Fadenverarbeitung gesprochen. Die Maschen bestehen dann aus zwei oder mehreren Fäden, deren Lage zueinander nicht definiert ist (Bild 5/33, *a*). Diese Arbeitsweise wird zum Zweck besserer Verarbeitbarkeit, höherer Maschengleichmäßigkeit, der Erreichung bestimmter Flächenmassen, zur Erzielung von Farbeffekten oder zur Faserstoffmischung aus bekleidungsphysiologischen Gründen angewendet.

Die definierte Lage zweier gleichzeitig verarbeiteter Fadensysteme ist möglich, wenn ihre Zuführung über gesonderte Fadenführungsorgane erfolgt (Bild 5/34 und Bild 5/33 *b*). Diese Form wird als *plattierte* Fadenverarbeitung bezeichnet. Das entsprechende Maschenbild zeigt Bild 5/35. Bei Vorhandensein der notwendigen Steuerungsmöglichkeit ist zu erreichen, daß ein Fadensystem, der plattierte Faden, teilweise hinterlegt, also nicht zur Masche verarbeitet wird. Bild 5/36 gibt eine solche *hinterlegt-plattierte* Rechts/Links-Bindung wieder. Durch mustergemäße Steuerung der Fadenführungsorgane (Bild 5/33, *c*) oder mustergemäßen Einsatz von Nadeln (Bild 5/37) die bei gleicher Fadenvorlage einen Wechsel der Fadenlage beim Stricken hervorrufen, erscheinen die Fäden im Maschenbild im Wechsel rechts- und linksseitig. Diese Art des Fadenlegens wird als *wendeplattiert* bezeichnet.

Wird ein Fadensystem zur jeweiligen Grundbindung, z.B. Rechts/Links, verarbeitet und ein zweites zugeführt, das in Abständen von zwei oder mehreren Maschenstäbchen als Henkel eingebunden wird, handelt es sich bei diesem um eine *Futterlegung*. Der Futterfaden liegt zwischen den Einbindungsstellen als Henkel flott (Bild 5/38). Diese als *Flottungen* bezeichneten Fadenabschnitte befinden sich auf der linken Maschenwarenseite und werden häufig gerauht, um der Maschenware eine flauschige Oberfläche zu verleihen.

Eine Farbmusterung ist zu erreichen, indem ein Fadensystem innerhalb der Maschenreihe

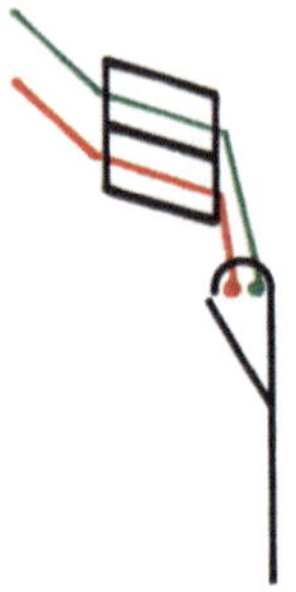

Bild 5/34. GRS-Plattiertes Fadenlegen

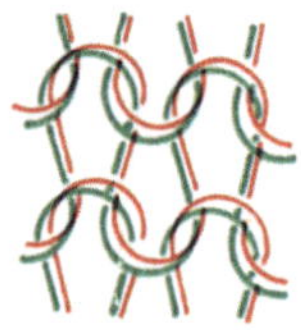

Bild 5/35. Rechts/Links-plattiert-Bindung (RLp) Maschenbild

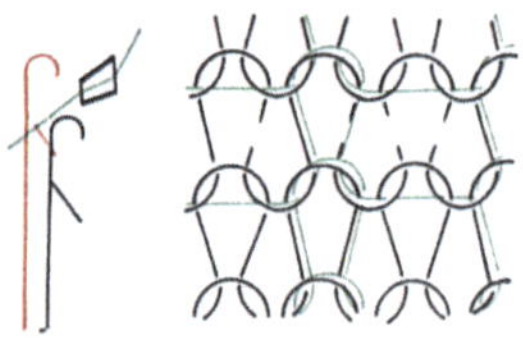

Bild 5/36. Fadenlegen – Beispiel RS hinterlegt – plattiert

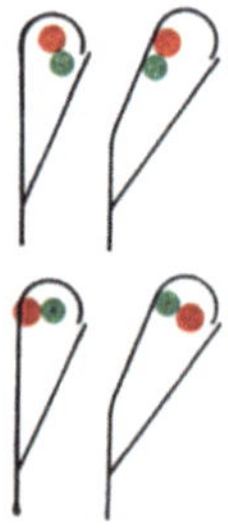

Bild 5/37. Fadenlegen – Beispiel RS wendeplattiert
a gerader Nadelhaken;
b geneigter Nadelhaken

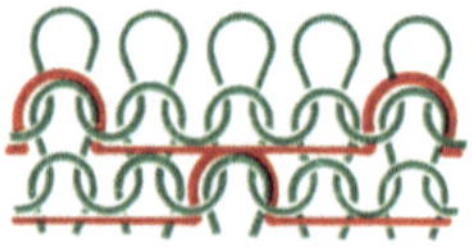

Bild 5/38. RLFu

endet und die Weiterführung der Maschenreihe mit einem anderen Fadensystem erfolgt. Wie aus Bild 5/39 ersichtlich ist, wird zur Sicherung von Anfang bzw. Ende der Fäden eine Masche jeweils aus beiden Fadensystemen gebildet. Der Wechsel der Fadensysteme beruht auf einem gesteuerten Fadenführerwechsel. Bei Flachstrick- und Flachkulierwirkverfahren ist die Bezeichnung *Intarsiamusterung* üblich.
Bei Rundkulier- und Rundstrickverfahren ruft der Wechsel von farbigen Fäden Farbringel hervor; die Fadenwechselvorrichtungen werden in diesem Falle als *Ringelapparate* bezeichnet, die Muster als *Ringelmuster*.
Eine völlig andere Variation der Fadenzuführung läßt Maschen unterschiedlicher Größe entstehen. Nach Bild 5/40 werden einzelne Fäden einer Kettfadenschar im Laufe der Maschenbildung zum Zwecke einer Jacquardmusterung mustergemäß einer erhöhten Zugkraft unterworfen, was gegenüber den übrigen Fäden zu kleineren Maschen führt. Der daraus resultierende Mustereffekt wird bei Einsatz synthetischer Seiden durch nachfolgendes Färben erhöht, da die unter größerer Fadenzugkraft stehenden Maschen anders anfärben.
Für Kettengewirke beruhen die Musterungsmöglichkeiten im wesentlichen auf unterschiedlich großen Wegen bei der Fadenzuführung. Diese Variation des Fadenweges kann grundsätzlich nur bei der *Unterlegung* stattfinden. Es entsteht eine Hinterlegung des Fadens wie sie auch für den Strickprozeß erwähnt wurde. Sie entsteht jedoch nicht durch die Nadelsteuerung, sondern durch die mustergemäße Steuerung des Fadenführer(Lochnadel-)weges. Die im Abschnitt 13. angeführten *Kettengewirkelegungen* sind Beispiel dafür.
Als spezieller Fall der Fadenzuführung (der sich auch anders einordnen ließe) wird das Einlegen zusätzlicher *Schußfäden* betrachtet.
Bild 5/41 zeigt den Vorgang des Schußeinlegens an einer Rechts/Rechts-Großrundstrickmaschine. Dieser Schußfaden wird von

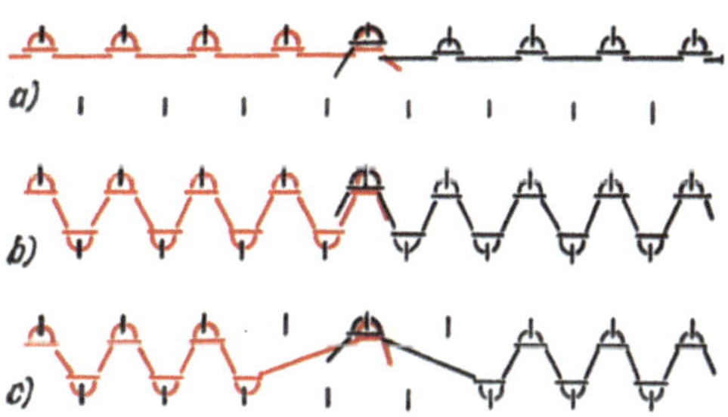

Bild 5/39. Intarsiamusterung
a RL; b und c RR

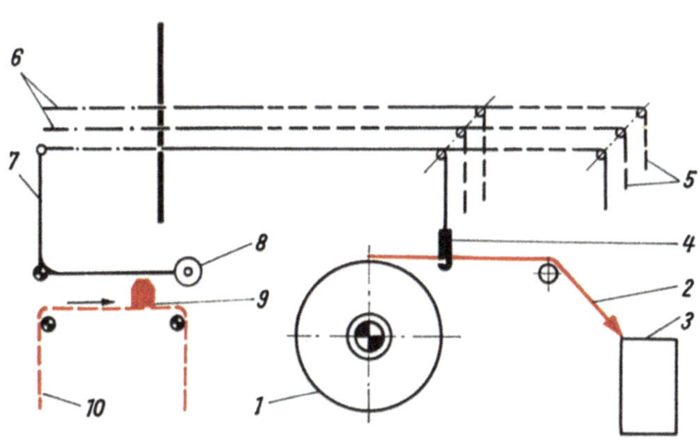

Bild 5/40. KW-Steuerung der Fadenzugkraft (Swan-warp)
1 Kettbaum; 2 Kettfaden; 3 Kettenwirkmaschine (Arbeitsstelle); 4 Fadenführer, gesteuert; 5 und 6 Steuerdrähte; 7 Hebel; 8 Abtastrolle; 9 Kettengliednocke; 10 Kette (Programmträger)

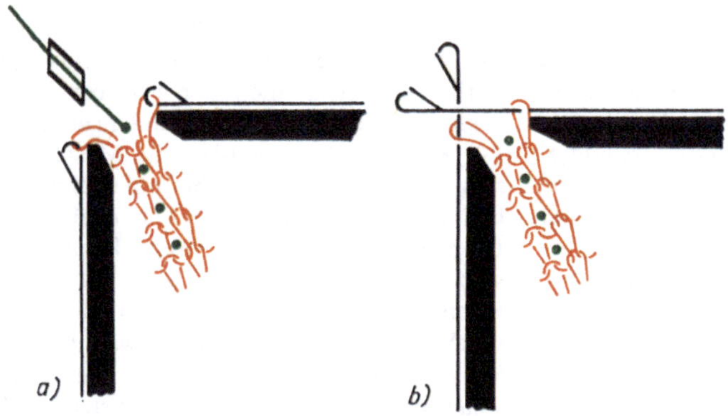

Bild 5/41. GRS-Schußeinlegen bei RR

den Maschen der Grundbindung gehalten. Er selbst bildet keine Bindungselemente. Die entstehende Struktur gibt Bild 5/42 *a* wieder. Auch für die Rechts/Links-Bindung *1* kann gemäß Bild 5/42*b* die Aufnahme eines Querschußfadens *3* für spezifische Erzeugnisentwicklungen grundsätzlich Bedeutung erlangen. Da die Einbindung in analoger Weise zur Rechts/Rechts-Bindung zwischen den Maschenstäbchen *1* nicht möglich ist, erfolgt sie über ein drittes als Stehschuß *2* zu bezeichnendes Fadensystem. Das Beispiel entstammt der Großrundstricktechnik. Es ist bei spezifischer Veredlung hinsichtlich der Eigenschaften der Vergleich zu Kettengewirken mit Parallelschuß und zu Geweben möglich.

Ähnliche Schußlegungen sind auch beim Kettenwirken möglich. In Bild 5/43 ist dargestellt, wie ein Schußfaden hinter die Nadeln einer Kettenwirkmaschine gelegt und durch den Fußbogen der Masche später mit eingebunden wird. Die entstehende Gewirkestruktur wird im Bild 5/44 deutlich, in dem die Bindung der Schußfäden durch zwei maschenbildende Fadensysteme in Franse- und Tuchlegung (Abschnitt 14.) erfolgt.

Bei diesem Beispiel erfolgt der Schußeintrag über die gesamte Arbeitsbreite, und alle Schußfäden liegen parallel zueinander; dabei ist es gleichgültig, ob es sich um eine Kettenwirkmaschine mit Spitzen-, Schieber- oder Zungennadeln handelt. Für die Nähwirkmaschinen vom Typ „Malimo" ist der nichtparallele Schußeintrag, jedoch bei gleicher Einbindung, charakteristisch. Das in Bild 5/45 gezeigte Maschenbild enthält einen Grundfaden *1* (Franse), das verkreuzt liegende Schußfadensystem *2* und schließlich einen als Henkel gelegten Faden *3*, der zwischen den Fransenstäbchen flottiert. Diese Flottung wird durch

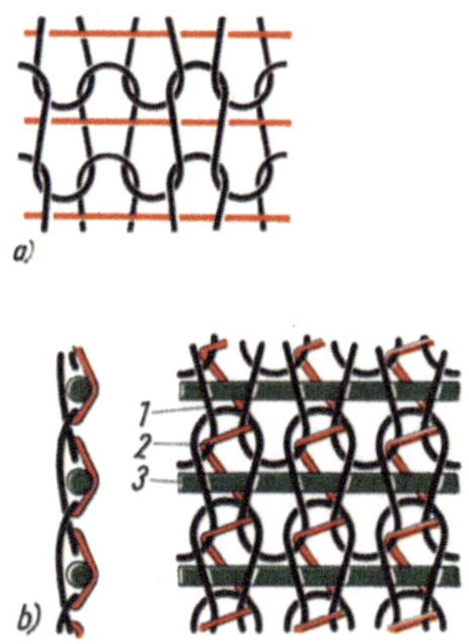

Bild 5/42. RR-Schuß Maschenbild

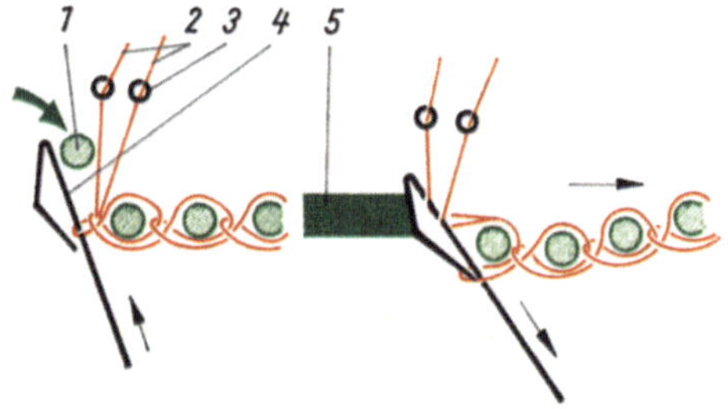

Bild 5/43. KW-Schußfadenlegung
1 Schußfaden; 2 Kettfaden; 3 Lochnadel; 4 Spitzennadel; 5 Presse

Platinen in der Form erweitert, daß der Faden *3* vom Gewirkegrund abstehende Plüschhenkel bildet („Malimo"-Schußpol).
Für die *Häkelgalonmaschinen,* als besondere Kategorie der Kettenwirkmaschinen, sind Schußlegungen kennzeichnend, die nicht über

Bild 5/44. KW-„Parallelschuß"
Maschenbild

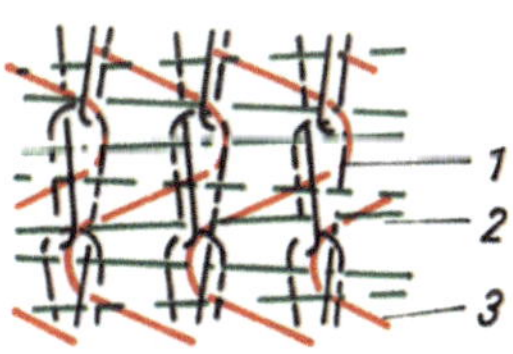

Bild 5/45. KW-Malimo-Schußpol
Maschenbild

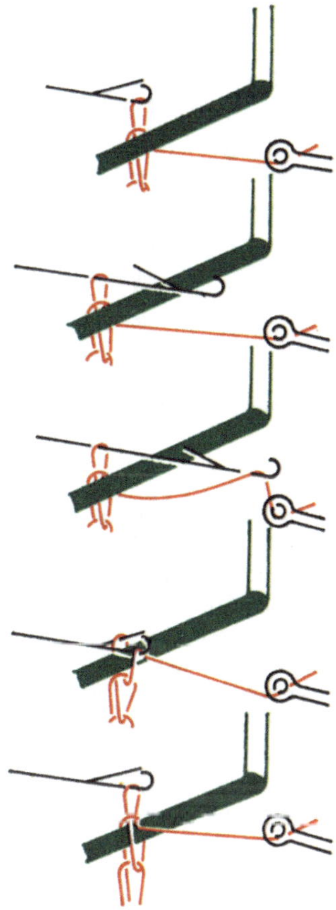

Bild 5/46. KW-Häkelgalon
Schußfadenlegen

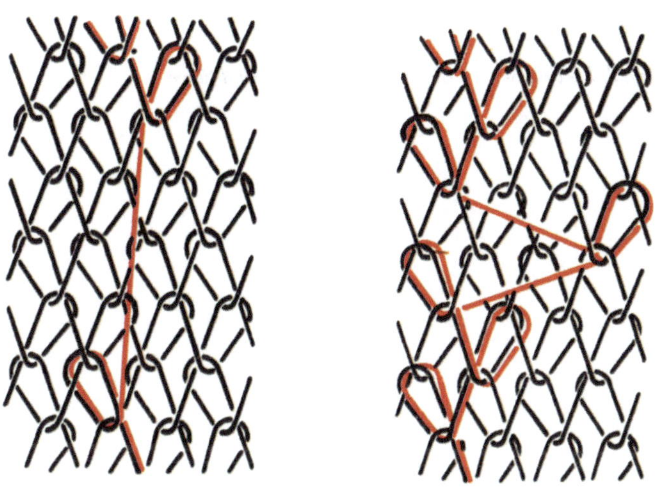

Bild 5/47. KW
Stehschußlegung (links)
Querschußlegung (rechts)

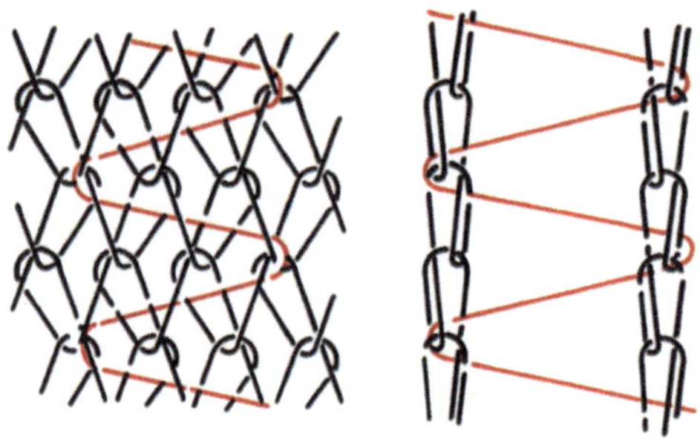

Bild 5/48. KW
Schußlegung in Kombination mit Henkeleinbindung

die gesamte Arbeitsbreite erfolgen. Häufig ist der Schußfaden ein dickerer *Effektfaden*, der durch entsprechende Fadenführer über den erforderlichen Weg der Unterlegung gelegt wird. Bild 5/46 zeigt die einzelnen Schritte der Einbindung dieses Schußfadens. Bild 5/47 enthält sowohl *Querschußlegungen* (horizontal) als auch *Stehschußlegungen* (vertikal). In beiden Fällen sind hier die Schußfäden durch Maschenbildung eingebunden; der Schußfadenabschnitt stellt damit gleichzeitig eine Hinterlegung dar.

Die Schußlegungen in Bild 5/48 sind in Form von Henkeln eingebunden (jedoch nicht als Flottung im Sinne des Futterfadens). Auf ihre Entstehung unter Anwendung eines Fallbleches wurde bereits in Abschnitt 5.3.2. eingegangen. Bild 5/49 ist ein Beispiel für die Anwendung derartiger Schußlegungen zur Erzeugung von *Gardinenstrukturen* – vertikal sind Maschenstäbchen *(Rechts/Links-Franse)* und horizontal zweifach die Schußlegungen (Sch 2) angeordnet.

Letztlich sei auch auf an der Maschenbildung nicht beteiligte Stehschußfäden zur Erhöhung der Formstabilität (s. Bilder 5/31 und 5/32) hingewiesen. Ihre Einbindung erfolgt nach Bild 5/50 ebenfalls durch die Maschenfußbogen der Rechts/Links-Grundbindung.

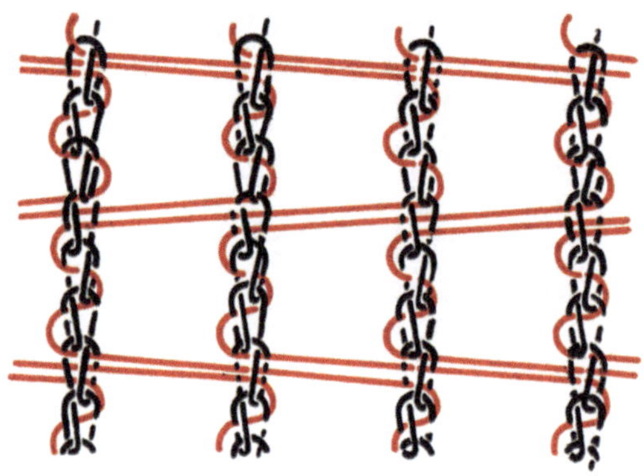

Bild 5/49. RLFSch 2 (Marquisette)

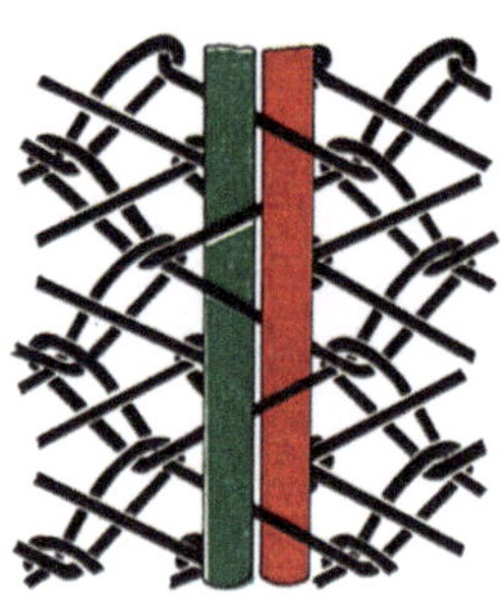

Bild 5/50. KW-Stehschußfäden

6. Grundaufbau und prinzipielle Wirkungsweise der Maschinen zur Maschenwarenherstellung

Wirk- und *Strickmaschinen* gehören zu den Verarbeitungsmaschinen. Für diese ist gemeinsam kennzeichnend, daß sie Stoffe unterschiedlicher Art von einem Ausgangszustand zu einem Zwischen- oder Endzustand verarbeiten. Für die Wirk- und Strickmaschinen stellt im allgemeinen der textile Stoff „Faden" den Ausgangszustand dar; er wird zur Maschenware, dem textilen Zwischenzustand, verarbeitet. Jede Verarbeitungsmaschine ist nach dem allgemeinen Grundsatz zu konstruieren, ein optimales Produktionsergebnis zu erzielen. Das erfordert, auch für die Konstruktion einer Wirk- oder Strickmaschine, von den technologischen Bedingungen auszugehen. Die Gestaltung des Stoffflusses und die Art und Weise der Energiezuführung zur Erreichung des Verarbeitungseffektes Faden → Maschenware werden im wesentlichen von den technologischen Aufgaben und Vorgängen bestimmt.

In Bild 6/1 ist das *Stofflußschema* für Wirk- und Strickmaschinen dargestellt. Aus ihm ist zu entnehmen, daß die Fäden – unter Voraussetzung verarbeitungstechnisch günstiger Aufmachungseinheiten – an die Maschinen zur Maschenwarenherstellung transportiert werden. Der Stofffluß umfaßt in der Maschine drei wesentliche Stufen:

die *Führung* und *Zuführung* der Fäden von den *Fadenspeichern* bis an die Arbeitsstelle,
die Arbeitsstelle, an der die Maschenbildung erfolgt und damit der *Verarbeitungseffekt* entsteht,
den *Abzug* der Maschenware von der Arbeitsstelle und
die *Maschenwarenspeicherung*.

Zusätzlich ist im Bild 6/1 dargestellt, welche *Kontrolloperationen* innerhalb des Stoffflusses durchgeführt werden können, um zu einem optimalen Verarbeitungsergebnis zu kommen. Die Umsetzung des Stoffflußschemas in konstruktive Lösungen unter Zugrundelegung der technologischen Bedingungen der Fadenverarbeitung zu den differenziertesten Maschenwaren und von sowohl maschinendynamischen als auch ökonomischen Gesichtspunkten führte im Verlaufe der Entwicklung zu einem charakteristischen *Grundaufbau* der einzelnen Gruppen von Wirk- und Strickmaschinen.

Die Bilder 6/2 bis 6/9 zeigen die typische geometrische Anordnung der für die Maschenwarenherstellung wichtigsten Funktionsgruppen und den typischen Verlauf des Stoffflusses für die verschiedenen Maschinengruppen. Der Stofffluß ist rot gekennzeichnet, während die wichtigsten Funktionsgruppen, die dem Energie-/Signalraum zuzuordnen sind, grün dargestellt wurden. Weiterhin ist zu beachten, daß die Funktionsgruppen und der Stofffluß geometrisch in den durch die angedeuteten Maschinengestelle vorgegebenen konstruktiven Gesamtrahmen eingeordnet sind. Aus diesen Darstellungen läßt sich der konstruktive Grundaufbau der Wirk- und Strickmaschinen ableiten. Für ihn sind einige allgemeine Grundsätze zu beachten:

Jede Wirk- und Strickmaschine besteht aus zwei Bereichen

dem *Verarbeitungsraum*, der die konstruktive Gestaltung des Stoffflusses vom Fadenspeicher bis zum Maschenwarenspeicher umfaßt und dem *Energie-/Signalraum*, in dem die Funk-

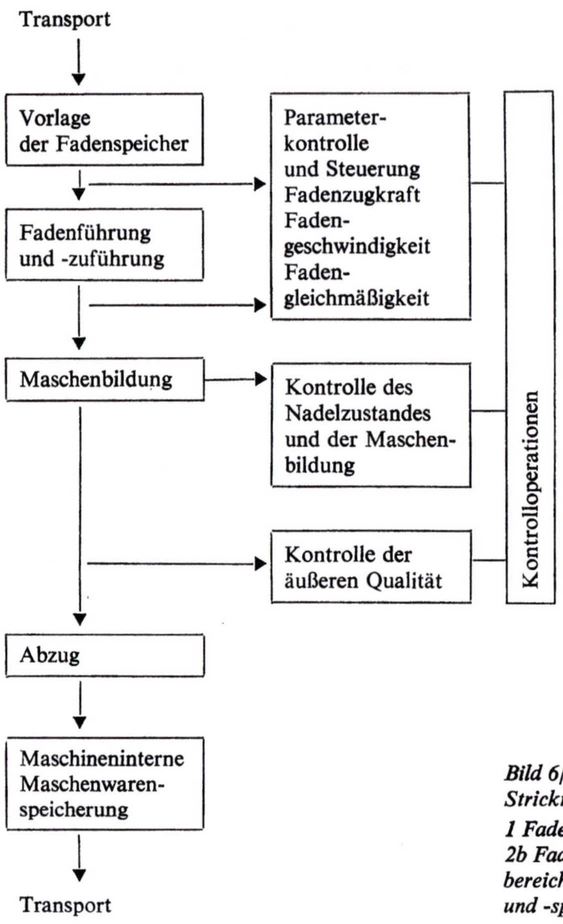

Bild 6/1. Stoffflußschema für Wirk- und Strickmaschinen

Bild 6/2. bis 6/9. Grundaufbau von Wirk- und Strickmaschinen

1 Fadenspeicher; 2a Fadenführung und -kontrolle; 2b Fadenzuführvorrichtung; 3 Maschenbildungsbereich (Arbeitsorgane); 4 Maschenwarenabzug und -speicherung; 5 Steuerungseinheit

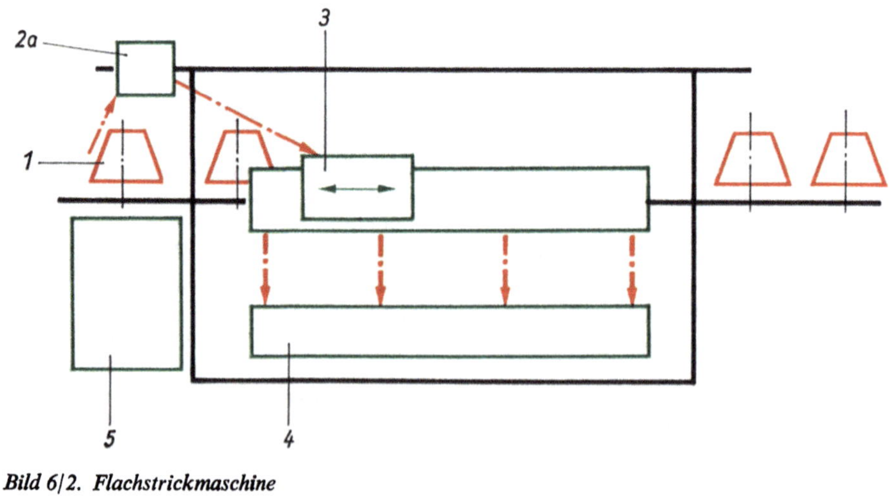

Bild 6/2. Flachstrickmaschine

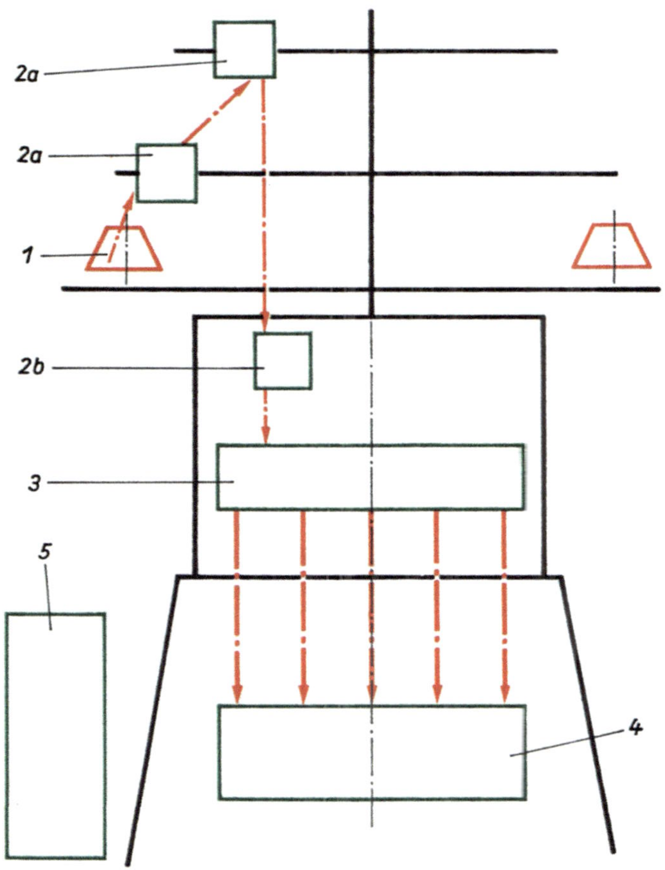

Bild 6/3. Großrundstrickmaschine

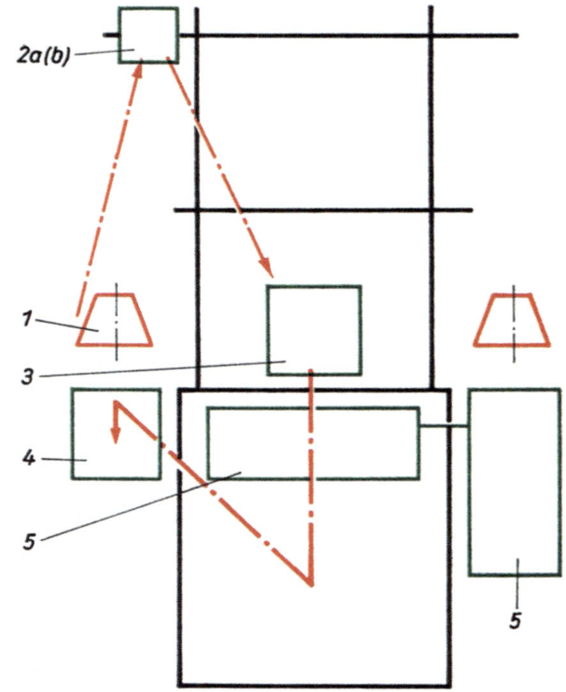

Bild 6/4. Kleinrundstrickmaschine

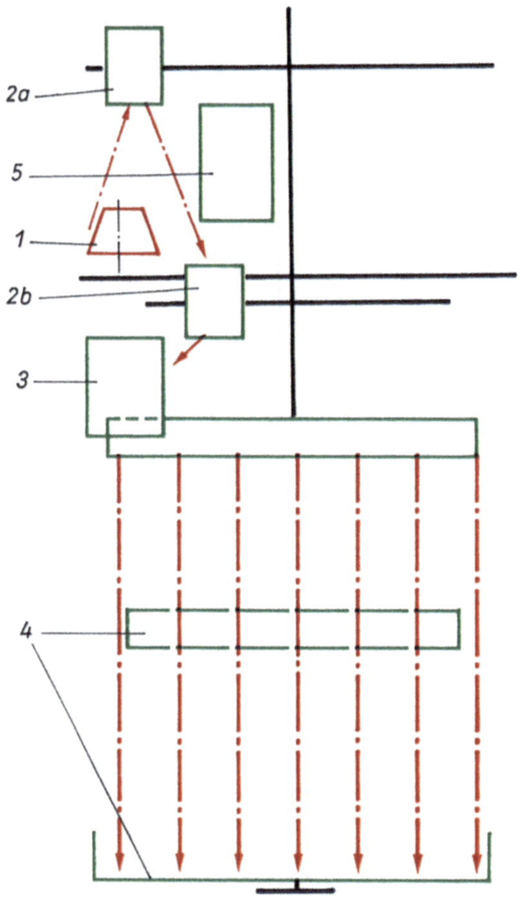

Bild 6/5. Rundkulierwirkmaschine

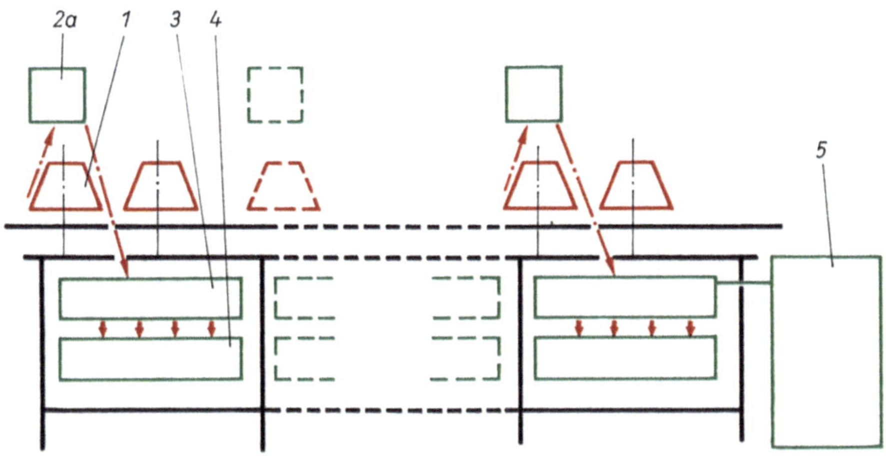

Bild 6/6. Flachkulierwirkmaschine

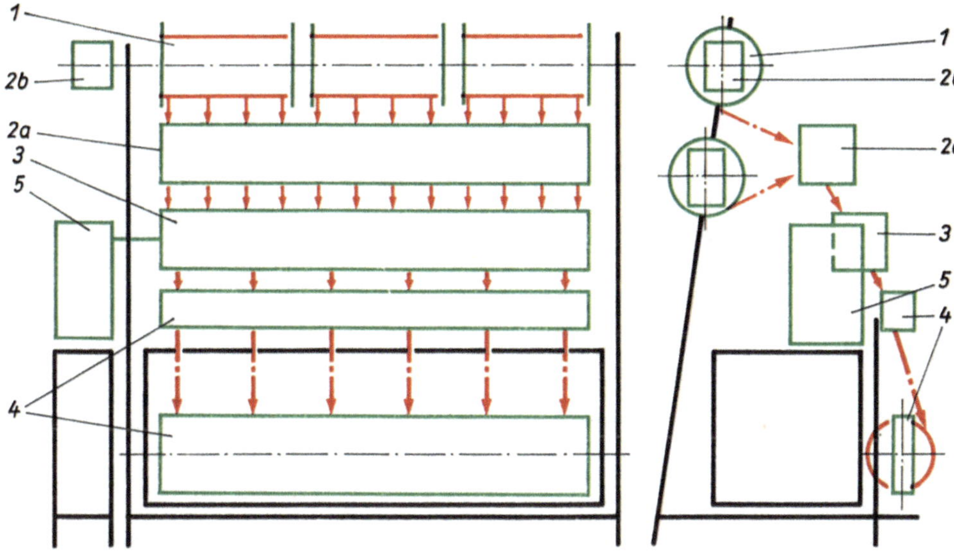

Bild 6/7. Flachkettenwirkmaschine

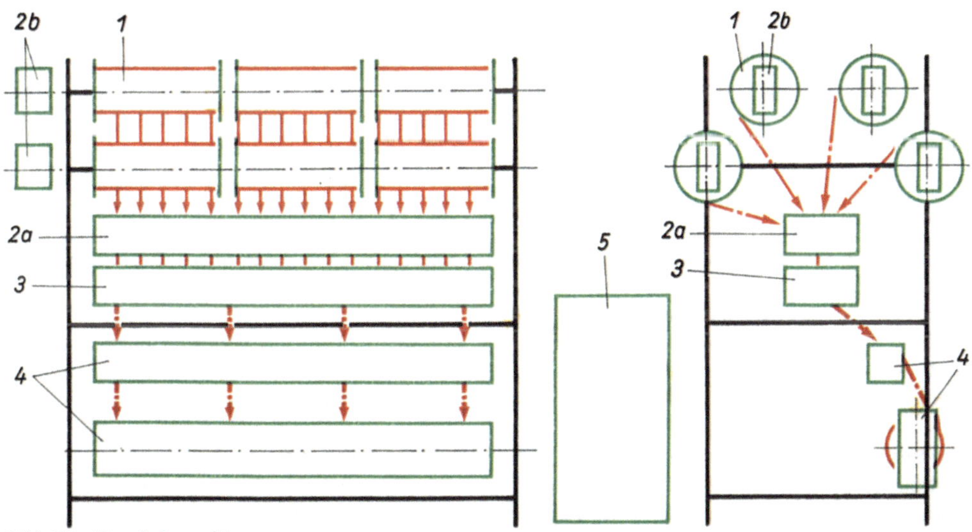

Bild 6/8. Raschelmaschine

tionsgruppen für die Umformung der Energie und der Signale sowie deren Leitung zum Zwecke der Ausführung und Steuerung des *Verarbeitungsvorganges* eingeordnet sind.

Die räumliche Verteilung der einzelnen Funktionsgruppen in beiden Bereichen erfolgt nach technologischen Gesichtspunkten sowie dem Grundsatz, die Arbeitsorgane, die den Maschenbildungsvorgang ausführen, in einer für die Maschinenbedienkräfte günstigen Höhe anzuordnen.

Der Stofffluß wird im allgemeinen von oben (bzw. hinten oben) nach unten und (oder) von der Maschinenrückseite in Richtung der

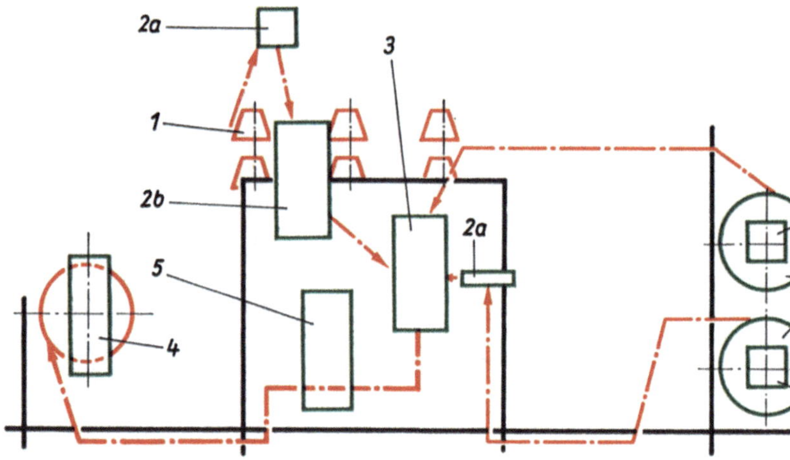

Bild 6/9. Nähwirkmaschine „Malimo“

Bedienseite gestaltet. Dabei müssen Fäden und Maschenware für die Bedienkräfte leicht zugänglich sein; Arbeitserschwernisse sind zu vermeiden.

Unter Beachtung der maschinendynamischen Anforderungen sind verwindungsfreie, schwingungsstabilisierte Maschinengestelle einzusetzen.

Die Maschinenkonstruktion muß die Aufnahme von Fadenablauf- und -auflaufkörpern (Maschenware) mit einer Masse ermöglichen, die ein Optimum zwischen betrieblicher Materialumlaufmenge einerseits und minimalen Stillstandszeiten durch Auf- und Ablaufkörperwechsel andererseits darstellt.

Die Funktionsgruppen im Bereich des Energie-/Signalraumes sind räumlich nach maschinendynamischen Erfordernissen (z.B. tiefliegende Hauptwelle, senkrecht arbeitende Mechanismen) und nach steuerungs-/regelungstechnischen Gesichtspunkten (z.B. Steuerungsvorrichtungen für Musterung und Formgebung geschützt außerhalb des Maschinengestells) angeordnet.

Zur Erhöhung des Wirkungsgrades der Maschinen und damit der Effektivität der Maschenwarenproduktion insgesamt sind sinnvolle Kontrolloperationen innerhalb des Stoffflusses durchzuführen und hierzu Meßwertgeber, Regelungsvorrichtungen und Registrier- bzw. Anzeigegeräte einzusetzen.

Die Gesamtkonstruktion muß den Erfordernissen an eine günstige Produktions- (einschließlich Transport-) organisation bei minimalem Raumbedarf genügen.

Der ständigen Erhöhung der Arbeitskultur ist durch die ästhetische Formgestaltung unter Beachtung des Arbeitsschutzes Rechnung zu tragen.

Die Betrachtung der geometrischen Prinzipien in den Bildern 6/2 bis 6/9 läßt die Beachtung dieser allgemeinen Grundsätze im Grundaufbau der Wirk- und Strickmaschinen bereits teilweise erkennen.
Es wurde absichtlich auf die Darstellung von Antrieb und Mechanismen verzichtet, da diese konkreten Energie-/Signalverknüpfungen der einzelnen Funktionsgruppen sich in ihrer konstruktiven Realisierung von Maschine zu Maschine sehr unterscheiden. Vielmehr soll die prinzipielle Wirkungsweise der Wirk- und Strickmaschinen anhand des im Bild 6/10 dargestellten kybernetischen Wirkungsschemas deutlich werden. Diese Darstellung geht von den tatsächlichen Verhältnissen an den Wirk- und Strickmaschinen aus und berücksichtigt

Wirk-/Strickmaschine

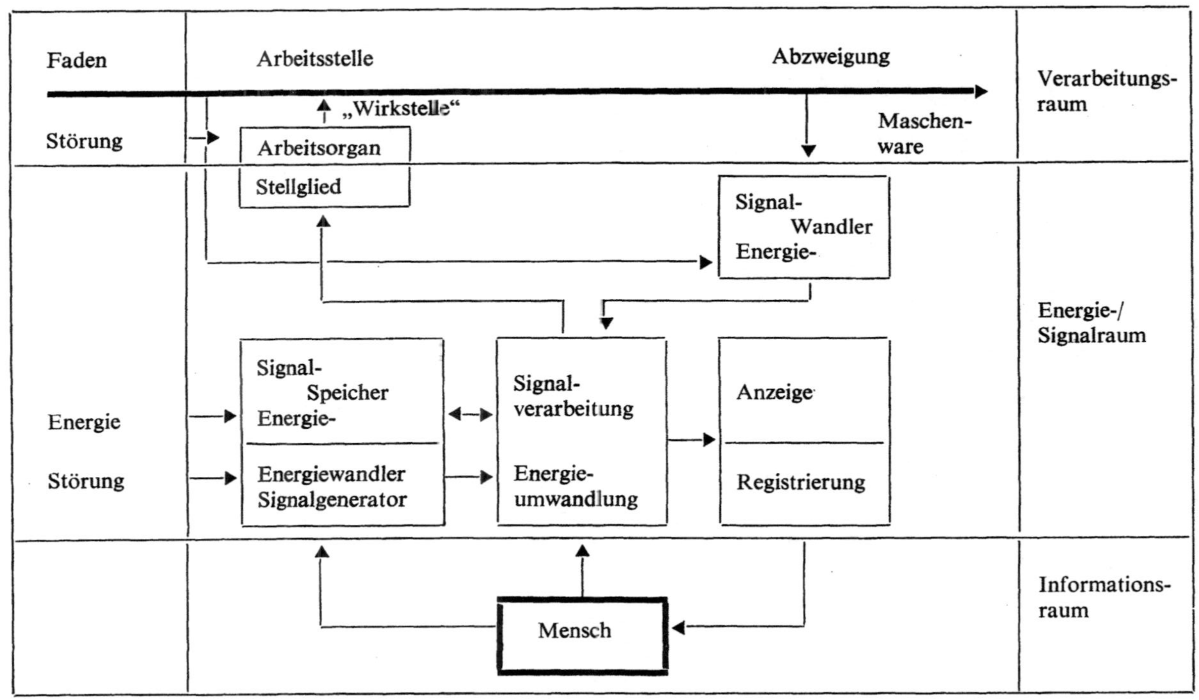

Bild 6/10. Wirkungsschema der Wirk- und Strickmaschinen

die steuerungs- bzw. regelungstechnischen Grundsätze.

Der Faden und die zur Verarbeitung erforderliche Energie werden der Wirk- bzw. Strickmaschine zugeführt. Die einwirkenden *Störungen* sind Einflüsse des Fadens selbst (Gleichmäßigkeit, Bewicklungsparameter der Ablaufkörper), der Maschenbildung (Wirkung der Maschenbildungsorgane) und der Umgebung auf den Stofffluß (z.B. *Klimaschwankungen,* Luftverunreinigungen) sowie der Umgebung auf den Energie-/Signalraum (z.B. gleichfalls Klimaabweichungen, Netzspannungsschwankungen).

Der Faden wird durch die *Fadenführung* bis zur *Arbeitsstelle* geführt, die in der Verarbeitungstechnik auch „Wirkstelle" oder „Mischstelle" genannt wird. Dabei ist zu berücksichtigen, daß in dem Wirkungsschema nur eine Arbeitsstelle eingezeichnet ist. Die Wirk- und Strickmaschinen verfügen aber in vielen Fällen über mehr als eine Arbeitsstelle (Maschenbildungsstelle) in der Maschine. Darüber hinaus werden die verarbeitungstechnischen Vorgänge zur Erzielung von bestimmten Bindungseffekten, Musterungen oder der Formgebung teilweise räumlich getrennt von der Maschenbildung und durch separate Arbeitsorgane durchgeführt, wodurch sich die Anzahl der Funktionsgruppen, die am verarbeitungstechnischen Gesamteffekt teilhaben, weiter erhöht. Für jede Wirk- bzw. Strickmaschine ergibt sich somit ein ganz bestimmtes Wirkungsschema, das aus Zusammenschaltungen des in Bild 6/10 angegebenen einfachsten Prinzips aufgebaut werden kann.

Die Betätigung des *Arbeitsorganes* erfolgt über die in Bild 6/10 dargestellten Funktionsgruppen im Energie-/Signalraum bis zum *Stellglied.* Unter einem *Speicher* ist dabei eine Einrichtung zu verstehen, die *Signale* (→ Zeitfunktion, deren Variable einen Vorgang beschreibt, z.B. $s = f(z)$) und (oder) Energie aufnehmen und unverändert wieder abgeben kann (z.B. Filmband; Schwungmasse). Der *Energiewandler* ist der Maschinenantrieb (Elektroenergie → Motor), während dem *Signalgenerator* die Aufgabe zukommt, Signale nach einem vom Menschen vorgegebenen Programm abzugeben (z.B. Programmkette mit Taktgeber). Vielfach ist noch eine *Signalverarbeitung* mit Energieumwandlung notwendig, um die Signale in der für das Stellglied erforderlichen Art und Form bereitzustellen.

Die Energie übernimmt den Antrieb und die Betätigung aller Einrichtungen, während die Signale zur *Steuerung* des Energieflusses dienen.

Das Stellglied beeinflußt unmittelbar das Arbeitsorgan, wobei es die Eingangsgröße in die zur Erreichung des Arbeitsvorganges erforderliche Ausgangsgröße umformt [$x_e = f(x_a)$].

Die *Abzweigung* deutet auf die Möglichkeit von Kontrolloperationen im Stofffluß hin. Es werden Signale abgenommen, um charakteristische Parameter des Stoffflusses (→ Fadenzugkraft, Fadenbruch u.a., Bild 6/1) zu kontrollieren. Dabei erfolgt entweder eine optische *Anzeige* (→ Kontrollampe), *Registrierung* (→ Prozeßdatenerfassung zwecks Verarbeitung über EDVA) oder die Selbstbeeinflussung des Verarbeitungsvorganges im Sinne einer *Regelung* (→ selbsttätige Fadenzugkraftkorrektur).

Es sei darauf verwiesen, daß aufgrund der

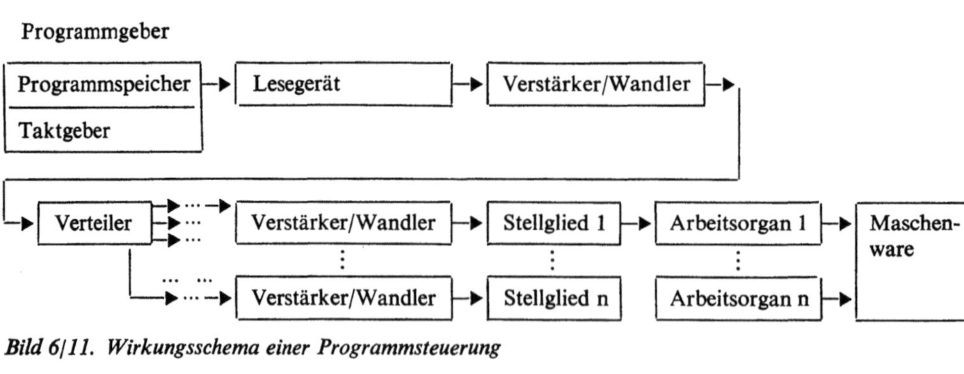

Bild 6/11. Wirkungsschema einer Programmsteuerung

Spezifik der Wirk- und Strickmaschinen, die zum verarbeitungstechnischen Grundvorgang (Maschenbildungsvorgang) hinzukommenden Vorgänge der Musterung und teilweise der Formgebung im allgemeinen durch abgegrenzte, zentrale *Steuerungsvorrichtungen* (s. Bilder 6/2 bis 6/9) realisiert werden. Für diese gilt die Prinzipdarstellung in Bild 6/11. Die Begriffe werden alternativ zu den im Wirkungsschema (Bild 6/10) enthaltenen verwendet. Dieses läßt weiterhin die Funktion des Menschen erkennen, der gezielt durch *Informationsbeziehungen* – nur für ihn sind die Signale erkennbare Informationen – auf die Maschine Einfluß nimmt. Die von einer Arbeitskraft bedienbare Maschinenanzahl hängt wesentlich vom notwendigen Beobachtungsaufwand/Maschine ab, der mit steigender *Automatisierung* sinkt.

Aus steuerungstechnischer Sicht sind die Wirk- und Strickmaschinen als *programmgesteuerte* Maschinen zu betrachten, die als äquivalente Zuordner arbeiten. Dabei besteht die Möglichkeit der Einzelmaschinensteuerung und der Gruppensteuerung. Die Einzelmaschinensteuerung ist vorherrschend.

7. Funktionsgruppen zur Maschenbildung

Unter den Funktionsgruppen zur Maschenbildung werden die Systeme von Bauelementen verstanden, die für Führung und Bewegung der Arbeitsorgane zur Erzielung des verfahrenstypischen Verarbeitungseffektes Faden→ Maschenware jeweils erforderlich sind. Durch Schnittdarstellungen im Bereich der Arbeitsstelle wird für die verschiedenen Verfahren die geometrische zweidimensionale Anordnung der Arbeitsorgane zur Maschenbildung erkennbar. Während die technologischen Funktionen der Arbeitsorgane aus Abschnitt 4. bekannt sind, sollen jetzt die grundlegenden Kenntnisse zur Bewegung der Arbeitsorgane vermittelt werden. Die Bewegung erfolgt über *Kurvenmechanismen* (z.B. über die Schlösser beim Stricken und Kurventriebe beim Flachkulierwirken; d.h., ein Schloß erfüllt analog die Funktion einer Kurvenscheibe) und *Kurbelmechanismen* (im wesentlichen beim Kettenwirken), denen aus steuerungstechnischer Sicht die Stellgliedfunktion zukommt (siehe Bild 6/10). Die Verfahren werden dabei durch charakteristische *Weg-Zeit-Verläufe* der einzelnen Arbeitsorgane gekennzeichnet, die sich als *s-t-Diagramme* und teilweise auch als *Ortskurven* darstellen lassen.

7.1. Funktionsgruppen zur Maschenbildung beim Stricken

7.1.1. Funktionsgruppen zur Maschenbildung beim Flachstricken

Die Maschenbildung beim Flachstricken erfordert das Zusammenwirken von *Nadelbett* und *Schlitten* mit den Arbeitsorganen (Zungennadeln und Fadenführer).

Das Nadelbett dient der Aufnahme und Führung der Zungennadeln (Bild 7/1). Im Abstand der Nadelteilung *t* sind Nadelbettnuten *1* angeordnet, in die die Zungennadeln eingesetzt werden. Die Nut ist, an der Kammkante *2* beginnend, breiter ausgeführt und bildet so den

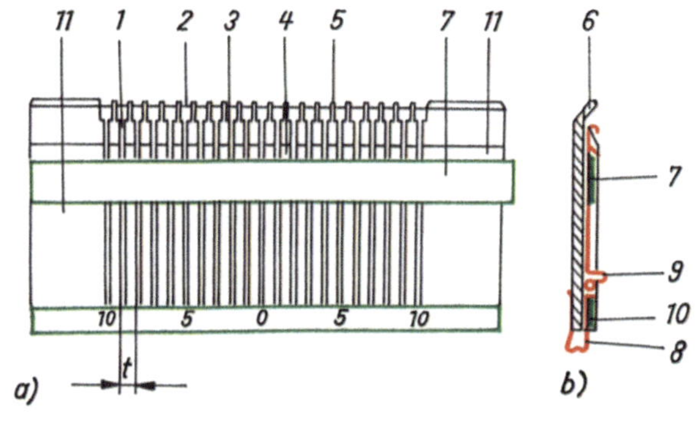

Bild 7/1. FS-Nadelbett einer Rechts/Rechts-Handflachstrickmaschine
a Draufsicht; b Schnitt
1 Nadelbettnut; 2 Kammkante; 3 Kammgrund; 4 Steg; 5 Abschlagkamm; 6 Kammflanke; 7 Nadelschiene; 8 Feder; 9 Nadelfuß; 10 Schiene; 11 Spiegel

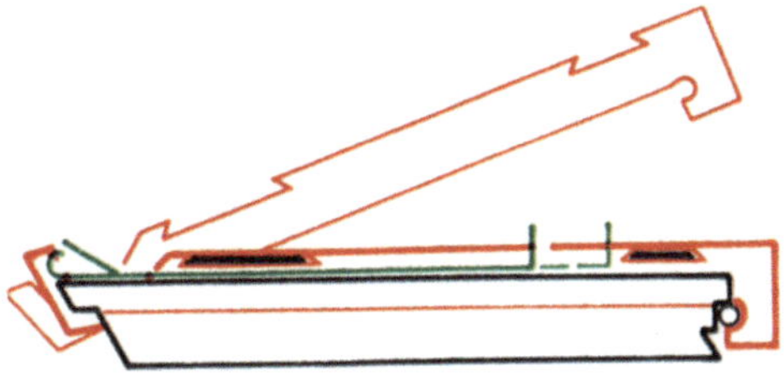

Bild 7/2. FS-Nadelbett mit auswechselbaren Stegen

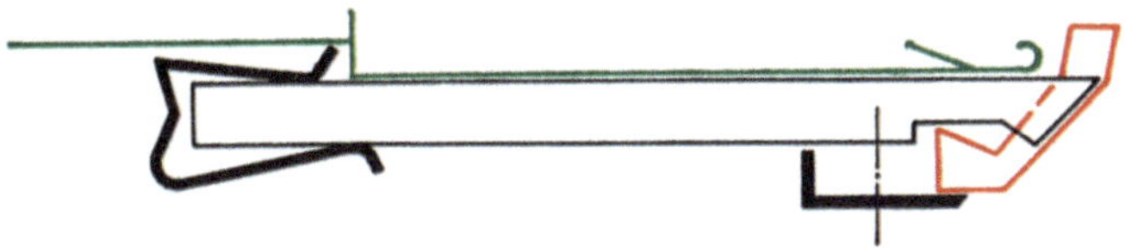

Bild 7/3. FS-Nadelbett mit auswechselbaren Abschlagkämmen

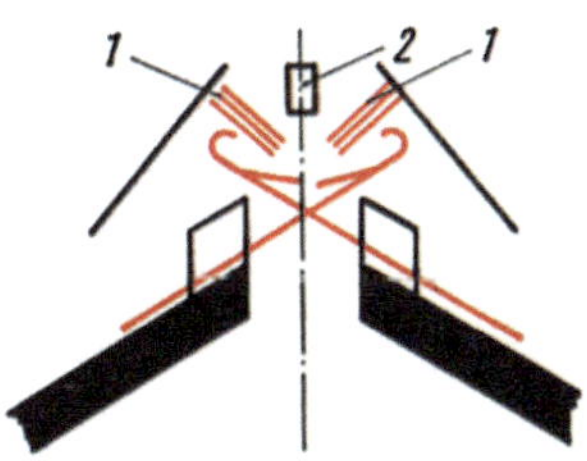

Bild 7/4. FS-Zuordnung der Nadeln in einer RR-Flachstrickmaschine
1 Bürsten – Zungenöffner; 2 Fadenführer

Kammgrund *3*, in den die Halbmaschen beim Abschlagen hineingezogen werden. Der sich damit ergebende schmalere Teil des Steges *4* ist der für die Maschenbildung unerläßliche Abschlagkamm *5*. Die Kammflanke *6* steht etwas über die Oberkante des Nadelbettes heraus, was die Durchführung der Arbeitstakte Kulieren und Abschlagen unterstützt. Eine Nadelschiene *7* deckt die Zungennadeln im Nadelbett nach oben ab, so daß eine allseitige formschlüssige Lagerung gegeben ist. Durch die Nadelschiene wird eine Nadelbremsung bewirkt und das Springen der Zungennadeln verhindert.

Die Zungennadeln können in axialer Richtung im Toleranzbereich der durch die Nadelschiene und die Federn *8* gegebenen Begrenzung bewegt werden. Der Feder *8* kommt die Aufgabe zu, je nach Position, entweder die zugeordnete Zungennadel im Bereich der auf den Nadelfuß *9* wirkenden Schloßteile zu halten, wobei sie von Hand vorher nach oben geschoben werden muß oder in der Abzugsstellung bis an die Schiene *10*, gemäß Bild 7/1 *b*, die Zungennadel außer Tätigkeit zu belassen.

An den nichtgefrästen Randbereichen (Spiegel *11*) wird das Nadelbett auf dem verwindungsfreien Rost der Flachstrickmaschine befestigt, wobei Justiermöglichkeiten gegeben sind.

Bild 7/2 zeigt das Prinzip eines Nadelbettes mit auswechselbaren Stegen, welches häufig an Motorflachstrickmaschinen, besonders bei hohen Maschinenfeinheiten, Anwendung findet. Auch die Ausführung der Nadelbetten mit auswechselbaren Abschlagkämmen (Bild 7/3) ist bekannt.

Bei einer Rechts/Rechts-Flachstrickmaschine sind die beiden Nadelbetten im Normalfall so eingestellt, daß die Zungennadeln genau auf Lücke zueinander stehen und sich bei Einstreichstellung in der Mitte des Nadelbettabstandes schneiden (Bild 7/4). Der *Nadelbettabstand* ist von der Maschinenfeinheit und der herzustellenden Gestrickbindung abhängig. Er muß mit hoher Genauigkeit eingestellt werden, da er die Gestrickeigenschaften mit bestimmt und den einwandfreien Lauf des Schlittens beeinflußt.

In den meisten Fällen läßt sich ein Nadelbett

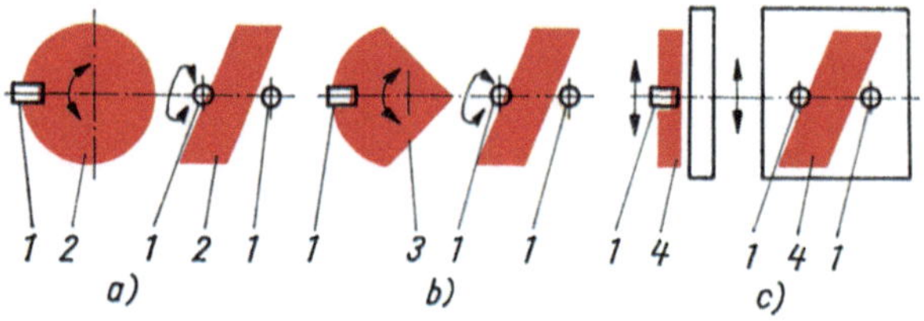

Bild 7/5. FS-Versatz des Nadelbettes
a mittels Scheibe 2; b mittels Segment 3; c mittels Keil 4; 1 Versatzrollen

Bild 7/6. Elektromagnetischer Zungenöffner

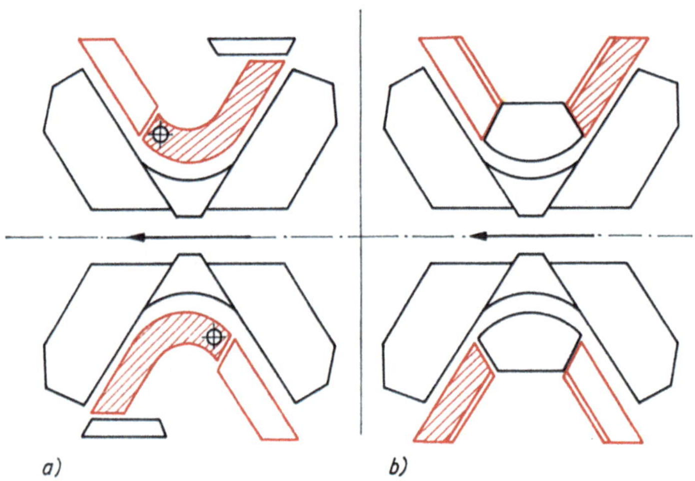

Bild 7/7. FS-Schlauchschloß
a Zungenschloß; b Klappenschloß

heitlich versetzen, wodurch die Zuordnung der Zungennadeln geändert wird. Bei einem fortlaufenden *Versatz* um eine Nadelteilung je Maschenbildungsvorgang entsteht eine *Versatzmusterung*, deren Vielfalt durch mögliche Masche-Henkel-Kombinationen sehr groß ist. Die Größe des fortlaufenden Versatzes wird konstruktiv begrenzt und beträgt beispielsweise 3 Nadelteilungen für eine Handflachstrickmaschine und kann bei einem Flachstrickautomaten der jeweiligen Maschinenfeinheit entsprechen (z.B. 10 Nadelteilungen bei 10 E). In Bild 7/5 sind drei Vorrichtungsprinzipien für den *Nadelbettversatz* dargestellt. Die Versatzrollen *1* werden spielfrei in der Scheibe *2*, dem Segment *3* oder dem Keil *4* geführt und übertragen die Versatzbewegung auf das Nadelbett. Der einmalige Versatz (Versatzschritt) wird im allgemeinen mit einer Nadelteilung gewählt. Teilweise ist aber auch

eine Aufteilung des Gesamtversatzes in Versatzschritte von *2* und *3* Nadelteilungen möglich, wobei der praktischen Anwendung dieser zusätzlichen Mustermöglichkeiten durch die elastische Dehnbarkeit des Fadens Grenzen gesetzt sind.
Der seitliche Versatz kann, wie es auch aus Bild 7/5 hervorgeht, innerhalb des Gesamtversatzes in beiden Richtungen beliebig wechselnd ausgeführt werden.
Durch einen sogenannten *Anlehnversatz* wird das Halbmaschen-Umhängen von Zungennadeln eines Nadelbettes auf gegenüberliegende Zungennadeln des zweiten Nadelbettes vorbereitet. Auf diese Weise kann auf einer Rechts/Rechts-Flachstrickmaschine z.B. die Grundbindung geändert werden *(RR→RL)* oder es wird gemustert (s. Abschnitt 5.3.2.).
Ein *Zungenöffner* sichert das Umhängen der Halbmaschen auf leere Nadeln (Bild 7/6). Demgegenüber erfüllen die Bürsten-Zungenöffner *1* des Bildes 7/4 die Funktion des Offenhaltens der durch die Einstreichbewegung von den Halbmaschen bereits geöffneten Nadelköpfe zum Zwecke des einwandfreien Fadenlegens durch den Fadenführer *2*.
Der Schlitten trägt auf seinen den Nadelbetten zugekehrten unteren Flächen die *Schlösser*, d.h. die *Antriebskurven* und in gleicher Funktion Stellglieder zur Zungennadelbewegung. Außerdem übernimmt er die *Fadenführermitnahme*.
Bild 7/7 zeigt das *Schlauchschloßsystem* einer Rechts/Rechts-Flachstrickmaschine in den zwei prinzipiellen Ausführungen als *Zungen-* oder *Klappenschlauchschloß*.
Aus den Darstellungen lassen sich alle wichtigen Kennzeichen eines Schlosses zum Flachstricken ableiten:

Die translatorisch umkehrende Schlittenbewegung erfordert einen symmetrischen Aufbau des Schlosses.
Die doppelseitige *Druckkurve (Nadelheberteil)* zur Durchführung der Einstreichbewegung kann in der Grundform auf ein gleichschenkliges Dreieck zurückgeführt werden.
Die beiden *Zugkurven (Nadelsenkerteile* bzw. Kulierteile) zum Abziehen der Nadeln sind in ihrer einfachsten Form „auf der Spitze stehende Dreiecke". Da jedoch nur jeweils eine Flanke als Zugkurve benötigt wird, läßt sich eine verkürzte Form, auch um den Platzbedarf eines Schloßsystems möglichst klein zu halten, der wiederum den Leerhub des Schlittens beeinflußt, verwenden.
Zum Flachstricken der Rechts/Links-Grundbindung gehören somit drei Schloßteile, das Nadelheberteil und die zwei Kulierteile. Diese bilden das Schloß bzw. *Schloßsystem*.
Zum Flachstricken der Rechts/Rechts-Grundbindung ist für jedes Nadelbett ein solches Schloß vorzusehen, beide bilden das RR-Schloßsystem.
Die Schloßteile sind die Antriebskurven und Stellglieder für die Zungennadeln. Die Veränderung der Arbeitstakte zur Maschenbildung wird durch die Schloßteile verwirklicht. Die *Positionierung der Nadeln*, deren Füße in Arbeitsebene stehen, erfolgt in die Stellungen der Nadel zur Bildung einer Masche (vollständiges *Einstreichen*), eines Henkels *(Fang)* oder zum Nichtstricken *(Durchlauf)*.
Hierfür sind zwei konstruktive Lösungen typisch:

das schwenkbare (drehbare) Schloßteil (Zunge) und

das in der Höhe über dem Nadelbett verstellbare Schloßteil (Klappe).

Durch die Kulierteile läßt sich die Abzugstiefe der Zungennadeln und dadurch die Maschendichte des Gestrickes einstellen.
In der Ausführung als Zungen- bzw. Klappenschlauchschloß des Bildes 7/7 wirken die Schloßteile des Nadelhebers in Abhängigkeit von der Schlittenrichtung entweder als Antriebskurven, oder sie bleiben ohne Wirkung auf die Zungennadeln und werden von letzteren über den Nadelfuß ausgeschwenkt (in Bild 7/7*a* die Zunge im hinteren Schloß) bzw. sind in die Schlittenplatte versenkt (die nichtschraffierten Klappen in Bild 7/7*a* und *b*), wobei die federnden Klappen an den Innenflanken mit einer Auflaufschräge versehen sein müssen.
Unter der Voraussetzung der in Bild 7/7 gezeigten Schloßkonstruktion kann auf diese Weise mit einem Rechts/Rechts-Schloßsystem ein *Rechts/Links-Schlauchgestrick* hergestellt werden (Bild 7/8). In Abhängigkeit von der

Schlittenrichtung arbeitet abwechselnd das vordere und das hintere Nadelsystem.

Zurückkommend auf die beiden Ausführungsprinzipien der Schloßteile als Stellglieder (Zunge, Klappe) ist zu ergänzen, daß in vielen Fällen – das gilt auch für das Rundstricken – die Arretierung der schwenkbaren bzw. in der Höhe verstellbaren Schloßteile in der jeweiligen Stellung notwendig ist.

Bild 7/9 zeigt ein kombiniertes *Fang-* und *Schlauchschloß* in den analogen Ausführungen zu Bild 7/7. Die Schlauchschloßteile (untere

a)

b)

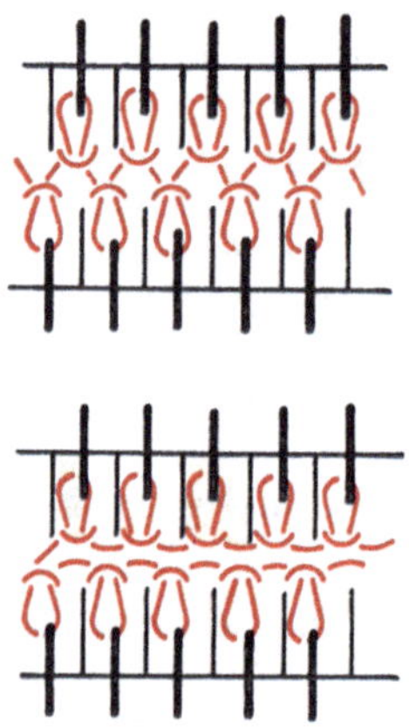

Bild 7/8. FS-Fadenlauf
a einer Rechts/Rechts-Bindung; b einer Rechts/Links-Bindung (Schlauch)

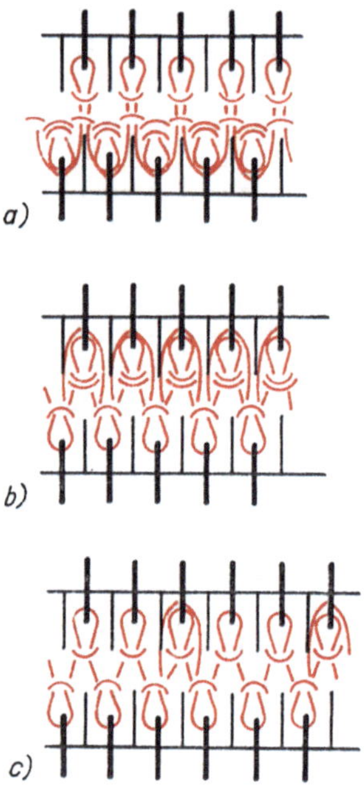

a)

b)

c)

Bild 7/10. FS-Fadenlauf einer RR-Bindung mit Henkeln

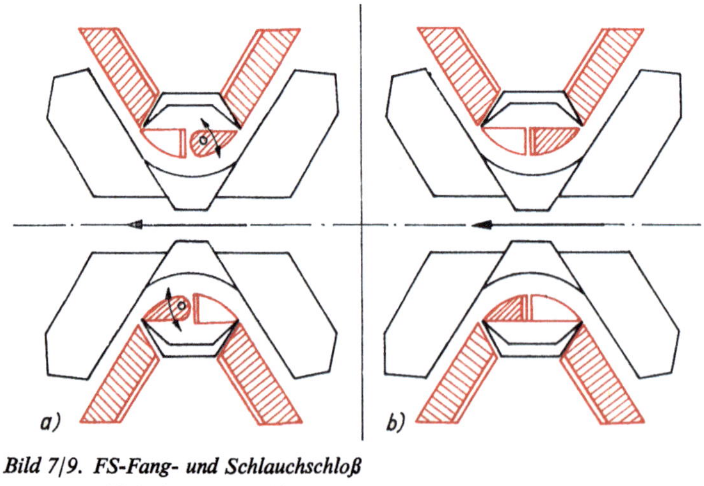

a)

b)

Bild 7/9. FS-Fang- und Schlauchschloß
a Zungenschloß; b Klappenschloß

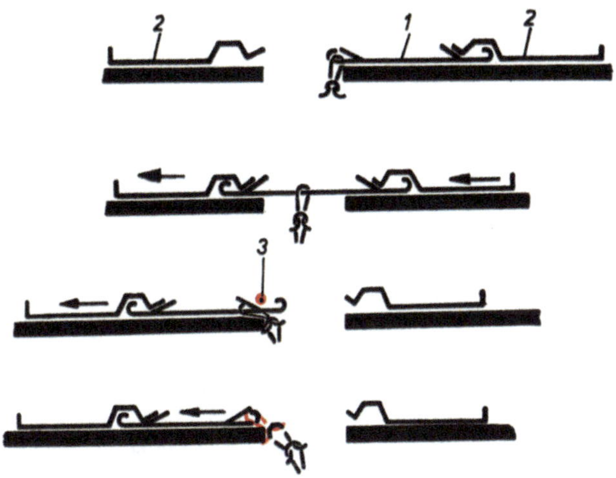

Bild 7/11. FS (Links/Links)-Nadelübergabe
1 Doppelzungennadel; 2 Nadelschieber; 3 Faden

Nadelheberteile) sind dabei stets als Klappen ausgebildet, während die Fangschloßteile als Zunge (Bild 7/9*a*) oder Klappe (Bild 7/9*b*) vorgesehen sein können. Bild 7/10 zeigt den zugehörigen Fadenlauf einer *Rechts/Rechts-Fangbindung*. Die Henkel werden reihenweise wechselnd auf den Nadeln des vorderen *a* oder hinteren *b* Nadelbettes gebildet. Die mustergemäße Nadelauswahl in die Positionen Einstreichen und Fang führt beispielsweise zu einem Fadenlauf wie in Bild 7/10*c*. Hierfür sind jedoch Schloßkonstruktionen erforderlich, die eine gruppenweise Nadelsteuerung ermöglichen (s. Abschnitt 11.).

Die für das Flachstricken typische bindungstechnische **Musterungsvielfalt** ist – abgesehen von den Jacquardmusterungen – im wesentlichen auf die steuerungstechnischen Möglichkeiten der Schloßsysteme zur Nadelsteuerung und den bereits angeführten Versatz der Nadelbetten zurückzuführen. Dadurch bieten sich mit dem Flachstricken z.T. einmalige Gestaltungsmöglichkeiten für die Gestricke an, die deren Hauptverwendungszweck für **handgestrickähnliche *Obertrikotagen*,** *Schals*, *Mützen* und *Handschuhe* bestimmen.

Beim Links/Links-Flachstricken sind einige Besonderheiten zu beachten. Zur Herstellung der *Links/Links-Grundbindung* müssen bekanntlich alle Zungennadeln maschenreihenweise das Nadelbett wechseln, um die Abschlagrichtung zu ändern. Bild 7/11 zeigt das Prinzip einer *Nadelübergabe*. Die Doppelzungennadel *1* befindet sich im vorderen Nadelbett und wird durch Zusammenwirken mit dem *Nadelschieber 2*, der an dem Nadelfuß angetrieben wird, zur Maschenbildung und Nadelübergabe bewegt. Zur Nadelübergabe wird die Doppelzungennadel dem linken Nadelschieber *2* entgegengeschoben, bis sie mit ihrem linken Haken in den Nadelschieber einrastet, der unmittelbar danach zurückgezogen wird. Der rechte Nadelschieber ist in dieser Phase angehoben und gibt die Nadel frei, deren rechte Seite nunmehr die Maschenbildung übernimmt. Der Faden *3* wird in die geöffnete Zungennadel gelegt und diese vom Nadelschieber bis in die Abschlagstellung zurückgezogen.

Das Links/Links-Stricken ermöglicht bei entsprechender steuerungstechnischer Auslegung der Schloßsysteme für die Nadelsteuerung das Erzeugen aller Grundbindungen und über die *Nadelsortierung* bei Einzelnadelsteuerung unzählige bindungstechnische Musterungen.

Beim Flachstricken wird generell das Prinzip „Bewegung des Schlosses, stationäres Nadelbett" verwirklicht (vgl. Abschnitt 7.1.2.). **Die Schlitten übernehmen diese Bewegung. Sie werden bei Motorflachstrickmaschinen meistens durch *Kettentriebe* angetrieben.** Die bedeutendste Bauart ist der *Hochbügelschlitten* (Bild 7/12). Über den beiden Nadelbetten *1* werden die schloßtragenden Schlittenbacken, durch einen Hochbügel *2* miteinander verbunden, auf Wälzlagern geführt. Unter dem Hochbügel sind die doppelprismatischen *Fadenführerschienen 3* angeordnet, auf denen

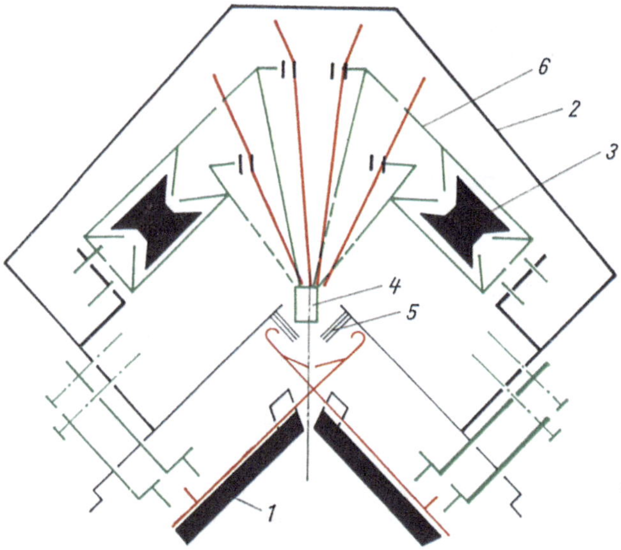

Bild 7/12. FS-Niedriger Hochbügelschlitten

1 Nadelbett; 2 Hochbügel; 3 Fadenführerschiene; 4 Fadenführernüßchen; 5 Bürsten-Zungenöffner; 6 Fadenführer mit Kasten

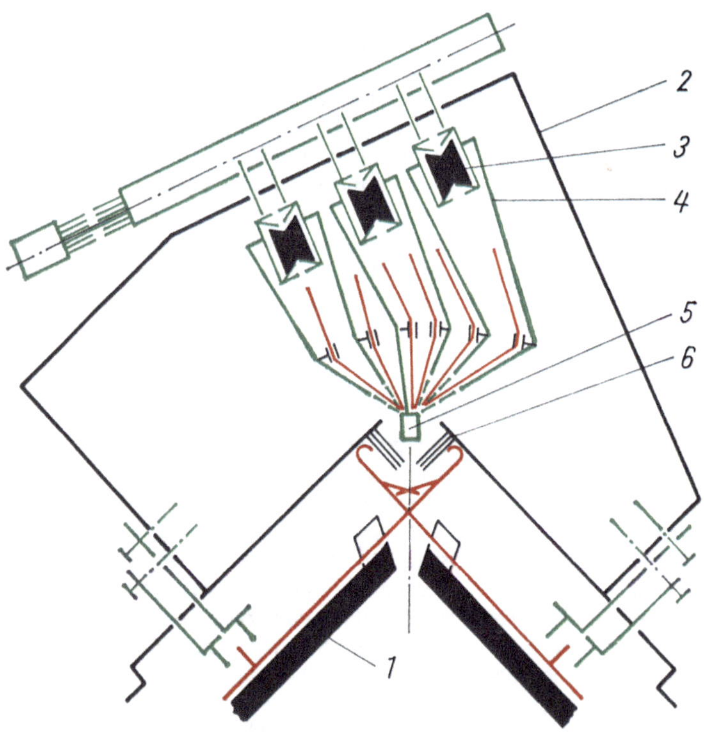

Bild 7/13. FS-Hochbügelschlitten

1 Nadelbett; 2 Hochbügel; 3 Fadenführerschiene; 4 Fadenführer mit Kasten; 5 Fadenführernüßchen; 6 Bürsten-Zungenöffner die **Fadenführereinrichtungen** ***6*** laufen, durch deren **Nüßchen** ***4*** **die Fäden auf die von den Bürsten** ***5*** **offengehaltenen Zungennadeln beim Maschenbilden gelegt werden.** Die Vorteile eines Hochbügelschlittens sind, daß er optimal kurz ist, den beidseitigen Fadenführerwechsel ermöglicht und bei entsprechender Fadenführeranzahl das Herstellen mehrerer Gestrickteile gestattet.

Das Bild 7/13 zeigt eine höhere Ausführungsform des Hochbügelschlittens mit nach hinten geneigtem Hochbügel *2*, wodurch die Übersicht und Zugängigkeit der Nadelbetten, Fadenführer usw. erhöht werden. In diesem und in Bild 7/12 ist auch eine *Feineinstellung* (Mikrometerschrauben) der Schloßteile für das Festlegen der gewünschten Gestrickparameter (Maschendichte, Flächenmasse) zu erkennen. Die Schlitten tragen ein bis drei Schloßsysteme zur Maschenbildung. Eine weitere Erhöhung der Systemanzahl würde die Breite des Schlittens so groß werden lassen, daß es zu einem produktivitätsmindernden Verhältnis von Anzahl der herstellbaren Maschenreihen je

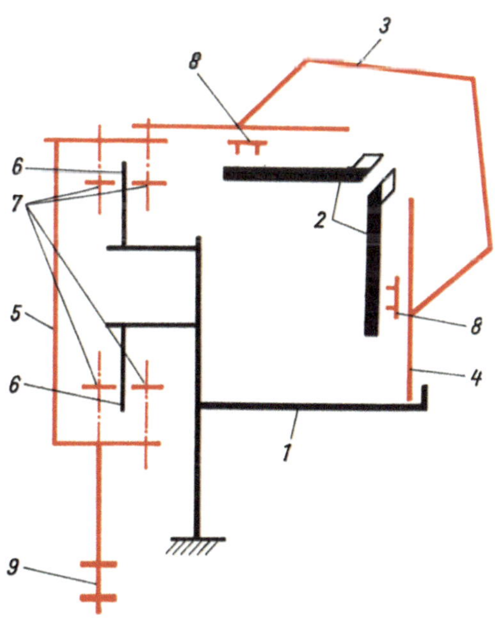

Bild 7/14. FRS-Schlitten mit Schlittenführung
1 Rost; 2 Nadelbett; 3 Bügel; 4 Schlittenbacken; 5 Wagen; 6 Gleitbahn; 7 Kugellager; 8 Schloß; 9 Mitnehmer der Kettenführung

Schlittenhub und *Schlittenleerhub* außerhalb des Arbeitsbereiches der Nadelbetten käme. Abgesehen von einsystemigen und dreisystemigen Flachstrickmaschinen für spezielle Einsatzgebiete hat sich deshalb der zweisystemige Schlitten durchgesetzt. Zur Erhöhung der effektiven Leistung werden z. T. bei Flachstrickmaschinen zur Herstellung formgerechter Gestrickteile Schlittenantriebe mit stufenweise änderbarem Schlittenhub verwendet.

Die Schlitten der Flach-Rund-Strickmaschinen laufen in einer Richtung auf dem Oval der Nadelbetten um. Dadurch wird es möglich, die Schloßsysteme asymmetrisch auszulegen, da jeweils nur eine Druckkurven- bzw. Zugkurvenflanke erforderlich ist. Der prinzipielle Aufbau eines Schlittens zum *Flach-Rund-Stricken* ist im Bild 7/14 dargestellt. Die wichtigsten Teile sind der Bildunterschrift zu entnehmen.

7.1.2. Funktionsgruppen zur Maschenbildung beim Rundstricken

Die Maschenbildung beim Rundstricken erfordert das Zusammenwirken der Nadelträger (Zylinder, Teller) und Schlösser mit den Arbeitsorganen. In Schnittdarstellungen der Arbeitsstelle wird die typische geometrische Anordnung der Arbeitsorgane in Verbindung mit den Nadelträgern für das Rundstricken der Grundbindungen Rechts/Links (Bild 7/15), Rechts/Rechts bzw. Rechts/Rechts/gekreuzt (Bild 7/16) und Links/Links (Bild 7/17) deutlich. In Bild 7/15 sind die Verhältnisse am Beispiel des *Rechts/Links-Kleinrundstrickens* gezeigt. Die senkrecht im Nadelzylinder angeordneten Zungennadeln *1* arbeiten mit den kombinierten Einschließ- und Abschlagplatinen *2* zusammen, die in Abstimmung zur Nadelbewegung ebenfalls durch Schlösser gesteuert werden und deren Einschließen für ein einwandfreies Einstreichen der Halbmaschen erforderlich ist.

Die Verwendung der in einem Teller geführten Umhängeplatinen *3* deutet auf das Haupteinsatzgebiet der KRS-Maschinen hin – die *Strümpfe*, für deren Anfang oder auch Spitze ein *Doppelrand* hergestellt wird (siehe

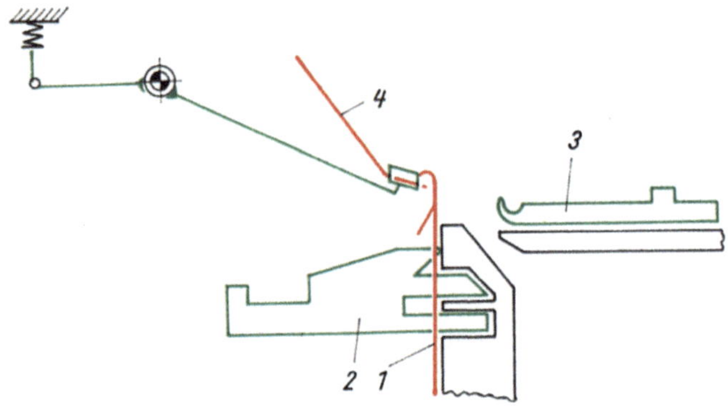

Bild 7/15. KRS (RL)-Arbeitsstelle

1 Zungennadel; 2 Einschließ- und Abschlagplatine; 3 Umhängeplatine; 4 Fadenführer

Abschnitt 9.2.). Mehrere steuerbare Fadenführer *4* sind für das Legen der vielfach sich in Feinheit oder Struktur unterscheidenden Fäden bei der Strumpfherstellung vorgesehen.

Beim Rundstricken der Rechts/Rechts-Grundbindung (Bild 7/16) entfallen die Platinen. Die im rechten Winkel zueinander stehenden Nadelzylinder *1* und Nadelteller *2* führen die Zungennadeln *3*, denen auch Nadelstopper – wie im Bild dargestellt – vorgelagert sein können. Durch die günstigere Abzugswirkung und das gegenseitige Halten der Halbmaschen auf *Teller-* und *Zylindernadeln* sind Einschließplatinen im allgemeinen überflüssig. Die Schlösser *4* bzw. *5* sind im *Zylinderschloßmantel 6* bzw. *Tellerschloßmantel 7* angeordnet und können in mehreren *Auswahlebenen* über die Nadelfüße *8* (bzw. Stopperfüße) auf die Nadeln wirken.

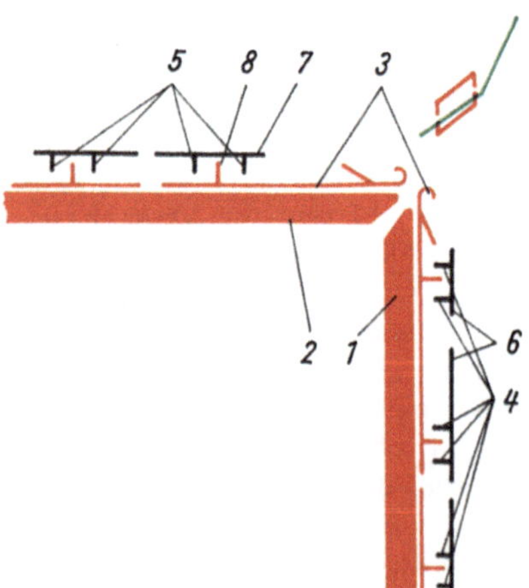

Bild 7/16. RS (RR)-Arbeitsstelle

1 Nadelzylinder; 2 Nadelteller; 3 Zungennadel; 4 Zylinderschloß; 5 Tellerschloß; 6 Zylinderschloßmantel; 7 Tellerschloßmantel; 8 Nadelfuß

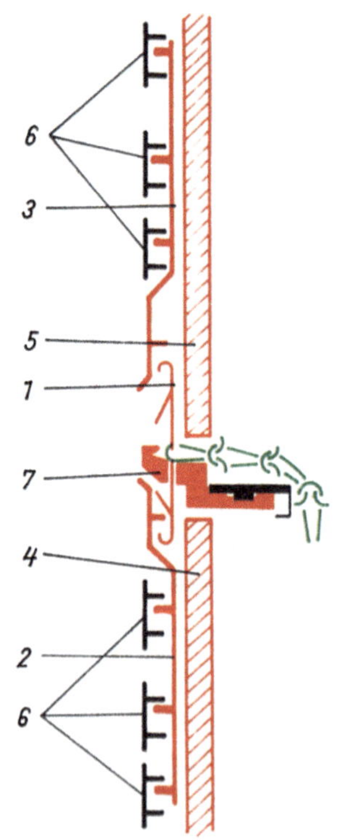

Bild 7/17. KRS (LL)-Arbeitsstelle

1 Doppelzungennadel; 2 und 3 Nadelschieber; 4 Unterer Nadelzylinder; 5 Oberer Nadelzylinder; 6 Schloß; 7 Einschließ- und Abschlagplatine

Das Prinzip der mehrfachen Arbeitsebenen wird auch beim *Links/Links-Kleinrundstricken* verwendet (Bild 7/17). Die Doppelzungennadel *1* arbeitet mit dem unteren Nadelschieber *2* oder dem oberen Nadelschieber *3* zusammen, die in den beiden Nadelzylindern *4* und *5* geführt werden. Die geometrische Darstellung in Bild 7/17 entspricht im Prinzip einer Übergabephase. Der übergebende Nadelschieber hat aber im Bild die Zungennadel noch nicht freigegeben. Platinen *7* sind hier wieder erforderlich. Die drei Schloßebenen *6* werden für die unterschiedlichen Funktionen während der Strumpfherstellung (Maschenbildung, Musterung, Übergabe) benötigt. An späterer Stelle wird hierauf noch einmal eingegangen.

Auch die Nadelträger der Rundstrickmaschinen werden mit einsetzbaren Stegen versehen.

Beim Rundstricken wird größtenteils das Prinzip „Bewegung des Nadelträgers, stationäres Schloß" verwirklicht.

Das Schloßsystem einer Rechts/Links-Großrundstrickmaschine zeigt Bild 7/18. Aus ihm sind wichtige Kennzeichen eines Schlosses zum Großrundstricken abzuleiten. Die gleichgerichtete rotierende Bewegung des Nadelzylinders ermöglicht die platzsparende, *asymmetrische Schloßkonstruktion.* Zur Maschenbildung sind eine Druckkurve *1* (Nadelheberteil) und nur eine Zugkurve *2* (Kulierteil) erforderlich. Die Zuordnung des Fadenführers *3* sichert das Fadenlegen in der ersten Phase der Abzugsbewegung in die geöffnete Zungennadel *5.* Die Zungennadel wird zwischen den Schloßsystemen durch Rundlaufteile *4* geführt. Die Höheneinstellung des Kulierteiles *2* bestimmt die Kuliertiefe der Zungennadeln und dadurch wiederum die Maschendichte des Gestrickes. Soll das Schloßsystem über die im Bild 7/18 dargestellte einfache Stellgliedfunktion „Steuerung zur Maschenbildung" die Positionierung der Zungennadeln in die Stellungen Fang (Henkel) oder Rundlauf (Nichtstricken oder Flottung) übernehmen, muß das Nadelheberteil in Übertragung der beim Flachstricken angeführten Steuerungsprinzipien konstruktiv gestaltet werden.

Die *Schloßanordnung* für das Herstellen der Rechts/Rechts/gekreuzt-Grundbildung zeigt Bild 7/19. Sowohl das Tellerschloßsystem *a* als auch das Zylinderschloßsystem *b* bestehen aus jeweils zwei Schlössern, die in verschiedenen Ebenen im Schloßmantel angeordnet sind und in deren *Schloßbahnen* Kurzschaft- und Langschaftnadeln laufen (s. Abschnitt 11.). Für die Herstellung der Rechts/Rechts-Grundbindung reduzieren sich die Schloßsysteme auf je ein Schloß, da alle Nadeln in einer Schloßbahn bewegt werden. Am Beispiel des Tellerschloßsystems ist gezeigt, wie die Nadelheberteile *1* und *2* durch schaltbare Fangteile *3* und

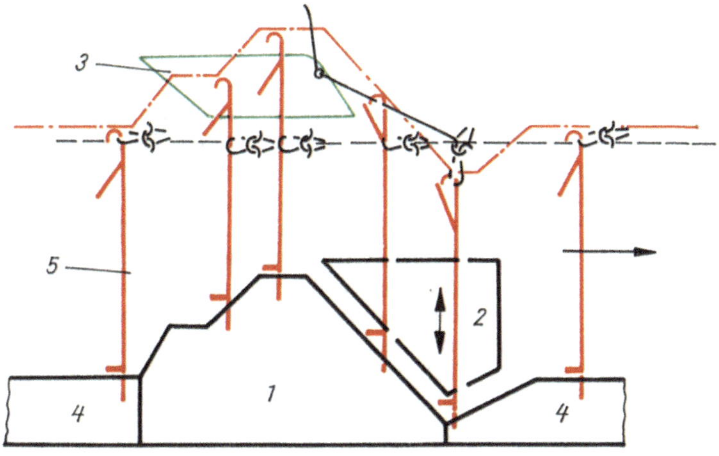

Bild 7/18. GRS (RL)-Arbeitsstelle und Maschenbildung
1 Nadelheberteil; 2 Nadelsenkerteil (Kulierteil); 3 Fadenführer; 4 Rundlaufteil; 5 Zungennadel

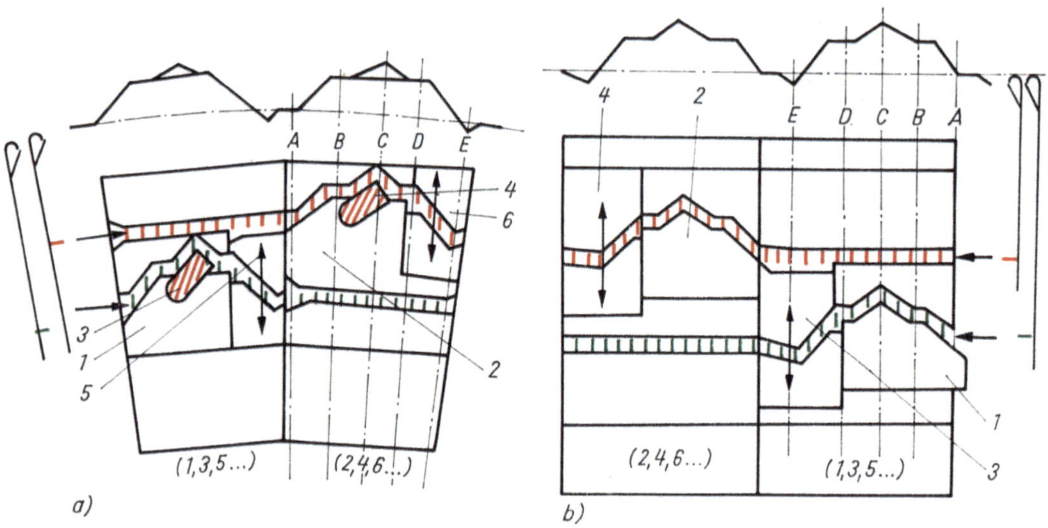

Bild 7/19. GRS-Schloßsysteme zur Herstellung der RRG-Grundbindung
a Tellerschloßsystem
1 und 2 Nadelheberteil; 3 und 4 Fangteil; 5 und 6 Kulierteil
b Zylinderschloßsystem
1 und 2 Nadelheberteil; 3 und 4 Kulierteil; A Beginn der Einstreichbewegung; B Fanghöhe; C Einstreichhöhe; D Fadenlegen; E Kulierpunkt

4 die Positionierung der Tellernadeln in die wahlweise Stellung Einstreichen oder Fang ermöglichen. Die Kulierteile *5* und *6* (bzw. *3* und *4* des Zylinderschloßsystems) sind wiederum in der Kuliertiefe verstellbar.
Mit dem in Bild 7/20 auf die Schloßanordnung in Bild 7/19 abgestimmten *Nadeleinsatz* wird erreicht, daß abwechselnd die Langschaftnadeln und die Kurzschaftnadeln beider Nadelsysteme zusammenarbeiten und so die *RRG*-Bindung entsteht. Der Einsatz sich in der Ansteuerbarkeit unterscheidender Nadeln oder Nadelschieber ermöglicht somit vom Grundsatz her, kombiniert mit der steuerungstechnischen Schloßausführung, eine gruppenweise

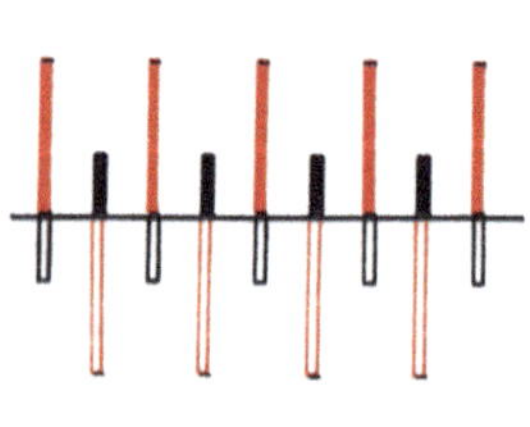

Bild 7/20. GRS-Nadeleinsatz zur Herstellung der RRG-Bindung

Nadelsteuerung, deren wichtigste Prinzipien zur Formgebung in Abschnitt 9. und zur Musterung in Abschnitt 11. beschrieben werden. Hier soll nur auf die in Bild 7/17 gezeigten drei Arbeitsebenen der Nadelschieber eingegangen werden. Durch einen bestimmten Nadelschiebereinsatz in den Nadelzylindern wird erreicht, daß mittels gesteuerter Nadelübergabe der Wechsel der Grundbindung von *LL* (bzw. *RL*) zu *RR* realisierbar wird (ein Nadelschieber mit Fuß in der unteren Auswahlebene, ein Nadelschieber ohne Fuß in der unteren Auswahlebene usw. → 1/1-Einsatz).
Beim Großrundstricken von Bindungsvarianten auf der Basis der Rechts/Rechts- oder Rechts/Rechts/gekreuzt-Bindung wird oft die *Nachzugkulierung* zur Erzielung eines besonders feinmaschigen und gleichmäßigen Gestrickes angewendet, wobei üblicherweise die Tellernadeln auf Kosten der Maschenlänge der„ Zylindermaschen" (Bild 7/21*a* ... *d*) den Nachzug durchführen. Die Bewegungskurven der Tellernadeln *1* und Zylindernadeln *2* bei Nachzug- und *Gleichzugkulierung* zeigt das Bild 7/22.

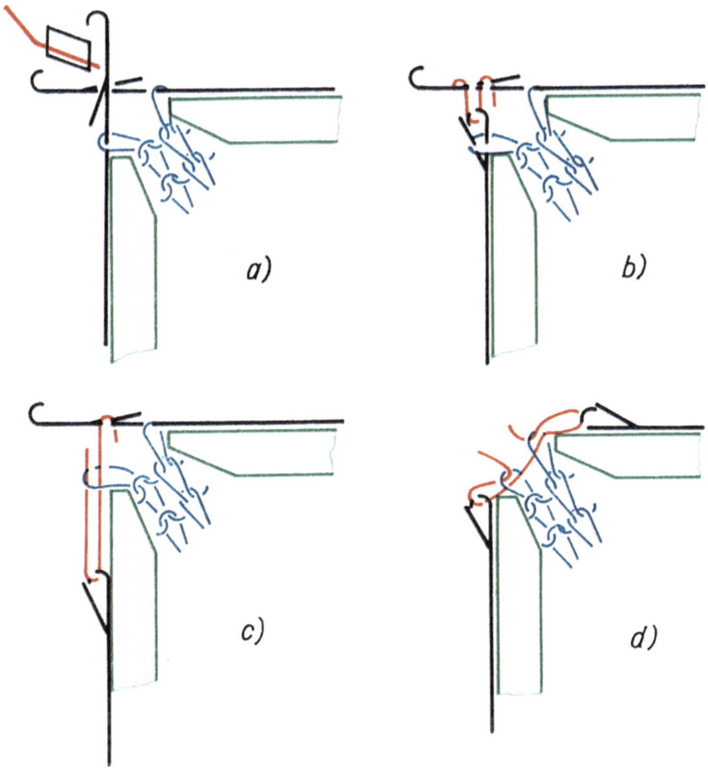

Bild 7/21. GRS-Nachzugkulierung

a Fadenlegen; b Auftragen der Halbmasche auf die Zylindernadel; c Kulieren und Abschlagen auf der Zylindernadel; d Nachzug mit der Tellernadel

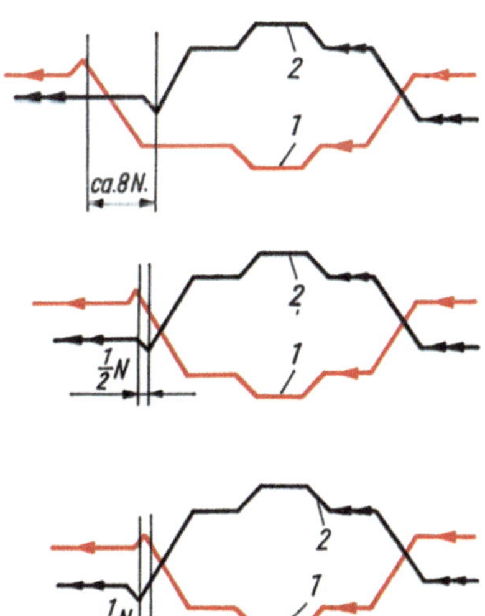

Bild 7/22. GRS-Kulierzeitpunkt für Zylinder- und Tellernadeln

1 Bewegungskurve der Tellernadeln; 2 Bewegungskurve der Zylindernadeln

Der Schloßaufbau zur Maschenbildung unterscheidet sich bei Kleinrundstrickmaschinen dann von dem einer Großrundstrickmaschine, wenn in Verbindung mit der Fersen- und Spitzenherstellung bei der Strumpfherstellung eine *Pendelbewegung* des Zylinders vorgesehen ist.

Der sogenannte *Pendelgang* erfordert einen symmetrischen Schloßaufbau analog zum Flachstricken, d.h. ein Nadelheberteil mit zwei Druckkurvenflanken und zwei Nadelsenkerteile mit je einer Zugkurvenflanke für die im Pendelgang strickenden Arbeitsstellen.

Die *Einstellung der Kuliertiefe* für die Zungennadeln ist von größter Wichtigkeit für die Erzielung eines gleichmäßigen Gestrickes. Mit wachsender Anzahl der Arbeitsstellen in einer Rundstrickmaschine wächst die Gefahr der *Strickringligkeit*, besonders bei Verarbeitung texturierter Syntheseseiden, deren Dehnbarkeit einen weiteren wesentlichen Einfluß darstellt, und bei ungemusterten Bindungen.

Neben der Zentraleinstellung des Nadelzylinders (Bild 7/23) ist deshalb die Kulier-

tiefeneinstellung an jedem System möglich (Bild 7/24). Die Einstellung sollte ablesbar und reproduzierbar sein.
Die *Strukturringligkeit* (meist Strickringligkeit, seltener Feinheitsverwechslungen oder Fadenstrukturdifferenzen) läßt sich durch Abbügeln der Gestricke auf Plastfolie nachweisen und von der Farbringligkeit trennen.
Die Überwachung des Strickvorganges zum Zwecke des Erreichens eines hohen Wirkungsgrades η_{eff} wird mittels fotoelektrischer *Nadel-*

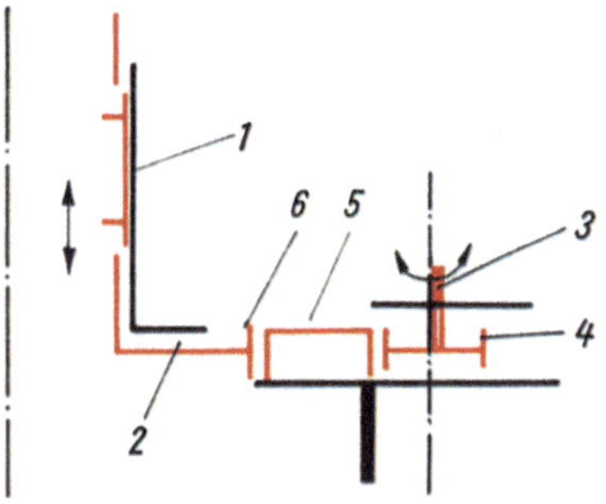

Bild 7/23. GRS (RL)-Zentraleinstellung des Nadelzylinders
1 Zylinderschloßmantel; 2 Einstellring; 3 Einstellvorrichtung; 4 bis 6 Übertragungsgetriebe

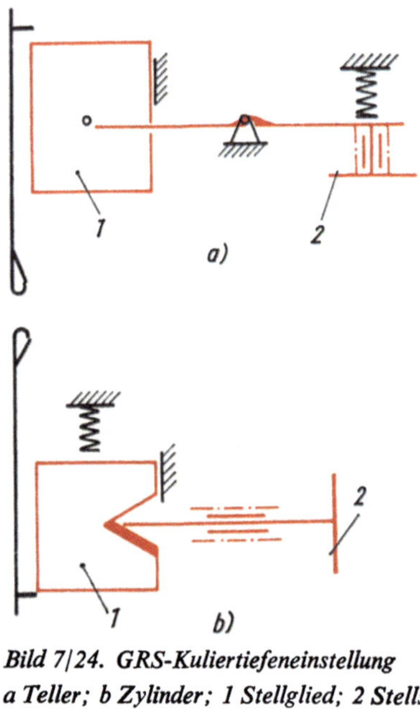

Bild 7/24. GRS-Kuliertiefeneinstellung
a Teller; b Zylinder; 1 Stellglied; 2 Stellschraube

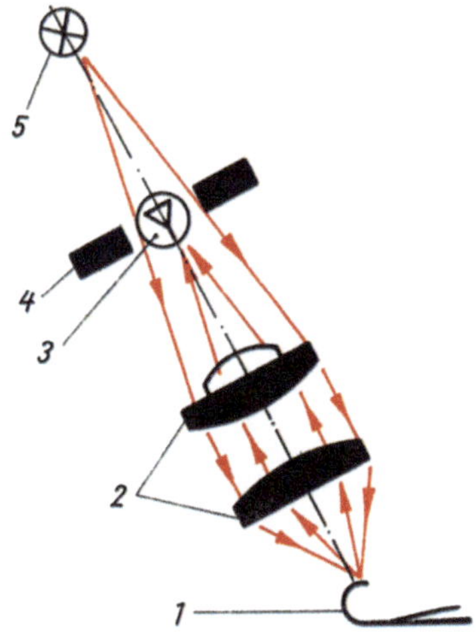

Bild 7/25. Photoelektrische Nadelüberwachung
1 Nadelkopf; 2 Linsensystem; 3 Empfänger (Photodiode); 4 Blende; 5 Lichtquelle

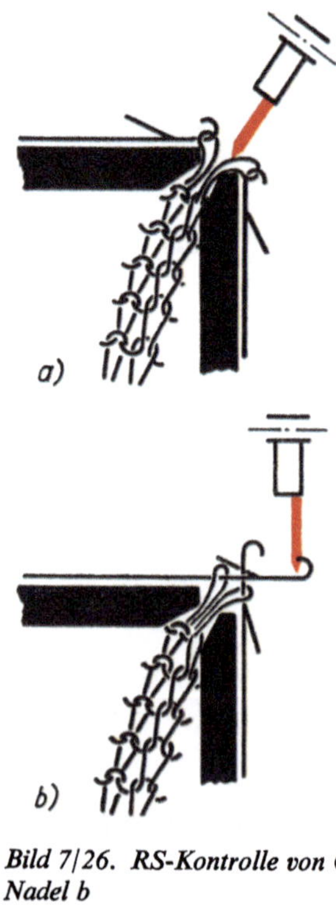

Bild 7/26. RS-Kontrolle von Gestrick a und Nadel b
(Stift löst Maschinenstillstand aus)

überwachungsgeräte (Bild 7/25) und mechanischer *Gestrick-* sowie *Nadelkontrollvorrichtungen* (Bild 7/26*a* und *b*) durchgeführt. Zu überwachen sind die Nadeln im wesentlichen auf deformierte Nadelköpfe und -zungen, *Nadelkopfbruch* und *Nadelzungenklemmen.* Der Entwicklung zuverlässig arbeitender Überwachungsvorrichtungen kommt in Verbindung mit der *Qualitätssicherung* bei der ständig steigenden Produktivität des Rundstrickens eine wachsende Bedeutung zu (Fehlerfrüherkennung, Fehlerlängenminimierung, Havarievermeidung).

Wie beim Flachstricken so sind auch beim Rundstricken die *s-t*-Diagramme der Arbeitsorgane im wesentlichen beschränkt auf die Bewegungsfunktion der Zungennadeln; diese wiederum ist eine genaue Abbildung der Schloßkurven bzw. -bahnen (s. Bild 7/19). Am Beispiel des Kleinrundstrickens werden in Bild 7/27 die *s-φ-Verläufe* der Nadeln und Platinen für eine Zylinderumdrehung bei einer einsystemigen Maschine dargestellt.
Die Entwicklungsarbeiten werden nach der Zielfunktion der maximalen Leistung bei zuverlässiger dynamischer Nadelbeanspruchung

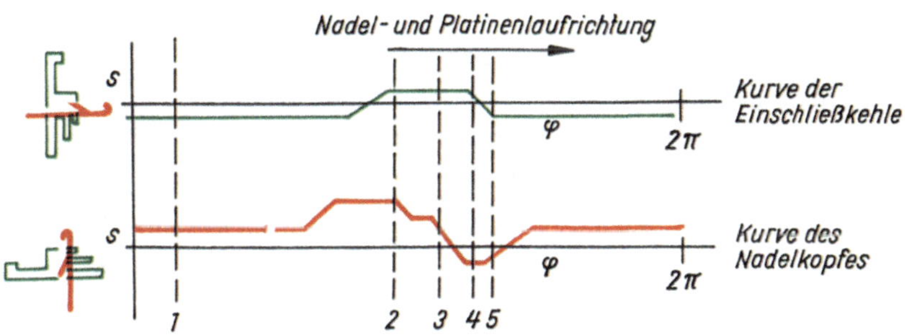

Bild 7/27. KRS (RL)-s = f(φ)-Verläufe der Nadeln und Platinen

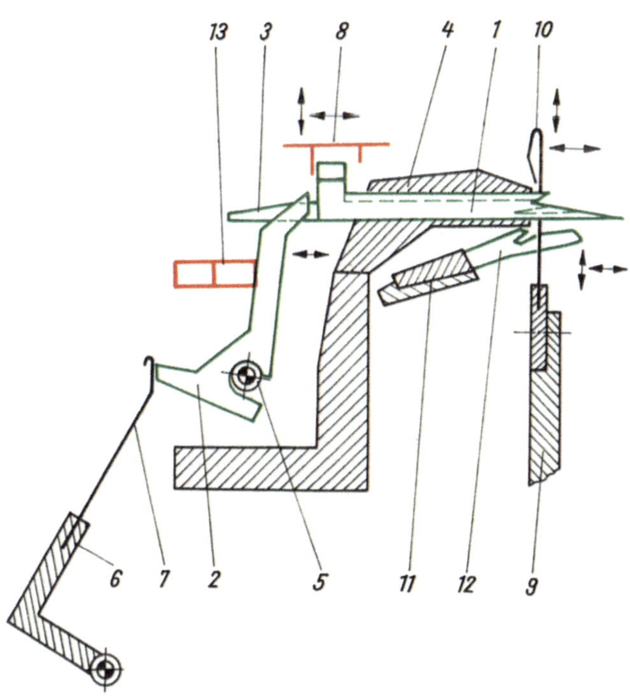

Bild 7/28. FKW-Arbeitsstelle
1 Kulierplatine; 2 Schwinge; 3 Verteilplatine; 4 Platinenkopf; 5 Schwingenführungsstab; 6 Federbarre; 7 Feder; 8 Verteilschiene; 9 Nadelbarre; 10 Spitzennadel; 11 Abschlagplatinenbarre; 12 Einschließ- und Abschlagplatine; 13 Kulierkurve

in Abhängigkeit von den Randbedingungen der Musterung und evtl. Formgebung durchgeführt und beinhalten neben Lösungswegen über Werkstoffauswahl und Nadelkonstruktion auch die Optimierung der *Schloßkurvenausbildung* und der Reibungskräfte im System Nadel/Nadelbett/Schloß.

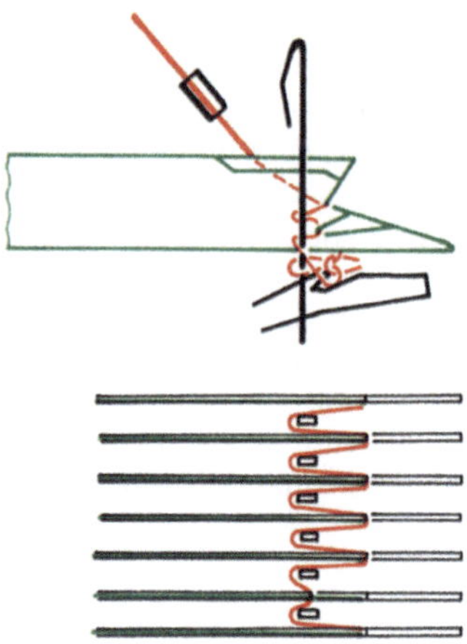

Bild 7/30. FKW-Randmaschenbildung

7.2. Funktionsgruppen zur Maschenbildung beim Kulierwirken

7.2.1. Funktionsgruppen zur Maschenbildung beim Flachkulierwirken

Bild 7/28 zeigt die geometrische Zuordnung der Arbeitsorgane und die zu deren Führung bzw. Bewegung erforderlichen Bauelemente in der prinzipiellen Schnittdarstellung der Arbeitsstelle einer Rechts/Links-Flachkulierwirkmaschine. Die Kulierplatinen *1* sind gemeinsam mit den Verteilplatinen *3* im Wechsel über die Arbeitsbreite in die Führungen des *Platinenkopfes 4* eingesetzt, wobei Verteilplatinen nur bei höheren Maschinenfeinheiten vorgesehen werden. Die *Schwingen 2* übertragen die Kulierbewegung auf die Kulierplatinen; sie sind auf einem Schwingenführungsstab *5* schwenkbar gelagert und drücken mit ihrem Ende gegen die verstärkten Kulierplatinenfüße. Die unterhalb der Schwingen angeordnete *Federbarre 6* sichert durch den Anpreßdruck der Federn *7* an die Schwingen während des Kulierens die Endlagen der Kulierplatinen. Bei der gemeinsamen Rückbewegung der Platinen *1* und *3* (Ausstreichen) durch die *Verteilschiene 8*, die zuvor mit dem längeren Anschlag die Verteilplatinen zum Verteilen vorgebracht hat, werden auch die Schwingen zurückgestellt und die Federn abgehoben. Senkrecht vor dem Platinenkopf sind, in der Nadelbarre *9* eingesetzt, die Spitzennadeln *10 (Nadelfontur)* angeordnet. Die Einschließ- und Abschlagplatinenbarre *11* mit den Platinen *12* befindet sich unterhalb des Platinenkopfes, dessen untere Vorderkante das Pressen (→ *Preßkante)* übernimmt.

Der Fadenführer steht (im Bild 7/28 nicht dargestellt) im spitzen Winkel zur Nadelfontur oberhalb des Platinenkopfes. Die angegebenen Pfeile weisen auf die Bewegungsrichtungen der anderen Arbeitsorgane hin. In Abweichung zu diesen werden die *Kulierkurve 13* und der Fadenführer – technologisch bedingt – in

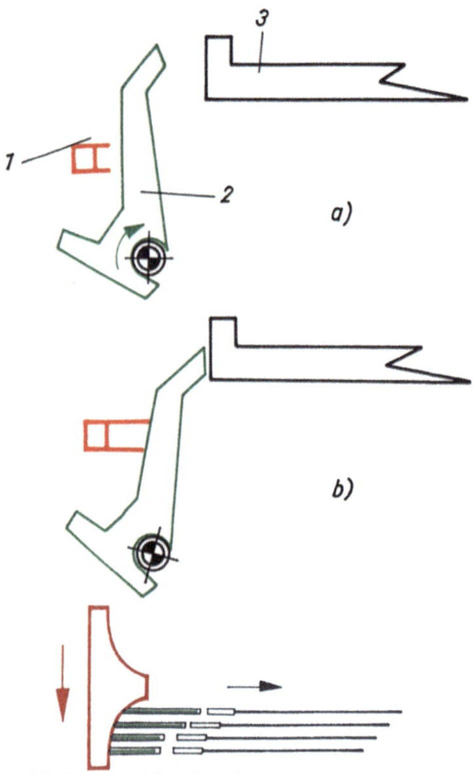

Bild 7/29. FKW-Kulierplatinenantrieb
1 Kulierkurve; 2 Schwinge; 3 Kulierplatine

Richtung der Arbeitsstellenbreite translatorisch hin- und herbewegt. Die Bewegungen von Kulierkurve und Fadenführer sind aufeinander abgestimmt *(Fadenführervorlauf* 20 bis 40 mm). Die sinoidale Form der Kulierkurve *1* (Bild 7/29) bewirkt eine dynamisch günstige Bewegungsübertragung über die Schwingen *2* auf die Kulierplatinen *3*, unter Berücksichtigung der Erfordernisse des Kuliergesetzes.

Besonderes Augenmerk muß auf die *Randmaschenbildung* gelegt werden, da von ihr die Qualität des Gewirkes mit abhängig ist. Bei der Randmaschenbildung sind zwei Situationen kennzeichnend:

der Fadenführer bewegt sich von der *Randnadel* weg,
der Fadenführer bewegt sich auf die Randnadel zu.

Bei sich wegbewegendem Fadenführer wird die Randmaschenbildung von der Schnabelhöhe der Platinen beeinflußt. Die Ebene der neuen Schleifenreihe liegt um mehr als die Schnabelhöhe über der Halbmaschenreihe (Bild 7/30). Die sich daraus ergebende Fadenverlängerung kommt als zusätzliche Fadenlänge mit zur Randmasche. Darüber hinaus besitzt die Fadenzugkraft große Bedeutung. Sie ist von der Stellung und dem Vorlauf des Fadenführers abhängig (großer Vorlauf – hohe Zugkraft). Durch das Einsetzen von *Randplatinen* mit einer zweiten, tieferen Kulierkehle wird eine geringere Kuliertiefe für die beiden *Randschleifen* erreicht und beim Abschlagen die durch die Fadenschräglage bedingte „überflüssige" Fadenlänge ausgeglichen (im Bild 7/30, untere Darstellung). Somit kann eine „saubere" Randmaschenbildung (nicht zu locker, nicht zu fest) erzielt werden.

Durch die Formgebung der Gewirke kann im Prinzip jede Verteilplatine, bei Flachkulierwirkmaschinen ohne Verteilplatinen jede Kulierplatine, die Funktion einer Randplatine erhalten, so daß im allgemeinen über die gesamte Arbeitsbreite Platinen mit zwei Kulierkehlen eingesetzt sind.

Bei der Ankunft des Fadenführers wird auch durch die Randplatine (nur beim Maschenbildungsvorgang mit Verteilen!) eine Fadenlänge für zwei Schleifen kuliert, obwohl nur die Länge für eine Schleife (→ Randmasche) benötigt wird. Deshalb muß die zusätzliche Fadenlänge vom *Fadenspanner* beim Verteilen zurückgenommen werden.

Zum Zwecke der kompletten Gewirketeilfertigung ist es möglich, durch eine zweite, waagerechte Spitzennadelbarre eine kombinierte *RL/RR-Maschenbildung* zu verwirk-

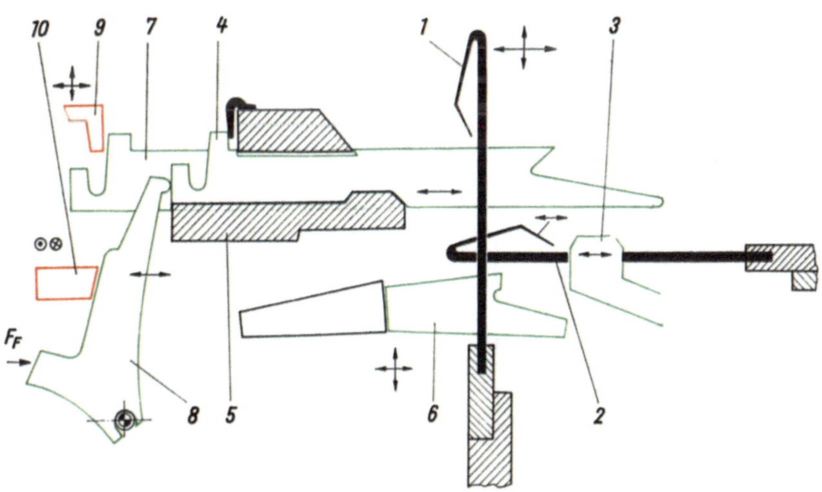

Bild 7/31. RR-FKW
Arbeitsstelle
1 Spitzennadel des Systems 1; 2 Spitzennadel des Systems 2; 3 Gleitbarre; 4 Kulierplatine; 5 Platinenkopf; 6 Abschlagplatine; 7 Verteilplatine; 8 Schwinge; 9 Verteilschiene; 10 Kulierkurve

lichen, d. h., nach der Herstellung des RR-Randes wird die zweite Nadelbarre wieder außer Funktion gesetzt und die Länge in *RL*-Bindung gearbeitet. Außerdem gibt es reine Rechts/Rechts-Flachkulierwirkmaschinen.

Bild 7/31 zeigt die Arbeitsstelle beim *RR-Flachkulierwirken.*

Für die Maschenbildung (und auch Formgebung) zu realisierende Bewegungsvorgänge der Arbeitsorgane werden fast vollständig über viergliedrige Kurvenmechanismen mit *Laufrolle* am *Schwinghebel* eingeleitet und über Hebelsysteme auf den erforderlichen Betrag und die Wirkungsrichtung transformiert. Nur durch Kurvenmechanismen lassen sich die technologisch vorgegebenen Bewegungsgesetze beim Flachkulierwirken verwirklichen und auch eventuell korrigieren. Die Mechanismen sind meist für jeweils zwei Arbeitsstellen einmal vorhanden, dann wiederholt sich die Anordnung über die Länge der *Hauptwelle.*

Zur Übertragung der vertikalen und horizontalen Bewegung auf die Spitzennadelbarre sind zwei Kurvenmechanismen erforderlich (Bild 7/32*a*). Über den Wirkungsweg Kurvenscheibe *1* – Laufrolle *3* – Schwinghebel *5* (bei *13* gelagert) – Scharnierhebel 7 – Nadelbarre *9* – Spitzennadeln *11* wird die senkrechte, über den analogen Wirkungsweg *2–4–6* (bei *14* gelagert) *–12–8–10–9, 11* die waagerechte Bewegung (Kreisbogen) realisiert. Bei letzterer wird das Ende des Scharnierhebels 7, von denen jeweils zwei gelenkig mit der Nadelbarre verbunden sind, zu deren Drehpunkt. Am Gelenkpunkt *12* kann durch Umhängen des Einlegehebels *8* die Nadelbarre außer Arbeitsstellung gebracht werden.

Die Nadelbewegung ergibt eine charakteristische *Ortskurve* des Nadelkopfes (als gewählter Bezugspunkt), deren prinzipielle Grundform in Bild 7/32*b* wiedergegeben wird. Je nach Maschinenfeinheit und Einsatzzweck ergeben sich auf Grund veränderter *s*-*φ*-Verläufe für die einzelnen Arbeitsorgane auch Abweichungen im Ortskurvenbild. So entfällt z. B. beim Wegfall des Verteilens der Kurvenabschnitt $\overline{cd}$; der Preßvorgang $\overline{fg}$ kann verlängert sein; die Auftrag-Abschlagphase $\overline{ghi}$ ist bei grober Maschinenfeinheit ($\leq$ 21 gg) wesentlich ausgeprägter auf Grund des größeren horizontalen Abschlagschwingweges.

Durch Veränderung der horizontalen Nadelbarrenstellung beim Einstreichen wird die *Kuliertiefe* reguliert. Zu diesem Zwecke steht mit dem Schwinghebel *1* eine *Maschendichte-Reguliervorrichtung* in Verbindung (Bild 7/33). Diese befindet sich auf einer *Regulierwelle 2* und arbeitet wie folgt: Eine Regulierrolle *3* tastet die auf der Hauptwelle sitzende Kurvenscheibe *4* ab. Der Regulierarm *5* ist frei beweglich auf der Regulierwelle gelagert. Seine Schwenkbewegung wird von der Festigkeitsschraube *6* aufgenommen, die in einem Hebelarm 7 sitzt, der fest mit der Regulierwelle verbunden ist. Die Kurvenscheibe *8 (Preßkurvenscheibe)* ist so zur *Regulierkurvenscheibe 4* eingestellt, daß jeweils nur eine von beiden wirksam wird. Während des Kuliervorganges

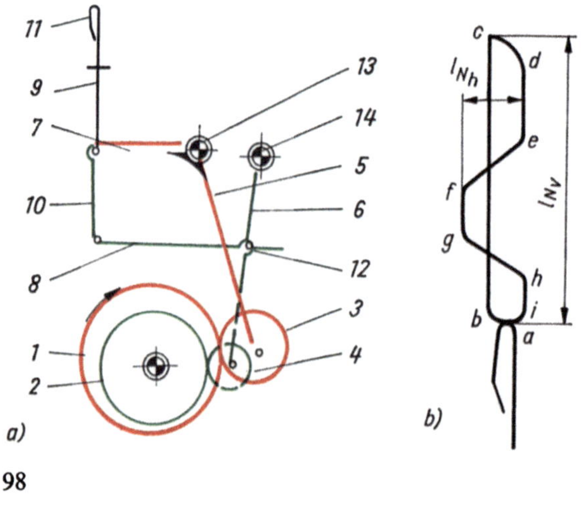

Bild 7/32. FKW-Vertikale und horizontale Nadelbewegung
a Kurvenmechanismus
1 und 2 Kurvenscheibe; 3 und 4 Laufrolle; 5 und 6 Schwinghebel; 7 Scharnierhebel; 8 Einlegehebel; 9 Nadelbarre; 10 Nadelbarrenhebel; 11 Spitzennadel; 12 Gelenkpunkt; 13 und 14 Lagerstelle;
b Ortskurve der Spitzennadel; l_{N_h} *horizontaler Nadelhub;* l_{N_v} *vertikaler Nadelhub*
a→b Einschließen; b→c Einstreichen; c→d Verteilen; d→e Vorbringen; e→f Ausschließen; f→g Pressen, Auftragen; g→h Presse zurück, Auftragen; h→i Abschlagen

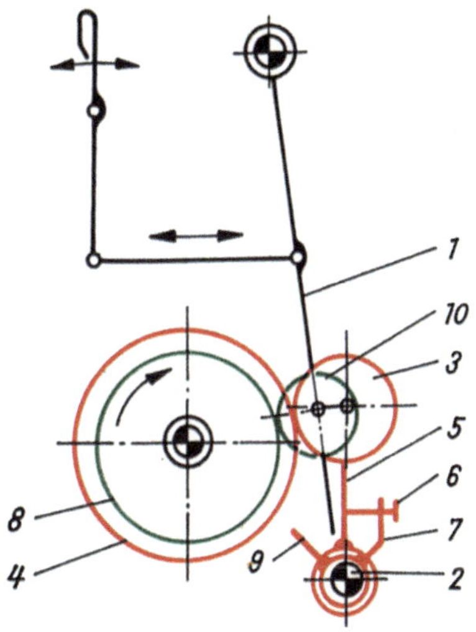

Bild 7/33. FKW-Reguliervorrichtung

1 Schwinghebel; 2 Regulierwelle; 3 Regulierrolle; 4 Kurvenscheibe; 5 Regulierarm; 6 Festigkeitsschraube; 7 Hebelarm; 8 Kurvenscheibe; 9 Hebel; 10 Laufrolle

wird die horizontale Nadelstellung vom Rundlauf der Regulierkurvenscheibe *4* bestimmt. Über den Wirkungsweg *5–6–7–9* wird die am Schwinghebel *1* befindliche Laufrolle *10* von der Preßkurvenscheibe *8* abgehoben. Die Kuliertiefeneinstellung wird an der Festigkeitsschraube *6* vorgenommen. Anstelle dieser einfachen Grundvariante gibt es Positioniereinrichtungen, die automatisch gesteuert werden, d.h. eine Stellgröße analog zur Festigkeitsschraube fixieren.

Über zwei weitere Kurvenmechanismen führt die Verteilerschiene zum Vorbringen der Verteilplatinen und Zurückziehen der Kulier- und Verteilplatinen eine waagerechte Bewegung aus (Bild 7/34). Hierzu dient der Kurvenmechanismus entsprechend dem Wirkungsweg *2–3–6–7*. Der Kurvenmechanismus mit dem Wirkungsweg *1–4–5–7* bewirkt die vertikale Bewegung [Senken der Verteilschiene → (Zurückziehen der Platinen) → Heben der Verteilschiene]. Das Einschließen und das Abschlagen der Halbmaschenreihe wird über eine Kippbewegung der kombinierten Einschließ- und Abschlagplatinen erreicht, wodurch in Verbindung mit der Kurvenform der Platinen verkürzte Nadel- und Platinenwege sowie eine sichere Übergabe der Schleifenreihe von den Kulier- (und Verteil-) platinen bei hoher Beschleunigung möglich werden. Hierfür werden Kurvenmechanismen des in Bild 7/35 dargestellten Grundtyps vorgesehen. Das Zusammenspiel aller Maschenbildungsorgane wäh-

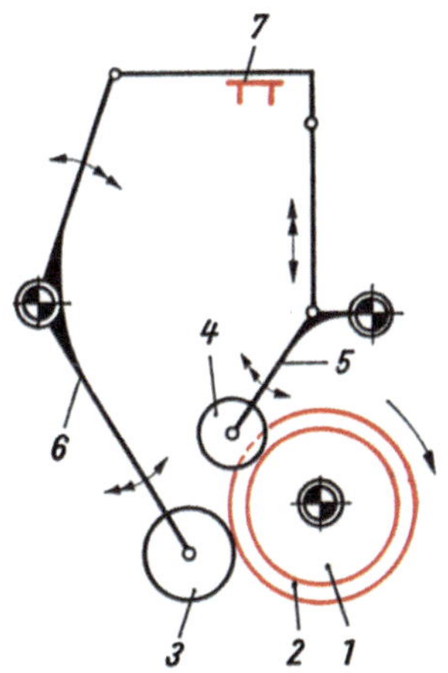

Bild 7/34. FKW-Verteilschienenmechanismus

1 und 2 Kurvenscheibe; 3 und 4 Laufrolle; 5 und 6 Schwinghebel; 7 Verteilschiene

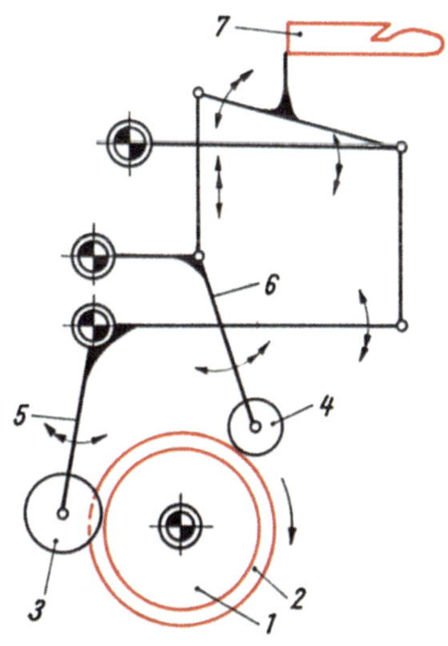

Bild 7/35. FKW-Einschließ- und Abschlagplatinenmechanismus

1 und 2 Kurvenscheibe; 3 und 4 Laufrolle; 5 und 6 Schwinghebel; 7 Einschließ- und Abschlagplatine

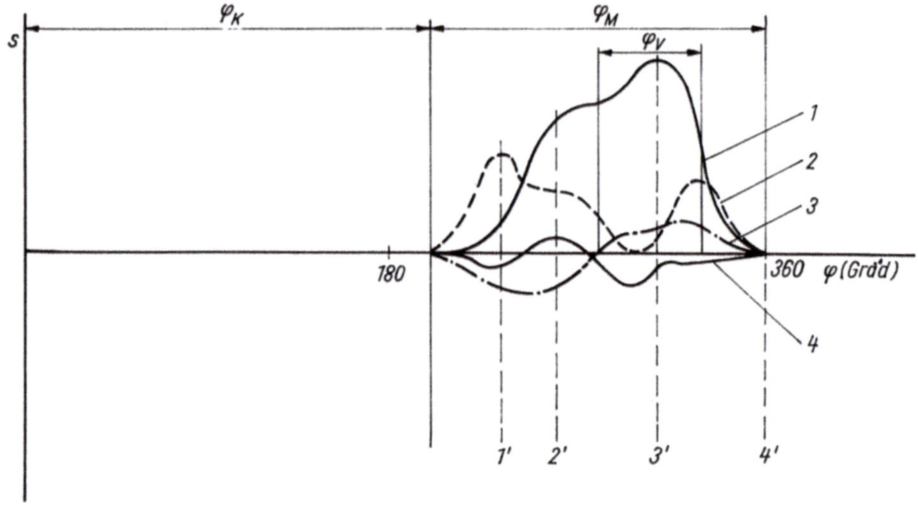

Bild 7/36. FKW-s-φ-Diagramm der Maschenbildungsorgane
φ_K Fadenlegen und Kulieren; φ_M Verteilen bis Einstreichen; φ_V Hauptwellenversatz
1 Spitzennadelbewegung, senkrecht; 2 Verteilschienen- bzw. -platinenbewegung; 3 Einschließ- und Abschlagplatinenbewegung; 4 Spitzennadelbewegung, waagerecht
1' Ende des Verteilens; 2' Pressen (Maximum) 3' Ende des Abschlagens; 4' Ende des Einstreichens

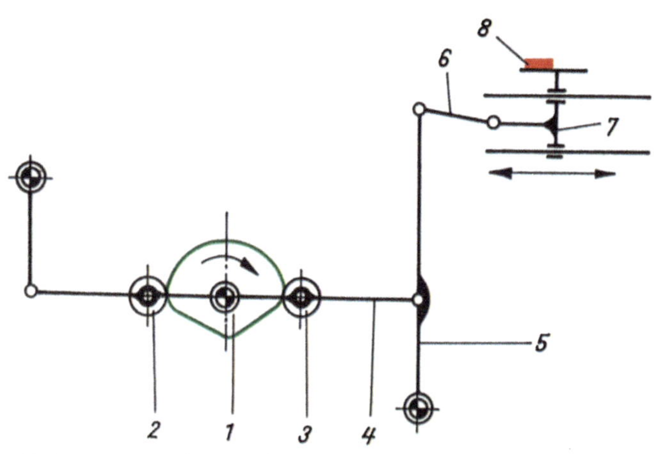

Bild 7/37. FKW-Kuliervorrichtung
1 Kulierkurvenscheibe; 2 und 3 Rolle; 4 Kulierbalken; 5 Kulierarm; 6 Zwischenhebel; 7 Kulierschlitten; 8 Kulierkurve

rend eines Maschenbildungsvorganges ist dem Diagramm in Bild 7/36 zu entnehmen.
Es ist zu erkennen, daß für den Vorgang des Fadenlegens und Kulierens mit etwa 200° Drehwinkel der Hauptwelle mehr als 50% der Gesamtzeit in Anspruch genommen werden, sich die restlichen Arbeitstakte auf 160° verteilen, woraus letztlich auch die ungünstigen *s*-*φ*-Verläufe resultieren, die wiederum stoßartige, durch kurzzeitige Beschleunigungsänderungen der Massen verursachte, dynamische *Maschinenbelastung* zur Folge haben.
Die Bewegung der Fadenführer und Kulierkurven wird über ein Kegelradpaar im Über-

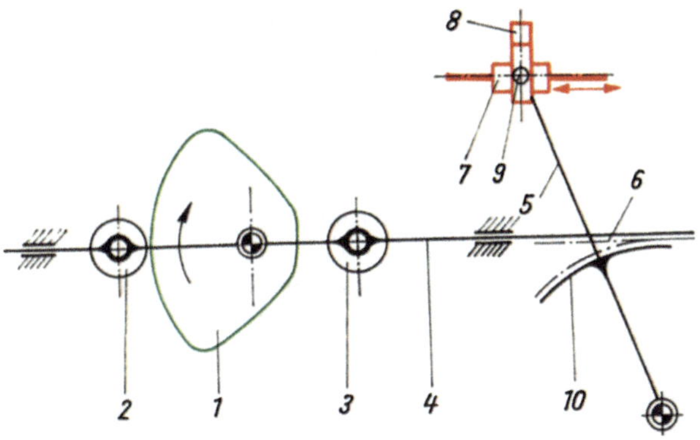

Bild 7/38. FKW-Kuliervorrichtung
1 Kulierkurvenscheibe; 2 und 3 Rolle; 4 Kulierbalken; 5 Kulierarm; 6 Zahnstange; 7 Kulierschlitten; 8 Kulisse; 9 Stein; 10 Zahnsegment

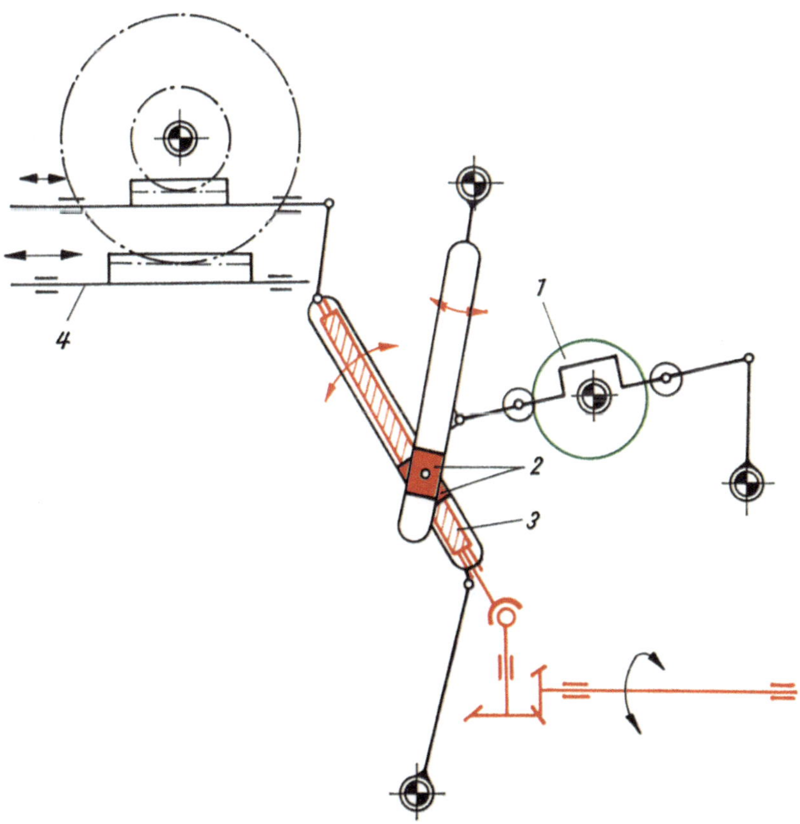

Bild 7/39. FKW-Kuliervorrichtung für variable Kulierbreite I
1 Kulierkurvenscheibe; 2 Gleitstein/Spindelmutter; 3 Spindel; 4 Kulierkurvenverbindungsstange

setzungsverhältnis von 2:1 von der Hauptwelle auf die *Kulierwelle* übertragen, d.h., ein Fadenführerdoppelhub entspricht zwei Hauptwellenumdrehungen und somit zwei Maschenbildungsvorgängen.

Die *Kuliervorrichtungen* werden in zwei Gruppen eingeteilt:

1. Kuliervorrichtungen für *konstante Kulierbreite.*

Sie sind an Flachkulierwirkmaschinen geringer Arbeitsbreite oder konstanter Wirkbreite („Rändermaschinen") anzutreffen. Bild 7/37 zeigt eine solche Vorrichtung. Die *Kulierkurvenscheibe 1* schiebt durch ihre herzförmige Form bei jeder Umdrehung über Rollen *2* und *3* den Kulierbalken *4* translatorisch nach beiden Seiten und versetzt dadurch den Kulierarm *5* in eine Schwingbewegung. Über den Zwischenhebel *6* wird der Kulierschlitten *7* und damit die Kulierkurve *8* angetrieben. An Stelle eines Zwischenhebels *6* kann der Kulierschlitten *7*, wie in Bild 7/38 dargestellt, mit einer senkrechten Kulisse *8* versehen sein, in der ein am Kulierarm *5* befestigter Stein *9* gleitet und die Geradführung des Kulierschlittens realisiert. Der Kulierbalken *4*, ebenfalls geradgeführt, ist als Zahnstange ausgebildet, die die Bewegung über ein Zahnsegment *10* auf den Kulierarm *5* überträgt. Teilweise werden Kuliervorrichtungen mit Hubvergrößerung verwendet, d.h., der Hub der Kulierkurvenscheibe wird relativ klein gehalten (günstige maschinendynamische Bedingungen) und mittels Zahnradgetriebe auf die notwendige Größe transformiert.

2. Kuliervorrichtungen für *variable Kulierbreite.*

Die Kulierkurven werden über diese Vorrichtungen so angetrieben, daß ihr Hub der jeweiligen genutzten Arbeitsbreite während der Herstellung eines formgerechten Gewirkteteiles angepaßt wird. Die Hauptwellendrehzahl wird entsprechend verändert, so daß die Kulierkurven und Fadenführer stets mit konstanter und maximal möglicher Beschleunigung bewegt werden. Damit kann die Zeit des Kuliervorganges beim Mindern der Gewirkebreite verkürzt und die Leistung der Flachkulier-

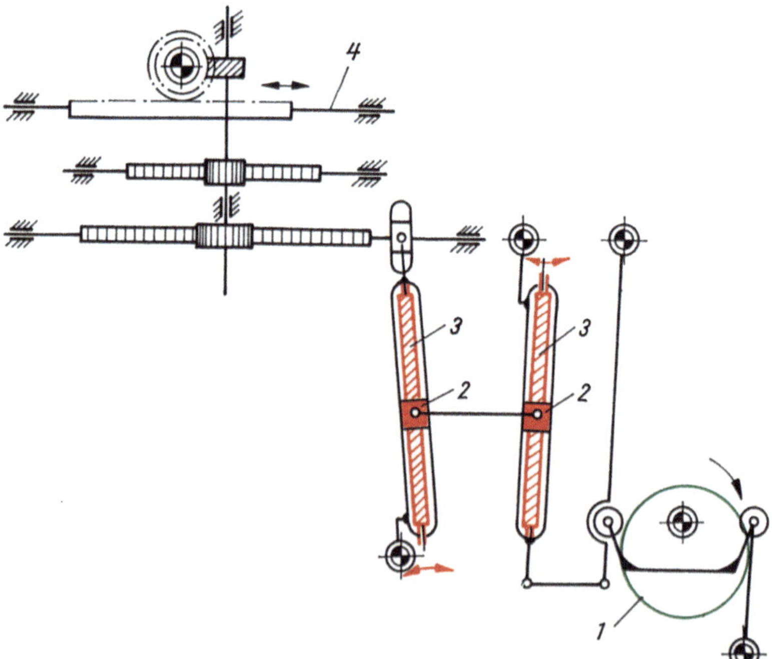

Bild 7/40. FKW-Kuliervorrichtung für variable Kulierbreite II

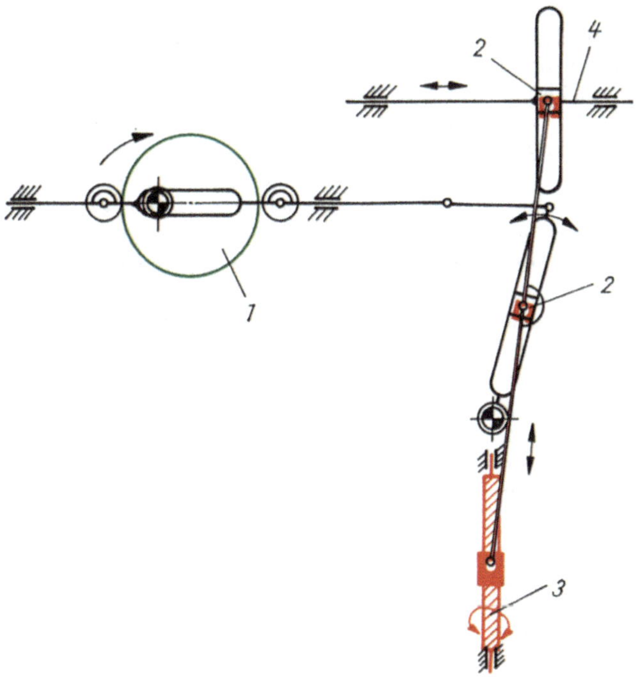

Bild 7/41. FKW-Kuliervorrichtung für variable Kulierbreite III

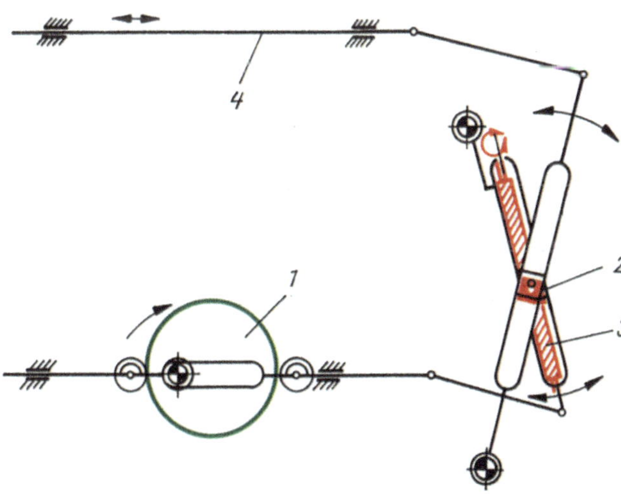

Bild 7/42. FKW-Kuliervorrichtung für variable Kulierbreite IV

wirkmaschinen erheblich gesteigert werden. Die Steuerung der Kulierbreite erfolgt nach dem Prinzip, analog zu den Vorrichtungen unter *1.*, eine konstante Bewegung von den Kulierkurvenscheiben *1* abzunehmen und diese mittels *Hubvariationsvorrichtung* auf den jeweils erforderlichen Betrag der Kulierkurvenbewegung zu transformieren. Die Hubvariation wird stufenlos durchgeführt. Die Bilder 7/39 bis 7/42 zeigen verschiedene Lösungen hierfür. In jedem Falle wird jedoch das Prinzip verwirklicht, über die Bauelemente Gewindespindel *3* – Spindelmutter *2* (bzw. zusätzliche Spindelmutter – Gleitstein-Kombinationen) kontinuierlich die wirksame Hebellänge schwingender Hebelmechanismen zu verändern und dadurch die Hubgröße der Kulierkurvenverbindungsstange *4* festzulegen. Mit geringer werdendem Kulierkurvenhub steigt die Drehzahl des Antriebsmotors bis zur maximalen Arbeitsgeschwindigkeit.

Die Einteilung der ***Fadenführervorrichtungen*** erfolgt in
kraftschlüssig wirkende und
formschlüssig wirkende Vorrichtungen zur translatorischen Bewegung der ***Fadenführerschienen.***

Bei ersteren wird der Kraftschluß über eine Reibungskupplung erreicht. Vorrichtungen, die nach diesem Verfahren arbeiten, werden immer von der gleichen Kuliervorrichtung angetrieben, die dem Kulierkurvenantrieb dient. Es ist jedoch zu unterscheiden, ob es sich um eine Kuliervorrichtung mit konstantem oder variablem ***Kulierkurvenhub*** handelt.

Bild 7/43 zeigt zwei Ausführungsformen des kraftschlüssigen *Fadenführerantriebs*. Auf dem Kulierschlitten *1* ist ein Mitnehmer *2* befestigt, der mit der Bremsschiene *3* verbunden ist, auf der sich die Reibungskupplung, die sogenannte Hauptbremse *4*, befindet, deren Bremsfinger *5* in die Raste *6* der Fadenführerschiene *7* eingelegt wird und so die Schiene mit dem Fadenführer *8* in die translatorische Bewegung versetzt. Der ***Fadenführerhub*** wird durch programmgesteuerte Anschläge *9* auf die jeweils erforderliche Arbeitsbreite begrenzt. Im Moment des Anschlagens der Fadenführerschiene wird die Reibungskraft der Hauptbremse überwunden und die Bremsschiene über den verbleibenden Betrag des Kulierhubes „durchgezogen". Die Reibungskraft ist einstellbar. Der Anschlag bewirkt einen Stoß auf die Fadenführerschiene durch die momentane Geschwindigkeitsänderung auf $v_F = 0$. Der direkte Fadenführerantrieb (Bild 7/43*a*) wird deshalb verschiedenartig variiert. Bereits eine zusätzliche zwischengeschaltete Bremse siehe Bild 7/43*b*) vermindert die Nachteile. Weiter wird von ***Stoßdämpfervorrichtungen,*** die die Fadenführerschienengeschwindigkeit vor dem Anschlagen reduzieren und einen „weichen" Anschlag gewährleisten u.ä., Gebrauch gemacht (Fadenführerschienen dürfen nicht springen → Voraussetzung für Randmaschenbildung).

Infolge der Veränderung des wirksamen Fadenführerhubes in Abhängigkeit des Zunehmens und Minderns ändert sich der Fadenführervorlauf, da die Fadenführerschienen über den Reibungsantrieb sofort mit dem Kulierschlitten mitgenommen werden. Das heißt, der Fadenführervorlauf wird beim Mindern ständig größer.

Erfolgt dagegen die Bewegungsübertragung von einer Kuliervorrichtung mit variablem Kulierhub, bleibt der Fadenführervorlauf immer konstant, entsprechend seiner Grundeinstellung, wofür es technologisch optimale Werte gibt. Durch zusätzliche Anschläge kann in einigen Fällen der Fadenführerhub nach beiden Seiten um einige Nadelteilungen verringert werden, ohne dabei die Gewirkebreite selbst zu verringern. Dadurch können im Mittelteil eines Gewirketeiles mehr Reihen gearbeitet werden als im Randbereich, was zum Ausgleich bindungsbedingter Unterschiede zwischen gemustertem Mittelbereich und

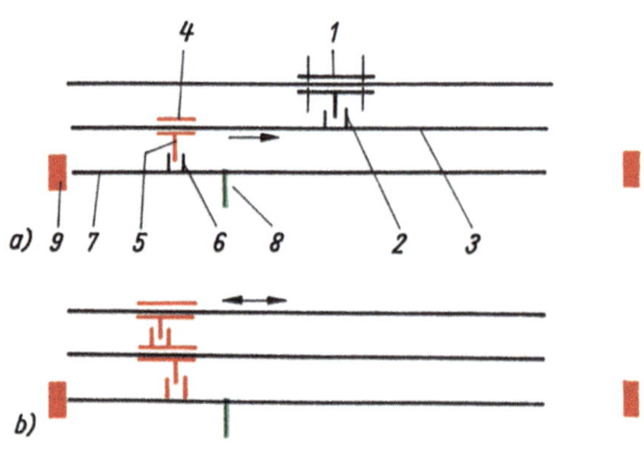

Bild 7/43. FKW-Fadenführerantrieb
a direkt; b indirekt
1 Kulierschlitten; 2 Mitnehmer;
3 Bremsschiene; 4 Hauptbremse;
5 Bremsfinger; 6 Raste; 7 Fadenführer schiene; 8 Fadenführer; 9 Anschlag

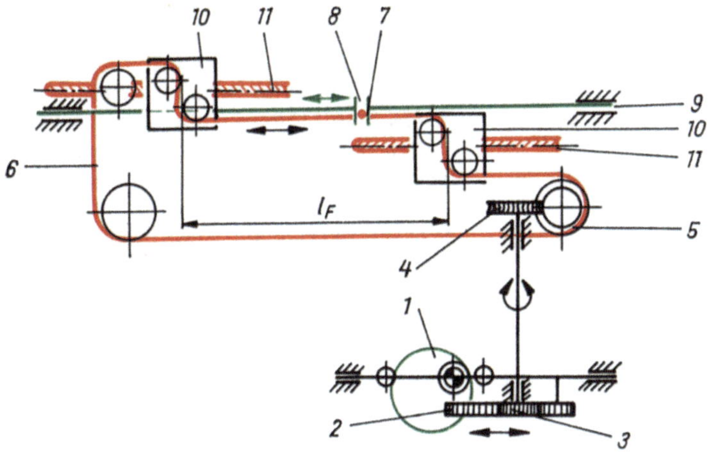

Bild 7/44. FKW-Fadenführerantrieb durch Kettensteuerung
1 Kurvenscheibe; 2 bis 4 Zahnstangengetriebe; 5 Kettenrad; 6 Kette; 7 Gleitstein; 8 Kulisse; 9 Fadenführerschiene; 10 Kettenführung; 11 Spindel; l_F Fadenführerhub

RL-Randbereich dient. Die Spitzennadeln des Randbereiches werden während dieser Zusatzreihenfertigung nicht gepreßt.
Die formschlüssig wirkenden Fadenführervorrichtungen sind vom Antrieb der Kuliervorrichtungen für die Kulierkurvenbewegung getrennt. Damit wurde auch eine bessere Anpassung der Kurvenscheibenform zur Realisierung der optimalen Fadenführergeschwindigkeit möglich. Die Hubvariation der Fadenführerschienen wird bei der *Kettensteuerung* nach Bild 7/44 folgendermaßen erzielt: Über die Kurvenscheibe *1* und das Zahnstangengetriebe *2* bis *4* werden über Kettenräder *5* zwei Ketten *6* in eine changierende Bewegung versetzt. Zwischen diesen ist ein Gleitstein *7* angeordnet, der in einer Kulisse *8* auf- und abgleiten kann. Die Kulisse *8* ist mit den Fadenführerschienen *9* verbunden. Tritt der Gleitstein *7* durch die Kettenbewegung in die Kulisse *8* ein, wird die Bewegung auf die Fadenführerschienen *9* übertragen, während er an der jeweils gegenüberliegenden Kettenführung *10* aus der Kulisse *8* austritt und somit die Fadenführerschienenbewegung unterbricht. Bremsen sind damit überflüssig geworden. Der Fadenführerhub wird durch Verstellen der senkrechten Kettenführungen *10* über die Spindeln *11* bestimmt.

7.2.2. Funktionsgruppen zur Maschenbildung beim Rundkulierwirken

Die prinzipielle Schnittdarstellung einer Arbeitsstelle zeigt Bild 7/45. Die in einem *Kulierplatinenrad* gelagerten und geführten Kulier-

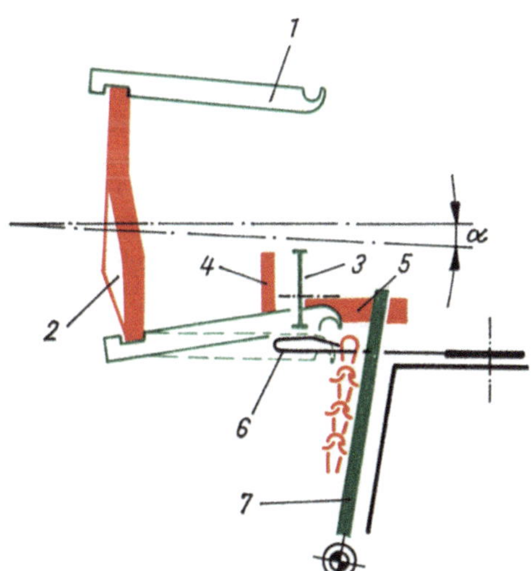

Bild 7/45. RKW-Arbeitsstelle
1 Kulierplatine; 2 Leitscheibe; 3 Preßrad; 4 Kulierkurve; 5 Abschlagkurve; 6 Spitzennadel; 7 Abschlagplatine

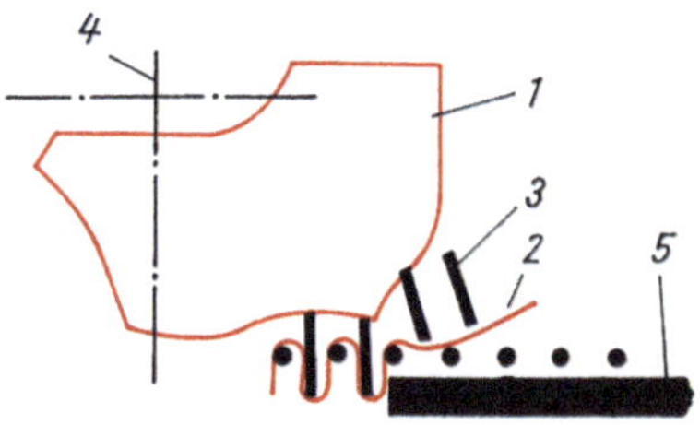

Bild 7/46. Kulieren durch Kulierkurve und -platinen
1 Kulierkurve; 2 Faden; 3 Kulierplatine;
4 Mittelpunkt Preßrad; 5 Segment

platinen *1* erhalten über die Leitscheibe *2* während der Rotation des Kulierplatinenrades die axiale Bewegung, während über eine Kulierkurve *4* die Druckkulierung zwischen den Spitzennadeln *6* realisiert wird. Das *Preßrad 3* bewirkt das Spitzenschließen als Voraussetzung für das darauffolgende Auftragen der Halbmaschen, wozu die *Abschlagkurve 5* die drehbar gelagerten Abschlagplatinen *7* in Richtung der Nadelspitzen schiebt. Nach dem Zurücknehmen der Kulierplatinen (Vorbringen, Ausstreichen) werden die Halbmaschen abgeschlagen. Das Bild 7/46 gibt die Anordnung der Kulierkurve *1* in der Ansicht wieder. Der Faden *2* wird durch eine kombinierte Druck- und Kippbewegung der Kulierplatinen *3* zur Schleifenreihe kontinuierlich umgeformt. Dadurch wird der Faden sehr geschont. Die elastischen Spitzennadeln gleichen durch momentane Durchbiegung ihres Schaftes Störungen bei der Schleifenbildung (Fadenlaufhemmung) aus. Das Segment *5* verhindert ein Durchfallen der Kulierplatinen vor der Kulierecke der Kulierkurve *1*, die sich auch in der Höhe einstellen läßt. Bei *4* ist normalerweise das Preßrad angeordnet.

Die Ausbildung der Kulierkurve ist dem Kuliergesetz untergeordnet. Ihre Form ist von der Maschinenfeinheit abhängig; darüber hinaus ist die Entlastung der kulierten Schleife unmittelbar nach dem Kulieren und die Durchbiegung der Spitzennadeln beim Pressen in der Kurvenform zu berücksichtigen.

Das Arbeitsprinzip des Rundkulierwirkens ermöglicht die Herstellung von *RL*-Gewirken hoher Maschengleichmäßigkeit. Dieser Vorteil tritt beim Einsatz dehnungsarmer Fäden (z. B. Bw-Garne) im Vergleich zu *RL*-Großrundgestricken deutlich hervor. Andererseits lassen sich mit dem Rundkulierwirken auf Grund der Nadelbiegsamkeit auch „Sonderstrukturen" im Maschenbild erreichen, auf die in Abschnitt 11. Bezug genommen wird. Diese Vorteile können aber den großen Nachteil der begrenzten und sehr niedrigen Arbeitsproduktivität der Rundkulierwirkmaschinen nicht ausgleichen. Die Hauptursachen liegen ungeachtet des kontinuierlichen Arbeitsprinzips in der großen räumlichen Ausdehnung einer Arbeitsstelle (besonders des Platinenrades) und des aufwendigen Maschenbildungsvorganges, der die Maschenbildungsgeschwindigkeit begrenzt.

7.3. Funktionsgruppen zur Maschenbildung beim Kettenwirken

Ausgehend von der Art der Fadenvorlage der maschebildenden Fadensysteme (→ *Grundfadensysteme)* als Kettfäden ergeben sich die für das Flachkettenwirken typischen geometrischen Anordnungen der Arbeitsorgane an der Arbeitsstelle. (Das Rundkettenwirken besitzt keine praktische Bedeutung mehr. Auf eine Darstellung der Arbeitsstellen wird deshalb verzichtet.)

Alle Arbeitsorgane werden von Barren getragen und sind gemeinsam beweglich. Die Arbeitsorgane wie Zungennadeln, Lochnadeln sind gruppenweise in Nadelhalterungen ein-

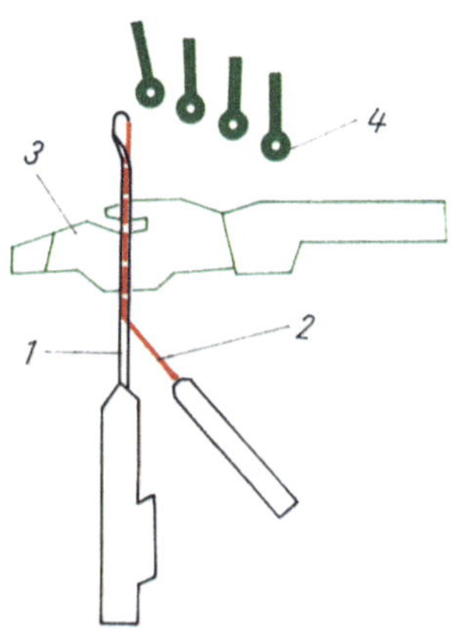

Bild 7/47. KW-Arbeitsstelle mit Schiebernadel
1 Schiebernadel; 2 Schließdraht; 3 Platine;
4 Lochnadel

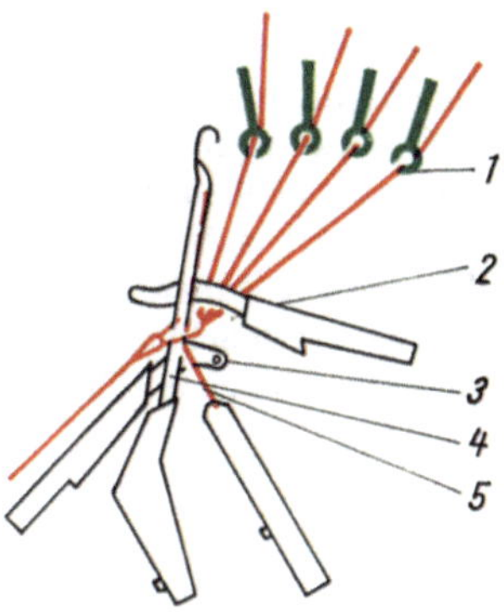

Bild 7/48. KW-Arbeitsstelle mit Schiebernadel
1 Lochnadel; 2 Stechkamm; 3 Abschlagkamm; 4 Schiebernadel; 5 Schließdraht

gegossen (Leichtmetallegierungen), die mit der Barre (z. B. Nadelbarre) verschraubt werden. Seltener sind Nadeln nur in die Halterungen eingesetzt und verschraubt, wodurch sie einzeln ausgewechselt werden können.

Die Bilder 7/47 und 7/48 zeigen zwei Ausführungen von Arbeitsstellen für das Rechts/Links-Kettenwirken. In beiden Fällen sind Schiebernadeln *1* bzw. *4* zur Maschenbildung vorgesehen, deren Schließdrähte *2* bzw. *5* das Brückebilden übernehmen. Die Verwendung von Schiebernadeln oder auch Röhrchennadeln anstelle der Spitzennadeln hat sich weitgehend durchgesetzt. Die Konstruktion der Spitzennadel läßt prinzipiell geringere Nadelteilungen (höhere Maschinenfeinheit) zu. Die Ortskurve der Spitzennadelbarre resultiert aus einer horizontalen und einer vertikalen Bewegungskomponente. Durch die Konträrbewegung von Schiebernadel und Schließdraht verkürzen sich bei dieser Nadelart die Absoluthübe der Barre und ermöglichen so die hohen Arbeitsgeschwindigkeiten. Während in Bild 7/47 kombinierte Einschließ- und Abschlagplatinen *3* zum Einschließen und Abschlagen der Halbmaschenreihe dargestellt sind, wie es für Rechts/Links-Kettenwirkmaschinen mit Schieber- oder Spitzennadeln typisch ist, zeigt Bild 7/48 eine andere Lösung. Das Einschließen übernimmt ein Stechkamm *2*, der die Halbmaschenreihe beim Einstreichen der Schiebernadeln nach unten drückt, während zum Abschlagen ein lamellenartiger Abschlagkamm *3* vorgesehen ist. Diese Arbeitsorgane sind in analoger Weise für Rechts/Links-Kettenwirkmaschinen mit Zungennadeln (Raschelmaschinen) kennzeichnend (s. Bild 7/49). Die mit Lochnadeln 4 bzw. 1 besetzten Lochnadelbarren (→ *Legeschienen*) führen das Fadenlegen in den Phasen Unterlegung → Durchschwingen → Überlegung → Zurückschwingen aus. Zu diesem Zwecke werden die Legeschienen um eine legungsabhängige Anzahl von Nadelteilungen unter der Nadelbarre und zum Überlegen im allgemeinen um eine Nadelteilung (→ Kuliergesetz) über der Nadelbarre axial versetzt. Zur Erzeugung eines praktisch verwendungsfähigen Kettengewirkes müssen mindestens zwei Legeschienen vorhanden sein, d. h., mit zwei Kettfadensystemen läßt sich eine Stabilität erzielen, die für viele Einsatzgebiete einen ausreichenden Gebrauchswert garantiert (z. B. *Untertrikotagenstoffe*, *Futterstoffe*, *Kleiderstoffe*). Mit wachsender Anzahl der Legeschienen und damit der Grundfadensysteme steigen die legungstechnischen Musterungsmöglichkeiten an. Werden zusätzlich noch *Musterlegeschienen* eingesetzt, die mit einer geringeren Anzahl Fadenführer besetzt sind, ergeben sich vielfältige Musterungsmöglichkeiten der Rechts/Links-Kettenwirkmaschinen (z. B. für *Gardinen* und *Spitzen*), deren steuerungstechnische Prinzipien in Abschnitt 11. behandelt werden. Die Anzahl der Legeschienen bestimmt andererseits den erforderlichen *Schwingweg* des Legeschienenpaketes zu den Arbeitstakten Durchschwingen und Zurückschwingen innerhalb der Fadenlegung. Damit wird der Zeitanteil für die Bewegung dieser Arbeitsorgane am Maschenbildungsvorgang größer und begrenzt damit die maximale Arbeitsgeschwindigkeit. Mit jeder zusätzlichen Legeschiene erhöhen sich die Masse des Legeschienenpaktes und die damit bei vorgegebener Beschleunigung auftretenden Momente. In vereinfachter Darstellung kann davon ausgegangen werden, daß mit jeder zusätzlichen Legeschiene die Arbeitsgeschwindigkeit reduziert werden muß. Der Mindestabstand zwischen Lochnadeln zweier Legeschienen beträgt etwa 0,5 d_1, wenn d_1 der Lochnadelaußendurchmesser ist. Der Gesamtschwingweg des Legeschienenpaketes kann durch das Zusammenfassen von jeweils *2* bis *4* Legeschienen für

die Musterfadensysteme in Versatzlinien reduziert werden. Hierzu werden bei der Behandlung der Maschenbildung von Raschelmaschinen weitere Ausführungen gemacht.
Bild 7/49 zeigt die Arbeitsstelle einer Rechts/Links-Kettenwirkmaschine mit Zungennadeln (Raschelmaschine). Durch die vom Stricken bereits bekannten Merkmale der Zungennadelkonstruktion vereinfacht sich auch hier der Maschenbildungsvorgang. Das zum Brückebilden sonst notwendige zusätzliche Arbeitsorgan (Presse bzw. Schließdraht) kann entfallen. Diesem konstruktiven Vorteil stehen jedoch größere erforderliche Arbeitshübe der Zungennadeln im Vergleich zu Schiebernadeln gegenüber. Kettenwirkmaschinen mit Zungen-

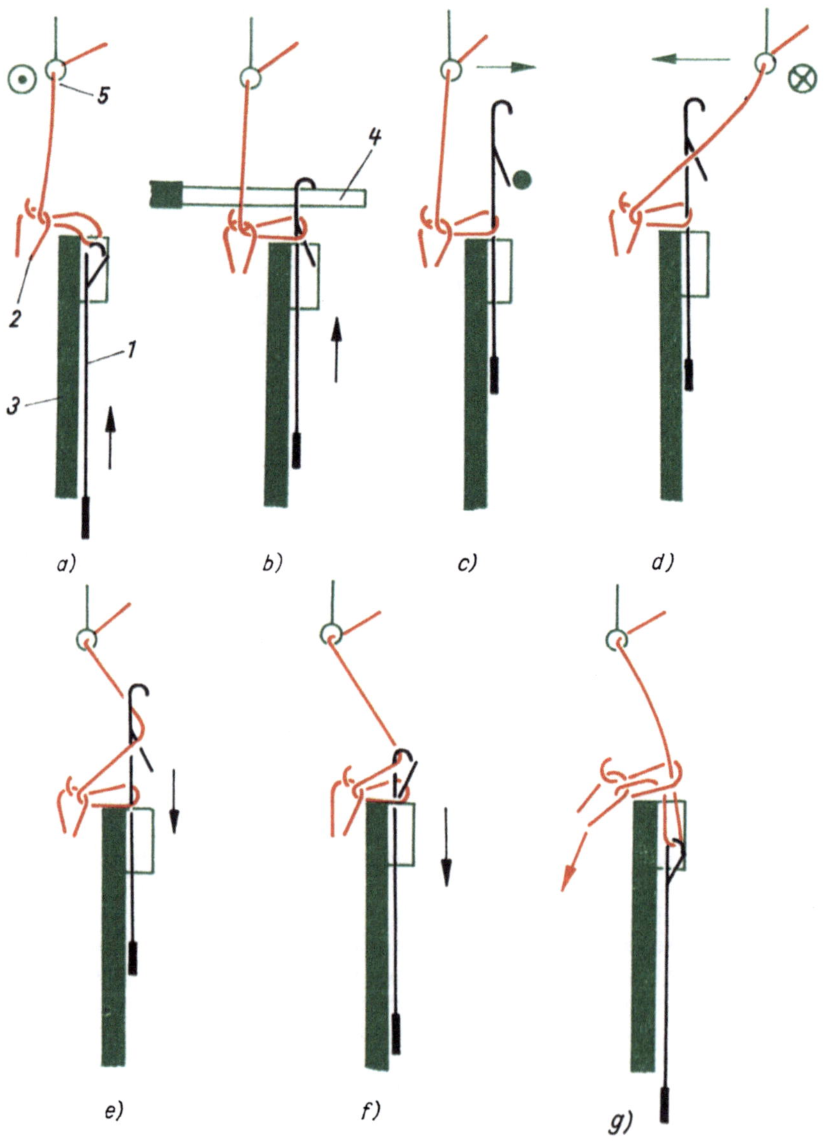

Bild 7/49. KW (RL)-Arbeitsstelle mit Zungennadel

nadeln erreichen daher auch nicht die gleichen Leistungen. Sie sind vorrangig für spezifische Gewirkestrukturen (s. Abschnitt 12.) konzipiert. Das Ausführungsprinzip ist besonders zur Herstellung von *Rechts/Links-schußgemusterten Kettengewirken* mit hohen Musterungsansprüchen geeignet (Bild 7/50). Die Zungennadeln *1* werden zwischen den Abschlaglamellen des Fräsbleches *2* geführt. Der

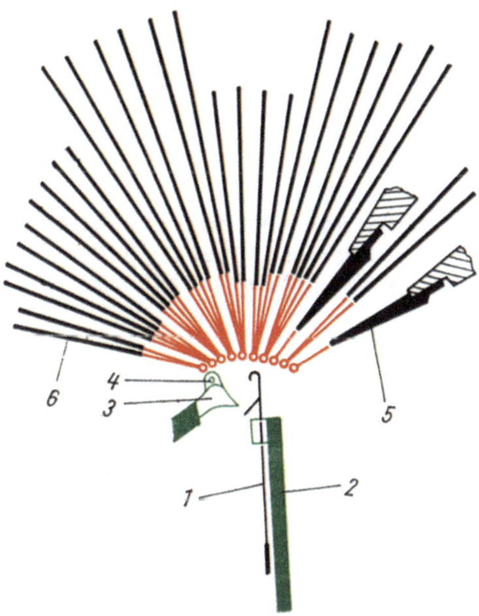

Bild 7/50. KW (RL)-Arbeitsstelle mit Zungennadel und hoher Musterlegeschienenanzahl

1 Zungennadel; 2 Fräsblech; 3 Stechkamm; 4 Zungenhaltedraht; 5 Grundlegeschiene; 6 Musterfadenführer

Stechkamm *3* übernimmt das Einschließen der Halbmaschenreihe. Der *Zungenhaltedraht 4* sichert das Offenhalten der Zungen beim Einstreichen und schwingt erst aus dem Nadelbereich, sobald die vordere Grundlegeschiene *5* die Zungennadeln *1* passiert, um die Überlegung durchführen zu können. Die Musterlegeschienen sind in Gruppen von *2* bis *4* Legeschienen in *Versatzlinien* zusammengefaßt, d.h., die Lochmitten der entsprechenden *Musterfadenführer 6* stehen in einer Linie. Dadurch wird einerseits der Legeschienenschwingweg möglichst klein gehalten, andererseits resultieren daraus Abhängigkeiten für den Versatz der Musterlegeschienen einer Versatzlinie, die wiederum die Mustervorbereitung (Entwurf → technische Patrone → maschinenexterner Datenspeicher) auf Grund dieser zusätzlichen Randbedingungen erheblich komplizieren. Durch eine gegenläufige Schwingbewegung von Legeschienen und Zungennadelbarre in horizontaler Richtung (Konträrbewegung) wird eine weitere Hubreduzierung für das Legeschienenpaket erreicht.

In den Bildern 7/51 bis 7/56 sind die Arbeitsstellen der verschiedenen Verfahrensvarianten des *Nähwirkens* wiedergegeben. Die Anordnung der Arbeitsorgane entspricht im Prinzip der um 90° gedrehten Anordnung bei Kettenwirkmaschinen. Auf Grund der Tatsache, daß die Maschenbildung analog zum Kettenwirken durchgeführt wird, führt die Abstraktion zur Einordnung als spezielles Kettenwirkverfahren, für das das spezifische Merkmal das Durchstechen einer der Arbeitsstelle zugeführten Fläche (Schußfadenlagen, Gewirke,

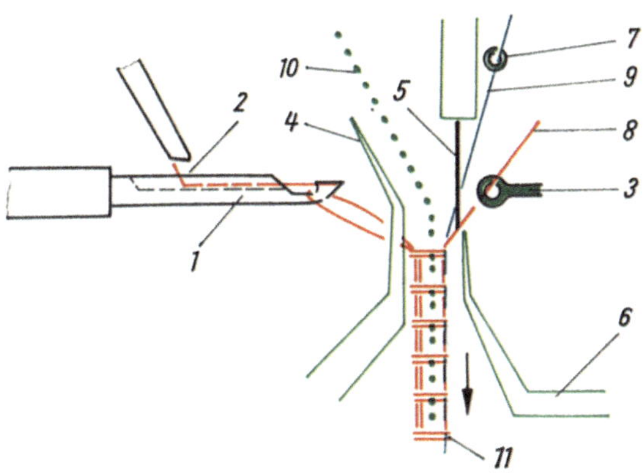

Bild 7/51. KW-„Malimo" I Arbeitsstelle

1 Schiebernadel; 2 Schließdraht; 3 Loch nadel; 4 Abschlagkamm; 5 Gegenhalterstift; 6 Gegenhalterschiene; 7 Fadenführer; 8 Kettfaden („Nähfaden"); 9 Stehschußfaden; 10 Schußfadenlage; 11 Fadenlagen-„Nähgewirke"

Vlies u.a.) ist. Darin besteht eine teilweise Analogie zum Nähen. Interessant ist der erfinderische Grundgedanke, mittels eines waagerecht angeordneten Schiebernadel-Schließdrahtsystems *1*, *2* eine vorgelegte Schußfadenschar (Fadenlagen) *10* zu durchstechen und so mit einem einzigen durch die Lochnadeln *3* zugeführten Kettfadensystem („Nähfadensystem") *8* bei wahlweiser Einarbeitung eines durch die Fadenführer *7* zugeführten *Stehschußfadensystems 9* eine vergleichbar höhere Stabilität des Flächengebildes zu erreichen

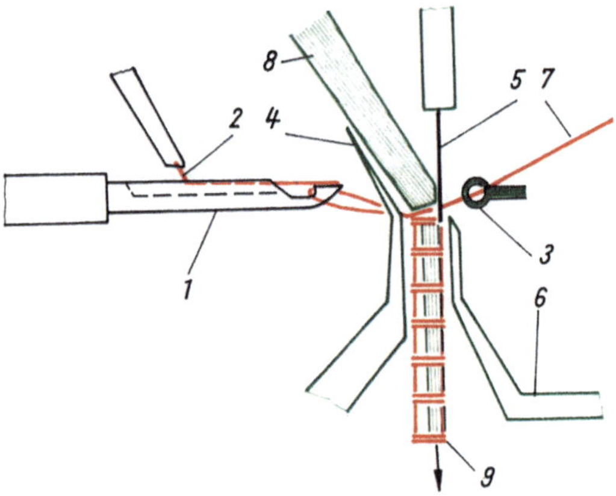

Bild 7/52. KW-„Maliwatt" I, Arbeitsstelle
7 Kettfaden („Nähfaden"); 8 Vlies;
9 Vlies „Nähgewirke" (fadenarm)

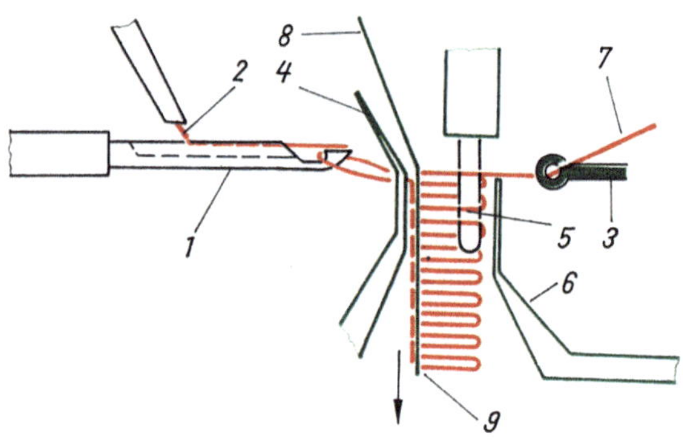

Bild 7/53. KW-„Malipol" I, Arbeitsstelle
5 Polplatine; 8 Grundflächengebilde

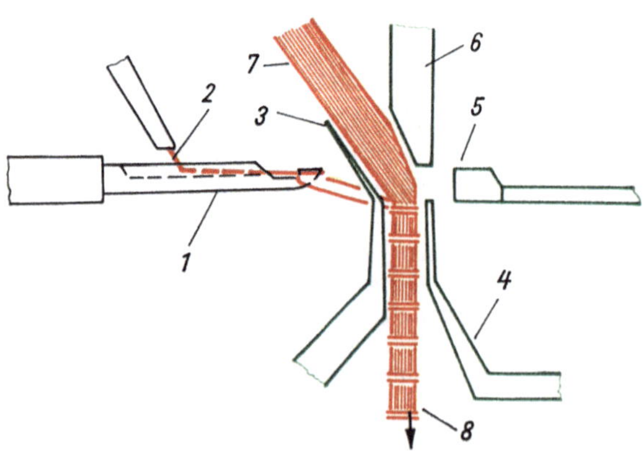

Bild 7/54. KW-„Malivlies", Arbeitsstelle
3 Abschlagkamm; 4 Gegenhalterschiene;
5 Einlegeplatine; 6 Gegenhalterschiene;
7 Vlies; 8 „Nähwirk"-Vliesstoff (fadenlos)

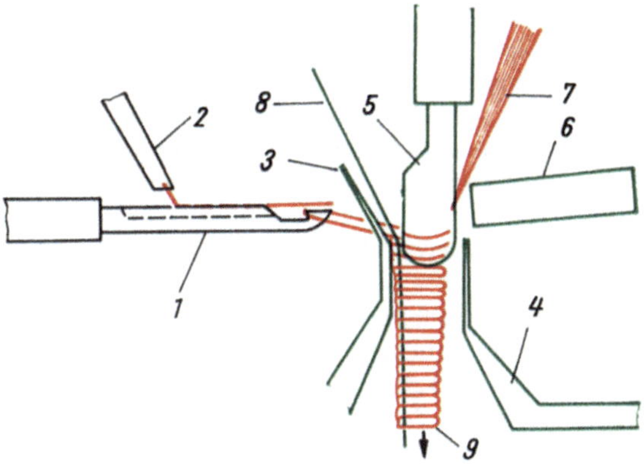

Bild 7/55. KW-„Voltex“, Arbeitsstelle
5 Polplatine; 6 Vorrichtung zur Vliesvorlage; 7 Vlies; 8 Flächengebilde („Grundware“); 9 Polvlies-„Nähgewirke“

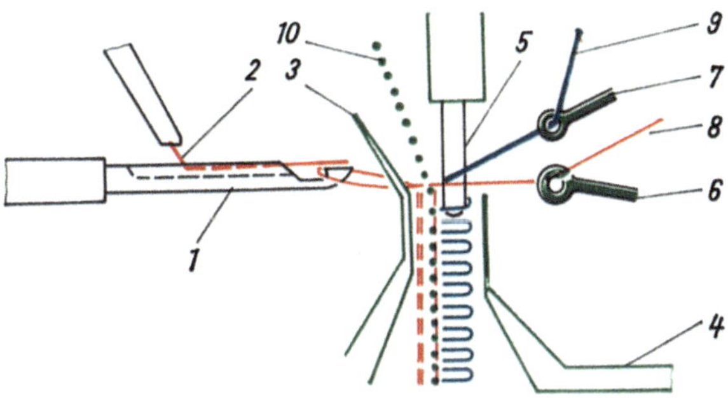

Bild 7/56. KW-„Malimo Schußpol“, Arbeitsstelle
5 Polplatine: 6, 7 Lochnadel: 8 Kettfaden („Nähfaden“); 9 Polfaden; 10 Schußfadenlage

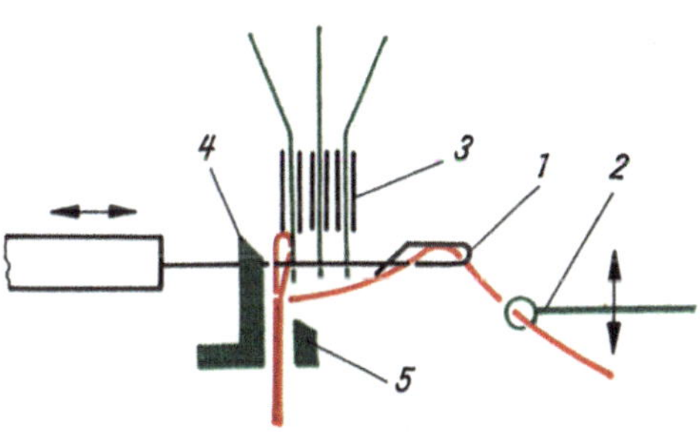

Bild 7/57. KW-Häkelgalon Arbeitsstelle
1 Schleifennadel; 2 Lochnadel; 3 Fadenführer; 4 Abschlagbarre; 5 Gegenhalterschiene

als mit einem „normalen“ Kettengewirke auf der Basis der einfachsten, eine Fläche bildenden Legung RL-Trikot. Alle weiteren Varianten bauen auf dem in Bild 7/51 gezeigten Ausgangsprinzip „Malimo“ auf. Dabei ist es in der Abstraktion gleichwertig, ob anstelle einer Schußfadenschar *10*, ein Vlies (Bilder 7/52 und 7/54) oder ein anderes Flächengebilde (Bilder 7/53, 7/55) durchstochen wird. Für die praktische Anwendung ergeben sich hingegen mannigfaltige Einsatzmöglichkeiten, deren Grenzen noch nicht voll abzusehen sind.

Bild 7/57 zeigt die dem Nähwirken analoge Anordnung der Arbeitsorgane bei der Kettenwirkvariante der *Häkelgalontechnik*. Die *Schleifennadel 1* ermöglicht nur das Einlegen eines Kettfadens mit gleicher Überlegungsrichtung durch die Lochnadel *2*, die um die Schleifennadel (auch als Karabinernadel bezeichnet) eine kreisende Bewegung ausführt. Auch andere Nadelkonstruktionen finden für die Häkelgalontechnik Anwendung. Die *Teilschußfäden* werden in Fadenführern *3* geführt und in der Abschlagposition der Nadelbarre unter die Ebene der Schleifennadeln *1* gedrückt. Die Fadenführer *3* können mustergemäß gesteuert werden (Haupteinsatzgebiet: *Posamenten*). Die Abschlagbarre *4* und die Gegenhalterschiene *5* sind hier ebenso zum Abschlagen bzw. Einstreichen notwendig, wie die vergleichbaren Bauelemente an Raschel- und Nähwirkmaschinen.

Für die Häkelgalontechnik muß als wesentliches, den Gebrauchswert des Finalerzeugnisses beeinflussendes Merkmal folgendes hervorgehoben werden. Ebenso wie bei den meisten Nähwirkverfahren wird nur die Legung *RL*-Franse gebildet. Damit entsteht keine Fläche, sondern einander nicht berührende, parallele Maschenstäbchen. Die Verbindung dieser Maschenstäbchen zur Fläche wird durch Teilschußfäden hergestellt, die über zwei oder mehr Nadelteilungen reichen. Jeweils zwei nebeneinanderliegende Teilschußfadensysteme überlappen sich auf der Linie eines Maschenstäbchens und werden durch dieses miteinander verbunden. Entsteht im Gebrauch in diesem Maschenstäbchen ein Fadenbruch der zur Laufstelle führt, ist das Erzeugnis entlang dieser Laufstelle aufgetrennt.

Aus dem Häkelgalonverfahren entwickelte sich die *Liropoltechnik*, die unter Hinzufügen von zwei weiteren Fadensystemen die Herstellung von zweiseitigen Polkettengewirken *(„Frottiergewirke“)* sowie Wirkteppichen gestattet.

An die Festigkeit des Kettfadensystems für die

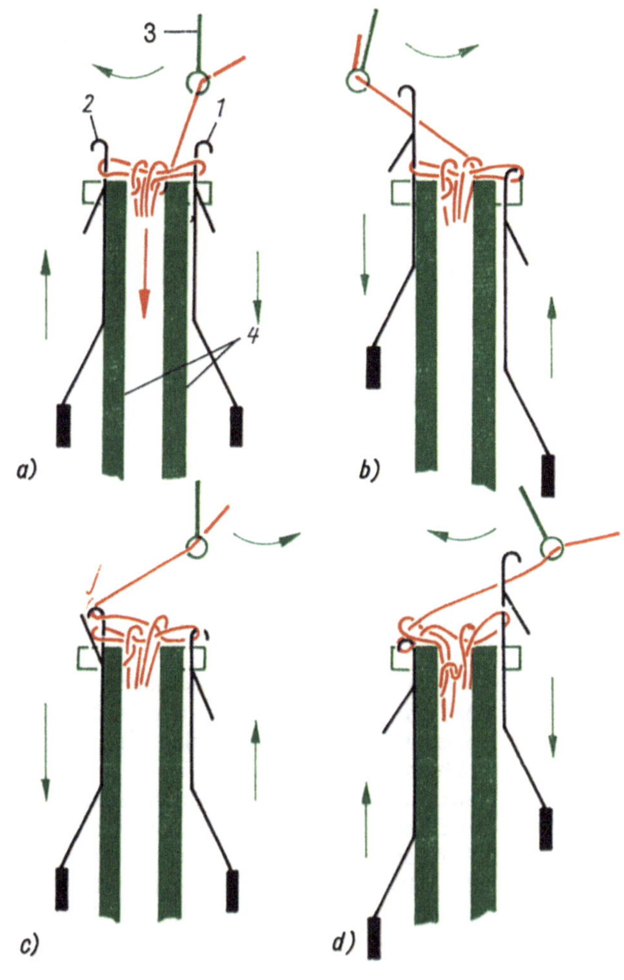

Bild 7/58. KW(RR)-Arbeitsstelle mit Zungennadel

1 vordere Zungennadelbarre; 2 hintere Zungennadelbarre; 3 Legeschiene; 4 Fräsblech

Maschenbildung werden hohe Anforderungen gestellt, um die gewünschte Dichte und Einbindungsfestigkeit für die Polfäden zu erreichen und zum anderen die Gefahr des Fadenbruches im Gebrauch der Erzeugnisse zu mindern.

Für das Kettenwirken besitzt die Rechts/Links-Grundbindung die dominierende Bedeutung. Lediglich für Kettenwirkmaschinen mit Zungennadeln (Raschelmaschinen) konnten bisher auch hochproduktive Verfahrensvarianten auf der Grundlage des *Rechts/Rechts-Kettenwirkens* entwickelt werden. Der Hauptgrund ist in diesem Falle das durch die Halbmasche selbst ausgelöste Brückebilden der Zungennadel, wodurch weitere Arbeitsorgane außer den Lochnadeln nicht erforderlich sind. Die Anzahl der Antriebe für die Bewegung der Arbeitsorgane ist hier somit am geringsten, die Maschenbildung am unkompliziertesten. Bild 7/58 gibt die Arbeitsstelle einer *Rechts/Rechts-Raschelmaschine* im Prinzip wieder. Zwischen den beiden Zungennadelsystemen *1* und *2* wird von den Legeschienen *3* die Unterlegung durchgeführt; das Durchschwingen und Überlegen erfolgt nun wechselweise für beide Zungennadelsysteme. Eine *RR*-Reihe entsteht damit in zwei Arbeitsphasen eines Maschenbildungszyklus nacheinander durch die Abschlagfolge der beiden Nadelbarren. Das Rechts/Rechts-Kettenwirken wird zum Teil zur Erzeugung obertrikotagenähnlicher Maschenwaren angewendet, wobei der Atlaslegung eine besondere Bedeutung zukommt. Auf derartigen Raschelmaschinen können aber auch durch einfache legungstechnische Mittel schlauchartige Flächengebilde hergestellt werden. Es werden zwei Rechts/Links-Kettengewirke auf den beiden Nadelbarren gearbeitet, die an den Rändern (oder an einem Rand) und nach einer bestimmten hergestellten Länge in MR-Richtung miteinander verbunden werden. Diese Verfahrensvarianten werden im Bereich der technischen Textilien für *Verpackungssäcke*, z. B. aus Folienbändchen, in wachsendem Umfange angewendet. Weiter sind gemusterte Strumpfhosen zu nennen sowie Damenslips und die Fertigung von Taschenfutter für OB-Erzeugnisse. Das Bild 7/58 läßt die Einfachheit und Übersichtlichkeit an der Arbeitsstelle erkennen. Demgegenüber sind bei Verwendung von Spitzennadeln, wie sie das unbedeutend gebliebene *RR*-Kettenwirkverfahren *„Simplex"* vorsieht, zur Durchführung der Maschenbildung für jede Nadelbarre eine Preßschiene und eine Platinenbarre sowie deren zugehörige Antriebe erforderlich.

Der Antrieb der Arbeitsorgane erfolgt in Abhängigkeit von den praktisch erreichbaren Arbeitsgeschwindigkeiten durch Kurbelmechanismen oder auch noch Kurvenmechanismen. Überschläglich gilt, daß Kurvenmechanismen, in der Präzisionsausführung als *Ringkurven* mit zwangsgeführten Laufrollen, bis etwa 500 U/min einsetzbar sind.

Wie bereits ausgeführt wurde, ist die Arbeitsgeschwindigkeit beim Kettenwirken wesentlich abhängig von der Anzahl der zu verarbeitenden Grund- und Musterfadensysteme, da diese die Anzahl der Legeschienen und damit die Größe des Gesamtschwingweges bestimmen. Als Antriebe werden im allgemeinen Kurbelmechanismen eingesetzt (s. Kenndaten Abschnitt 12.), da die Arbeitsgeschwindigkeiten wesentlich über 500 U/min liegen können.

In den Bildern 7/59 und 7/60 sind Beispiele für Kurbelmechanismen zum Antrieb der Schiebernadel- und der Schließdrahtbarre darge-

Bild 7/59. KW-Kurbelmechanismus für Schiebernadelbewegung

stellt. Zur Verwirklichung des technologisch bedingten s-φ-Verlaufes sind mitunter zwei Hauptwellen erforderlich, wie es auch aus Bild 7/60 hervorgeht. Die Bilder 7/61 und 7/62

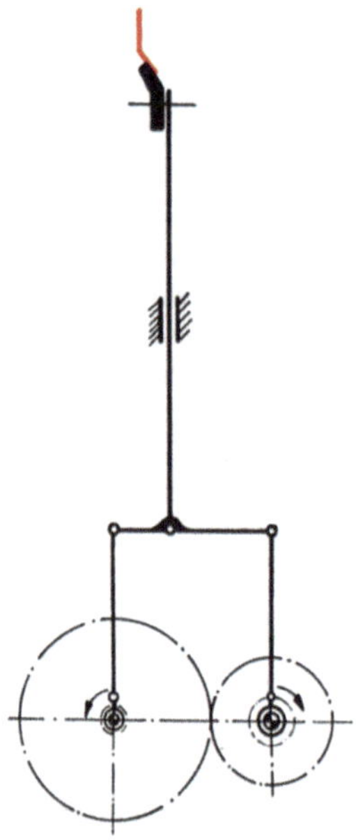

Bild 7/60. KW-Kurbelmechanismus für Schließdrahtbewegung

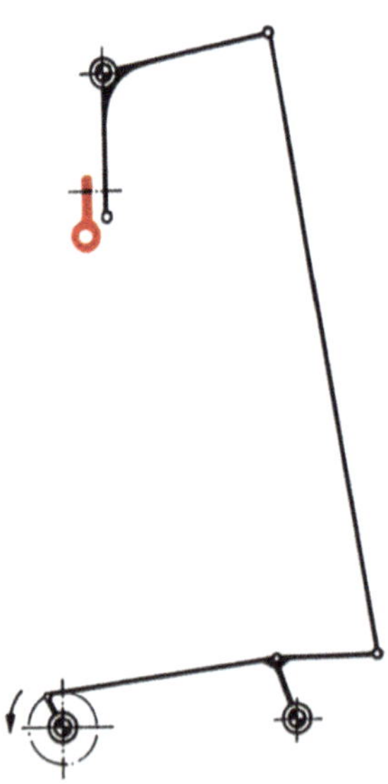

Bild 7/61. KW-Kurbelmechanismus für Legeschienen-Schwingbewegung

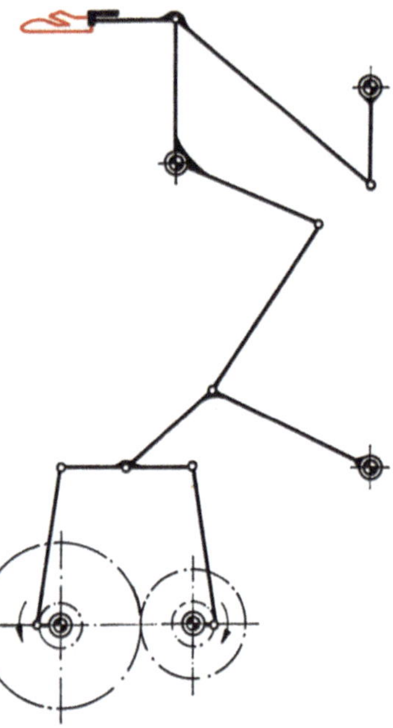

Bild 7/62. KW-Kurbelmechanismus für Platinenbewegung

zeigen Beispiele für die Realisierung der Legeschienenschwingbewegung und der Platinenbewegung.

Die Legeschienen führen außer der Schwingbewegung eine legungs- bzw. mustergemäße (programmierte) *Versatzbewegung* aus. Diese Versatzbewegung wird kraftschlüssig durch Abtasten von *Musterrädern* (Bild 7/63) oder *Kettengliedern* auf die Legeschienen übertragen. Während die Musterräder auf Grund ihres begrenzten Umfanges nur für kleine Rapporte einsetzbar sind, werden die Kettenglieder vorzugsweise für große Rapporte verwendet, da sie sich zu Musterketten von theoretisch beliebiger Länge zusammensetzen lassen. Bild 7/63 zeigt, in welcher Weise die Oberfläche des Musterrades den Versatz auf die Legeschiene überträgt. Für eine Maschenreihe wird beispielsweise ein Winkelbetrag von 60° des Musterrades benötigt. Für die Überlegung *2* werden hiervon 6°, für die Unterlegung *1* dagegen 12° vorgesehen. Entsprechend des Zeitanteiles der anderen Arbeitstakte während eines Maschenbildungsvorganges betragen die Anteile für das Zurückschwingen *3*

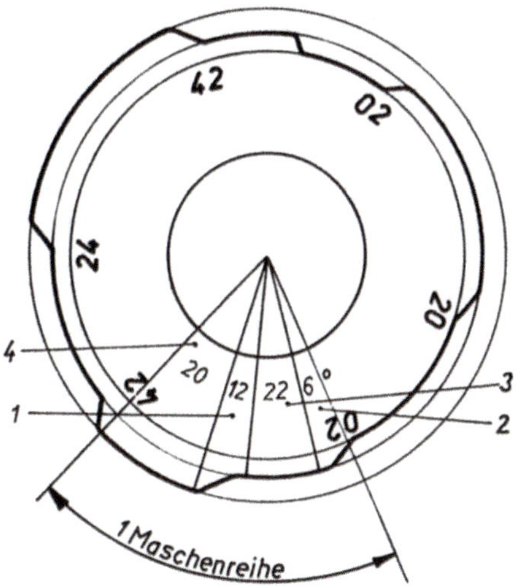

Bild 7/63. KW-Musterrad
1 Unterlegung; 2 Überlegung; 3 Zurückschwingen; 4 Durchschwingen

und das Durchschwingen *4* insgesamt 42°. Aus den Relationen wird deutlich, daß die Versatzbeschleunigung für die Legeschiene sehr hoch ist und trotz des sinoidalen Schliffes der Musterradoberfläche zu stoßartigen Erschütterungen der Kettenwirkmaschine führt. Um die Massenkräfte möglichst niedrig zu halten – die Legeschienen werden durch Federsysteme an das Musterrad gepreßt – gehen alle Bemühungen dahin, durch geeignete Werkstoffe und Konstruktion die Legeschienenmasse je Bezugslänge weiter zu reduzieren. Bild 7/64 gibt im Prinzip die direkte Abtastung der Legeschienen wieder. Vom Musterrad *1* über die Laufrolle *2* und die Legeschienenschubstange *3* erhält die Legeschiene *4* gegen die Kraft der Feder *5* ihre Versatzbewegung. Die für den Legeschienenversatz geltenden Bedingungen, insbesondere die bei den geringen Versatzzeiten (zwischen 5 ms und 20 ms) entstehenden hohen *Versatzkräfte* und die in Abhängigkeit der Maschinenfeinheit zu garantierende Versatzgenauigkeit, haben zur Folge, daß es bisher noch kein praktisch realisiertes Verfahren gibt, welches die mechanische Abtastung des Musterprogrammes von Musterrädern oder Kettengliedern umgeht. Das Musterrad in Bild 7/63 zeigt als Beispiel eine Ausführung, mit der das Herstellen von Tüllegungen auf Raschelmaschinen möglich ist (die Legungszahlen 02/42/24/42/02/20 ergeben eine versetzte Fransenlegung; der Versatzschritt 02 bedeutet eine Nadelteilung; beim *RL*-Kettenwirken mit Spitzen- oder Schiebernadeln werden die Versatzschritte ohne den Faktor 2 also 01/21 usw. gezählt).

Das Zusammenwirken aller an der Maschenbildung beteiligten Arbeitsorgane läßt sich auch hier wieder am besten an Hand der s-φ-Diagramme verdeutlichen. Für jede Verfahrensvariante ergeben sich spezifische Bewegungsdiagramme. Außerdem sind Rückschlüsse im Hinblick auf konstruktive Reserven bzw. auf die gewählten Kurbelmechanismen möglich. Das s-φ-Diagramm einer Kettenwirkmaschine mit Spitzennadeln zeigt das Bild 7/65. Durch die Verwendung von Spitzennadeln ergibt sich der komplizierte s-φ-Verlauf für die Nadelbarre mit dem charakteristischen Ausholen zwischen 160° und 210° Kurbelwinkelstellung. Darüber hinaus ist dem Diagramm u.a. zu entnehmen, daß für das Überlegen eine geringere Versatzdauer erforderlich ist (etwa 20° bis 30° des Kurbelwinkels) als für die in Abhängigkeit der Legung teilweise unter *2*, *3* und mehr Nadeln erfolgende Unterlegung, die nach Bild 7/65 prinzipiell im Zeitraum von etwa 200° bis 45° möglich wäre. Eine derartige Relation ist für die Gestaltung der bereits erwähnten maschinendynamischen Verhält-

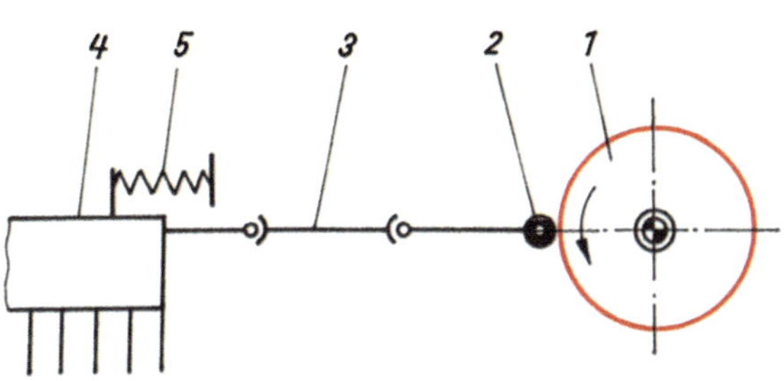

Bild 7/64. KW-Legeschienen-Versatzvorrichtung - Direkte Abtastung
1 Musterrad; 2 Laufrolle; 3 Schubstange; 4 Legeschiene; 5 Feder

nisse beim Versatz bewußt gewählt. Der größte Hub wird im vorliegenden Beispiel von der Presse realisiert. Die harmonische Gestaltung des s-φ-Verlaufes bringt aber nicht durch die Presse die höchste Beschleunigung, sondern diese wird voraussichtlich durch die Nadelbarre hervorgerufen. In Bild 7/66 wird die Bewegung der Arbeitsorgane unter Verwendung von Schiebernadeln mit Schließdrähten dargestellt. Die absoluten Hübe lassen sich im Vergleich zur Maschenbildung mit Spitzennadeln auf Grund des kurzen Arbeitsraumes der Schiebernadeln wesentlich reduzieren. Die s-φ-Verläufe sind harmonisch, ein Vorzeichen für hohe Arbeitsgeschwindigkeiten bei günstigen Beschleunigungsverhältnissen im Arbeitsstellenbereich. Es sei hier angeführt, daß die Kettenwirkmaschinen dynamisch ausgewuchtet werden müssen, um die Laufruhe bei den gegenwärtig erreichten Arbeitsgeschwindig-

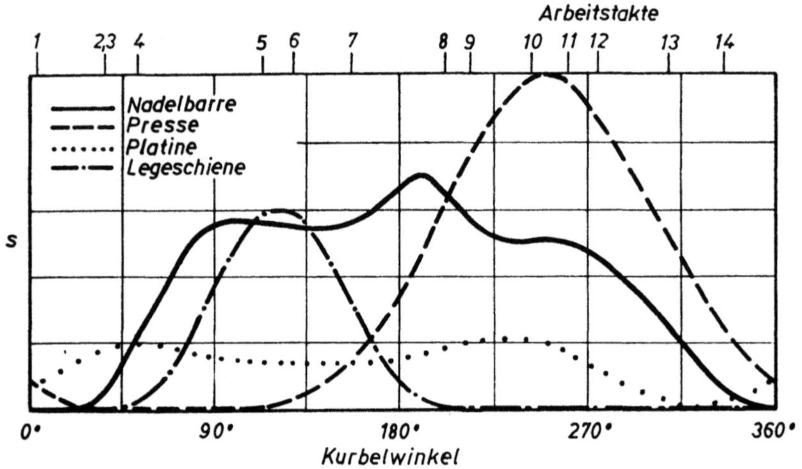

Bild 7/65. KW-Bewegungsdiagramm der Arbeitsorgane
Maschenbildung durch Spitzennadeln

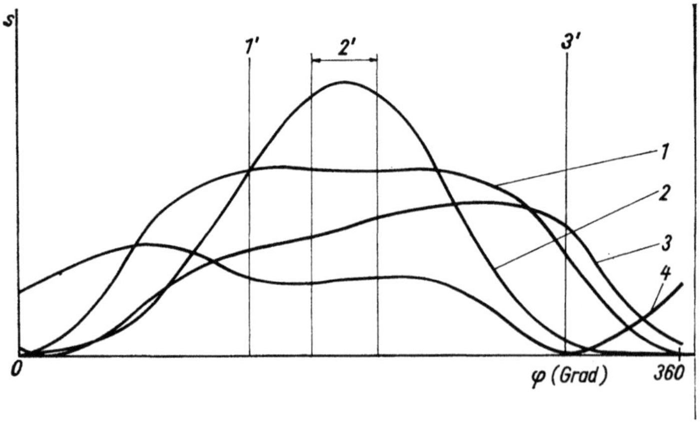

Bild 7/66. KW-Bewegungsdiagramm der Arbeitsorgane
1 Schiebernadelbewegung; 2 Legeschienenschwingbewegung; 3 Schließdrahtbewegung; 4 Einschließ- und Abschlagplatinenbewegung 1' Ende des Einstreichens; 2' Phase der Überlegung; 3' Schließen der Schiebernadel, Ende des Ausschließens

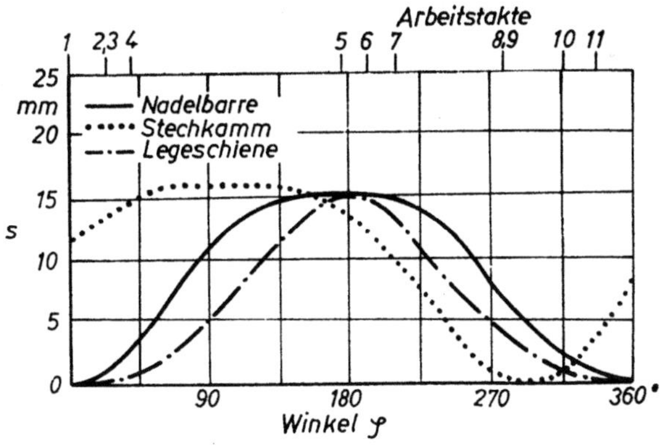

Bild 7/67. KW-Bewegungsdiagramm der Arbeitsorgane Maschenbildung durch Zungennadeln

keiten zu garantieren. Das s-φ-Diagramm einer Raschelmaschine für hohe Arbeitsgeschwindigkeiten – die absoluten Hübe sind für alle Arbeitsorgane annähernd gleich – zeigt Bild 7/67. So wie aus Bild 7/66 ist auch aus diesem Diagramm abzuleiten, daß nur wenige Legeschienen vorhanden sind. Das Beispiel entstammt einer Raschelmaschine mit vier Legeschienen zur Herstellung von Miederwarenstoffen aus Elastomerfäden. Mit jeder weiteren Legeschiene nimmt der Hub dieses Arbeitsorganes zu, wird damit größer als die Hübe der anderen und erzwingt das bereits erörterte Abfallen der Arbeitsgeschwindigkeit, zumal in beiden Beispielen die Beschleunigungsspitzen durch die Legeschienenschwingbewegung festgelegt werden.

Für die weitere Entwicklung kann allgemein eingeschätzt werden, daß die zweilegeschienigen Kettenwirkmaschinen den Grenzbereich der praktischen Arbeitsgeschwindigkeiten erreicht haben, wobei die Lärmentwicklung einen wesentlichen Faktor hierfür darstellt. Bei mehr- und viellegeschienigen Kettenwirkmaschinen ist mit weiteren Leistungssteigerungen zu rechnen, wobei aber auch durch größere Unterlegungen die Fadenbruchhäufigkeit steigt.

8. Funktionsgruppen zur Fadenzuführung

8.1. Grundlagen der Fadenzuführung

Die Fadenzuführung umfaßt im weitesten Sinne die Gestaltung des Stoffflusses („Fadenweges") vom jeweiligen Ablaufkörper bis zu einer Arbeitsstelle der Wirk- oder Strickmaschine. Dabei sind folgende technologische Aufgaben zu erfüllen:

1. *Fadenabzug* vom Ablaufkörper und Bereitstellung des Fadens an der Arbeitsstelle mit der für die Maschenbildung erforderlichen Fadenlänge
durch die Arbeitsorgane selbst,
durch Funktionsgruppen für die Durchführung von Fadenabzug und Fadenzuführung.
2. *Fadenleitung*, d.h. Gestaltung des *Fadenlaufes* über *Fadenleit-* bzw. *-führungsorgane* (Fadenleitösen, -ringe, -drähte, Umlenkstangen, -stäbe, Fadenführer).
3. *Fadenkontrolle* auf äußere Fadenungleichmäßigkeiten (Knoten, Dickstellen, Fremdkörper), Fadenbruch sowie auf fehlenden Faden.
4. Erteilung einer optimalen, möglichst konstanten *Fadenzugkraft.*

Während die Aufgaben 1. bis 3. allein durch konstruktive, steuerungs- und regelungstechnische Mittel gelöst werden, ist die Erfüllung der vierten Aufgabe an wesentliche Randbedingungen gebunden:
Die Fadenzugkraft ist eine Funktion der *Reibungsverhältnisse* zwischen textilem Faden und nichttextilem *Reibkörper* (z.B. Fadenleitorgan). Bei der Verarbeitung von Fäden tritt eine differenzierte *Mischreibung* (gleichzeitiges Wirken von Festkörperreibung und Flüssigkeitsreibung) auf. Die Komponente der Flüssigkeitsreibung ist klimaabhängig, beeinflußt die *Reibungskennzahl* μ und damit die Fadenzugkraft nach einem Reibkörper. Daraus ist als erste Randbedingung die Einhaltung eines weitgehend konstanten Verarbeitungsklimas abzuleiten. Als zweite Randbedingung ist zu fordern, daß die Ablaufkörper durch eine technologisch einwandfreie *Präparation* (Avivage) bei ihrer Herstellung und eine funktionsgerechte Lagerung, unter Beachtung der klima-

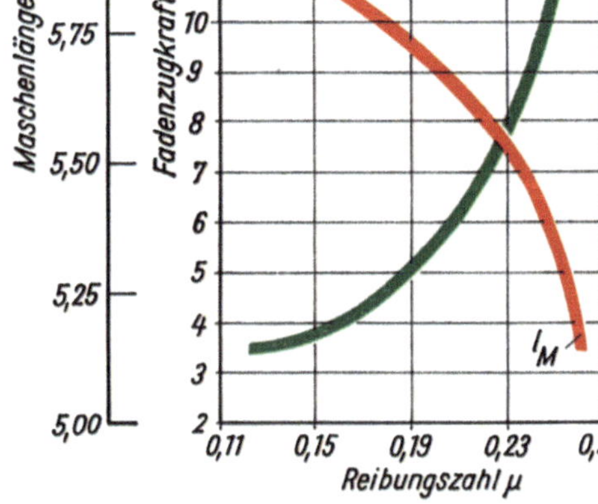

Bild 8/1. Fadenzugkraft und Maschenlänge als Funktion der Reibungskennzahl

tischen Forderungen vor der Verarbeitung, für die Fäden konstante *Haft-/Gleiteigenschaften* über die gesamte Abarbeitungsdauer garantieren.

Das Bild 8/1 zeigt an einem Beispiel die Auswirkung unterschiedlicher Reibungskennzahlen μ auf die Fadenzugkraft F_F und die damit entstehende Maschenlänge l_M in der Maschenware bei konstanter Maschineneinstellung. Die Abweichungen der Maschenlänge l_M können die unterschiedlichsten Qualitätsmängel verursachen (z. B. *Größenschwankungen* von Obertrikotagenteilen oder Ringligkeit).

Einen entscheidenden Einfluß auf die Reibungskennzahl hat auch die Oberflächenbeschaffenheit der Reibkörper. Für die Verarbeitung von Chemieseiden sind Oberflächen mit vorwiegend quer zur Fadengleitrichtung verlaufenden oder sich kreuzenden Bearbeitungsspuren und völlig unregelmäßigen Oberflächenprofilen, die von Sinter- und Aufdampfprozessen herrühren, zu bevorzugen.

Die technische Realisierung der vier technologischen Aufgaben für die Fadenzuführung ist von der Art der Fadenverarbeitung abhängig. Bei *Querfadenverarbeitung* ist zu differenzieren zwischen

unstetigem Fadenverbrauch durch intermittierende Maschenbildung (Flachstricken und Flachkulierwirken) und
stetigem Fadenverbrauch durch kontinuierliche Maschenbildung (Rundstricken, Rundkulierwirken).

Während der Maschenbildung treten dabei hohe *Fadenverarbeitungsgeschwindigkeiten* auf (im allgemeinen zwischen 100 m/min und 200 m/min); die Fadenzugkraft wird so gering wie technologisch nur möglich gehalten.

Bei *Längsfadenverarbeitung* ist aufgrund der hohen Arbeitsgeschwindigkeiten ein quasikontinuierlicher Fadenablauf bei kontinuierlicher Maschenbildung kennzeichnend (Kettenwirken). Die Fadenverarbeitungsgeschwindigkeiten sind – bezogen auf einen Faden – wesentlich niedriger (im Bereich bis etwa 10 m/min); der Fadenzugkraft kommt die Bedeutung einer variablen technologischen Kenngröße für die Konstruktion (Maschendichte) der Kettengewirke zu.

8.2. Fadenzuführung bei Querfadenverarbeitung

Ablaufkörper

Bei Verarbeitung der Fäden in Maschenreihenrichtung kommen vorzugsweise konische und bikonische *Kreuzspulen* als Ablaufkörper zum Einsatz. Neben Kreuzspulen werden teilweise noch Flaschenspulen (für die Verarbeitung umgespulter Restmengen), *Reckzwirnspulen* (auch mit teilgereckter Seide) und zylindrische Spulen (für Elastomerfäden) eingesetzt. Teilweise werden wegen ihrer großen Lauflänge auch *Raketenspulen* genutzt *(FKW, KRS)*.

Die Ablaufkörper sind bei den flachen Strick- und Kulierwirkmaschinen hinter den Arbeitsstellen auf *Spulenbrettern* bzw. *-gestellen* angeordnet. In ähnlicher Weise erfolgt die Anordnung an Kleinrundstrickmaschinen. Bei den Großrundstrickmaschinen werden sie entweder auf einem *Spulenständerkranz* kreisförmig über dem Maschinengestell angeordnet oder auf *Gatter* aufgesteckt, die neben der Maschine bzw. teilkreisförmig um die Maschine aufgestellt sind. Die Verwendung von Gattern ist noch selten anzutreffen, obwohl sich hiermit bei annähernd gleichem Platzbedarf wichtige Vorteile, wie die Reservespulenaufsteckung, die Mechanisierung des Spulentransportes und erleichterte Arbeitsbedingungen (Ablaufkörperwechsel), ergeben. Einige Konstruktionen verwirklichen das Prinzip der rotierenden schloßteiltragenden Bauteile (z. B. Großrundstrickmaschinen in

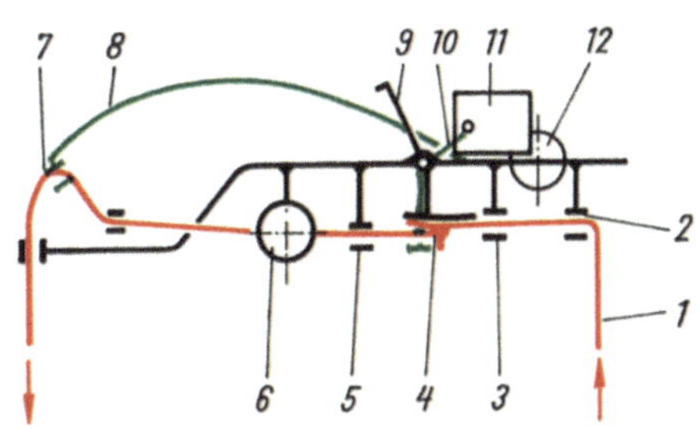

Bild 8/2. FS-Fadenleit- und -kontrollvorrichtung
1 Faden; 2, 3, 5 Öse; 4 Hebel und Fadenleitblech; 6 Fadenbremse; 7 Öse; 8 Fadenspanner; 9 Begrenzungshebel; 10 Hebel; 11 Knotenmeldevorrichtung; 12 Rändelmutter

Leibweitendurchmesser für abgepaßte Gestricklängen). In diesen Fällen bilden Ablaufkörper, Fadenleitvorrichtung und Arbeitsstelle eine synchron umlaufende Einheit und schließen die Anwendung von Gattern aus. Analog ist die Wirkungsweise der Fadenzuführung bei den Flach-Rund-Strickmaschinen zu verstehen, bei denen die Schlitten mit den Spulen auf dem Oval der Nadelträger umlaufen.

Als wichtige Voraussetzungen für gute *Ablaufeigenschaften* sind von seiten der Ablaufkörper

ein einwandfreier Spulenaufbau einschließlich einer homogenen Materialdichte (Härte) und

eine gleichmäßige Präparation der Fäden

zu erfüllen. Durch Spulenteller, z.B. mit Schaumstoffeinlagen, wird das Abfallen der Fadenlagen verhindert, wozu synthetische Seiden neigen. Die Achse der Ablaufkörper ist möglichst auf die erste Fadenleitstelle auszurichten, um einen optimalen *Überkopfabzug* zu sichern.

Fadenleitung und -kontrolle

Die Aufgaben der Fadenleitung und -kontrolle werden, ausgehend von den beschriebenen geometrischen Anordnungsbedingungen der Ablaufkörper nach den in den Bildern 8/2 bis 8/6 dargestellten Prinzipien gelöst.

Bei den Flachstrickmaschinen (Bild 8/2) ist aufgrund der intermittierenden Maschenbildung und der translatorisch in wechselnder Richtung erfolgenden Fadenführerbewegung zu beachten, daß der Faden *1* zusätzlich die Öse *7* eines Fadenspanners *8* durchläuft. Dieser hat die Aufgabe der Zurücknahme des zuviel abgezogenen Fadens zwischen Umkehrstellung des Fadenführers und der ersten maschebildenden Nadel (Randnadel), um eine saubere *Randmaschenbildung* zu sichern.

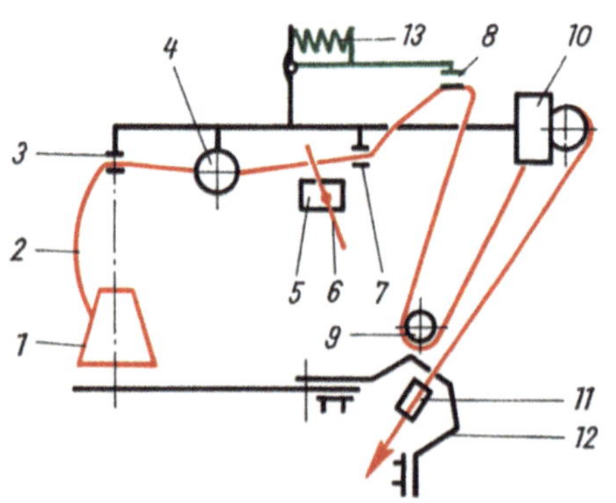

Bild 8/3. FRS-Fadenleit- und -kontrollvorrichtung

1 Spule; 2 Faden; 3 Umlenköse; 4 Fadenbremse; 5 Knotenmeldevorrichtung; 6 Hebel; 7, 8 Öse; 9 Umlenkrolle; 10 Zupfsicherung; 11 Fadenführer; 12 Schlitten; 13 Feder

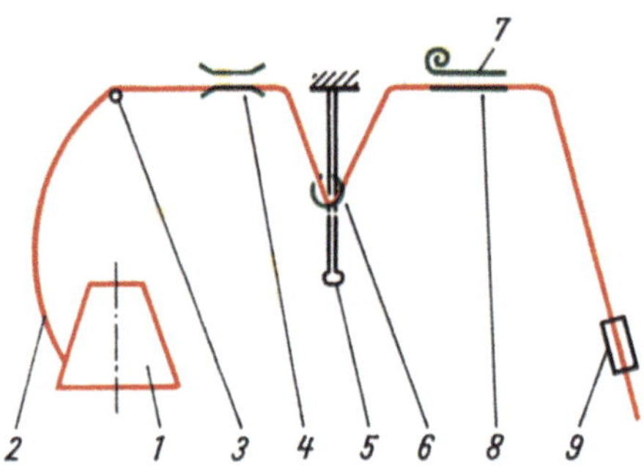

Bild 8/4. FKW-Fadenspannvorrichtung

1 Spule; 2 Faden; 3 Umlenkstange (Leitdraht); 4 Fadenbremse; 5 Nadel; 6 Fadenspannungsausgleich-Ring; 7 Feder; 8 Fadenspannerunterteil; 9 Fadenführer

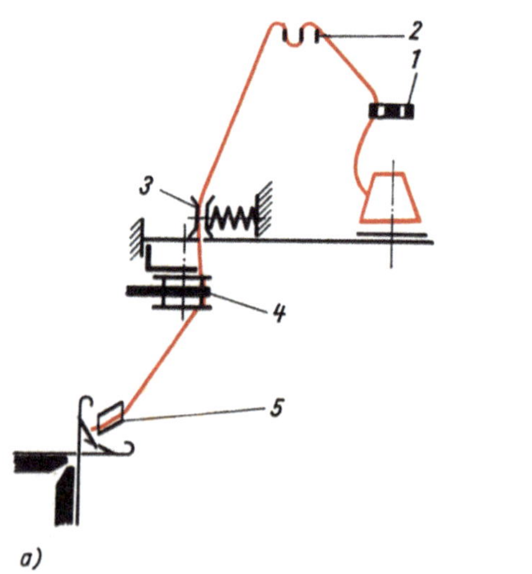

Bild 8/5a. GRS-Fadenzuführung, -führung und -kontrolle

1 Knotenfänger; 2 Kontrollorgan; 3 Fadenbremse; 4 Bandfadenzubringer-Vorrichtung; 5 Fadenführer

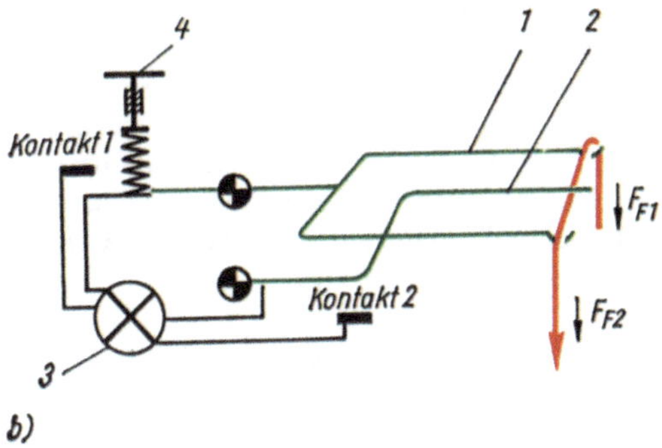

Bild 8/5b. RS-Fadenkontrollgerät
1 Fadenzugkraftbügel; 2 Fadenbruchbügel; 3 Anzeige; 4 Einstellfeder

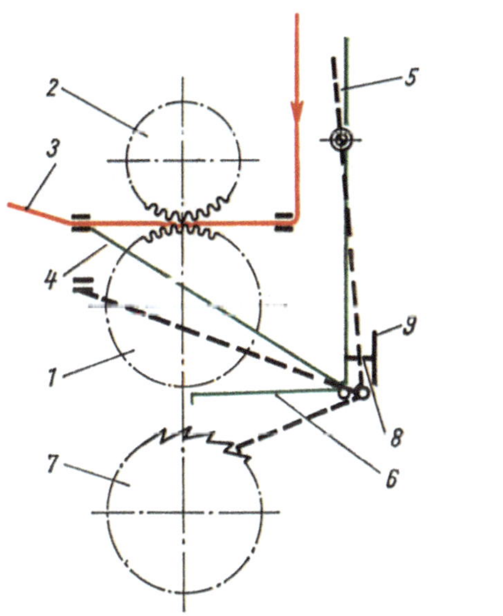

Bild 8/6. RKW-Abstellvorrichtung bei Fadenbruch
1 Zahnrad; 2 Zahnrad; 3 Faden; 4 Fadenwächterbügel; 5 Abstellträger; 6 Sperrfalle; 7 Sperrad; 8 Stift; 9 Abstellring

An Flachkulierwirkmaschinen (Bild 8/4) übernimmt der steuerbare Fadenspanner *7* und *8* das Festhalten des Fadens in der Umkehrstellung und die Zurücknahme der überflüssigen Fadenlänge. Durch Aufheben der Fadenbremswirkung setzt die Funktion des Fadenspannungsausgleichringes *6* ein.

Die Fadenkontrolle auf Knoten (in Bild 8/2 *4, 10, 11*, in Bild 8/3 *5, 6*) – einstellbar nach verarbeitbarer Knotengröße – entfällt bei den Handflachstrickmaschinen aus Effektivitätsgründen.

Die *Knotenkontrolle* führt bei entsprechender Grenzwertüberschreitung der Knotengröße zur Stillsetzung der Maschine oder – wenn steuerungstechnisch vorgesehen – zum Weiterlauf im Langsamgang. Bei abgelaufener Spule oder bei *Fadenbruch* wird an Flachstrickmaschinen (Bild 8/2) die Abstellung über den Fadenspanner *8* erreicht, der gegen den ebenfalls mit Hebel *10* verbundenen Begrenzungshebel *9* stößt. An den Flach-Rund-Strickmaschinen (Bild 8/3) übernimmt die Funktion der *Fadenbruchkontrolle* gleichfalls die Vorrichtung *5*. Zusätzlich ist noch eine Zupfsicherung *10* vorhanden, die bei *Fadenlaufhemmung* in Tätigkeit tritt.

An Großrundstrickmaschinen (Bild 8/5*a*) durchläuft jeder Faden einen Knotenfänger *1* und ein Kontrollorgan *2*. Bei eintretender Fadenlaufhemmung führt die ansteigende Fadenzugkraft nach Überschreiten eines Schwellwertes zu einem Schaltimpuls, der die Momentabstellung der Maschine auslöst. Der Faden wird außerdem möglichst nahe vor dem Fadenführer *5* auf Fadenbruch kontrolliert. Die entsprechenden Vorrichtungen garantieren bei mechanischer Abtastung des Fadens die sofortige Unterbrechung des Maschinenlaufes durch elektrische Signalübermittlung.

Das Wirkungsprinzip eines kombinierten Kontrollgerätes auf Fadenzugkraft und Fadenbruch zeigt Bild 8/5*b*. Ein Anstieg der Fadenzugkraft F_F über den eingestellten oberen Grenzwert führt ebenso zur *Sofortabstellung* der Rundstrickmaschine (Kontakt *1*) wie ein Fadenbruch (Kontakt *2*), wobei in beiden Fällen eine optische Anzeige *3* der Arbeitskraft das schnelle Auffinden der Fehlerstelle ermöglicht.

Ein vollständig mechanisch wirkendes Steuerungsprinzip wird an den Rundkulierwirkmaschinen (Bild 8/6) aufgrund geringerer Anforderungen an die Reaktionsgeschwindigkeit angewendet. Der durch ein Zahnradpaar *1* und *2* zugeführte Faden *3* hält den Fadenwächterbügel *4* in der gezeichneten Lage. Bei Fadenbruch kippt dieser nach unten, schwenkt damit den Abstellträger *5* aus, bringt die Sperrfalle *6* in Wirkungsbereich des angetriebenen Sperrades 7 und führt über die mechanische Kraftverstärkung (*7–6–8–9*) zu einem Abstellhub des Abstellringes *9*. Gleichzeitig erfolgt eine mechanische Signalübermittlung an die Arbeitsstelle, um die Abschlagkurve zurückzuziehen und dadurch das Abwerfen der Halbmaschen auszuschließen.

Fadenzugkrafterteilung

Aus den Bildern 8/2 bis 8/5 ist zu erkennen, daß im Fadenlauf *Fadenbremsen* angeordnet sind. An den Flachstrickmaschinen (Bild 8/2) wird die Zugkraft des Fadens *1* dabei durch die Reibungskräfte an den Leit- und Kontrollstellen, die Einstellung der Fadenbremse *6* und die über eine Rändelmutter *12* einstellbare Spannwirkung des Fadenspanners *8* bestimmt. Ähnlich sind die Verhältnisse an den Flach-Rund-Strickmaschinen (Bild 8/3). Die Wirkung des Fadenspanners der Flachstrickmaschine übernimmt an den Flachkulierwirkmaschinen der Ausgleichring *6* (Bild 8/4), dessen Masse von der Fadenfeinheit abhängig ist.
Als Bremsen werden meist unmittelbar wirkende mechanische Bremsen (Tellerbremsen – vorzugsweise für synthetische Seiden, Filzreibungsbremsen mit Fadenreiniger – für Garne, Umschlingungsbremsen), bei Erfordernis mit empfindlichen Präzisionseinstellmöglichkeiten, eingesetzt.
Bild 8/7 zeigt eine *Fadenzugkraftregelung*. Das Prinzip besteht darin, daß über einen Meßwertgeber die Ist-Fadenzugkraft gemessen wird und nach Vergleich mit der Soll-Fadenzugkraft über die Funktionsgruppe Hubmagnet *1*, Anker *2* mit Hubgabel *3* die Regelung der Bremskraft der Tellerbremse *4* erfolgt. Dadurch werden Fadenzugkraftschwankungen, die z.B. auf Ungleichmäßigkeiten im Spulenaufbau oder der Präparation zurückzuführen sind, vor der Arbeitsstelle reduziert und Qualitätsverbesserungen (gleichmäßigeres Maschenbild, reduzierte Längendifferenzen von Gestrickteilen) erreicht.

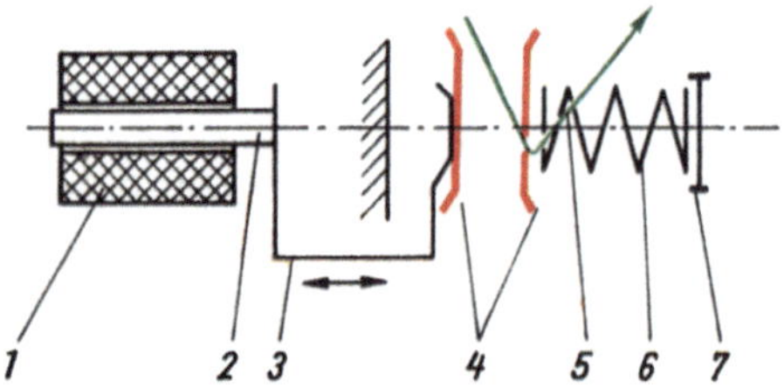

Bild 8/7. Fadenzugkraftregelung

1 Hubmagnet; 2 Anker; 3 Hubgabel; 4 Tellerbremse; 5 Faden; 6 Feder; 7 Stellschraube

Fadenabzug und -zuführung an die Arbeitsstelle

1. durch die Maschenbildungsorgane

Bei intermittierender Maschenbildung, also an allen flachen Strick- und Kulierwirkmaschinen, wird der Faden durch die Bewegung des Fadenführers den Maschenbildungsorganen einer Arbeitsstelle vorgelegt und im allgemeinen von diesen entsprechend der Kuliertiefe vom Ablaufkörper selbst abgezogen. Dabei wird der Faden bei jedem *Fadenführerhub* von $v_0 = 0$ m/s kurzzeitig bis zur maximalen Verarbeitungsgeschwindigkeit v_{max} beschleunigt. Der Fadenzugkraftanstieg wird durch die Wirkung der Fadenspanner ausgeglichen. Mit der Verarbeitung dehnungsempfindlicher Fäden (z.B. texturierte Seiden) steigen jedoch die Anforderungen an die Funktionstüchtigkeit der Fadenleit-, brems- und -kontrollorgane, da die Neigung zur Strickringligkeit (Abweichungen in der Maschengröße von Maschenreihe zu Maschenreihe) zunimmt. An Großrundstrickmaschinen, deren Fadenverbrauch an den verschiedenen Arbeitstellen in großen Grenzen ständig schwankt (z.B. bei der Herstellung von Jacquardbuntmusterungen oder Reliefmusterungen) und an Kleinrundstrickmaschinen ist teilweise noch das Prinzip des Abzuges durch die Maschenbildungsorgane anzutreffen.
Die Nachteile bei der Verarbeitung dehnungsempfindlicher Fäden führten bei Flach- und Großrundstrickmaschinen zur Entwicklung von *Zuführvorrichtungen* (Bilder 8/8, 8/9 und 8/11).

2. durch positiv wirkende Fadenzubringer

(Jeder Arbeitsstelle wird – unabhängig vom momentanen Fadenbedarf – eine konstante Fadenlänge/Zeiteinheit zugeführt.)
Die in Bild 8/8 gezeigte Zubringervorrichtung ist für Flachstrickmaschinen geeignet. Die Fadenzuführung erfolgt durch zwei Friktions-

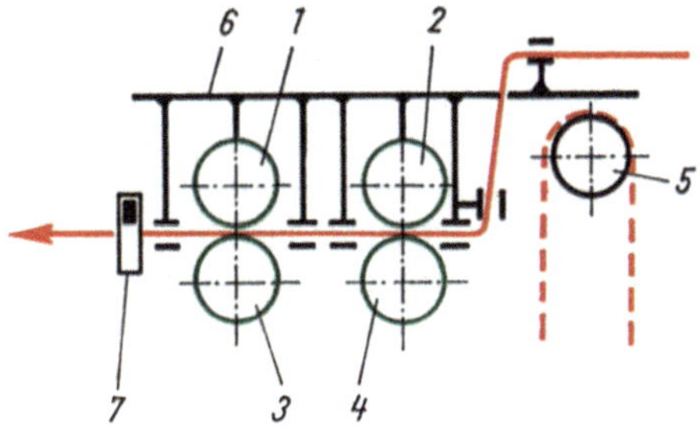

Bild 8/8. FS-Fadenzubringervorrichtung
1, 2 Treibrad; 3, 4 Friktionsrad; 5 Steuerkette; 6 Kettenschaltleiste; 7 Fadenwächter

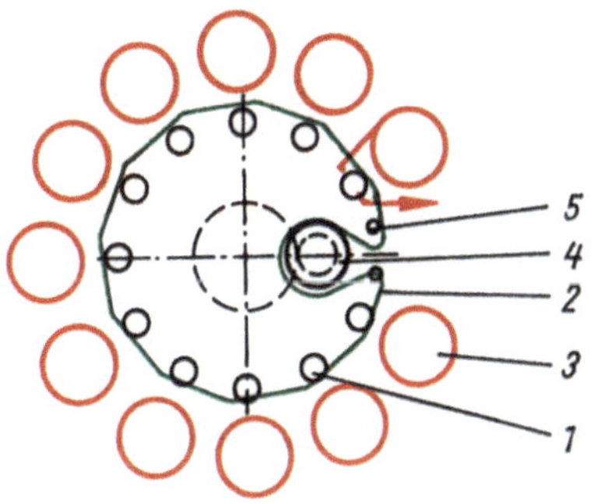

Bild 8/9. GRS-Positiv wirkender Bandfadenzubringer (Prinzip der Gesamtanlage)
1 Rolle; 2 Band; 3 Spule; 4 Antrieb; 5 Spannrolle

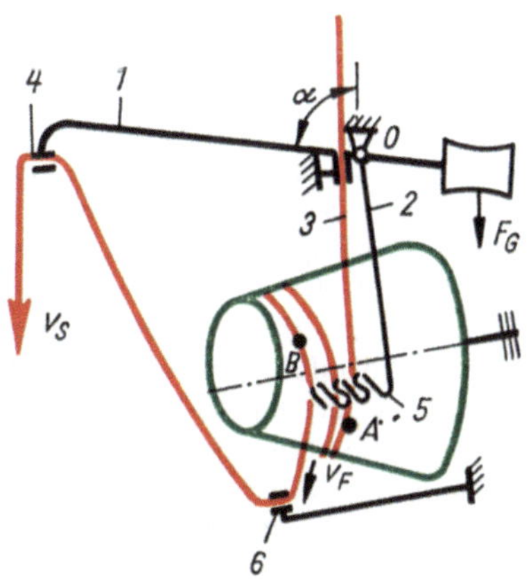

Bild 8/10. GRS-Negativ wirkender Friktionsfadenzubringer
1 Schwinghebel; 2 Hebelarm; 3 Faden; 4 Öse; 5 Führungskamm; 6 Hebel

räderpaare *1* bis *4*. Die Treibräder *1* und *2* haben verschiedene Durchmesser, da der Fadenbedarf von der Bewegungsrichtung des Fadenführers abhängt. Auf jeder Treibräderwelle befinden sich bis zu drei Treibräder mit verschiedenen Durchmessern. Beim Übergang zu einer anderen Bindung wird von der Steuerkette *5* die erforderliche Paarung Friktionsrad-Treibrad eingestellt. Die Fadenlieferung erfolgt synchron mit der Schlittenbewegung, da die Treibräder *1*, *2* über eine mit dem Schlitten verbundene Kette angetrieben werden. Die Grundeinstellung der Fadenzuführung (Maschenlänge) ist über ein Getriebe in mehreren Stufen möglich. Die Kettenschaltleiste *6* schaltet im Wechsel der Schlittenbewegung die Friktionsräder *3* und *4*. Fadenwächter *7* übernehmen die Fadenbruchkontrolle und die Momentabstellung der Maschinen.

Das Prinzip der positiven, für alle Arbeitsstellen einer Großrundstrickmaschine einheitlichen, Fadenzuführung zeigt Bild 8/9. Die Fäden werden durch Friktion zwischen Rolle *1* und Band *2* von den Spulen *3* abgezogen (s. Bild 8/5*a*). Die Bandgeschwindigkeit ist über den Antrieb *4* stufenlos regelbar; Spannrollen *5* sichern die notwendige Friktion. Die Anwendung von zwei *Bandfadenzubringern* zur Realisierung von zwei Zuführgeschwindigkeiten bei entsprechenden bindungstechnischen Anforderungen (z. B. für die Herstellung von *RR*- und *RL*-Reihen in einem Gestrick) ist möglich.

An Rundkulierwirkmaschinen haben sich positiv wirkende *Zahnradfadenzubringer* durchgesetzt (Bild 8/6). Diese können sowohl über eine Zentraleinstellung gemeinsam für alle Systeme als auch einzeln eingestellt werden.

3. durch negativ wirkende Fadenzubringer

(An jeder Arbeitsstelle ist die Fadenlänge bereitzustellen, die den momentanen Bedarf zur Maschenbildung deckt.)

Vorrichtungen dieser Gruppe stellen Regelungssysteme dar. Bindungsbedingte Änderungen des momentanen Fadenbedarfs führen zur Änderung der Zuführgeschwindigkeit.

Es kommen konische Zahnradfadenzubringer oder *Friktionsfadenzubringer* (Bild 8/10) zum Einsatz. Bei letzterem wird der Faden *3* durch Umschlingung des Kegels mitgenommen, wo-

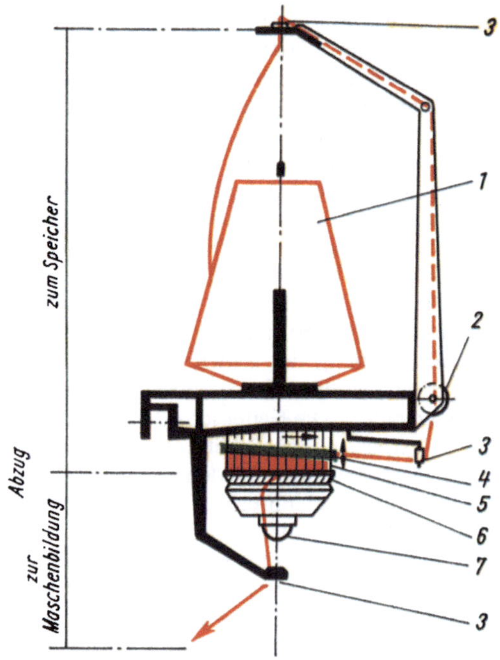

Bild 8/11. Speicher-Fadenzuführung
1 Spule; 2 Bremse; 3 Führungsöse; 4 Ring; 5 Speicher; 6 Lamellenring; 7 Lampe

bei sich die zwischen dem Haftpunkt *A* und der Spule auftretenden Fadendehnungs- und -zugkraftschwankungen abbauen und nicht weiter zur Arbeitsstelle fortpflanzen können. Solange zwischen der Liefergeschwindigkeit v_F des Fadens und der Sollgeschwindigkeit $v_{F_{Soll}}$ Übereinstimmung besteht, befindet sich der Schwinghebel *1* in einer Gleichgewichtslage (α = konst.). Der Geschwindigkeitsvergleich wird an der Öse *4* vorgenommen und führt bei einer Differenz zwischen $v_{F_{Soll}}$ und v_F zur Veränderung der Stellung des Hebels *1* und des Hebelarmes *2*. Letzterer läuft als Führungskamm *5* aus und verändert die Lage des Fadens *3* auf dem Zubringerkonus. Die Fadenbruchkontrolle wird durch den schwenkbaren Hebel *6* vorgenommen.
Diese Vorrichtungen lassen sich allerdings nur für solche Fäden sinnvoll einsetzen, die im Bereich der auftretenden Fadenzugkräfte dehnungsunempfindlich sind.

4. durch Speicherfadenzubringer (Bild 8/11)

Der Faden wird über Kopf von der Spule *1* nach dem positiv wirkenden Prinzip abgezogen, erhält durch die Bremse *2* die erforderliche Zugkraft und wird auf dem, durch einen eigenen Motor angetriebenen Speicher *5* aufgespult. Über die Lage des Ringes *4* wird der Aufwickelprozeß gesteuert (Einschalten – Ausschalten). Das Abfallen der Fadenlagen verhindert der Lamellenring *6*. Die Maschenbildungsorgane ziehen sich den Faden je nach Bedarf vom Speicher *5* ab. Die Lampe *7* signalisiert Fadenbruch.
Der Vorteil derartiger *Speicherfadenzubringer* besteht in der Vergleichmäßigung der Fadenzugkraftcharakteristik unmittelbar vor der Arbeitsstelle durch den zwischengeschalteten *Fadenspeicher* und die prinzipielle Anwendbarkeit bei unterschiedlichem Fadenbedarf an den Systemen. Vorteilhafterweise werden Speicherfadenzubringer somit an Jacquard-Großrundstrickmaschinen eingesetzt.
Vom Ablaufkörper verursachte kurzzeitige Fadenzugkraftspitzen (Zupfungen) setzen sich hier nicht bis an die Arbeitsstelle fort.

8.3. Fadenzuführung bei Längsfadenverarbeitung

Ablaufkörper

Bei Verarbeitung der Fäden in Längsrichtung kommen fast ausschließlich *Kettbäume* als Ablaufkörper zum Einsatz. Für die *Grundfadensysteme* werden *Teilkettbäume*, für die *Musterfadensysteme* der Arbeitsbreite entsprechende *Musterkettbäume* (Rollos) verwendet. Mit der Steigerung der Arbeitsgeschwindigkeit der Kettenwirkmaschinen geht auch die Tendenz zur Erhöhung des Fassungsvermögens der Ablaufkörper (steigender Bewicklungsdurchmesser) einher. Damit werden andererseits größere Materialumlaufmittel gebunden, wodurch eine ökonomische Grenze gegeben ist. Dabei sind allerdings Unterschiede, wie die im Vergleich zur Glattseide wesentlich geringere Schärlänge bei der Verarbeitung von Garnen und Texturseiden, in der Auswahl der Teilkettbaumdurchmesser zu berücksichtigen.

Für bestimmte Fadensysteme kommen auch Spulen (meistens Kreuzspulen) als Ablaufkörper zum Einsatz. Diese werden auf Gattern angeordnet (z. B. *Musterfadengatter* bei Gardinenraschelmaschinen, *Polfadengatter* der Nähwirkmaschinen und Teppichraschelmaschinen). Für Kettenwirkmaschinen mit Schußlegungsmöglichkeiten über die gesamte Arbeitsbreite werden ebenso Kreuzspulen als Ablaufkörper verwendet.
Beim Kettenwirken entstehen mit wachsender Arbeitsgeschwindigkeit und zunehmender Ablaufkörpermasse hohe dynamische Beanspruchungen in den Maschinen. Die Kettbäume müssen deshalb ausgewuchtet sein. Darüber hinaus werden die Maschinenabmessungen vom möglichen maximalen Durchmesser der Teilkettbäume wesentlich beeinflußt.

Fadenleitung und -kontrolle

Die Fäden werden als *Fadenschar* von den Kettbäumen eines jeden Fadensystems über möglichst wenig Fadenleitstellen, das *Fadenspannrohr* bis zu den *Lochnadeln* oder den *Fadenführern* der zugeordneten *Legeschiene* geleitet.
Für die Fadenleitung von den Kreuzspulen der Musterfadensysteme gelten analoge Bedingungen, wobei hier eine Einzelfadenbremsung erfolgt. Die Zuführung der Fäden für Schußlegung über die gesamte Arbeitsbreite wird extra abgehandelt (s. S. 132).

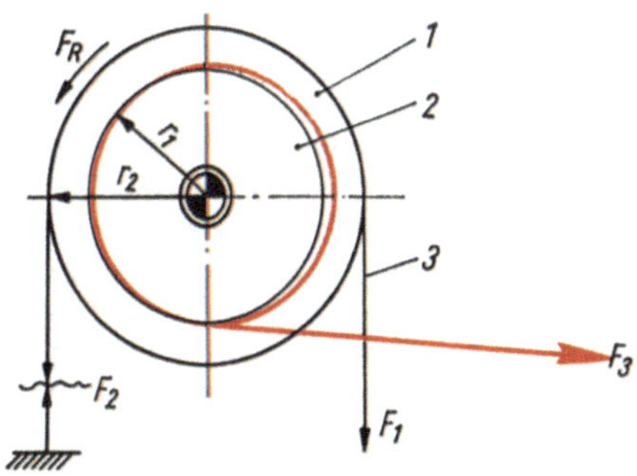

Bild 8/12. KW-Fadenabzugsvorrichtung Seilbremse (Steuerung)

1 Bremsscheibe; 2 Kettbaum; 3 Bremsseil; F_1 Seilkraft 1; F_2 Seilkraft 2; F_3 Fadenzugkraft; F_R Reibungskraft; r_1 Radius des bewickelten Kettbaumes; r_2 Radius der Bremsscheibe

Einen maßgeblichen Einfluß auf die Steigerung der Effektivität der Maschinen mit zwei Legeschienen für Kettengewirke mit eingeschränkter Musterung haben *Fadenscharüberwachungsanlagen* oder *Gewirkekontrollanlagen*. Die einwandfreie Arbeitsweise derartiger photoelektrisch oder pneumatisch wirkender Einrichtungen wirkt sich erhöhend auf den Bedienbereich aus (z. B. 20 Maschinen zu 168″ Arbeitsbreite je Arbeitskraft). Dabei werden aus ökonomischen Erwägungen entweder Fadenscharüberwachungs- oder Gewirkekontrollanlagen eingesetzt.

Fadenabzug und -zuführung an die Arbeitsstelle

1. durch Fadenabzugsvorrichtungen

Hierzu gehören alle Systeme, bei denen die erforderliche Fadenlänge durch die Maschenbildungsorgane selbst von den Kettbäumen bzw. Kreuzspulen abgezogen wird. Die intermittierende Arbeitsweise und die Art, in der das Abziehen eingeleitet wird, führen zu großen Fadenzugkraftschwankungen. Die Kettbäume müssen kurzzeitig beschleunigt und abgebremst werden. Als *Bremsorgane* kommen *Seil-*, *Band-*, *Keilriemen-* und *Backenbremsen* zur Anwendung. Die einfachste Form einer Fadenabzugsvorrichtung liegt mit der *Seilbremse* (Bild 8/12) vor. Sie hat sich trotz ihrer offensichtlichen Nachteile für die Bremsung der Musterkettbäume an den Raschelmaschinen erhalten, deren Bewicklungsdurchmesser und -masse auf Grund der geringen Fadenanzahlen und -schärlängen im Verhältnis zu den Grundkettbäumen sehr klein sind. Zum anderen sind die Musterfäden meist von geringerer Feinheit und somit gegen Zugkraftschwankungen weniger empfindlich. Die Kräfteverhältnisse an der Seilbremse lassen sich mit der bekannten Beziehung

$$F_3 = F_1 \cdot \frac{r_2}{r_1} \left(\frac{e^{\mu\alpha} - 1}{e^{\mu\alpha}} \right) \tag{8/1}$$

bestimmen. Daraus folgt, daß mit abnehmendem Bewicklungsradius r_1 die zum Abziehen der Fäden notwendige Kraft F_3 ansteigt. Um die maximale Fadenzugkraft F_3 annähernd konstant zu halten, müßte das die Seilkraft F_1 bewirkende Gewicht entsprechend reduziert werden. Daraus wird eine weitere Grenze der

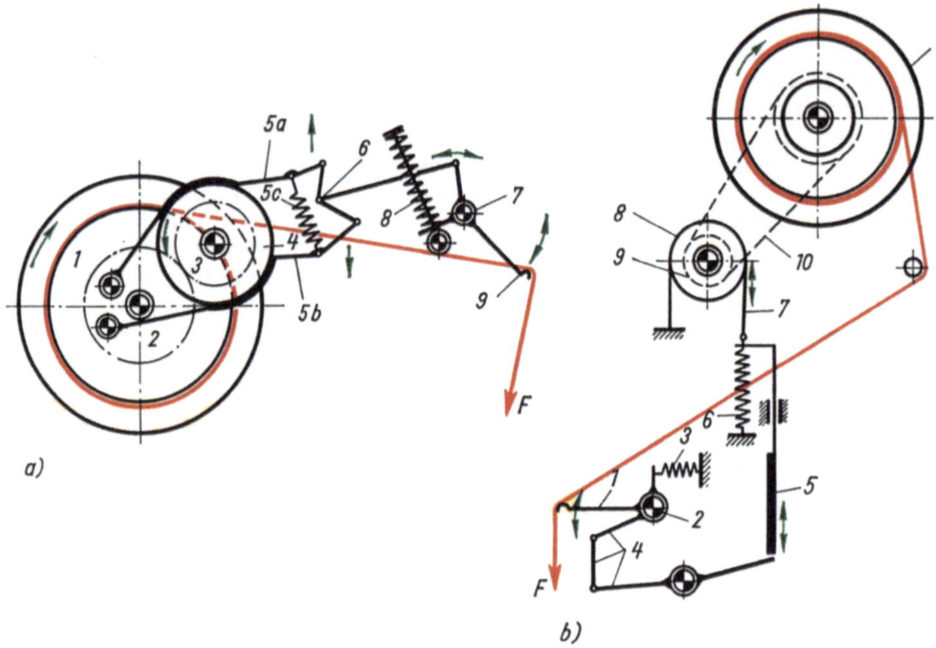

Bild 8/13. KW-Fadenabzugsvorrichtung
Unstetige Regelung mit Zweipunktverhalten ohne Grundzuführung
a Backenbremse
1 Kettbaum; 2, 3 Zahnrad; 4 Bremsscheibe; 5a, b Bremshebel; 5c Zugfeder; 6 Knickhebel; 7 Lagerpunkt für dreiarmigen Hebel; 8 Spindel mit Druckfeder; 9 Fadenspannrohr
b Keilriemenbremse
1 Fadenspannrohr; 2 Fadenspannrohrwelle; 3 Rückzugfeder; 4 Hebelsystem; 5 Schubhebel zum Anheben des Keilriemens; 6 Rückzugfeder; 7 Keilriemen; 8 Bremsscheibe; 9 Kettenrad; 10 Rollenkette; 11 Kettbaum; F Fadenzugkraft

Anwendbarkeit von einfachen Seilbremsen deutlich.

Die Seilbremsen sind als Steuerungen aufzufassen, da die Fadenzugkräfte keine Rückwirkung ausüben. Die *Backenbremse* und die *Keilriemenbremse* nach Bild 8/13*a* und *b* stellen fadenzugkraftabhängige Regelungsvorrichtungen dar, die eine unstetige Arbeitsweise aufweisen und als *Zweipunktregler* arbeiten. Sie unterscheiden sich nicht im Arbeitsprinzip, sondern nur in ihren verschiedenen konstruktiven Lösungen.

Die Backenbremse wurde häufig an langsam laufenden Kettenwirkmaschinen eingesetzt. Das auf gleicher Welle mit dem Kettbaum *1* befestigte Zahnrad *2* steht im Eingriff mit dem Zahnrad *3*, welches an der Bremsscheibe *4* befestigt ist. Die beiden mit Bremsbelag versehenen Bremshebel 5*a* und 5*b* werden durch die Zugfeder *5c* an die Bremsscheibe *4* gepreßt, arretieren diese und damit den Kettbaum *1*. Die zu den Maschenbildungsorganen laufenden Kettfäden passieren das Fadenspannrohr *9*, welches zu einem dreiarmigen Hebel gehört, der bei 7 gelagert ist. Bei ansteigender Fadenzugkraft *F* wird das Spannrohr *9* gegen die Kraft der auf einer Spindel angebrachten Druckfeder *8* nach unten gezogen, bis durch das Strecken des Knickhebels *6* die Bremshebel 5*a* und 5*b* die Bremsscheibe *4* und damit den Kettbaum *1* freigeben (oberer Arbeitspunkt F_{max}). Die Rückstellkraft der Druckfeder *8* führt beim Erreichen des unteren Arbeitspunktes F_{min} der fadenzugkraftabhängigen Zweipunktregelung zum Schließen der Bremshebel.

Die Keilriemenbremse ist vorzugsweise an Raschelmaschinen anzutreffen. Ihre Wirkungsweise ist analog. Bild 8/13*b* läßt anhand der einzelnen Funktionsteile *1* bis *10* und der eingezeichneten Wirkungspfeile das Prinzip zur Freigabe des Kettbaumes *11* leicht erkennen. Diese Ausführung einer Fadenabzugsvorrichtung ist aufgrund der Bremskraftcharakteristik einer Keilriemenbremse reaktionsfähiger als eine Backenbremse und deshalb vorzuziehen. Für die Fadenabzugsvorrichtungen als unstetige Regelungen gilt zusammenfassend: Kennzeichnend ist die intermittierende Fadenzuführung, die zwischen Null und einem endlich großen Maximalwert schwankt. Mit Abnahme des Bewicklungsdurchmessers des Kettbaumes nimmt dessen Massenträgheitsmoment ab, so daß die zur Bewegung des Kettbaumes notwendige Winkelbeschleunigung ansteigen muß. Aufgrund des mechanischen Verhaltens, der Masseträgheit aller Bauteile und der Neigung zum ungünstigen Schwingungsverhalten des Spannrohrsystems, sind derartige Vorrichtungen nur für Arbeitsgeschwindigkeiten bis etwa $n = 400\,\text{min}^{-1}$ einzusetzen.

Bei dehnungsempfindlichen Fäden, z. B. Polyamidseiden, können die ungleichmäßigen Fadenzugkräfte zu qualitativen Mängeln der Gewirke führen. Die Verarbeitung von Texturfäden ist erschwert; Elastomerfäden lassen sich auf diese Weise nicht verarbeiten.

2. durch Fadenzuführvorrichtungen

Bei diesen Vorrichtungen wird den Maschenbildungsorganen stets eine bestimmte Fadenlänge für die Maschenbildung zugeführt. Die Bewegung des Kettbaumes wird nicht mehr durch Ansteigen der Fadenzugkraft bis zum Überwinden der Brems- und Trägheitskräfte ausgelöst, sondern durch einen entsprechenden Antrieb realisiert. Damit ist eine kontinuierliche Grundzuführung gegeben, die durch regelungstechnische Mittel auf den jeweils durch die Maschenbildung geforderten Sollfadenbedarf korrigiert wird.

Der Vorteil aller Fadenzuführvorrichtungen liegt darin, daß die Zugkraftschwankungen der

Tafel 8.1. Systematik der Kettfadenzuführvorrichtungen nach steuerungs- und regelungstechnischen Gesichtspunkten

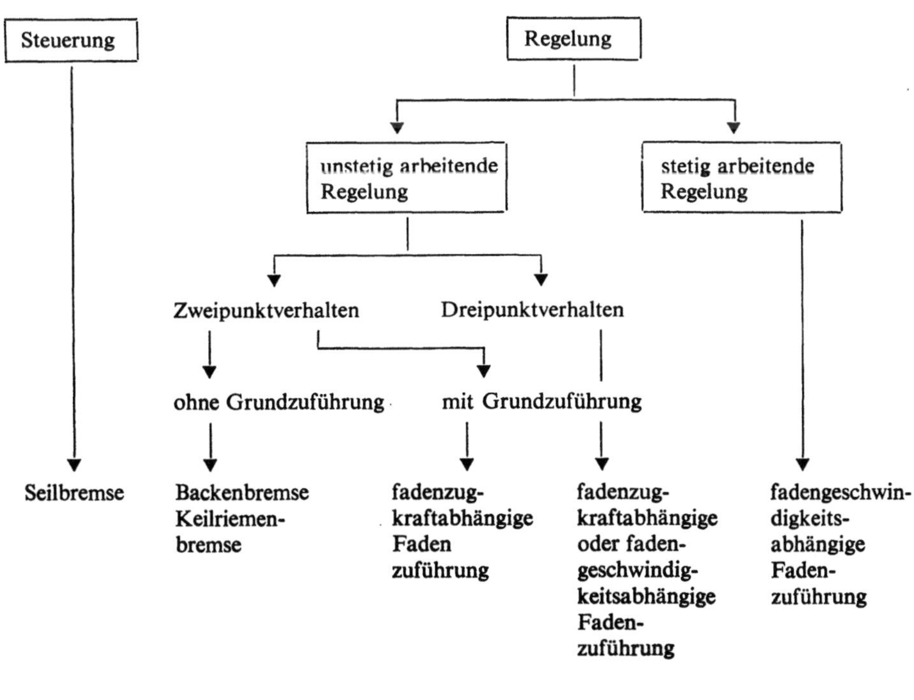

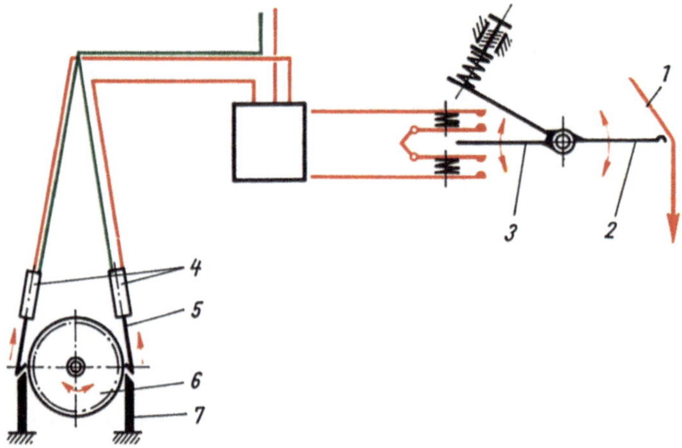

Bild 8/14. KW-Fadenzuführvorrichtung
Unstetige Regelung mit Dreipunktverhalten (fadenzugkraftabhängig)
1 Fadenschar; 2 Fadenspannrohr; 3 Geber; 4 Zugmagnete; 5 Zugklinken; 6 Klinkenrad; 7 Auflaufkeil

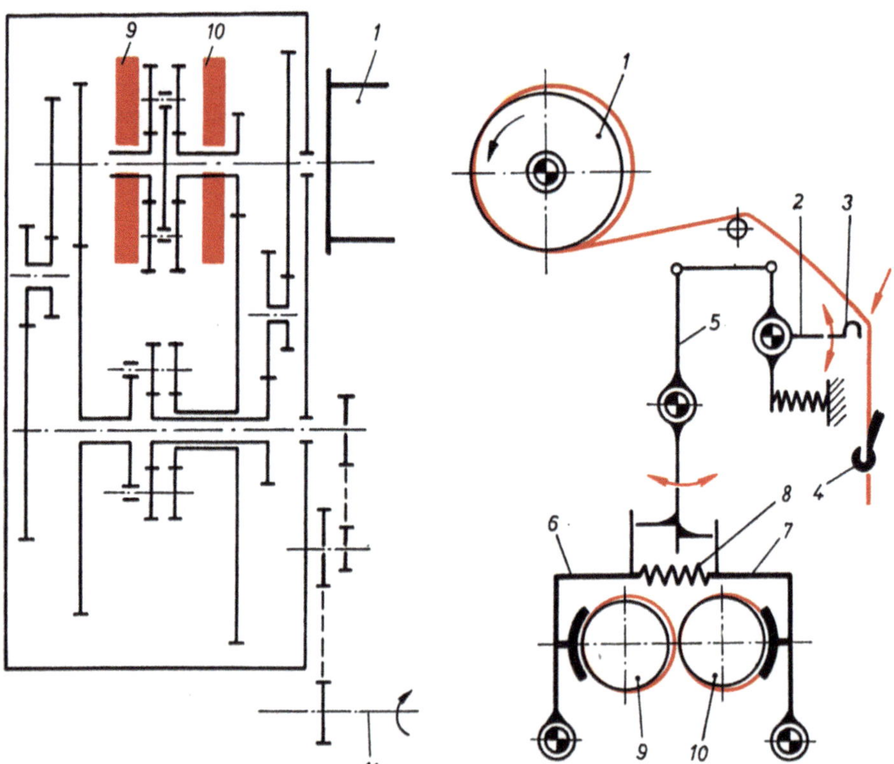

Bild 8/15. KW-Fadenzuführvorrichtung
Unstetige Regelung mit Zweipunktverhalten (fadenzugkraftabhängig)
1 Teilkettbaum; 2 Hebelsystem; 3 Fadenspannrohr; 4 Lochnadel; 5 Hebel; 6, 7 Bremshebel; 8 Feder; 9, 10 Bremsscheibe; 11 Antriebswelle

Kettfäden wesentlich verringert werden. Der konstruktive und regelungstechnische Aufwand ist andererseits erheblich größer als bei den Abzugsvorrichtungen. Tafel 8/1 enthält eine Systematik der *Kettfadenzuführvorrichtungen* (unter Eingliederung der Abzugsvorrichtungen) nach steuerungs- und regelungstechnischen Gesichtspunkten. Als Meßgrößen für die Regelung werden entweder die Fadenzugkraft (negatives Prinzip) oder die Fadengeschwindigkeit am Umfang des Kettbaumes herangezogen.

Fadenzugkraftabhängige Fadenzuführung

Vorrichtungen dieser Gruppe sind als unstetige Regelungen bekannt.

Bild 8/14 zeigt das Prinzip einer solchen Vorrichtung mit ***Dreipunktverhalten.*** Die Fadenzugkraft der Fadenschar *1* bestimmt über das Fadenspannrohr *2* die Stellung des Gebers *3*. Die drei Arbeitspunkte des Gebers sind der obere Kontakt ($\triangleq F_{max}$), die Mittellage ($\triangleq F_{Soll}$) und der untere Kontakt ($\triangleq F_{min}$). Über Zugmagnete *4* werden die Zugklinken *5* betätigt, die in das Klinkenrad *6* eingreifen und dieses entsprechend verdrehen. Dadurch kommt es zu einer Korrektur der Fadenzuführgeschwindigkeit auf den Sollwert. Die Auflaufkeile *7* dienen der Arretierung. Aufgrund der Verwendung elektrischer Hilfsenergie für diese Regelung ist eine feinfühlige Einstellung des Gebers *3* möglich und eine trägheitsarme Signalübermittlung bis zum Klinkenrad *6* gesichert. Diese Vorrichtungen zeichnen sich durch einfache Bauweise aus und lassen sich für hohe Arbeitsgeschwindigkeiten einsetzen.

Das Prinzip einer unstetigen Regelung mit Zweipunktverhalten ist dem Bild 8/15 zu entnehmen. Derartige Vorrichtungen arbeiten vollständig mechanisch. Die Fadenzugkraft der von den Teilkettbäumen *1* ablaufenden Fadenschar bestimmt die Stellung des Fadenspannrohres *3* und damit des Hebelarmes *2*. Die Fadenzugkraft wird durch die von der Maschenbildungssituation abhängige Stellung der Lochnadeln *4* und dem daraus resultierenden momentanen Fadenbedarf bestimmt. Durch die direkte Kopplung des Hebelsystems *2*, welches gegen eine im Bild dargestellte Rückstellfeder arbeitet, mit dem doppelarmigen Hebel *5*, erfolgt eine Signalübertragung auf die Bremshebel *6* und *7*, die durch eine Feder *8* an die Bremsscheiben *9* und *10* angepreßt werden. Bei Erreichen des Arbeitspunktes F_{max} wird die Bremsscheibe *9* vom Bremshebel *6* freigegeben und die Bremsscheibe *10* um so fester geschlossen, da gleichzeitig die Zugkraft der Feder *8* zunimmt. Bei Erreichen des Arbeitspunktes F_{min} wird die Bremsscheibe *10* freigegeben. Der kontinuierliche Antrieb der Kettbäume *1* wird von der Antriebswelle *11* über das dargestellte *Umlaufrädergetriebe* realisiert. Je nach Abbremsung einer der beiden Bremsscheiben *9* bzw. *10* ist die Drehzahl am Ausgang bestimmt und führt zur Korrektur der Fadenliefergeschwindigkeit.

Beim vorliegenden System sind das Vorhandensein von Federn für das Betätigen der Bremsen sowie die Verschmutzungsgefahr (Änderung der Bremskräfte) nachteilig. Der regelungstechnische Wert der Vorrichtung ist gut. Die dynamisch stabile Arbeitsweise wird durch die im mechanischen System begründeten Nachteile eingeengt.

Fadengeschwindigkeitsabhängige Fadenzuführung

Die Vorrichtungen dieser Gruppe arbeiten nach dem Prinzip des Vergleiches von Soll- und Istfadengeschwindigkeit. Die *Sollfadengeschwindigkeit* wird fest eingestellt, die *Istfadengeschwindigkeit* am Umfang der Kettbaumbewicklung oder unmittelbar nach dem Kettbaum gemessen.

Bild 8/16 zeigt eine unstetige Regelung mit Dreipunktverhalten. Der Kettbaumantrieb erfolgt von Hauptwelle *1* über das stufenlos stellbare Getriebe *2*, die Kettenräder *3* und die Wechselräder *4*, *5*, *6* auf den Konus *7*, der mit dem Stahlring *25* und dem Konus *8* mit Antriebswelle *8a* wieder ein stufenlos regelbares Getriebe bildet, weiter über das Kegelradpaar *9*, Welle *9a* und Schneckentrieb *10* auf den Kettbaum *11*. Die Sollgeschwindigkeit wird am Getriebe *2* eingestellt und über den Wirkungsweg *3* bis *6* auch auf die Schnecke *26* übertragen, die das Schneckenrad *27* antreibt. Auf gleicher Welle *30* sitzt eine Schnecke *28*, die wiederum das Schneckenrad *18* bewegt. Dieses Schneckenrad weist in

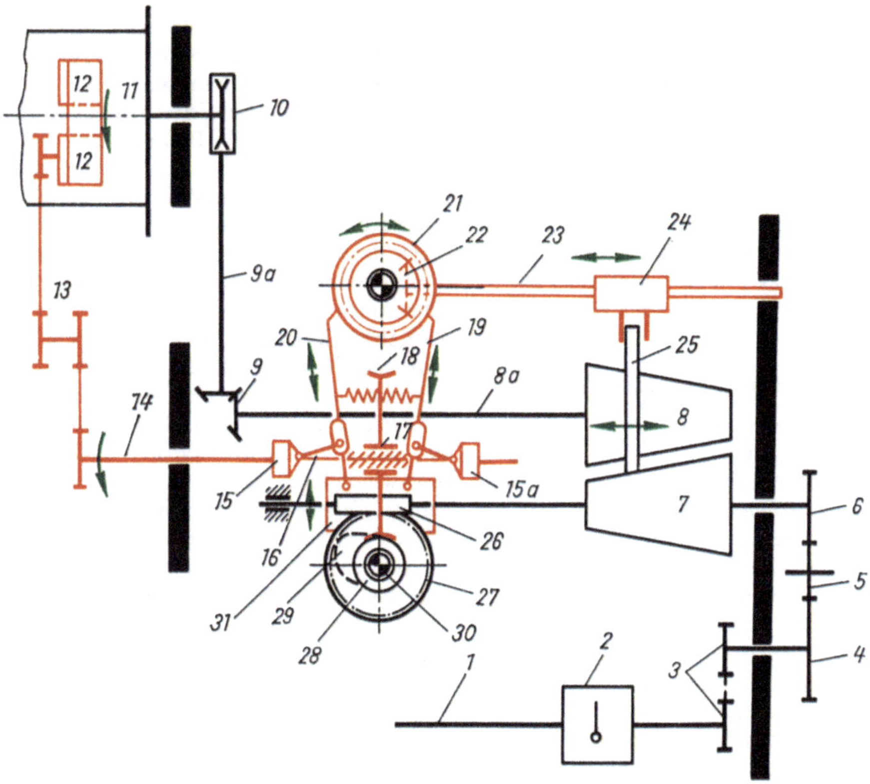

Bild 8/16. KW-Fadenzuführvorrichtung
Unstetige Regelung mit Dreipunktverhalten (fadengeschwindigkeitsabhängig)
1 Hauptwelle; 2 PIV-Getriebe; 3 Kettenräder mit Kette; 4, 5, 6 Wechselräder; 7, 8 Konus; 9 Kegelradpaar; 9a Welle; 10 Schneckentrieb; 11 Kettbaum; 12 Tastrollen; 13 Kettenräder und Ketten; 14 Welle; 15, 15a Bund der Meßspindel; 16 Meßspindel; 17 Innensteilgewinde; 18 Schneckenrad; 19, 20 Schaltklinke; 21 Schaltrad; 22 Kegelradsatz; 23 Gewindespindel; 24 Ringführung; 25 Stahlring; 26 Schnecke; 27 Schneckenrad; 28 Schnecke; 29 Kurvenscheibe; 30 Welle; 31 Schaltblock

seiner Nabe ein Innensteilgewinde *17* auf und sitzt auf der mit einem gleichartigen Außensteilgewinde versehenen Meßspindel *16*, die beiderseitig einen Bund *15* und *15a* trägt. Das Schneckenrad *18* dreht sich somit entsprechend der Sollgeschwindigkeit für den Fadenablauf. Die tatsächliche Fadengeschwindigkeit wird durch Tastrollen *12*, über die ein elastisches breites Gummituch läuft, vom Kettbaum *11* abgenommen und über den Wirkungsweg *13*, *14* auf die Meßspindel *16* übertragen. Liegt nun für die Meßspindel *16* und das Schneckenrad *18* die gleiche Drehzahl vor, d.h., Soll- und Istgeschwindigkeit sind identisch, so verharren beide Teile in relativer Ruhe zueinander. Es erfolgt kein regelnder Eingriff. Sobald sich jedoch eine Drehzahldifferenz ergibt, bewegt sich die Meßspindel *16* aus ihrer Normalstellung (Nullstellung) je nach Vorzeichen der Drehzahldifferenz nach links oder rechts. Dabei gelangt die mit dem jeweiligen Bund *15* bzw. *15a* der Meßspindel in Verbindung stehende Schaltklinke *19* bzw. *20* in den Bereich des Schaltrades *21* und schaltet dieses durch die über die Kurvenscheibe *29* ausgelöste Hubbewegung des Schaltblockes *31* solange weiter, bis die Meßspindel *16* infolge beseitigter Drehzahldifferenz in ihre alte Stellung zurückkehrt. Das Weiterschalten des Schaltrades *21* führt über das Kegelradpaar *22* zu einer Verschiebung der Ringführung *24* auf der Gewindespindel *23* und damit zur Korrektur der Kettbaumdrehzahl. Die Vorrichtung arbeitet trotz des unstetigen Kraftschalters *31* bei hohen Arbeitsgeschwindigkeiten ähnlich einer stetigen Regelung. Sie läßt sich für schnellaufende Kettenwirk- einschließlich der Raschelmaschinen einsetzen.

Das Prinzip des ständigen Vergleiches von Soll- und Istgeschwindigkeit, verbunden mit einer stetig wirkenden Korrektur, ist im Bild 8/17 dargestellt. Von der Antriebswelle *1* werden die beiden Getriebe I und II angetrieben. Die Sollfadengeschwindigkeit wird am stufenlos stellbaren Getriebe I (Kegelradpaare *4a, b* und Stellspindel *4c*) anhand legungsabhängiger und qualitätsabhängiger Erfahrungswerte eingestellt. Die von der Antriebswelle *1* über die Ketten und Kettenräder *2, 3* eingeleitete Bewegung wird über eine biegsame Welle *5*, ein Kegelradpaar *6* und Stirnräder *7, 8* auf das Tellerrad *9* des Differentialgetriebes III übertragen. Der Kettbaum *17* erhält seinen kontinuierlichen Antrieb über die Verbindung *1–13–14a–14b–15–16*. Die Kegelradpaare *4a, b*

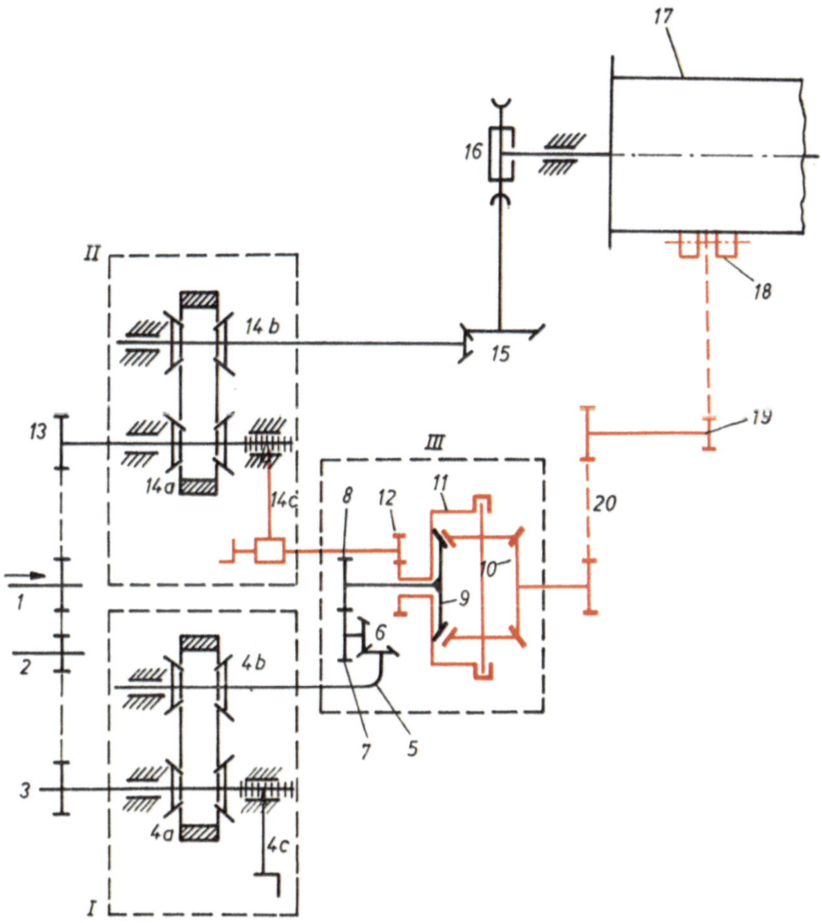

Bild 8/17. KW-Fadenzuführvorrichtung
Stetige Regelung (fadengeschwindigkeitsabhängig)
1 Antriebswelle; 2, 3 Kettenrad; 4a, b Kegelpaar; 4c Stellspindel; 5 biegsame Welle; 6 Kegelradpaar; 7, 8 Stirnrad; 9, 10 Tellerrad; 11 Bügel; 12 Stirnrad; 13 Kettenrad und Kette; 14a, b Kegelpaar; 14c Stellspindel; 15 Kegelradpaar; 16 Schneckentrieb; 17 Kettbaum; 18 Tastrolle; 19 Welle mit Kettenrädern; 20 Kette I, II, III Getriebe

sowie *14a, b* werden von einem Stahlring fest umschlossen. Die jeweils vorhandene Fadengeschwindigkeit wird von den auf dem Kettbaum aufliegenden Tast- und Meßrollen *18* durch Abnahme der Umfangsgeschwindigkeit des Kettbaumes erfaßt und über den Kettentrieb *19* und *20* als Drehzahl auf das Tellerrad *10* des Differentialgetriebes III übertragen. In diesem findet der Vergleich zwischen Soll- und Istfadengeschwindigkeit statt. Solange zwischen den Drehzahlen der Tellerräder *9* und *10* keine Differenz besteht, bleibt der Bügel *11* in Ruhestellung. Bei auftretender Drehzahldifferenz verdreht sich der Bügel *11* und stellt über das Stirnrad *12* und die Stellspindel *14c* das Übersetzungsverhältnis des Getriebes II entsprechend ein. Für den Regelvorgang ist somit die stetige Arbeitsweise kennzeichnend. Die Vorrichtung arbeitet bei den praktisch realisierten maximalen Arbeitsgeschwindigkeiten dynamisch stabil.

Bei der Zuführung hochelastischer Fäden (Elastomerfäden) ist zu beachten, daß geringfügige Fadenzugkraftänderungen bereits wesentliche Längenänderungen zur Folge haben, die im Maschenbild als äußere Ungleichmäßigkeit sichtbar werden und qualitätsmindernd wirken können. Deshalb wird an den Maschinen für die Verarbeitung von *Elastomerfäden* (z.B. zu Miederwaren) die Fadenzuführung über empfindlich reagierende *Fadenzugkraftmeßgeber* (Meßwippen) reguliert. Hierzu werden mehrere, z.B. 20 Fäden der Fadenschar als Meßfäden über den Geber geleitet. Die gemessenen Werte sind ausreichend repräsentativ für die Gesamtheit, so daß der Regelvorgang darauf aufbauen kann.

Eine weitere Besonderheit tritt bei der Herstellung von Legungskombinationen auf, die in einem Fadensystem (für eine Legeschiene) einen unterschiedlichen Fadenbedarf aufweisen. Durch Stufenschaltgetriebe in den Fadenzuführvorrichtungen werden die Bedingungen für eine entsprechende Fadenzuführung geschaffen.

3. Fadenzuführung für Schußlegung über die gesamte Arbeitsbreite der Kettenwirkmaschinen

Zur Herstellung von Kettengewirken mit einer hohen Flächenstabilität besteht die Möglichkeit, senkrecht zu den maschenbildenden Kettfadensystemen durchgehende Querfäden als *Schußfäden* vorzulegen und einzubinden. *Teilschußlegungen*, wie sie z.B. für die Musterfadensysteme von Gardinenraschelmaschinen bekannt sind, werden durch die übliche Fadenzuführung (Ablaufkörper → Lochnadel bzw. Fadenführer) und einen entsprechenden Legeschienenversatz realisiert. Die Verarbeitung über große Breiten durchgehender Schußfäden erfordert dagegen andere Methoden und technische Lösungen der Fadenzuführung und -bereitstellung an der Arbeitsstelle.

Die wichtigsten Varianten sind:

1. Abzug des Fadens von einer Spule durch einen über die Breite der Schußlegung translatorisch in wechselnder Richtung bewegten Fadenführer. Die Schußlegung wird vorbereitend ausgeführt, d.h., der Faden wird gelegt, aber erst nach dem Erreichen der Abschlagstellung der Nadelbarre unter (hinter) die Nadelebene gebracht, um anschließend, wie im Bild 5/43 allgemeingültig für Schußlegungen dargestellt, in das Kettengewirke eingebunden zu werden.
2. Abzug des Fadens von einer Spule durch einen rotierenden *Fadenführerstab* (Bild 8/18). Der abgezogene Faden wird beiderseitig wechselnd in die Halteorgane einer umlaufenden Transportkette gelegt, letztere führt die Schußfäden der Arbeitsstelle zu.
3. Intermittierender Abzug der Fäden von mehreren im konstanten Abstand (phasenverschoben) in einer Richtung über die Arbeitsbreite bewegten Spulen (Bild 8/19).

Die Spulen laufen auf einem Oval um. Es wird jeweils nur die für eine Schußlegung benötigte Fadenlänge abgezogen, der Faden auf beiden

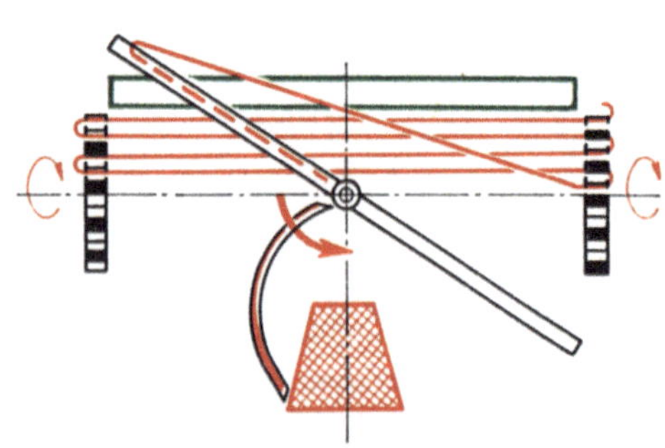

Bild 8/18. KW-Schußlegung über die Arbeitsbreite mittels Fadenführerstab

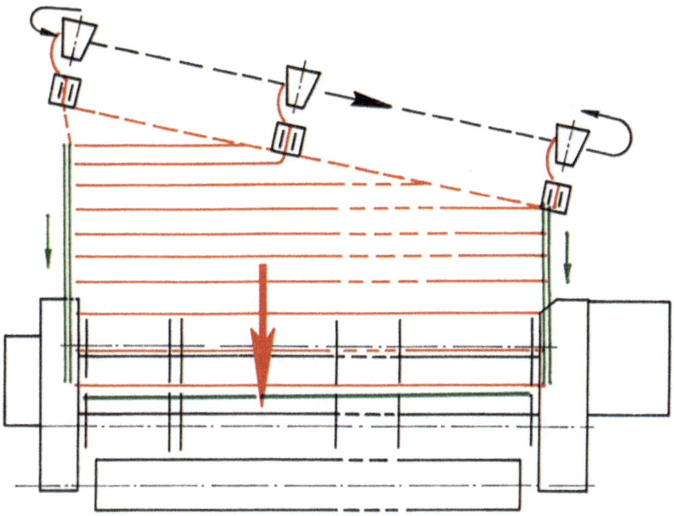

Bild 8/19. KW-Schußlegung über die Arbeitsbreite durch umlaufende Spulen

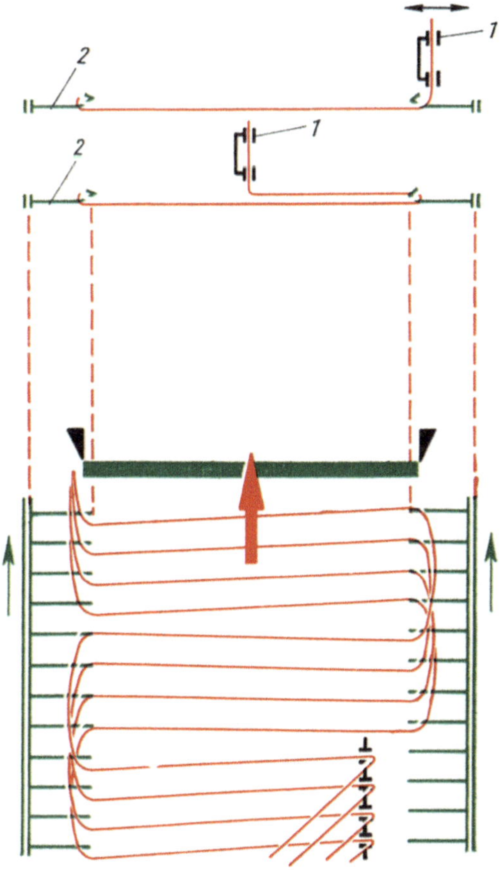

Bild 8/20. KW-Schußlegung über die Arbeitsbreite als Fadenschar durch Schußlegewagen
1 Schußlegewagen; 2 Hilfsnadel

Seiten der Transportkette geklemmt und rechts geschnitten. Durch die Schrägstellung der Spulenbewegungsbahn über die Arbeitsbreite und die aufeinander abgestimmten Geschwindigkeiten von Spulen und Transportkette, die wiederum von der Arbeitsgeschwindigkeit der Kettenwirkmaschine abhängen, wird die parallele Fadenvorlage senkrecht zur Verarbeitungsrichtung erreicht. Die Fadenabzugsgeschwindigkeit ist hier wesentlich geringer als bei Variante 2.

4. Gleichzeitiger Abzug der Fäden von mehreren ortsfest angeordneten Spulen zur Fadenzuführung als *Fadenschar* (Bild 8/20).

Ein Schußlegewagen *1* wird ständig translatorisch umkehrend über die Arbeitsbreite bewegt und legt die Fäden beiderseitig zunächst auf Hilfsnadeln *2* ab, die anschließend die Fadenschar in die Halteorgane der sich kontinuierlich bewegenden Transportkette übertragen. Durch den kontinuierlichen Fadenabzug entsteht an den Umkehrstellen ein entsprechender Fadenabfall, der bei den anderen Methoden nicht auftritt.

Wird die Fadenschar vom Schußlegewagen unmittelbar an die Halteorgane (Haken) der Transportkette übertragen, so kommt es infolge der kontinuierlichen Bewegung der Transportkette zu einer diagonalen und sich kreuzenden Fadenlage. Diese Variante ist für die Malimotechnologie kennzeichnend. Bindungstechnisch entsteht ein *RL*-Kettengewirke mit einer statistisch bestimmten Einbindung der Schußfäden in die Maschen, wodurch – verbunden mit der *Schußfadenschräglage* vielfältige Struktureffekte erzielt werden können.

9. Verfahren und Funktionsgruppen zur Formgebung

Gestrickte und gewirkte Kleidung muß ungeachtet der Dehnbarkeit, die aus der Maschenstruktur resultiert, durch *Formgebung* in eine paßfähige Form gebracht werden. Für jedes Erzeugnis sind die Verfahren der Formgebung – und damit häufig auch das Maschenbildungsverfahren – nach den Kriterien

Erzeugnisqualität,
minimaler Aufwand an lebendiger Arbeit,
minimaler Aufwand an Maschinentechnik,
minimaler Faserstoffverlust

festzulegen. Bei der Herstellung von Gestrick- oder Gewirkebahnen ist dabei gleichzeitig zu beachten, daß für die weitere Konfektion günstige Breiten dieser Bahnen (z.B. 150 cm für HOB) erreicht werden.

9.1. Verfahren der Formgebung

Die erforderliche Form kann durch

Zuschneiden einer zwei- oder dreidimensionalen Fläche (Gewirke- oder Gestrickbahn oder -schlauch),
zwei- oder *dreidimensionale Formgebung* im Verfahren der Flächenbildung gemäß den prinzipiellen Möglichkeiten des gewählten Maschenbildungsverfahrens,
dreidimensionales Formfixieren einer zwei- oder dreidimensionalen Fläche

erreicht werden. Mit dem gewählten *Formgebungsverfahren* sind sowohl Vor- als auch Nachteile verbunden, die in Zusammenhang mit dem herzustellenden Finalerzeugnis und dem zu verarbeitenden Faserstoff zu bewerten sind.

9.1.1. Zuschneiden einer Fläche

Der Vorteil dieser Formgebung besteht darin, daß sie den Prozeß der Flächenbildung nicht beeinflußt und die durch das Maschenbildungsverfahren gegebene Produktivität voll genutzt werden kann. Ferner sind die Veredlungsprozesse, die an dieser in ihrer Längsausdehnung theoretisch endlosen Fläche vor dem Zuschneiden vollzogen werden, durch eine gegenüber anderen Veredlungsverfahren höhere Wirtschaftlichkeit gekennzeichnet (Stückveredlung gegenüber Garnveredlung oder Einzelveredlung von Erzeugnisteilen oder Erzeugnissen). Diese Art der Formgebung liegt daher besonders für hochproduktive Flächenbildungsverfahren wie die Großrundstrick- und die Kettenwirktechnik nahe. Die Großrundstrickschläuche können bereits an der Großrundstrickmaschine kontinuierlich während des Gestrickabzuges an einer Kante aufgeschnitten werden, so daß nach gesondertem Entdoublieren eine Gestrickbahn vorliegt.
Das Zuschneiden selbst erfolgt für Gewirke- oder Gestrickbahnen ebenfalls sehr rationell. Es werden -zig Bahnen kantengleich auf Zuschneidetischen übereinandergelegt und gemäß dem vorgegebenen Zuschnitt mit maschinellen Messern die Konfektionsbreite zugeschnitten. Nachteilig tritt in Erscheinung, daß sowohl das Zuschneiden als auch das spätere Nähen zusätzlich zur Flächenbildung auftretende Prozesse sind, die lebendige Arbeit sowie Technik als vergegenständlichte Arbeit binden. Jeder Zuschnitt verursacht *Zuschnittverluste*. Sie können jeweils erzeugnis- und modellabhängig für Obertrikotagen mit 25 bis

30% und für Oberbekleidung mit 25 ... 40% der eingesetzten Fläche angegeben werden. Je hochwertiger der verarbeitete Faserstoff ist, desto höher liegt der Anteil der Faserstoffkosten an den Flächenbildungskosten (bis in die Größenordnung von 90%) und desto stärker belasten Zuschnittverluste den Gesamtfertigungspreis eines Erzeugnisses.
Die Aussagen zum Zuschneiden führen zu folgenden Schlußfolgerungen:

Die Integration der Formgebung in den Flächenbildungsprozeß (Abschnitt 9.2.) ist bei hochproduktiven Maschenbildungsverfahren realisierbar, wenn dadurch die Produktivität der Flächenbildung nicht wesentlich gemindert wird und aufwendige Prozesse wie Einzelzuschnitt und weitestgehend auch die Konfektion vermieden werden können (Kleinrundstricken).
Die Integration der Formgebung in die Flächenbildung ist um so materialökonomischer, je höher die Kosten des zu verarbeitenden Materiales sind. Dadurch können auch wenig produktive Maschenbildungsverfahren für bestimmte Erzeugnisse die wirtschaftlichsten werden (Flachkulierwirken).

Das Zuschneiden zur Formgebung erfolgt sowohl in Wirk- und Strick- als auch in Konfektionsbetrieben.

9.1.2. Formgebung im Flächenbildungsprozeß

Die Formgebung im Flächenbildungsprozeß setzt außer den Funktionsgruppen zur Maschenbildung spezifische Funktionsgruppen zur Formgebung voraus, die direkt oder indirekt die Maschenbildung beeinflussen. Sie reduzieren die Flächenbildungsproduktivität der Wirk- oder Strickmaschine. In vielen Fällen kommt für die bei der Flächenbildung geformten Erzeugnisse oder Erzeugnisteile nur die *Einzelveredlung* in Betracht. Der bereits diskutierte Vorteil ist die teilweise oder annähernd vollständige Eliminierung der Zuschnittverluste.
Es ist folgende Einteilung dieser Formgebungsverfahren möglich:
1. Formgebung innerhalb der zwei- oder dreidimensionalen Fläche (Bahn, Schlauch) durch strukturelle Variation,
2. Formgebung durch Variation der in der zwei- oder dreidimensionalen Fläche enthaltenen Anzahl Maschen.
Zur Formgebung durch strukturelle Variationen zählen die Variation der Maschenlänge bzw. des Maschenmoduls,
Variation der Bindung (Wechsel von Grundbindung in abgeleitete Bindungen),
Kombination von Grundbindungen und Legungen beim Kettenwirken zur Herstellung schlauchartiger, mehrseitig geschlossener Erzeugnisse (Verpackungssäcke, Strumpfhosen, vorgefertigte Hosentaschen u.a.),
Variation der Bindungselemente in der Fläche (Henkel).
Die Variation der Anzahl Maschen in der Fläche erfolgt sowohl in den Maschenreihen wie auch in den Maschenstäbchen. Sie führt bei zweidimensional hergestellten Flächen zur zweidimensionalen Formgebung, d.h. zur formgerechten Konturenbegrenzung, bei dreidimensional hergestellten Flächen, d.h. Schläuche, zur dreidimensionalen Formgebung.
Für die Formgebung im Prozeß der Flächenbildung ist die Definition der Begriffe

abgepaßt,
formgerecht und
regulär

erforderlich.
Von *abgepaßten* Gestricklängen (die Voraussetzungen dafür sind nur bei Querfadenverarbeitung, also nicht für Kettengewirke gegeben) wird gesprochen, wenn nach Herstellung der für das Finalerzeugnis vorgegebenen Länge eine *Trennreihe* gebildet wird, wonach die Fertigung der nachfolgenden Gestricklänge beginnt. Die über die Trennreihe miteinander verbundenen Gestrickteile können entlang dieser Reihe leicht durch Aufziehen eines *Ziehfadens* getrennt werden. Es wird damit das Zuschneiden in Maschenreihenrichtung vermieden. Die Gestrickteile sind durch

festen Anfang und
abgepaßte Länge

charakterisiert.
Für den Begriff *formgerecht* können verschiedene Merkmale kennzeichnend sein. Er wird verwendet für

die dreidimensionale Formgebung eines Gestrickschlauches durch die Variation der Anzahl Maschen,
die Anpassung des Durchmessers eines Schlauches bzw. die Breite einer Bahn an die Körperform durch strukturelle Variation,
ein Teil mit den Abmaßen des Schnittbildes, festem Anfang, aber ohne feste Kanten (geschnittene Querfäden),
ein Teil mit den Abmaßen des Schnittbildes, festem Anfang und festen Kanten (Fadenumkehr in den Randmaschen).
Die Anwendung des Begriffes *regulär* ist stärker begrenzt. Sie setzt

festen Anfang eines Teiles,
feste Kanten und die
Formgebung entsprechend dem Schnittbild durch die Variation der Anzahl Maschen (Übertragen von Halbmaschen)

voraus.
Gemäß den getroffenen Aussagen kann die Formgebung im Flächenbildungsprozeß, d.h. in Zusammenhang mit der Maschenbildung nur an Wirk- und Strickmaschinen, also nur in den Wirk- und Strickbetrieben erfolgen. Sie wird Gegenstand der näheren Betrachtung im Abschnitt 9.2. sein.

9.1.3. Formfixieren von Flächen

Diese Verfahren zur Erzeugnisformung setzen in Abhängigkeit vom Grad der Verformung die Verarbeitung thermoplastischer Faserstoffe oder eines hohen Anteiles thermoplastischer Faserstoffe bei entsprechenden Bindungen voraus. Die Formfixierung ist daher nur begrenzt anwendbar.
Das Formfixieren von Flächen ist mit erheblichen wirtschaftlichen Vorteilen verbunden, da

Zuschneiden,
Zuschnittverluste,
Nähen,
Nähte (Qualität)

entfallen.
Die Formfixierung erfolgt unter Einwirkung von Temperaturen, bei denen Faserstoffe thermoplastisch werden, Dampf sowie in Zusammenwirken mit Zug und Druck zur Formung. In der neuen Form vollzieht sich die Neuorientierung der Kettenmoleküle von Chemiefaserstoffen. Diese neue Form wird bei Abkühlung fixiert. Der erreichte Effekt ist unterhalb der bei der Fixierung angewandten Temperatur beständig.
Die Formfixierung stellt einen zur Flächenbildung zusätzlichen Verarbeitungsprozeß dar und erfolgt in Wirk- und Strick- wie auch in Konfektionsbetrieben.

9.1.4. Allgemeines zur Anwendung der Formgebungsverfahren

Häufig werden für ein Finalerzeugnis mehrere Verfahren zur Formgebung angewendet. Beim Herstellen eines Damenfeinstrumpfes aus Chemieseide wird die erforderliche Dehnbarkeit des *Doppelrandes* (für Strumpfhosen auch des Hosenteiles) sowohl durch strukturelle Variation (dehnbarere Bindung) als auch durch die Verarbeitung eines dehnbareren Fadens erreicht. Die Ferse kann durch Variation der Anzahl Maschen (*Pendelferse*, *Beutelferse*) wie durch Formfixieren ausgebildet sein. Das Schließen der *Strumpfspitze* ist durch Nähen möglich, wird aber zunehmend in den Prozeß der Flächenbildung (maschinengeschlossene Spitze) einbezogen. Die Gesamtform erhält der Strumpf grundsätzlich durch Formfixieren.
Zur Einsparung von Nähten besteht die Möglichkeit, aus Chemieseiden (oder hohem Anteil) gefertigte Beinteile von Hosen aus der Schlauchform heraus zu fixieren. Es werden Zuschnittverluste sowie Arbeitsgänge des Zuschneidens und Nähens vermieden.
Auch für Büstenteile von Unterkleidern und Büstenhaltern wird die Formung der vorkonfektionierten Teile durch Formfixieren erreicht.
Die Jackenvorderteile der Damen- und Herrenoberbekleidung werden nach Zuschnitt der Gestrickteile und teilweisem Nähen gemeinsam mit Einlagestoffen und thermoplastischen Klebemitteln dem Prozeß der *Frontfixierung* unterworfen. Dabei erfolgt die Flach- oder Formfixierung und gleichzeitig die Verbindung der einzelnen textilen Schichten miteinander.

Diese innerhalb der Technologie des Wirkens und Strickens nicht vollständig zu behandelnde Kombination verschiedener Formgebungsverfahren ließe sich fortsetzen.
Aus ökonomischer Sicht gilt bei Verarbeitung hochwertiger Naturfaserstoffe die Regel
1. die Formgebung im Prozeß der Flächenbildung
2. die Formgebung durch Zuschneiden
zu erzielen, während, sofern es das Finalerzeugnis zuläßt, bei thermoplastischen Faserstoffen die Verfahren in folgender Reihung zu wählen sind:
1. Formfixieren
2. Formgebung im Prozeß der Flächenbildung
3. Formgebung durch Zuschneiden.
Derartige Regeln können nicht durchgängig eingehalten werden, da nicht alle Maschenbildungsverfahren bei rationeller Flächenbildung und nachfolgender rationeller Veredlung gleichzeitig eine Formgebung ermöglichen. Bemühungen in dieser Richtung wie auch erfolgreiche Realisierungen sind ständig zu verzeichnen.
Die Behandlung der Funktionsgruppen zur Formgebung im Prozeß der Flächenbildung erfolgt verfahrensspezifisch und für typische Erzeugnisse verschiedener Verfahren auch erzeugnisspezifisch.

9.2. Funktionsgruppen zur Formgebung im Prozeß der Flächenbildung

In Abschnitt 9.1. wurde in die

Formgebung durch strukturelle Variation und Formgebung durch Variation der Anzahl Maschen in der Fläche

unterschieden. Während bei der Formgebung durch strukturelle Variation die an der Maschenbildung beteiligte Anzahl Maschen prinzipiell konstant bleiben kann, muß sie sich bei der Formgebung durch Variation der in der Fläche enthaltenen Anzahl Maschen verändern. Für die Querfadenverarbeitung ist die Anzahl der an der Maschenbildung beteiligten Nadeln variabel und damit auch die Anzahl Maschen in der Fläche. Da bei Längsfädenverarbeitung die Anzahl der an die Arbeitsstelle zugeführten Fäden konstant ist, kann auch keine Formgebung durch die Variation der Anzahl Maschen in der Fläche erfolgen.
Es gilt daher, daß für

Flachkulierwirken
Flachstricken
Kleinrundstricken
Großrundstricken

die Formgebung sowohl durch

strukturelle Variation als auch durch die Variation der in der Fläche enthaltenen Maschen

möglich ist. (Theoretisch gilt dies auch für das Rundkulierwirken, ohne daß jedoch solche Möglichkeiten genutzt werden). Dagegen ist für das

Kettenwirken

die Formgebung nur durch

strukturelle Variation, konkret nur durch die Kombination von Bindungen und Legungen

durchführbar.

9.2.1. Formgebung im Prozeß der Flächenbildung beim Flachkulierwirken

Für das Flachkulierwirken ist die Veränderung der Arbeitsbreite zur Fertigung regulärer Erzeugnisteile charakteristisch. Dazu werden die auf den Spitzennadeln befindlichen Halb-

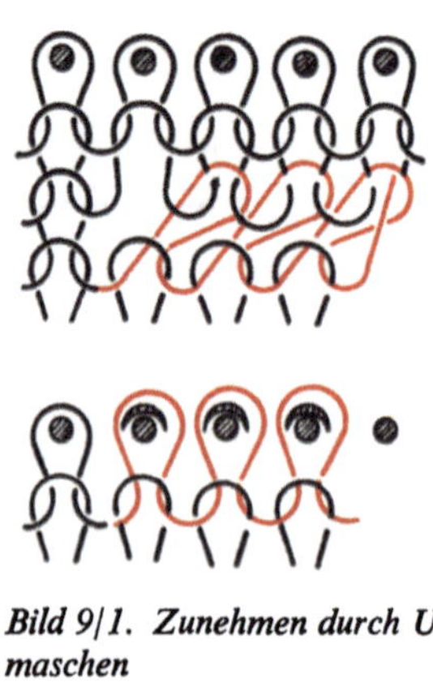

Bild 9/1. Zunehmen durch Umhängen von Halbmaschen

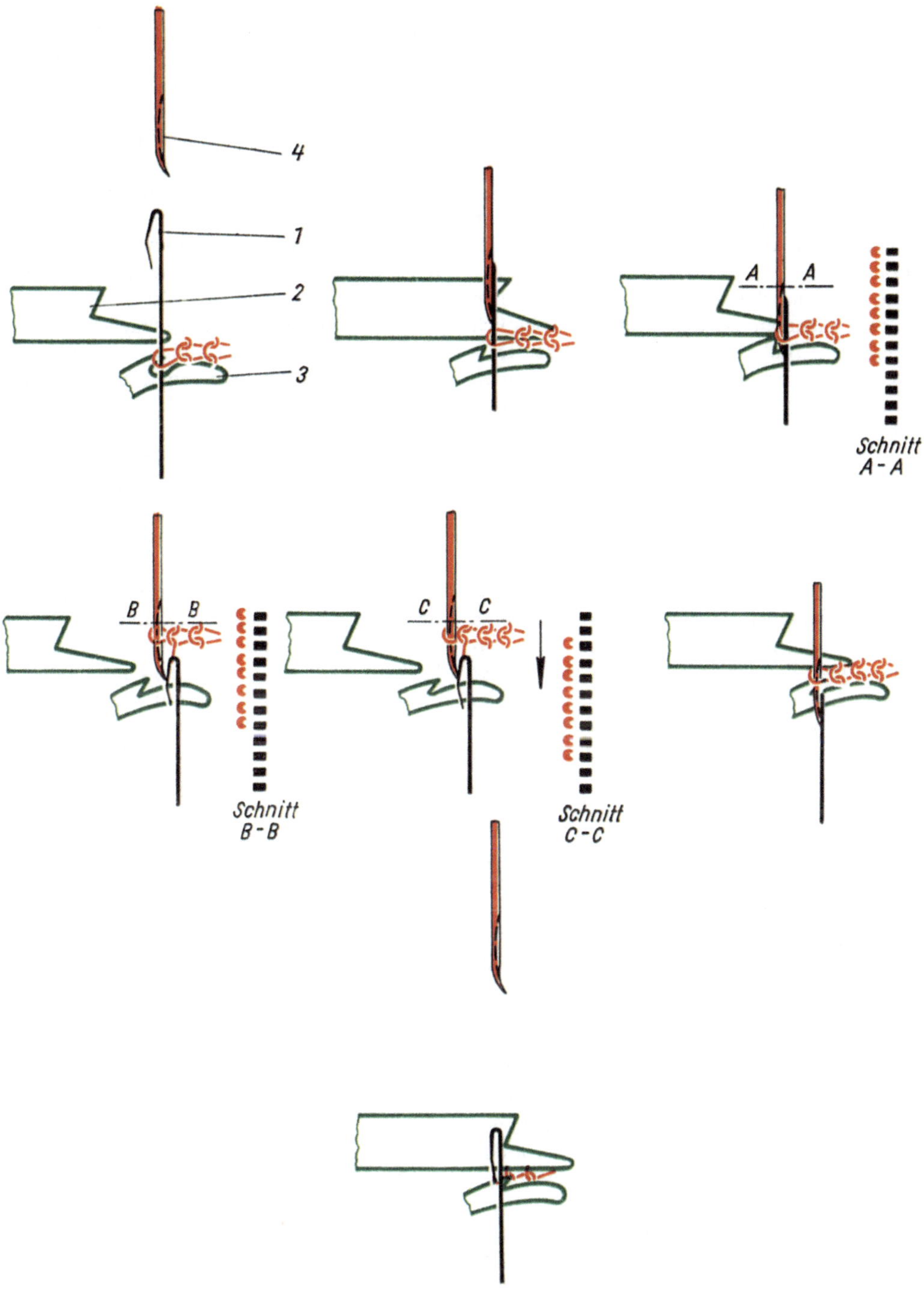

Bild 9/2. FKW-Umhängen der Halbmaschen
1 Spitzennadel; 2 Kulierplatine; 3 Einschließ- und Abschlagplatine; 4 Decknadel

maschen an der Gewirkekante um eine Nadelteilung nach außen umgehängt, wodurch die Arbeitsbreite ebenfalls um eine Nadelteilung erweitert wurde *(Zunehmen)*, oder es werden ebenfalls im Bereich der Gewirkekante befindliche Halbmaschen mit dem umgekehrten Effekt um eine oder mehrere Nadelteilungen nach innen umgehängt *(Mindern)*. Für diesen Vorgang ist auch die Bezeichnung Decken üblich.

Die Halbmaschenübertragung nach außen zum Zunehmen ist aus Bild 9/1 ersichtlich (vergleiche Bild 5/21). Die in der unteren Darstellung rot abgebildeten Halbmaschen werden von dazu angeordneten Arbeitsorganen – den *Decknadeln* – von ihren Spitzennadeln gehoben und jeweils auf die benachbarten Spitzennadeln umgehängt, so daß sie die aus der oberen Darstellung ersichtliche neue Lage einnehmen. Nach diesem Vorgang trägt die äußere rechte Nadel auch eine Halbmasche. Für die nächste Maschenreihe wird auf diese Nadel gemäß der neuen Arbeitsbreite um eine Nadelteilung nach rechts erweitert auch Faden gelegt. Die vierte Nadel von rechts trägt keine Halbmasche mehr. Auf diese Nadel wird für die nachfolgende Maschenreihe erneut ein Faden gelegt, woraus zunächst ein Henkel entsteht.

Wäre das Umhängen der Halbmaschen nicht um nur die eine Nadelteilung erfolgt, sondern um mehrere, würde, wie aus dem Maschenbild ersichtlich ist, eine Laufstelle entstanden sein. Das Umhängen der Halbmaschen zum Zunehmen (auch *Aufdecken*) kann daher immer um nur eine Nadelteilung erfolgen. Der entgegengesetzte Vorgang, das Mindern, kann über mehrere Nadelteilungen erfolgen. Dabei entstehen am Gewirkerand freie, nicht mit Halbmaschen besetzte Nadeln, während in der Gegenrichtung so viele Nadeln mit zwei Halbmaschen besetzt sind, wie die Anzahl der Nadelteilungen beim Umhängen nach innen betrug. Diese Anzahl wird durch die Dehnbarkeit des verarbeiteten Fadens begrenzt.

Die Arbeitstakte für das Umhängen von Halbmaschen gibt Bild 9/2 (Betrachtung der Darstellungen von links nach rechts und oben nach unten) wieder. Die Spitzennadel *1* trägt eine Halbmasche, die von der Einschließkehle der Einschließ- und Abschlagplatine *3* gehalten wird. Die Decknadel *4* senkt sich auf die Spitzennadel. Die Decknadel ist im Kopf mit einer Zasche als Aussparung versehen, in die sich der Kopf der Spitzennadel legt. Die Spitze der Decknadel greift in die Zasche der Spitzennadel ein. Deck- und Spitzennadel senken sich; dabei gleitet die Halbmasche von der Spitzen- auf die Decknadel. Im Schnitt A bis B ist die Anordnung der Halbmaschen auf den Spitzennadeln ersichtlich. Die Decknadel bewegt sich horizontal von der Spitzennadelreihe weg und hebt sich anschließend, wobei sie die Halbmasche mitführt. Es erfolgt ein Versatz der Decknadeln – im dargelegten Beispiel zum Umhängen der Halbmasche nach innen, d.h. Mindern – um zwei Nadelteilungen. Darauf senkt sich die Decknadel mit ihrer Halbmasche wieder auf die Spitzennadel. Die Kulierplatine *2* wird über die Halbmasche geschoben und hält, während sich die Decknadel vertikal von der Spitzennadel abhebt, die Halbmasche auf der neuen Spitzennadel zurück. Der Vorgang läuft synchron für alle beteiligten Deck- und Spitzennadeln, die beide in Nadelbarren gelagert werden, ab.

Anhand von Bild 9/1 ist auf die durch das Zunehmen im Gewirke entstehende offene Stelle, die durch die fehlende Bindungseinheit zustandekommt, zu verweisen. (Diese Öff-

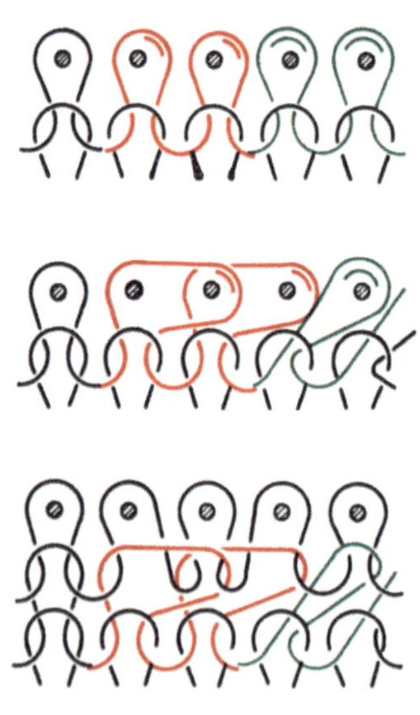

Bild 9/3. Teilweises Umhängen der Halbmaschen beim Zunehmen

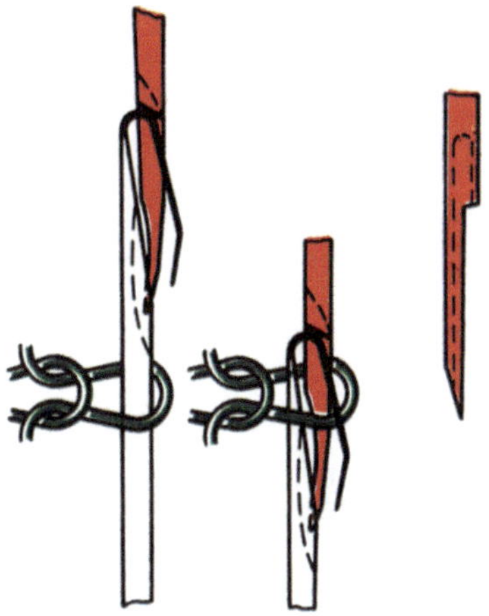

Bild 9/4. FKW-Spezialdecknadel mit halber Masche

nungen werden gemäß Abschnitt 5. auch zur Musterung genutzt.) Eine derartige Öffnung kann weitgehend vermieden werden, wenn beim Zunehmen die Halbmasche nicht von der Spitzennadel, der sie bisher zugeordnet war, abgenommen, sondern nur zusätzlich auch über die Nachbarnadel gehängt wird. Das Maschenbild sowie der Ablauf ist aus Bild 9/3 entsprechend den Darstellungen von oben nach unten zu entnehmen.
Für diesen Ablauf des Umhängens ist eine *Spezialdecknadel* nach Bild 9/4 erforderlich. Der Kopf dieser Decknadel ist asymmetrisch und reicht nur bis zur Mittellinie. Dadurch wird erreicht, daß die Decknadel zwar in die Halbmasche der Spitzennadel eingreift, was zum Umhängen auf die Nachbarspitzennadel erforderlich ist, der Kopf der Spitzennadel jedoch offen bleibt. Dadurch gelangt beim Senken von Spitzen- und Decknadel die Halbmasche wieder in den Spitzennadelkopf und kann nicht von der Spitzennadel abgenommen werden.
Maschentechnisch sind für die Decknadeln, die in Barren, den sogenannten *Decknadelkämmen*, aufgenommen werden, gemäß der Beschreibung für Bild 9/2 Bewegungen in drei Dimensionen erforderlich. Das vertikale Heben und Senken der Decknadeln sowie das horizontale Abheben gehen von Kurvenscheibengetrieben über Hebelübersetzungen aus. Die seitlich horizontale Versatzbewegung um eine oder das Vielfache einer Nadelteilung zum Zunehmen oder Mindern erfordert spezielle sehr präzise Spindeltriebe.
Bild 9/5 zeigt eine Versatzeinrichtung für Decknadeln unter Verwendung von Spindeln und *Droppern* (Distanzstücke). Die Spindelmutter *1* ist horizontal geführt und kann nicht rotieren. Zum Versatz der Decknadelkämme wird auf die Spindel *2* eine Rotation übertragen, die zum Versatz der Spindelmutter führt. Über die Anschläge *3* wird über die Dropper *11* auf die Deckschienen *8* und damit die rechts- und linksseitigen Decknadelkämme *9* und *10*

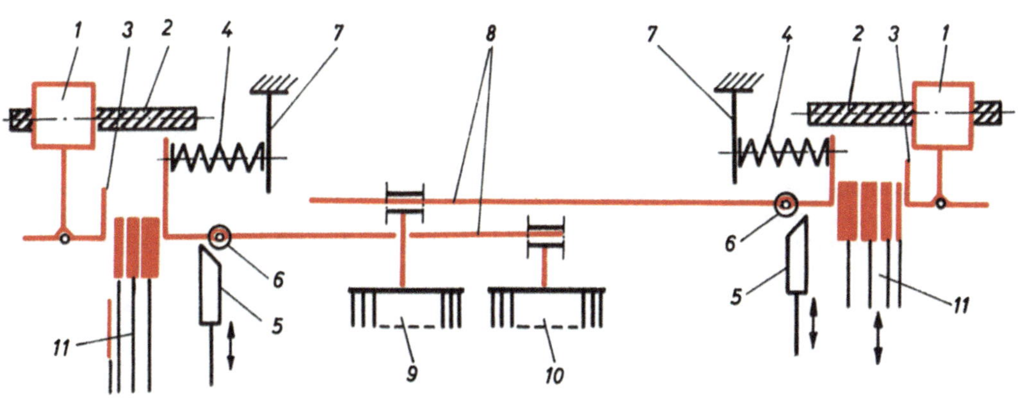

Bild 9/5. FKW-Decknadel-Versatzeinrichtung mit Spindel und Dropper
1 Spindelmutter; 2 Spindel; 3 Anschlag; 4 Druckfeder; 5 Keil; 6 Laufrolle; 7 Anschlag; 8 Deckschiene; 9 linker Decknadelkamm; 10 rechter Decknadelkamm; 11 Dropper

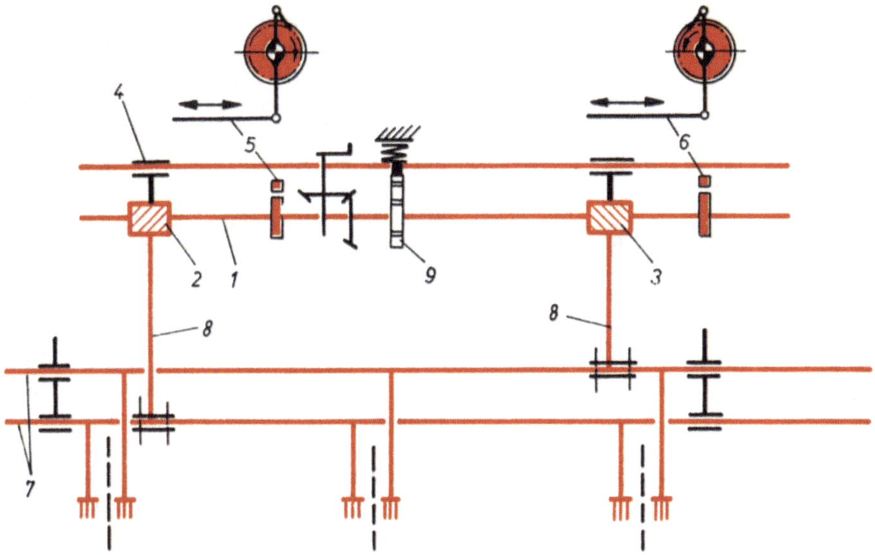

Bild 9/6. FKW-Decknadel-Versatzeinrichtung mit Spindel
1 Spindelwelle; 2, 3 Spindelmutter; 4 Führung; 5, 6 Schaltklinke und Klinkenrad; 7 Deckschienen; 8 Übertragungshebel; 9 Arretierungsscheibe

die Versatzbewegung übertragen. Um beim Versatz der Decknadeln über viele Nadelteilungen zu Musterzwecken nicht eine lange Rotationsdauer der Spindel zu bedingen, ist der Versatz der Decknadeln zwischen *0* und *15* Nadelteilungen auch über die vier Dropper *11* möglich, deren Breite *1, 2, 4* und *8* Nadelteilungen beträgt und in variabler Kombination zwischen den Anschlag *3* und die Deckschiene *8* gesetzt werden können. Zum Einsetzen der Dropper wird ein Keil *5* gegen die Laufrolle *6* gedrückt, und damit die Deckschiene *8* gegen die Kraft der Feder *4* (die am Anschlag *7* anliegt) nach innen geschoben, so daß die Dropper in der gewünschten Kombination programmgemäß eingefügt werden.

Einfachere Deckvorrichtungen (Bild 9/6) realisieren den Versatz nur über Spindel und Spindelmutter. Aus der Darstellung in Bild 9/6 ist zusätzlich erkennbar, daß die minimal zwei erforderlichen Deckschienen *7* für jede Arbeitsstelle der Maschine (innerhalb der durch die schraffierten Linien abgegrenzten Bereiche) die rechts- und linksseitigen Decknadelkämme tragen.

Indirekt zur Formgebung an Flachkulierwirkmaschinen gehört auch, ein in Rechts/Links-Bindung herzustellendes Gewirketeil mit einem Bund in Rechts/Rechts-Bindung (die nur in den seltensten Fällen auf der Flachkulierwirkmaschine selbst herstellbar ist) zu kombinieren. Dieser Rechts/Rechts-Rand als unterer Abschluß des Gewirketeiles wird in der Regel auf einer Flachstrickmaschine gefertigt, die dort auf den Zungennadeln befindlichen Halbmaschen auf einen *Übertragungsrechen*, der mit Decknadeln besetzt ist, aufgestoßen und von diesem Übertragungsrechen (Bild 9/7*a* nach dem Übertragungsprinzip des Deckens auf die Spitzennadeln der Flachkulierwirkmaschine gebracht (Bild 9/7b). Auf der Flachkulierwirkmaschine wird, von den übertragenen Halbmaschen ausgehend, das Gewirketeil in der gewünschten Form in Rechts/Links-Grundbindung gefertigt.

Außer den üblichen Obertrikotagen sind auf Flachkulierwirkmaschinen ganze reguläre Kleiderteile gefertigt worden. In Zusammenhang mit steuerbaren Preßplatinen (s. Bild 11/27) ist eine dreidimensionale Formgebung, z.B. für Damenbadeanzüge erreichbar. Dabei wird die Maschenbildung nur an den Nadeln

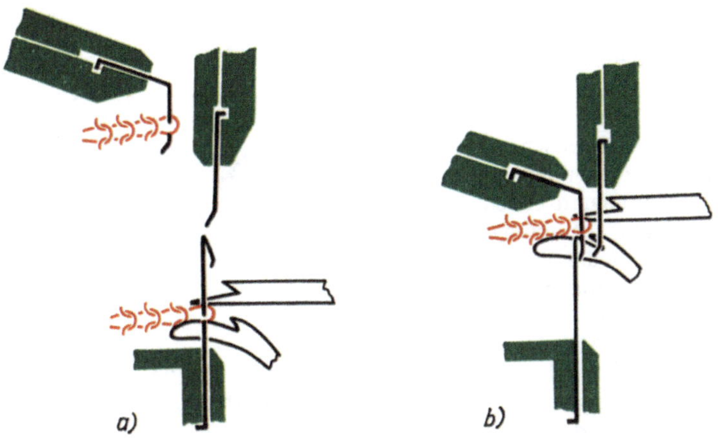

Bild 9/7. FKW-Ripprand-Übertragung an der Arbeitsstelle mit Decknadelkamm
a Ripprand auf Übertragungsrechen; b Übertragung

bestimmter Abschnitte bei gleichzeitigem Mindern und wieder Zunehmen (vgl. Pendelferse, Abschn. 9.2.3.) fortgesetzt, während sie in den übrigen Abschnitten unterbleibt. Die Nadeln dieser Abschnitte werden auch nicht gepreßt, so daß sie die Halbmaschen behalten, bis auch sie wieder an der Maschenbildung teilnehmen.

9.2.2. Formgebung im Prozeß der Flächenbildung beim Flachstricken

Auf Flachstrickmaschinen können Gestrickbahnen konstanter Breite, solche mit abgepaßten Längen, formgerechte und reguläre Gestrickteile gefertigt werden.

Abgepaßte Gestricklängen setzen die schon erwähnte Einarbeitung eines Trennfadens voraus. Das Prinzip des Trennfadens, der in unterschiedlicher Folge von Maschenreihen eingearbeitet werden kann, besteht darin, von einem Nadelbett nach Bildung einiger Rechts/Links-Maschenreihen zum Schutz gegen das Auftrennen *(Schutzreihen)* auf dem anderen eine Rechts/Links-Maschenreihe (Trennreihe) zu bilden und danach auf beiden Nadelbetten das neue Gestrickteil zu beginnen. Letztes und neues Gestrickteil sind nur noch durch die Rechts/Links-Trennreihe verbunden. Sie wird zum Trennen der Gestrickstücke aufgeschnitten und aufgezogen (s. Abschnitt 9.2.3. und 9.2.4.).

Die einfachste Form der Formgebung besteht nach Beginn des Gestrickes in vorgegebener Ausgangsbreite im Zunehmen der Gestrickbreite. Dafür ist das *Zustoßen* (in die Arbeitsstellung) neuer Nadeln am Gestrickrand und die Erweiterung des Fadenführerweges um die Nadelteilung der zugestoßenen Nadel erforderlich. Gemäß Bild 9/8 kann so die Arbeitsbreite maschenreihenweise entsprechend der rot markierten gewünschten Form des Gestrickteiles (Ärmel) angepaßt werden.

Grundsätzlich besteht die Möglichkeit, das Gestrickteil mit unverminderter Breite bis zur

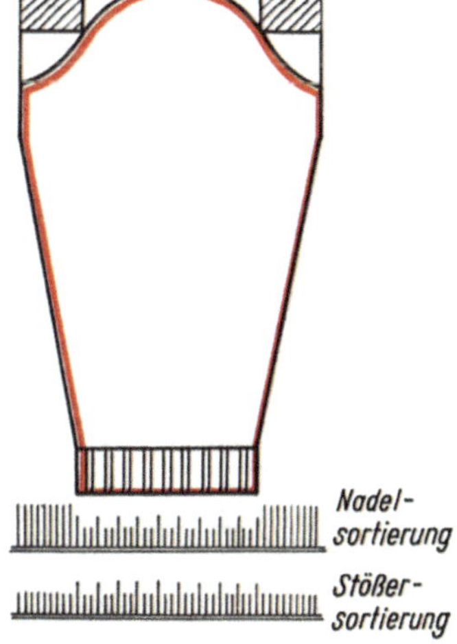

Bild 9/8. Formgerechtes Stricken durch Zunehmen und Absprengen

endgültigen Länge fertigzustellen. Die Differenz zur rot markierten Erzeugniskontur ist dann der Zuschnittverlust.
Dieser Zuschnittverlust wird um die schraffiert dargestellten Flächen reduziert, wenn die an die schraffierten Flächen angrenzenden Halbmaschen von den Nadeln abgesprengt werden (Austreiben und Abziehen der Nadeln ohne Fadenlegen). Das Teil wird dann mit verminderter Breite zu Ende gestrickt.
Maschinentechnisch ist mit Hoch-, Mittel- und Niederfußnadeln sowie Hoch- und Niederfußstößern eine gruppenweise Nadelauswahl Voraussetzung. Für den Gestrickbund in der Bindung Rechts/Rechts-gerippt werden Hoch- und Mittelfußnadeln außer Arbeitsstellung gebracht. Zur Fortsetzung des Gestrickes in der Rechts/Rechts-Grundbindung werden die Mittelfußnadeln über die Hochfußstößer wieder in Arbeitsstellung geschoben. Das Zunehmen der Arbeitsbreite erfolgt durch Zustoßen von Hochfußnadeln über Niederfußstößer. Zum Absprengen werden nur die Hochfußnadeln erfaßt und über die mit Hochfußnadeln besetzte Breite die Halbmaschen abgesprengt.

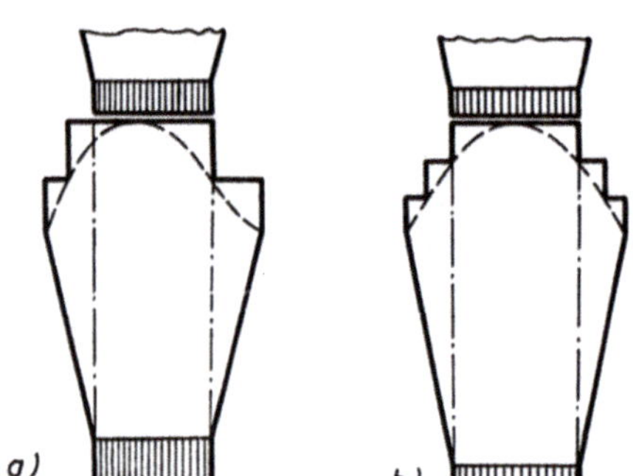

Bild 9/9. FS-Formgerechte Gestrickteile durch Zunehmen und Absprengen
a asymmetrisches Absprengen; b Absprengen in mehreren Stufen

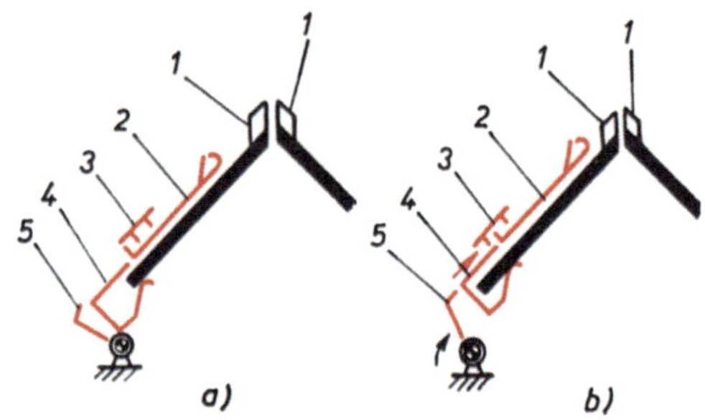

Bild 9/10. FS-Zustoßen von Nadeln mit Stoßhebel
a Nadel außer Arbeitsstellung; b Nadel in Arbeitsstellung
1 Nadelbett; 2 Zungennadel; 3 Strickschloß; 4 Nadelfeder; 5 Stoßhebel

Bild 9/9 zeigt je ein Beispiel für ein asymmetrisch gefertigtes Gestrickteil *a* und ein in mehreren Absprengstufen *b* mit noch weiterer Reduzierung des Zuschnittverlustes hergestelltes Gestrickteil.
Für die maschinentechnische Realisierung des Zustoßens einzelner Nadeln können nur einige Beispiele angeführt werden. In Bild 9/10 dient zum Zustoßen ein Stoßhebel *5* der gemäß der zuzustoßenden Nadel positioniert ist und auf die Nadelfeder *4* im Nadelbett *1* wirkt. Über die Nadelfeder wird die Zungennadel *2* in den Eingriffsbereich des Strickschlosses *3* gebracht. Für eine weitere Lösung sind nach Bild 9/11 den Zungennadeln *3* Nadelstößer mit Stößerfüßen *5* zugeordnet. Wenn nach Bildung einer Maschenreihe das Strickschloß *1*, *2* den Bereich der in Arbeitsstellung befindlichen Nadeln verläßt, trifft das Zunahmeteil 7 auf einen außer Arbeitsstellung befindlichen

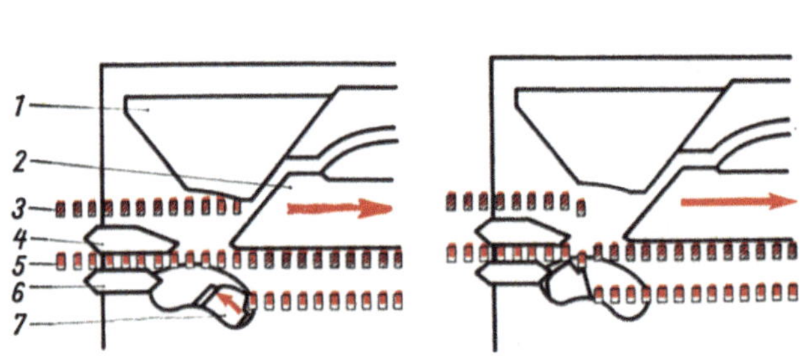

Bild 9/11. FS-Zunahmeschloß
1 Kulierteil; 2 Nadelheberteil; 3 Nadelfüße; 4 Führungsteil; 5 Stößerfüße; 6 Sicherheitsteil; 7 Zunahmeteil

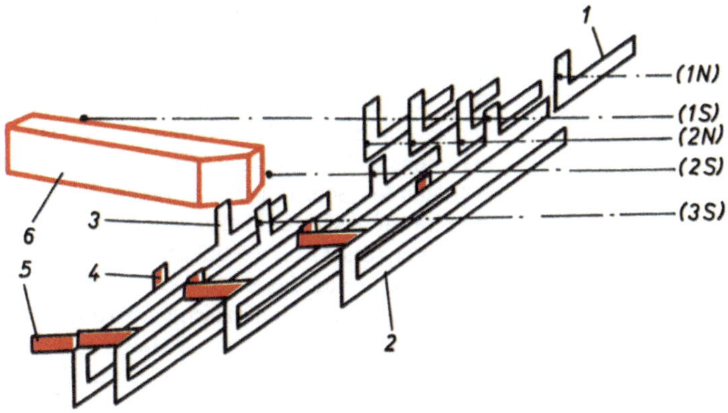

Bild 9/12. FS-Zunehmen über spezielle Nadelstößer
1 Zungennadel; 2 Nadelstößer; 3 und 4 vertikale Nadelfüße; 5 horizontaler Nadelfuß; 6 Zunahmeschloßteil
1S, 2S 3S, Ebenen des Stößerfußes 3;
1N, 2N Ebenen des Nadelfußes

Nadelfederfuß. Die Nadelfeder lenkt infolge der Schloßbewegung das Zunahmeteil horizontal und vertikal (roter Pfeil) aus und hebt sich in den Bereich zwischen Sicherheitsteil *6* und Führungsteil *4*, so daß die Nadelfeder die Nadel in Arbeitsstellung bringt. Nach jedem Schlittenhub wird eine Nadel zusätzlich in Arbeitsstellung gebracht. Gleiches wird auch durch die in Bild 9/12 gezeigte *Zunahmevorrichtung* erreicht. Jeder Zungennadel *1* ist ein Nadelstößer *2* zugeordnet. Der Nadelstößer ist mit den vertikalen Füßen *3* und *4* sowie dem horizontalen Fuß *5* versehen. Der rechte äußere Nadelstößer *2* hat die Nadel *1* bereits in Arbeitsstellung gebracht und bei seiner Bewegung mit Fuß *5* den Fuß *4* des Nachbarstößers erfaßt und diesen von der Position *3S* in die Position *2S* geführt. In dieser Position wird der Arbeitsfuß *3* des Stößers bei Bewegung des Schlittens von *Zunahmeschloßteil 6* erfaßt und gelangt in die Position *1S*, womit er die Nadel aus der Position *2N* in die Arbeitsstellung *1N*, in der die Nadel vom Strickschloß ausgetrieben werden kann, geschoben hat. So bringt ein Stößer den benachbarten in die nächste Position, und die Arbeitsbreite wird nach jedem Schlittenhub um eine Nadelteilung erweitert.

Durch Zunehmen und Mindern können auch reguläre Gestrickteile auf Flachstrickmaschinen erzeugt werden. Dazu ist das Umhängen von Halbmaschen nach dem im Abschnitt 9.2.1. beschriebenen maschinentechnischen Prinzip anzuwenden. Bild 9/13 zeigt für Flachstrickmaschinen angewandte Arbeitsorgane zum Halbmaschenumhängen: eine Zungennadel *2* mit Hakengreifer *1 a*, der sich in eine Aussparung des Nadelschaftes einfügt, eine Zungennadel *3* mit seitlicher Kerbung *b*, in die der Nadelkopf des gegenüberliegenden Nadelbettes eingreifen kann, und eine Zungennadel *4* mit seitlicher Spreizfeder *c* ebenfalls zum Eingreifen der gegenüberliegenden Nadel zwischen Nadelschaft und Spreizfeder.

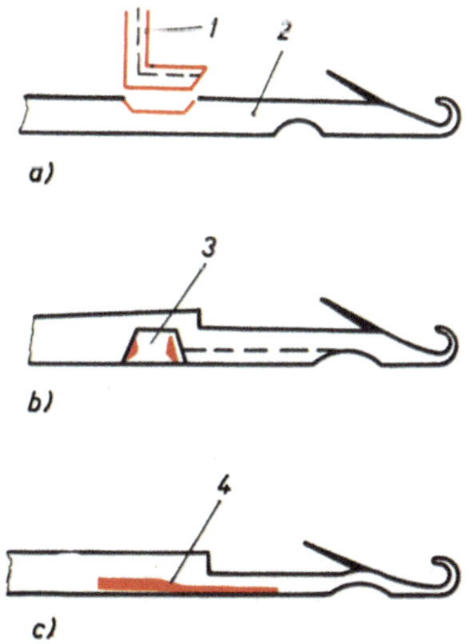

Bild 9/13. FS-Zungennadeln zum Halbmaschenübertragen
a Zungennadel und Hakengreifer; b Zungennadel mit Kerbe; c Zungennadel mit Spreizfeder
1 Hakengreifer; 2 Zungennadel; 3 Kerbe; 4 Spreizfeder

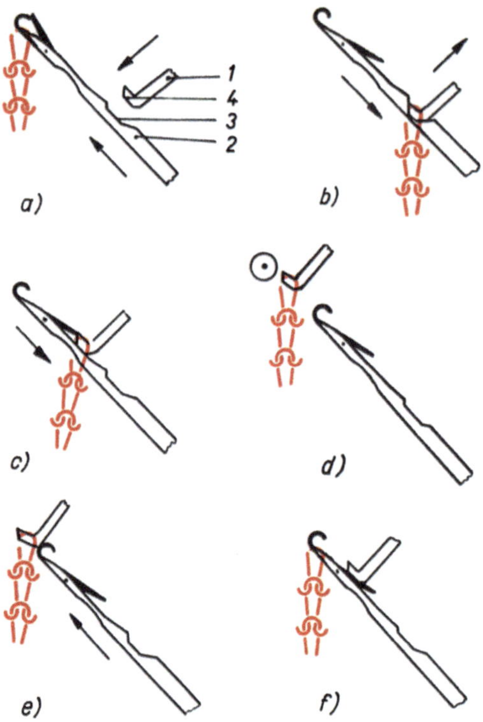

Bild 9/14. FS-Mindervorgang an Zungennadeln mit Hakengreifer

1 Greifer; 2 Zungennadel; 3 Aussparung der Zungennadel; 4 Haken

Gemäß Bild 9/14 läuft der Mindervorgang mit Hilfe eines seitlich versetzbaren *Hakengreifers* (Nadelkonstruktion *a*) wie folgt ab (im Bild von links nach rechts und oben nach unten). Während sich die Halbmasche im Kopf der Nadel *2* befindet, fügt sich der Greifer *1* mit dem Haken *4* um den Nadelschaft in die Kerbe *3* ein. Die Nadel wird mit dem Greifer in Pfeilrichtung ausgetrieben, so daß die Halbmasche auf den Greifer gelangt. Danach wird der Greifer mit Halbmasche in Pfeilrichtung vom Nadelschaft abgehoben und die Nadel in das Nadelbett zurückgezogen. Der Greifer wird um die für das Mindern festgelegte Anzahl Nadelteilungen versetzt, so daß er vor der Nachbarnadel positioniert ist. Diese Nadel wird soweit ausgetrieben, daß der Nadelkopf in die Halbmasche eingreift und diese vom Hakengreifer übernimmt. Mit diesem Ablauf ist der Versatz einer Halbmasche innerhalb eines Nadelbettes realisiert worden.

Die Nadelkonstruktionen nach Bild 9/13b und c ermöglichen das Umhängen der Halbmaschen zur Formgebung (wie zur Musterung) in folgenden Schritten: Übertragen der Halbmasche auf das gegenüberliegende Nadelbett – Nadelbettversatz – Rückübertragung der Halbmasche auf das erste Nadelbett. Durch den zwischen den Halbmaschenübertragungen liegenden Versatz gelangt die Halbmasche gemäß der Anzahl Nadelteilungen, um die der Versatz erfolgte, auf eine neue Nadel, ist also umgehängt worden. Das Verfahren der Halbmaschenübertragung dient in vielen Fällen nach dem Beginn des Gestrickes in der Rechts/Rechts-Bindung für den Rand zum Übergang auf die Rechts/Links-Bindung.

Die *Halbmaschenübertragung* erfolgt gemäß Bild 9/15 in folgenden Schritten. Durch einen *Anlehnversatz* um eine halbe Nadelteilung wird erreicht, daß die Nadel *3* dicht am Schaft der Nadel *1* anliegt *a*. Die Nadel *1* wird soweit ausgetrieben, daß die Kehle des Nadelschaftes die Halbmasche *2* vor den Kopf der Nadel *2* zieht *b*. Der Kopf der Nadel *3* wird unter dem Fadenschenkel der Halbmasche in die Kerbe des Nadelschaftes der Nadel *1* geführt *c*. Danach wird die Nadel *1* ins Nadelbett zurückgezogen (die Halbmasche schließt ihren Nadelkopf), so daß die Halbmasche jetzt auf dem Kopf der Nadel *3* hängt.

Analog ist der in Bild 9/16 für die Nadelkonstruktion gemäß Bild 9/13*c* dargestellte Ablauf. Die Halbmasche der übergebenden Nadel wird durch die Spreizfeder geweitet, und die übernehmende Nadel greift zwischen Nadelschaft und Spreizfeder ein.

Die Übertragung der Halbmaschen setzt Schloßkonstruktionen voraus, die die Bewegungsfunktionen zum Übergeben und Übernehmen auf die Nadeln übertragen. Es sind Lösungen bekannt, die Umhängeschloßteile vor bzw. nach den Strickschlössern und zum anderen über den Strickschlössern anordnen. Die erstgenannte Konstruktion erfordert einen längeren Schlitten. Beim Übertragen aller Halbmaschen auf das gegenüberliegende Nadelbett kann bei beiden Konstruktionen mit dem jeweils nachlaufenden Strickschloß im

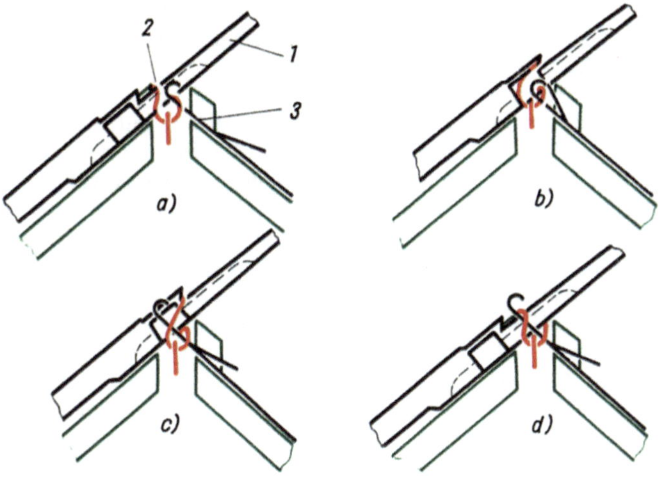

Bild 9/15. FS-Halbmaschenübertragung (Kerbnadel)
1, 3 Zungennadel; 2 Halbmasche; a bis d Vorgang der Übertragung

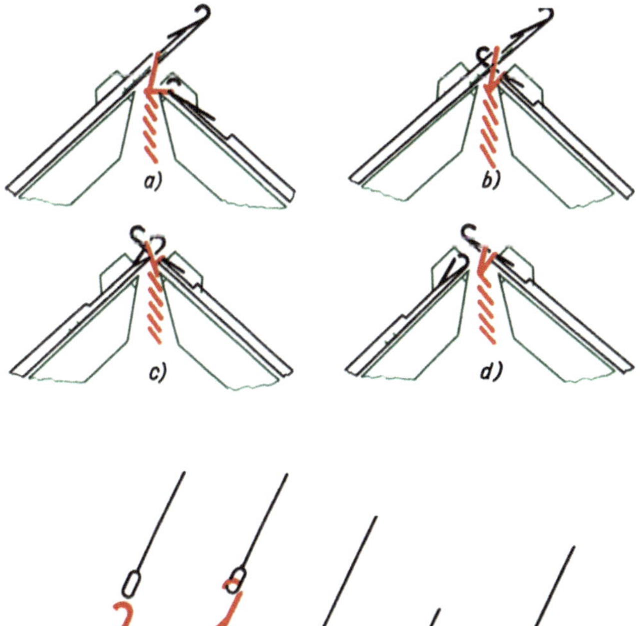

Bild 9/16. FS-Halbmaschenübertragung (Spreizfeder)
a bis d Vorgang der Übertragung

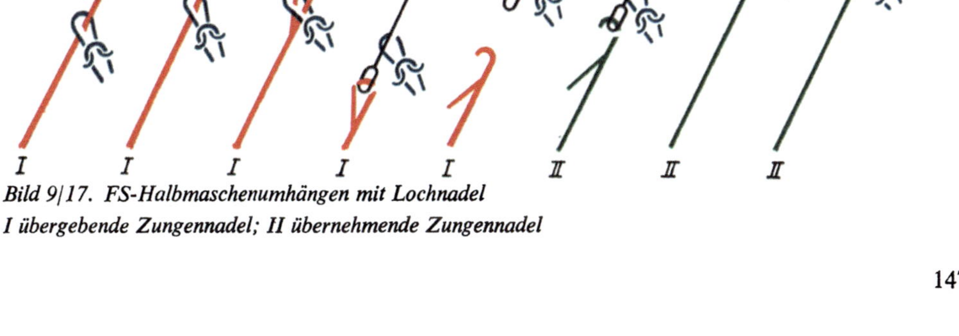

Bild 9/17. FS-Halbmaschenumhängen mit Lochnadel
I übergebende Zungennadel; II übernehmende Zungennadel

gleichen Hub, in dem Halbmaschen übertragen werden, auch gestrickt werden.
Ein weiteres Beispiel zum Umhängen von Halbmaschen zeigt Bild 9/17. Es liegt das Prinzip analog dem Bild 9/14 zugrunde, innerhalb eines Nadelbettes eine Halbmasche von einer Nadel auf eine Nachbarnadel umzuhängen. Wie dem Bild zu entnehmen ist, dient eine Lochnadel als Arbeitsorgan zum Umhängen. Sie faßt in den Kopf der Zungennadel *I* ein. Die Zungennadel wird in das Nadelbett zurückgezogen, wobei die Halbmasche auf die Lochnadel gleitet. Die Lochnadel hebt sich von der Zungennadel ab, führt eine Versatzbewegung aus und übergibt in umgekehrter Folge der Arbeitstakte die Halbmasche an eine benachbarte Zungennadel *II*. Wichtig ist hinzuzufügen, daß auf der Basis dieses Prinzipes kein Nadelbettversatz erforderlich ist.

9.2.3. Formgebung im Prozeß der Flächenbildung beim Kleinrundstricken

Die Formgebung auf Kleinrundstrickmaschinen wird erzeugnisspezifisch orientiert beschrieben, da Kleinrundstrickmaschinen fast ausschließlich der Fertigung von *Strumpferzeugnissen* dienen.
Eine Besonderheit stellt die Bildung des *Strumpfdoppelrandes* dar. Nach Bild 9/18 wird der Gestrickschlauch angefangen, indem über jede zweite Nadel ein Faden gelegt wird *a*, so daß in der nächsten Reihe die Nadeln abwechselnd Halbmaschen und Henkel tragen *b*. Auf die Nadeln, die Halbmaschen tragen, sowie auf die von außen zwischen diese Nadeln tretenden *Umhängeplatinen* wird Faden (schwarz) gelegt *c*, der nach der nächsten Reihe

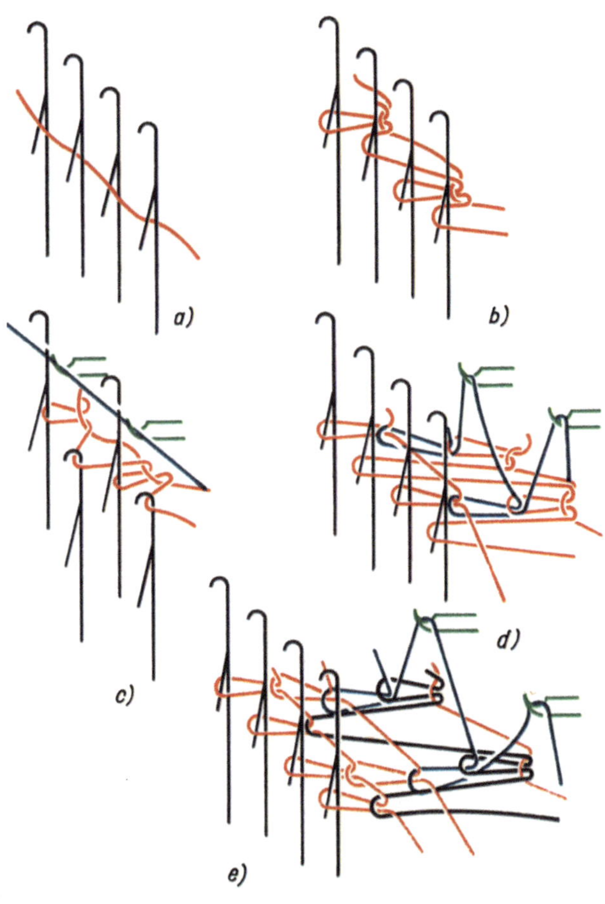

Bild 9/18. KRS-Anfang des Doppelrandes
a bis e Anfang und Verbindung mit Umhängeplatinen

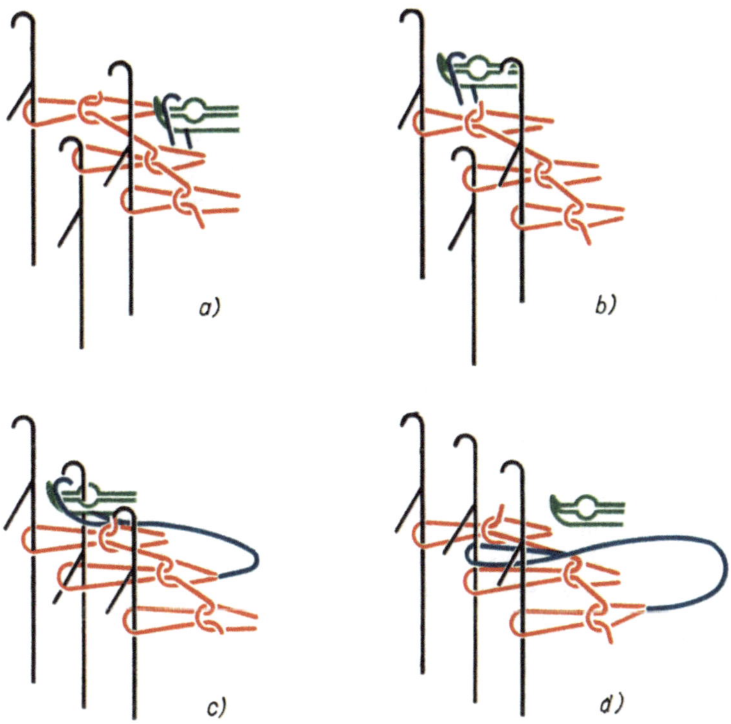

Bild 9/19. KRS-Umhängen des Doppelrandes
a bis d Vorgang des Umhängens

an jeder zweiten Nadel als Masche eingebunden wird und außerdem in den Umhängeplatinen hängt *d*. Über diesen Faden wird der Strumpfanfang weiter in den Umhängeplatinen fixiert, während die Zungennadeln kontinuierlich Maschen und damit Gestrickschlauch bilden. Nach vorgegebener Länge dieses Gestrickschlauches wird eine Nadelsortierung wie in Bild 9/19*a* vorgenommen. Die Umhängeplatinen, die noch die Henkel des Strumpfanfanges tragen, treten über die tiefer positionierten Zungennadeln *b*, die daraufhin angehoben werden und dabei in den Fadenhenkel eingreifen *c*. Die Umhängeplatinen sind geteilt und bestehen aus zwei federnden Stahllamellen. Sie werden vom Nadelzylinder weg nach außen bewegt und übertragen so den Strumpfanfang wieder auf die Zungennadeln *d*. Die Bildung des Doppelrandes ist abgeschlossen, und mit den Zungennadeln wird die Beinlänge gestrickt.
Wie bereits erwähnt wurde, hat sich das Schließen der Strumpfspitze auf der Kleinrundstrickmaschine gegenüber dem Nähen als ökonomisch vorteilhafter erwiesen. Von den bekannten Verfahren zur Herstellung der maschinengeschlossenen Spitze sollen zwei erwähnt werden. Sie weisen Parallelen zur Fertigung des Strumpfdoppelrandes auf.
Es ist davon auszugehen, daß der Strumpf (als letztes der Fuß) auf den Zungennadeln hängt. In analoger Weise werden Henkel gebildet und über Umhängeplatinen gehängt. Danach setzen die Zylindernadeln die Bildung eines Gestrickschlauches fort. Nachdem ein Schlauchstück vorgegebener Länge entstanden ist, dessen Anfang auf den Umhängeplatinen und dessen Ende auf den Zungennadeln hängt, werden Platinenteller und Zylinder um 270 ... 360° zueinander verdreht. Dabei schnürt sich das Schlauchstück zu. Die Henkel werden in bekannter Weise von den Umhängeplatinen auf die Zylindernadeln übertragen und von den Zylindernadeln mit stark kräuselndem Faden

noch einige Sicherheitsreihen gestrickt. Die Strumpfspitze ist geschlossen.
Bei dem zweiten zu erwähnenden Verfahren wird das wie beschrieben gebildete Schlauchstück zwischen Platinenteller und Zylindernadeln über mehrere synchrone Umdrehungen von Zylinder und Platinenteller durch einen festen Faden zugeschnürt. Danach wird wiederum durch Übergabe der Henkel vom Platinenteller auf die Zylindernadeln das Schlauchstück doppelrandartig geschlossen und durch einige Sicherheitsreihen fixiert.
Die maschinengeschlossene Spitze findet auch bereits für die Fertigung von Socken Anwendung. Bei Verarbeitung dickerer Fäden ist es wichtig, den am stärksten zusammengeschnürten Bereich der Strumpfkappe aus feinerem Faden zu bilden, um keine störende Wulst zu erhalten. Die Ferse wurde ursprünglich als sogenannte *Pendelferse* gebildet. Dabei werden nach Fertigstellung der Beinlänge etwa 50% der Nadeln außer Arbeitsstellung gebracht und die Rotationsbewegung des Zylinders durch einen *Pendelgang* abgelöst. Das Prinzip der Fadenverarbeitung entspricht dann dem einer Flachstrickmaschine, an der sich statt der Schlösser das Nadelbett bewegt. Bei jeder Pendelbewegung des Zylinders wird rechts und links eine Nadel außer Arbeitsstellung gebracht, so daß sich der Anteil maschenbildender Nadeln von anfangs 50% auf immer weniger reduziert, d.h., die gebildeten Maschenreihen werden immer kürzer. Die nicht strickenden Nadeln behalten ihre Halbmaschen. Nach vorgegebener Anzahl Maschenreihen wird bei jedem Pendelgang beiderseitig die Anzahl der strickenden Nadeln wieder erhöht, womit die Maschenreihenbreite zunimmt. Dabei wird die Verbindung zu den noch auf den vorher außer Arbeitsstellung gebrachten Nadeln befindlichen Halbmaschen wieder hergestellt. Ist die zu Beginn des Pendelganges vorgelegene Nadelanzahl von etwa 50% erreicht, so werden wieder alle Nadeln am Umfang des Zylinders in Arbeitsstellung gebracht und Schlauch gestrickt. Damit ist zwischen den Schlauch der Beinlänge und des Fußes die *Ferse* als zusätzlicher Keil (Bild 9/20) eingearbeitet worden. Ein beim Mindern und nachfolgenden Zunehmen entstehendes Maschenbild ergibt nach Bild 9/21 eine markante

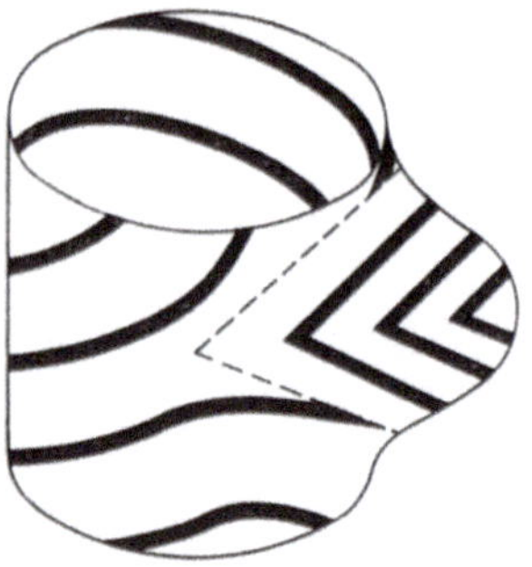

Bild 9/20. KRS-Dreidimensional geformter Gestrickschlauch durch zusätzliche geminderte und zugenommene Teilmaschenreihen

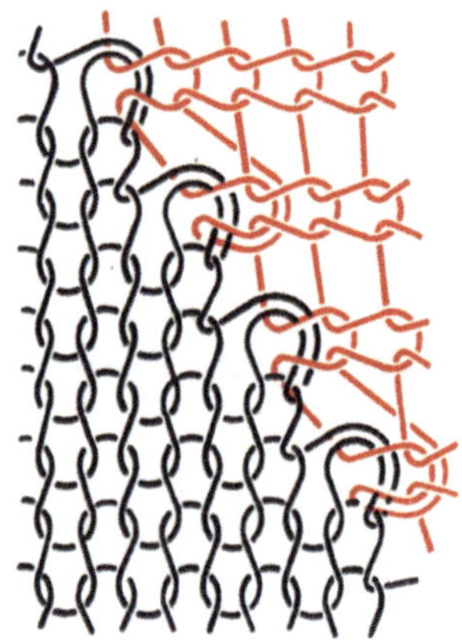

Bild 9/21. KRS-Maschenbild der Minder- und Zunahmestellen

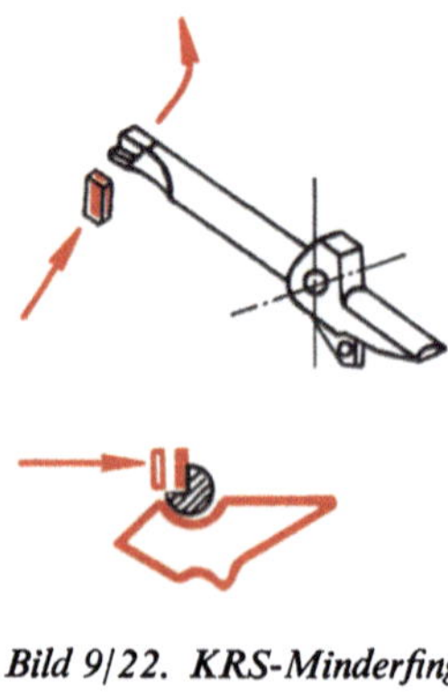

Bild 9/22. KRS-Minderfinger

Linie, die für eine Pendelferse kennzeichnend ist.
Das für das Mindern und Zunehmen Außer-und-In-Arbeitsstellung-bringen der Nadeln wird durch *Minder-* und *Zunahmefinger* erreicht. Sie sind radial um den Nadelzylinder angeordnet. Ein in den Minderfinger (Bild 9/22) während des Pendelganges in Rotationsbewegung einlaufender Nadelfuß wird in Pfeilrichtung nach oben ausgelenkt und damit außer Arbeitsstellung (durch Wirkung weiterer Schloßteile) gebracht. Der Minderfinger ist dazu in zwei Achsen drehbar gelagert (obere Darstellung) und an dem Hebelende, an dem der Nadelfuß auftrifft, formschlüssig geführt, so daß die Nadelbewegung das Heben des Minderfingers und damit der Nadel selbst bewirkt. Bild 9/23 stellt dem Prinzip des Minderfingers *a* das analoge des Zunahmefingers *b* zum Senken der Nadeln in die Arbeitsstellung (über weitere Schloßteile) gegenüber. Während des Zunehmens bleiben die Minderfinger in Aktion. Der Zunahmefinger ist deshalb so breit ausgebildet, weil er zwei Nadelfüße aufnimmt und daraus resultierend, immer eine Nadel in Arbeitsstellung gebracht wird. Diese Arbeitsweise ist für die Ausbildung der Maschen entlang der Zunahme- und Minder-Linie der Ferse erforderlich; sie erhält ein geschlosseneres Aussehen.
Der in zwei Stufen hergestellten, anatomisch besonders günstigen *Y-Ferse a* ist in Bild 9/24 die *Beutelferse b* gegenübergestellt. Sie entsteht, indem zur Fersenbildung die Rotationsbewegung des Nadelzylinders beibehalten wird. Durch gruppenweise Nadelauswahl und entsprechende Schloßstellungen wird erreicht,

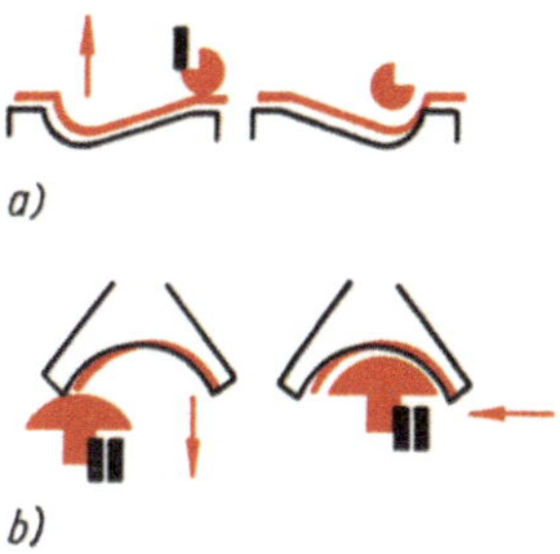

Bild 9/23. KRS-Mindern und Zunehmen
a Minderfinger; b Zunahmefinger

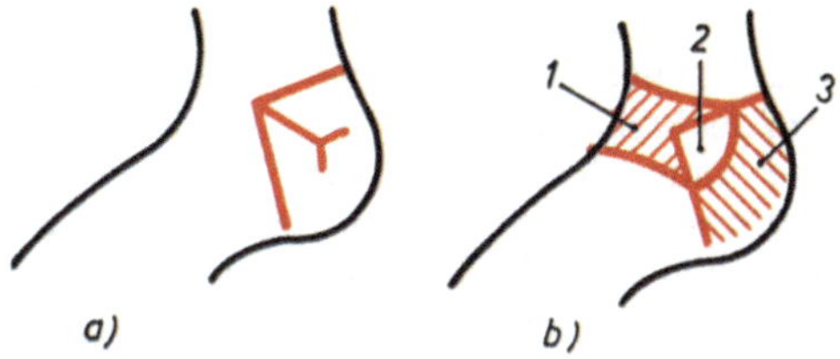

Bild 9/24. KRS-Fersenbildung
a Pendelferse (Y-Ferse); b Beutelferse
1 Spann; 2 Übergangsbereich; 3 Ferse

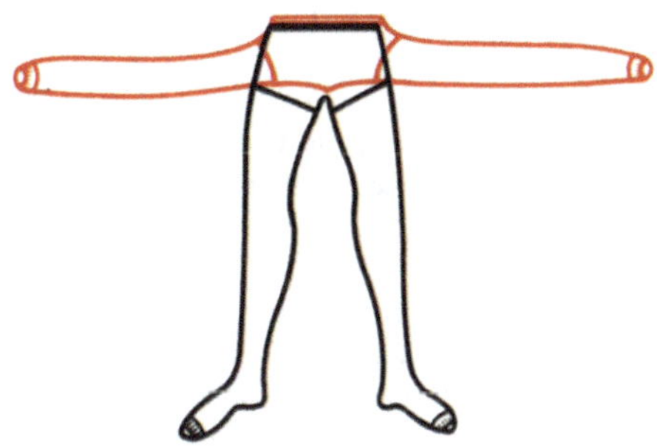

Bild 9/25. KRS-Einstück-Strumpfhose

daß die im Bereich des Spanns *1* liegenden Nadeln an weniger Schlössern zur Maschenbildung bewegt werden als die im Bereich der Ferse *3* liegenden. Im Bereich der Ferse werden so mehr Maschenreihen gebildet als im Bereich *1*. Dazwischen liegt ein Übergangsbereich 2.
Auf Grund der höheren Produktivität haben die Beutelferse und die nur mit Verstärkungsfaden versehene einfixierte Ferse die Pendelferse für Damenfeinstrümpfe und -strumpfhosen weitgehend verdrängt. Sie findet jedoch durchgängig für Socken Anwendung.
Das Prinzip der Herstellung einer Fersentasche wurde ehemals für Strümpfe und wird gegenwärtig für Socken (wenn keine maschinengeschlossene Spitze vorliegt) zum Bilden der Spitze angewendet. Dazu werden die Halbmaschen des Pendel-Fersenteiles, die letztlich auf 50% der Nadeln hängen, mit den noch in Rotationsbewegung auf den übrigen 50% der Nadeln gebildeten Halbmaschen außerhalb der Strickmaschine gekettelt. Anstelle des aufwendigen maschengerechten Kettelns wird meist nicht maschengerecht (blind) gekettelt oder die Spitze genäht. Socken werden in ab-

gepaßten Längen gefertigt oder entstehen bei maschinengeschlossener Spitze und festem Anfang konfektionslos.
Die rationellste Form der *Strumpfhosenfertigung* besteht in der *Einstück-Strumpfhose* (Bild 9/25). Sie beginnt (schwarze Linien) mit der maschinengeschlossenen Spitze, hat ein durch Maschenlänge, Bindungselemente und Fadendehnbarkeit besonders dehnbares Hosenteil mit einseitig eingearbeitetem Gummibund und endet wieder mit der maschinengeschlossenen Spitze. Sie wird zur endgültigen Form (rote Linie) fixiert.

9.2.4. Formgebung im Prozeß der Flächenbildung beim Großrundstricken

Die Formgebung im Prozeß der Flächenbildung hat sich für das Großrundstricken trotz mehrerer Ansatzpunkte bislang nicht durchsetzen können. Eine Begründung ist u.a. aus Abschnitt 9.1. abzuleiten.
Für die Obertrikotagenfertigung ist die Fertigung von abgepaßten Gestricklängen (Abschnitt 9.2.2.) verbreitet.
Eine wichtige Art der Formgebung innerhalb des Großrundstrickens (Maschinen in *Leibweitendurchmessern*) ist die Variation der Gestrickbindung. Wenn über einen Abschnitt des Gestrickschlauches die Rechts/Rechts-Bindung hergestellt wird und in einem anschließenden Bereich auf die abgeleitete Rechts/Rechts-gerippt-Bindung übergegangen wird, dann verjüngt sich in diesem Bereich der Schlauch in Übereinstimmung mit der Körperform (Taille). Analog entsteht beim Übergang von der Rechts/Rechts/gekreuzt-Bindung zu einer abgeleiteten Bindung mit Noppen durch die Henkel ein breiteres und fülligeres Gestrick. Zusätzliche Möglichkeiten ergeben sich aus der Veränderung der Maschenlänge. Die Anwendung dieser Formgebung liegt im Bereich der *Unter-* und *Obertrikotagen.*
Gut eingeführt hat sich ein Maschinenmodell, daß keinen geschlossenen Getrickschlauch fertigt, sondern einen nicht mit Nadeln besetzten Bereich des Zylinders aufweist, so daß eine Gestrickbahn entsteht. Da die Breite dieses Bereiches vor dem Stricken variabel einstellbar ist, kann die Breite der Gestrickbahn in Abhängigkeit von Bindung, Faserstoff und Finalerzeugnis so gewählt werden, daß nur ein minimaler Zuschnittverlust entsteht. Die Maschine arbeitet mit stehendem Zylinder und rotierenden Schlössern (Prinzip der Relativbewegung bei Flachstrickmaschinen). Nach Verlassen des Zylinderbereiches, in dem gestrickt wird, werden die Fäden geschnitten und geklemmt, um nach dem nadelfreien Bereich wieder eingelegt zu werden (Bild 9/26).
Interessant ist ferner die Herstellung von Obertrikotagen auf einer Rundstrickmaschine mit einer Formgebung nach dem Prinzip der Pendelferse. Zur Herstellung eines Pullovers wird zunächst ein Rohling gestrickt (Bild 9/27, linke Ansicht). Er soll bestehen aus Rand und festem Anfang, Bindung Rechts/Rechts-gerippt, und nachfolgend einem Gestrick-

Bild 9/26. GRS-Gestrickbahn mit geschnittenen Fadenenden

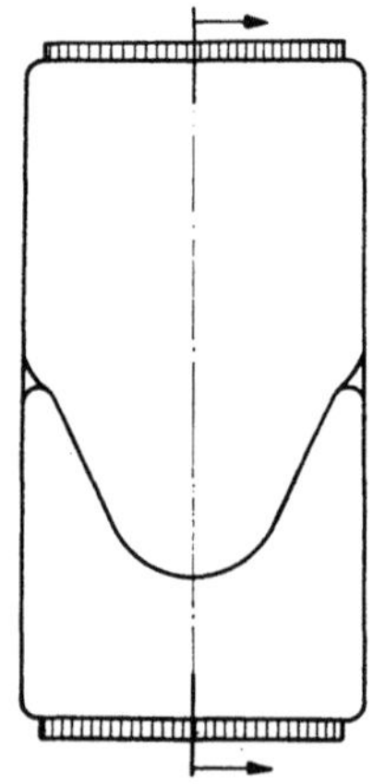

Bild 9/27. GRS-Obertrikotagenrohling nach dem „Prinzip Pendelferse"

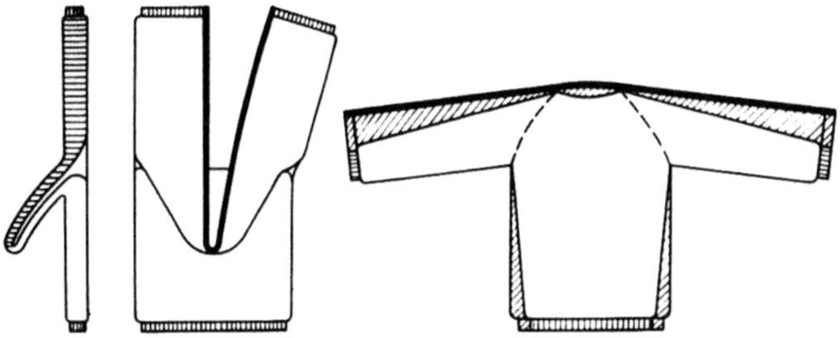

Bild 9/28. GRS-Zuschneiden des Gestrickrohlings nach Bild 9/27

schlauch in Rechts/Rechts-Bindung. Durch Pendeln mit zwei gegenüberliegenden Systemen entstehen zwei Gestricktaschen (Bild 9/27, rechte Ansicht) nach der Art der Pendelferse. Es schließt sich wieder ein Gestrickschlauch in Rechts/Rechts-Bindung und der Rechts/Rechts-gerippt-Rand an. Das Wesentliche des Verfahrens besteht nun in der Art, in der dieser Rohling konfektioniert wird (Bild 9/28).
Die rechte Gestricktasche des Bildes 9/27 wird gewendet, so daß sie innerhalb der linken liegt (Bild 9/28), linke Ansicht; der Rohling wird dann von oben entlang der Schraffur aufgeschnitten. Die mittlere Ansicht im Bild 9/28 zeigt die Schnittlinien des um 90° gedrehten Rohlings. Wird der Rohling nach der rechten Ansicht (Bild 9/28) aufgeklappt, ist die Rohform des Pullovers erkennbar.
Entlang der Schnittlinien muß genäht werden, d.h., auf der Ärmeloberseite wird die Naht sichtbar sein. Um eine bessere Paßform zu erreichen, empfiehlt sich noch ein Zuschnitt an den dunkel dargestellten Streifen.
Das Prinzip wird angewendet, und auf Grund der geringeren Zuschnittverluste (Kinderobertrikotagen etwa 5%, Damen- und Herrenobertrikotagen etwa 17%) erscheint es wirtschaftlich. Das Verfahren wurde vom Erzeugnis her unter Großrundstrickmaschinen erwähnt, obwohl für Kinderobertrikotagen der Zylinderdurchmesser bei nur 6 inch liegt.
Auf weitere bekannte Verfahren zur Formgebung im Prozeß des Großrundstrickens wird auf Grund dessen, daß sie bisher nicht realisiert wurden, nicht eingegangen.

9.2.5. Formgebung im Prozeß der Flächenbildung beim Kettenwirken

Für einige Erzeugnisse werden Verfahren zur Formgebung im Prozeß des Kettenwirkens angewandt. Dies gilt für Rechts/Rechts-Kettenwirkmaschinen mit Zungennadeln (Raschelmaschinen). Gleichgültig, ob es sich um ein Erzeugnis Strumpfhose, Slip oder Kartoffelsack handelt, liegt das Prinzip zugrunde, auf den beiden Nadelbarren der Rechts/Rechts-Kettenwirkmaschine voneinander unabhängig zwei Rechts/Links-Gewirkebahnen zu fertigen. Diese Gewirkebahnen können entlang der Maschenreihen bzw. Maschenstäbchen miteinander verbunden werden, wenn die Legeschienen, die zuerst nur auf jeweils eine Nadelbarre Fäden legten, dies auch auf der gegenüberliegenden Nadelbarre tun.
Gemäß den in Abschnitt 9.1. genannten Prämissen können diese Verbindungen und Öffnungen auf der Kettenwirkmaschine nur entlang von Geraden entstehen. Eine anschließende Formfixierung ist möglich (Strumpfhose). Verpackungssäcke werden quer oder längs gefertigt. Für ersteres gilt: Eine Gewirkekante (Boden des Sackes) entsteht gemeinsam auf beiden Nadelbarren in Maschenstäbchenrichtung. Die „Seitennähte" werden ebenfalls durch Maschenreihen beider Nadelbarren gebildet. Eine Gewirkekante bleibt offen, d.h., beide Nadelbarren erhalten die Legungen von unterschiedlichen Legeschienen. An dieser Sacköffnung wird gleichzeitig das Verschlußband als Stehschuß eingebunden.

10. Funktionsgruppen zum Maschenwarenabzug

10.1. Technologische Aufgaben

Der *Maschenwarenabzug* umfaßt in Ergänzung zur Fadenzuführung den Teil des Stoffflusses nach erfolgter Maschenbildung an den Arbeitsstellen und dessen konstruktive und steuerungstechnische Gestaltung gemäß der technologischen Aufgaben. Letztere beinhalten die Aufgaben:

Abziehen (zur Unterstützung des Abschlagens und Einschließens zum Transport der Maschenware) und
Speichern (Ablegen bzw. Aufwickeln)

der Maschenware.
Das *Abziehen* ist unter Beachtung nachfolgender theoretischer Grundforderungen zu realisieren:
1. Konstante Abzugskraft je Maschenstäbchen über die gesamte Arbeitsbreite, wobei die Kraftrichtung mit der Herstellungsrichtung identisch sein soll.
2. Die Abzugskraft ist so groß wie technologisch notwendig zu wählen.
Beide Grundforderungen ergeben sich aus den Ansprüchen an die *Maschenwarenqualität*, insbesondere die äußere Gleichmäßigkeit sowie an die homogene und dabei möglichst schonende Beanspruchung der Maschenware in der Maschine. Die erste Grundforderung wird infolge der geometrisch verschiedenen Gegebenheiten (z.B. flache Kettengewirkebahn, Gestrickschlauch, formgerechtes Kuliergewirketeil, Strumpf) von den Abzugsvorrichtungen in unterschiedlicher Qualität erfüllt. Die zweite Grundforderung läßt sich weitgehend einhalten.

Beim maschineninternen *Speichern* der Maschenware ist zu unterscheiden, ob Meterware hergestellt wird oder ob einzelne Erzeugnisse bzw. Erzeugnisteile gefertigt werden. Für Meterware gelten im allgemeinen die Grundsätze:
1. Speichern der optimalen Länge in einer für die Weiterverarbeitung günstigen Aufmachungsart (vorzugsweise *Maschenwarenwickel* bzw. *-docke*).
2. Minimale Maschinenstillstandszeit bei der Entnahme der gespeicherten Meterware.
Bei der Erzeugnis- bzw. Erzeugnisteilefertigung besteht die Aufgabe in einer selbsttätigen, geordneten Ablage an jeder Maschineneinheit. Hier treten jedoch noch mannigfaltige Varianten des Speicherns auf, die in engem Zusammenhang mit den Problemen des maschinenexternen Transportes und der Produktionsorganisation zu betrachten sind.

10.2. Ausführungsarten der Abzugsvorrichtungen

Die Abzugsvorrichtungen werden nach der verwendeten Hilfsenergie in mechanisch und pneumatisch wirkende Vorrichtungen unterschieden, wobei den ersteren eine größere Bedeutung zukommt, da sie bis auf die pneumatischen *Absaugvorrichtungen* an Kleinrundstrickmaschinen (für Strümpfe) ausschließlich angewendet werden.
Der Maschenwarenabzug durch *Walzenabzugsvorrichtungen* ist vorherrschend. Die Walzenabzugsvorrichtungen bieten die besten Voraussetzungen für ein homogenes und schonen-

des Abziehen flacher Maschenwarenbahnen; sie sind konstruktiv einfach zu gestalten und steuerungstechnisch über bekannte Schaltmechanismen zu betätigen.

Der pneumatische Abzug für Damenfeinstrümpfe wird wegen der hohen Feinheit der zur Verarbeitung gelangenden Fäden gewählt. Er ist nur anwendbar, da durch die Wirkung der Platinen beim Kulieren eine definierte Schleifenlänge erzielt wird.

An *Flachstrickmaschinen* kommen vorwiegend *Zweiwalzen-Abzugsvorrichtungen* zum Einsatz. Bild 10/1 zeigt hierfür einige Ausführungsformen. Der schlupffreie Abzug des Gestrickes wird durch Andrücken der Andruckwalze *1* an die Abzugswalze *2* erreicht, wobei über entsprechende Druckmechanismen meistens mittels Federn *3*, die *Anpreßkraft* eingestellt werden kann.

Da die Abzugsvorrichtung gleichzeitig eine Breithalterfunktion auf das Gestrick ausübt, ist sie möglichst hoch, unmittelbar unterhalb der Nadelbetten anzubringen. Mitunter werden auch extra Breithalter *5* (Bild 10/1 *c*) vorgesehen. Derartige Breithalter arbeiten mit schräglaufenden konischen Stachelringen und ziehen das Gestrick so nach außen, daß die Maschenstäbchen senkrecht in die Gestrickabzugsvorrichtung einlaufen. Die senkrechte Lage der Maschenstäbchen ist besonders bei der Halbmaschenübertragung und beim Stricken von Plisseemustern (mit Nadelzug) erforderlich.

Eine über die Arbeitsbreite schwankende Abzugskraft kann eine proportional schwankende Maschenlänge und damit eine bogige Lage der Maschenreihen verursachen.

Den Schaltmechanismus einer durchgehenden Gestrickabzugswalze zeigt das Bild 10/2. Das Zahnrad *1* ist mit der Abzugswalze *2* fest verbunden. Auf der Abzugswelle sitzt, drehbar gelagert, ein Schalthebel *3*. Der nach links reichende Hebelarm des Schalthebels *3* wird durch eine verstellbare Zugfeder *4* nach unten gezogen. Der rechte Hebelarm wird dadurch mit seiner Laufrolle *5* an die Kurvenscheibe *6* angedrückt, die sich synchron mit der Schlittenbewegung dreht. Kommt die Kurvenscheibe *6* mit dem Grundkreisdurchmesser in den Bereich der Laufrolle *5*, kann die Zugfeder *4* über den Hebel *3* und die Stoßklinke *7* die Abzugswalze *2* weiterdrehen. Sperrklinken *8* arretieren die Abzugsstellung. Um der Grundforderung nach einer konstanten Abzugskraft je Maschenstäbchen besser gerecht zu werden, sind in vielen Fällen an den Flachstrickmaschinen(besonders mit Zunahmevorrichtungen bzw. für solche mit regulärer Arbeitsweise) die Abzugs- und Andruckwalzen geteilt. Die Abzugskraft wirkt dann stufenweise über die Gestrickbreite, indem sich durch das Weiterschalten der Abzugswelle die in den geteilten Abzugswalzen eingebauten Torsionsfedern spannen und in ihrem Bestreben, sich wieder zu entspannen, das Gestrick zeitlich nacheinander jeweils in der Teil-

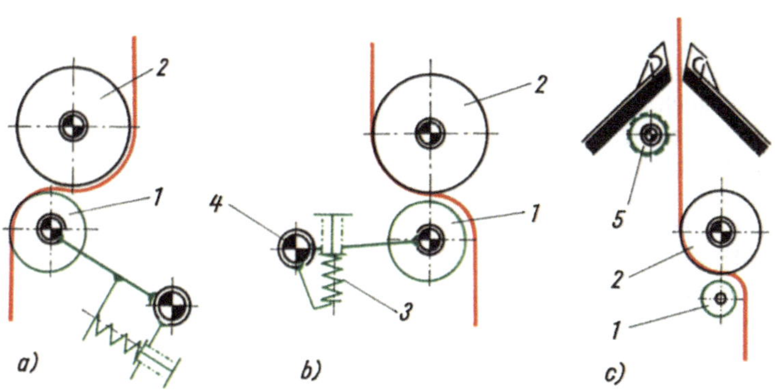

Bild 10/1. FS-Gestrickabzugsvorrichtungen
a und b mit Anpreßmechanismus; c mit Breithalter
1 Andruckwalze; 2 Abzugswalze; 3 Feder; 4 Hauptwelle; 5 Breithalter

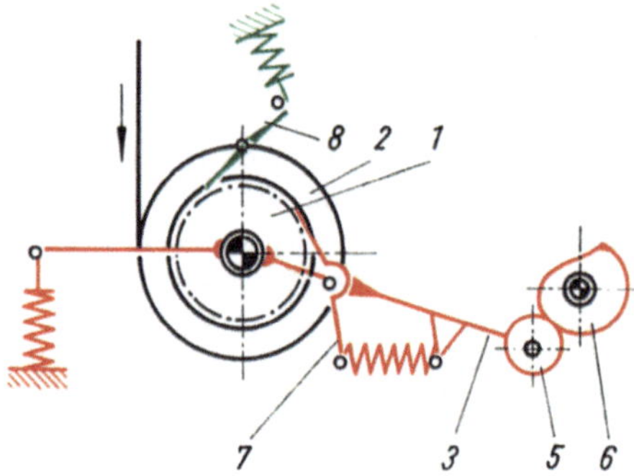

Bild 10/2. FS-Gestrickabzugswalze mit Schaltmechanismus

1 Zahnrad; 2 Abzugswalze; 3 Schalthebel; 4 Feder; 5 Laufrolle; 6 Kurvenscheibe; 7 Stoßklinke; 8 Sperrklinke

breite eines Abzugswalzensegmentes abziehen.
Die prinzipielle konstruktive Ausführung und die Arbeitsweise der Abzugsvorrichtungen an den *Flachkulierwirkmaschinen* sind analog zu verstehen.
An *Großrundstrickmaschinen* kommen vorwiegend *Dreiwalzen-Abzugsvorrichtungen* zur Anwendung, durch die der *Gestrickschlauch* zur dublierten Gestrickbahn zusammengefaßt und schlupffrei abgezogen wird. Die Abzugsvorrichtungen sind im allgemeinen diametral unterhalb des Nadelzylinders angeordnet. Aufgrund der gegebenen geometrischen Bedingungen – unterschiedlicher Abstand von der Abschlagstellung der einzelnen Zungennadeln im Nadelzylinder bzw. -teller bis zum Punkt des Einlaufes des entsprechenden Maschenstäbchen in die Abzugsvorrichtung – werden am Umfang des Gestrickschlauches Bügel angelegt, die den Schlauch kreisförmig ausbilden. Das heißt, die erste theoretische Grundforderung nach einer konstanten Abzugskraft je Maschenstäbchen kann nicht vollständig erfüllt werden. Die Abzugsvorrichtungen arbeiten deshalb im Gegensatz zu den Flachstrickmaschinen in einem möglichst großen Abstand vom Maschenbildungsbereich (Vergleichmäßigung). Um das Gestrick den Abzugswalzen faltenfrei zuzuführen, ist über diesen innerhalb des Gestrickschlauches ein verstellbarer *Breithalter* angebracht. Der *Gestrickschlauchdurchmesser* wird nicht nur vom Durchmesser des Nadelzylinders bestimmt, sondern ist in technologischer Betrachtungsweise eine Funktion

der komplexen Maschineneinstellung (Kuliertiefe, Fadenzugkraft, Abzugskraft u.a.),
der Maschinenfeinheit,
der Fadeneigenschaften (Faserstoff, Feinheit, Elastizität, Bauschigkeit usw.),
der Bindung und der Musterung.

Er kann für einen bestimmten Artikel jeweils in engen Toleranzgrenzen und somit annähernd konstant gehalten werden, was für die Weiterverarbeitung, besonders in der Konfektion, von großer Bedeutung ist (Abfallprozentsatz minimieren). Voraussetzung ist, daß die Einstellparameter der Maschine reproduzierbar sind. Eine Besonderheit stellen Gestricke in abgepaßten Längen und in *Leibweitendurchmesser* dar, da hier bewußt durch bingungstechnische Variationen über eine Länge bereits Durchmesserdifferenzen (z.B. zwischen Rocklänge und Taillenbereich) konstruiert werden.
Für die Großrundstrickmaschinen mit beweglichen Abschlagplatinen ist anzuführen, daß die Abzugsvorrichtungen hier zunächst entbehrlich erscheinen (pneumatischer Abzug), da die Halbmaschen von den Platinen

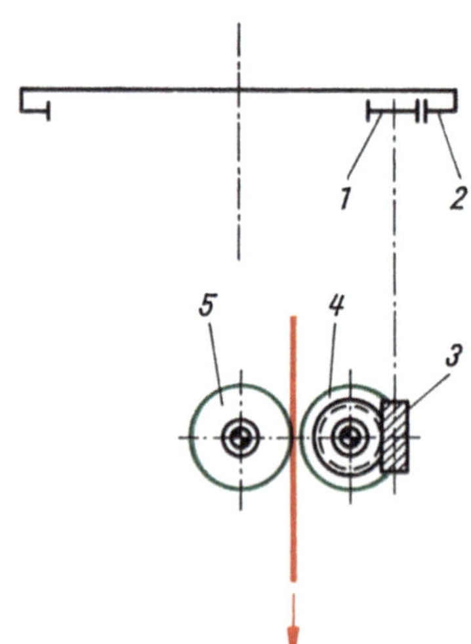

Bild 10/3. RS-Gestrickabzugsvorrichtung

1 Antriebsrad; 2 Zahnkranz; 3 Schneckentrieb; 4, 5 Abzugswalze eingeschlossen werden und zum anderen auch das Zurückspringen bereits abgeschlagener Halbmaschen auf Nadeln verhindert wird. Sie sind jedoch zur Unterstützung der Abschlagplatinen und für die Realisierung des Maschenwarentransportes zum Speicher (Aufwicklung) trotzdem notwendig.

Bei der Konstruktion der Walzenabzugsvorrichtungen ist zu berücksichtigen, daß sie in Großrundstrickmaschinen mit rotierendem Nadelzylinder oder – wie es seltener der Fall ist – in solchen mit rotierendem Schloßmantel zum Einsatz kommen. Bei den ersteren muß die Abzugsvorrichtung synchron mit dem Nadelzylinder rotieren, wodurch der Antrieb für das Abziehen aufwendiger wird; die letzteren arbeiten so einfach wie an den Flachstrickmaschinen. Bild 10/3 zeigt ein einfaches Prinzip des kontinuierlichen (positiven) Antriebes einer rotierenden Zweiwalzen-Abzugsvorrichtung. Das Antriebsrad *1* rollt auf dem feststehenden Zahnkranz *2* ab und überträgt die Bewegung über eine Kupplung (nicht dargestellt) und den Schneckentrieb *3* auf die Abzugswalzen *4* und *5*.

Für *Kleinrundstrickmaschinen* (insbesondere Links/Links-Kleinrundstrickmaschinen) werden zum Teil Zweiwalzen-Abzugsvorrichtungen verwendet, die folgende zusätzliche Bedingungen erfüllen müssen:

1. Die Vorrichtung muß unterschiedlich dicke Gestrickschläuche (Strümpfe verlassen in diesem Falle, durch Trennreihen miteinander verbunden, die Maschine als endloser Strang) abziehen können. Dazu werden die Abzugswalzen z.B. in Führungsschlitzen gegen Federdruck verschiebbar gelagert.
2. Die Vorrichtung ist während des Strickens von Ferse und Spitze stillzusetzen, da die Maschine im *Pendelgang* läuft. Die Unterbrechung des Antriebes (z.B. Schaltklinken außer Wirkung setzen) wird zentral gesteuert.

Während der Herstellung von Ferse und Spitze treten *Hilfsabzugsvorrichtungen* in Tätigkeit, die die auf den arbeitenden Nadeln hergestellten Teilmaschenreihen abziehen.

An *Kettenwirkmaschinen* werden *ausschließlich Walzenabzugsvorrichtungen* zum Abziehen der Gewirkebahnen in bestimmter, jeweils konstanter Breite eingesetzt. Diese werden in unmittelbarer Nähe zur Arbeitsstelle angeordnet; teilweise sind Breithalter zusätzlich erforderlich, um „saubere" Ränder zu erzielen, die Maschinenstillstandszeiten durch Fadenbruch zu reduzieren und einen einwandfreien Abzug zu sichern. Im Bild 10/4 ist das Prinzip einer *Vierwalzen-Abzugsvorrichtung* wiedergegeben. Das Kettengewirke wird über die Einlaufwalze *1* mit großem Umschlingungswinkel um die Umlenkwalze *2* zur Auslaufwalze *4* geführt, wobei eine Klemmwalze *3* die Friktion weiter vergrößert. Die Umlenkwalze *2* ist schwenkbar gelagert und wird durch Federkraft an die Walzen *1* und *4* gepreßt. Das Bild 10/4 läßt weiterhin die direkte Kopplung von Abzug und Aufwicklung über einen Kettentrieb erkennen.

Neben den dominierenden Walzenabzugsvor-

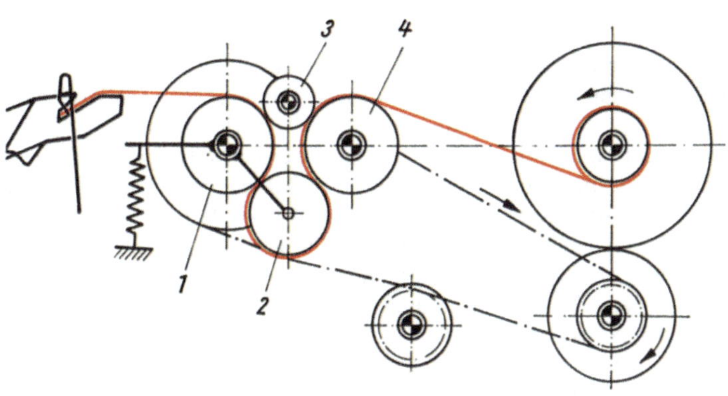

Bild 10/4. KW-Gewirkeabzugs- und -aufwickelvorrichtung
1 Einlaufwalze; 2 Umlenkwalze; 3 Klemmwalze; 4 Auslaufwalze

richtungen gibt es als mechanisch wirkende Vorrichtungen weiterhin *Kratzenabzüge*, die für Rundkulierwirkmaschinen (franz. Bauart) und vereinzelt auch in Großrundstrickmaschinen Anwendung finden.
Der Maschenwarenschlauch wird hierbei unter Beibehaltung der Schlauchform durch kreisförmig unterhalb des Maschinenkörpers (bzw. Nadelzylinders) angeordnete Kratzensegmente die von der Innenseite in den Maschenwarenschlauch eingreifen, straff nach unten gezogen. Die Kratzensegmente wirken durch ihre Eigenmasse und werden bei jeder Umdrehung kurzzeitig nacheinander außer Wirkung gebracht, um entsprechend der hergestellten Länge oberhalb erneut einzugreifen.
Dem Vorteil der einfachen Konstruktion und Wirkungsweise, die für Rundkulierwirkmaschinen aufgrund der Verwendung von Kulierplatinen sowie der ständig gegebenen Einschließstellung der Halbmaschen zu den Nadeln den Anforderungen genügt, steht als Nachteil die ungeordnete *Stapelablage* gegenüber.
Pneumatisch wirkende Abzugsvorrichtungen sind für Kleinrundstrickmaschinen bestimmend. Zunächst fanden sie ausschließlich bei Rechts/Links-Kleinrundstrickmaschinen zur Herstellung von Damen-Feinstrümpfen Anwendung. Prinzipiell sind derartige Abzugsvorrichtungen jedoch für alle Kleinrundstrickmaschinen, die die Strümpfe nicht im Strang sondern als Einzelstrümpfe bzw. Strumpfhosen und -teile herstellen, geeignet. Vorzugsweise wird mit Saugluft gearbeitet, obwohl sich Druckluft lufttechnisch besser beherrschen läßt. Der große Nachteil bei Verwendung von Druckluft ist, daß die Druckleitungen und Düsen oberhalb des Nadelzylinders angeordnet werden müssen.
Das Prinzip einer Absaugvorrichtung besteht darin, den entstehenden Strumpf ständig unter einer Saugwirkung zu halten und nach Fertigstellung automatisch in die Ablage auszuwerfen. Die Gestaltung des Rohrquerschnittes, unmittelbar unter dem Nadelzylinder, bestimmt wesentlich das Anwachsen der *Absaugkraft* auf die technologisch erforderliche Größe zum Abziehen des Strumpfes (Bild 10/5). Das Rohrsystem muß dabei an allen Verbindungsstellen hermetisch abge-

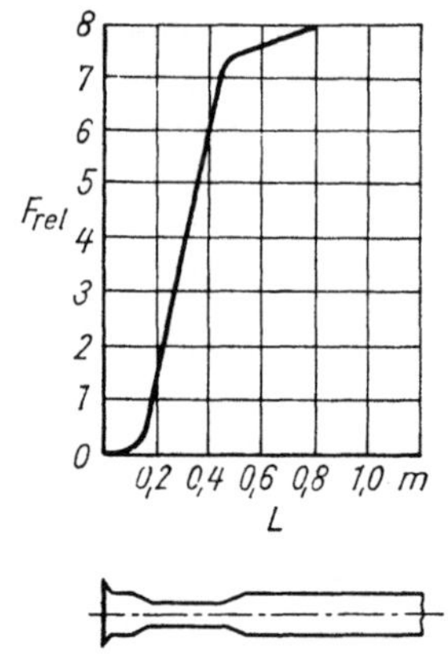

Bild 10/5. KRS-Gestrickabzugskraft (pneumatisch) in Abhängigkeit vom Rohrdurchmesser (theoretisch)

schlossen und frei von Verschmutzungen sein, um eine definierte Abzugskraft zu erreichen. Der pneumatische Abzug ist äußerst schonend, was besonders für alle Damen-Feinstrumpfartikel, aber auch für andere Strumpfartikel, z. B. aus und mit texturierten Syntheseseiden, von Bedeutung ist.

10.3. Formen der maschineninternen Maschenwarenspeicherung

1. für Meterware

Maschenwarenwickel bzw. -docken

Die Aufwicklung ist für Großrundstrickmaschinen und Kettenwirkmaschinen, einschließlich aller Varianten, kennzeichnend. An den Großrundstrickmaschinen bilden die Walzenabzugs- und *Aufwickelvorrichtungen* eine konstruktiv-antriebstechnische Einheit. Die Gestricke werden faltenfrei dubliert aufgewickelt. Der Maschenwarenschlauch wird, in Abhängigkeit von der Art des anschließenden Veredlungsprozesses, teilweise bereits in der Maschine mittels einer Schneidvorrichtung (z. B. Scheibenmesser) aufgeschnitten. Anderenfalls wird dieser Vorgang an der Entdubliermaschine durchgeführt. Für eine maschenstäbchenparallele Schnittführung werden vorteilhafterweise im Schnittbereich einige Nadeln außer Tätigkeit gesetzt (Nadelzug), wodurch Flottungen und damit eine Markierung entstehen. Die Entdublierung ist möglichst kurzfristig nach Fertigstellung des Wickels durchzuführen (bei Gestricken aus und mit Texturseiden innerhalb weniger Stunden), um eine günstige *Rohwarenrelaxation* zu ermöglichen und das Entstehen bleibender *Mittelbruchmarkierungen* sowie von *Relaxationsverzügen* zu verhindern. Die entdublierte Meterwaren wird entweder abgetafelt oder wiederum gerollt. Auch die breite Aufwicklung führt zu Relaxationsdifferenzen zwischen Rand und Mitte sowie Innen- und Außenlagen, wodurch Verzüge entstehen können. Zum Zwecke der Wickelentnahme ist die Maschine stillzusetzen. Das Gestrick wird manuell oder teilmechanisiert abgeschnitten und der Wickel entnommen. Dieser Vorgang läßt sich auch automatisieren, d.h., über eine automatische Durchmesser- oder Längenbestimmung wird das Schneiden ausgelöst und der Gestrickwickel in einer Gestrickmulde ausgestoßen.

Erwähnenswert ist weiter die räumliche Trennung von GRS-Maschine und Gestrickabzug von der Aufwicklung, z.B. in der darunterliegenden Etage (UT-Fertigung) zur Erzielung besonders großer Längen für die Veredlung.

An Kettenwirkmaschinen ist meistens die Wickelentnahme bei laufender Maschine möglich. Maximale Wickellängen werden deshalb vor allem im Interesse der nachfolgenden Veredlung angestrebt. Die Wickeldurchmesser können über einen Meter (≙ 2500 ... 3000 lfd. Meter) erreichen. Die Aufwicklung ist konstruktiv teilweise vom Maschinenkörper getrennt und als eine separate Einheit ausgeführt.

Ein Problem für die Weiterverarbeitung kann das *Kanteneinrollen* bei bestimmten Legungen und besonders leichten Kettengewirken darstellen. Zur Beseitigung dieser Erscheinung sind Maßnahmen der *Kantenstabilisierung* an der Kettenwirkmaschine möglich, z.B. die mechanisch ausgeführte Kantenverleimung oder ein Heißluftdämpfen (Vorfixieren) des Kantenbereiches.

Maschenwarenstapel

Bei Flachstrickmaschinen für Meterwaren und teilweise bei Großrundstrickmaschinen mit rotierendem Schloßmantel wird die hergestellte Maschenware als getafelter Stapel oder

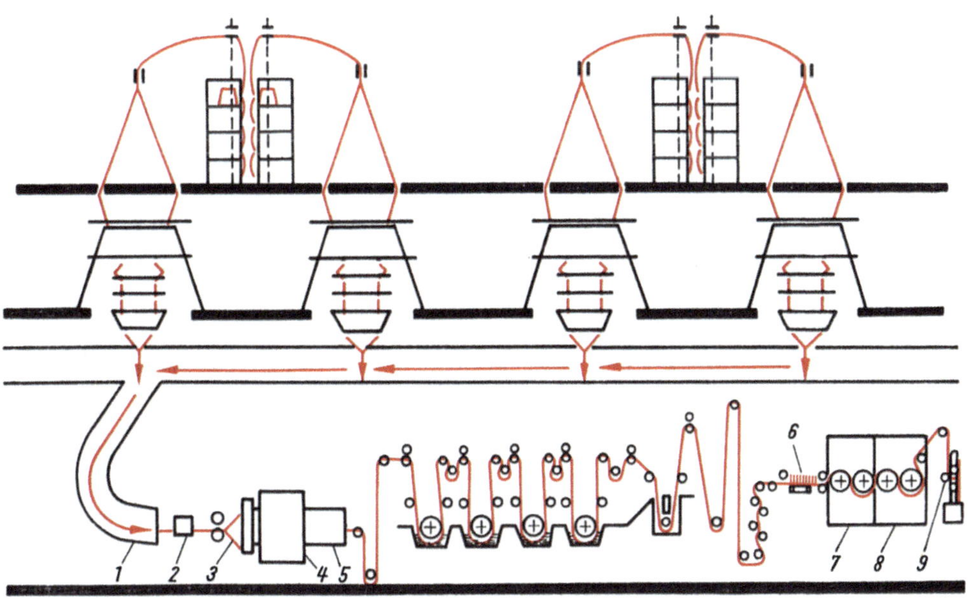

Bild 10/6. Großrundstricken und Veredeln bei vertikalem Stofffluß

völlig ungeordnet gespeichert. Die Speichermenge ist im allgemeinen geringer, der manuelle Aufwand zur Entnahme und zum Transport sowie das Transportvolumen sind größer als beim Maschenwarenwickel.

2. für teilreguläre und reguläre Maschenware

Derartige Maschenwaren werden entweder als Einzelerzeugnis (z. B. Strumpf) bzw. Erzeugnisteil (z. B. Obertrikotagenteil) oder, durch *Trennreihen* miteinander verbunden, als endloser Strang (z. B. Strumpf an Strumpf), endlose teilreguläre Bahn (z. B. Pulloverteil an Pulloverteil) bzw. als endloser teilregulärer Schlauch (Länge an Länge im Leibweitendurchmesser) hergestellt. Einzelne Erzeugnisse bzw. Teile werden nach der Fertigstellung an jeder Maschineneinheit in eine Ablage ausgeworfen. Für die andere Variante ist das getafelte oder ungeordnete Stapeln kennzeichnend.

Die zwei grundsätzlich verschiedenen Produktionsvarianten von Maschenware

Meterwarenfertigung und
Erzeugnis- bzw. Teilefertigung

erfordern nicht nur unterschiedliche Formen der Speicherung, sondern wirken sich auf alle nachfolgenden Produktionsstufen bis zum Finalerzeugnis aus.

Die Meterwarenfertigung führt zur weitestgehenden Anwendung des Kontinueprinzips in der Veredlung und Färberei.

Die Erzeugnis- und Teilefertigung zwingt durchgängig zum diskontinuierlichen *Erzeugnisprinzip*. Das Bestreben, die Prozeßstufen immer mehr zu verbinden, die Transport- und Zwischenlageraufgaben zu optimieren und günstige Möglichkeiten für die weitere Transportmechanisierung zu schaffen, führt zu den verschiedensten Lösungsvorschlägen.

Das Bild 10/6 zeigt die prinzipielle Möglichkeit der Stoffflußgestaltung für eine Großrundstrickerei, die mit ihrer Kapazität auf eine Kontinue-Naß-in-Naß-Veredlungsstrecke abgestimmt ist. Im obersten Geschoß befinden sich die Gatter mit den Ablaufkörpern für jede Großrundstrickmaschine, diese stehen im Mittelgeschoß und liefern das Gestrick über ein Sammeltransportsystem zur Entdublierung und Kontinueveredlung im Basisgeschoß.

Ökonomische Berechnungen, die maßgeblich vom Produktionsvolumen und der Sortimentscharakteristik bestimmt werden, entscheiden über die Anwendung derartiger Projekte in der Praxis.

11. Steuerungssysteme und Vorrichtungen zur Variation der Bindung und zur Musterung

11.1. Steuerungsprinzipien

11.1.1. Allgemeine Vorbetrachtung

Ausgehend von den Darlegungen zur prinzipiellen Wirkungsweise von Wirk- und Strickmaschinen in Abschnitt 6. ist festzustellen, daß diese als Verarbeitungsmaschinen zur Erzielung des vorher bestimmten Verarbeitungseffektes gesteuerte Systeme im Sinne von Programmsteuerungen sind. Die Bewegung der Maschenbildungsorgane für den einfachen Maschenbildungsvorgang wird dabei ebenso gesteuert, d.h. durch Stellglieder bewirkt, wie die Veränderung dieser Grundbewegungen zum Zwecke der bindungstechnischen Variation, der Musterung oder auch der Formgebung.

Im folgenden werden die wichtigsten Vorrichtungen und Steuerungssysteme in ihrer Wirkungsweise vorgestellt, die durch eine solche Veränderung der Grundbewegungen der Maschenbildungsorgane eine Variation der Bindung oder einen anderen Musterungseffekt bewirken. Da die Nadeln der Wirk- und Strickmaschinen die wichtigsten Arbeitsorgane sind – sie tragen und führen die Halbmaschen, auf sie werden die Fäden gelegt – kommt der direkten und aktiven sowie der indirekten und passiven Beeinflussung der Bewegung bzw. Wirkungsweise der Nadeln eine zentrale Bedeutung zu.

Allgemein kann die Veränderung der Bewegung bzw. Wirkungsweise der Nadeln unterschieden werden nach

1. alle Nadeln werden gemeinsam gesteuert (z.B. beim Stricken wechselnd von der Maschenbildung zur Henkelbildung),
2. gruppenweise Nadelsteuerung innerhalb eines Nadelsystems,
3. Einzelnadelsteuerung eines Nadelsystems, d.h. unabhängige Nadelbewegung innerhalb einer bestimmten Rapportbreite.

11.1.2. Gruppenweise Nadelsteuerung

Die direkte gruppenweise *Nadelauswahl* setzt Nadeln mit definierten Unterscheidungsmerkmalen voraus. Diese Bedingung kann grundsätzlich durch die Einzelbeweglichkeit der Nadeln bei den Strickverfahren erfüllt werden. Solche Unterscheidungsmerkmale sind die *Nadelfußhöhe* (z.B. *Hoch-*, *Mittel- und Niederfußnadeln*) oder der Abstand von Nadelkopf zu Nadelfuß *(Lang-* und *Kurzschaftnadeln)*. Zusätzlich kann die Nadelsteuerung indirekt über den Nadeln nachgeordnete *Stopper* (auch: Stößer), die ebenfalls als *Hoch-*, *Mittel-* und *Niederfußstopper* ausgebildet sind, verursacht werden. Durch das gegebene Unterscheidungsmerkmal können die *Nadelgruppen* in bestimmter Abhängigkeit und teils unabhängig voneinander gesteuert werden. Die Nadeln werden mustergemäß im Nadelträger sortiert und sind damit zugleich Programmspeicher. Auf diese Weise bilden in einer Maschenreihe nur die Nadeln einer Gruppe (z.B. die Kurzschaftnadeln) und in der nächsten Reihe nur die der anderen Gruppe (z.B. die Langschaftnadeln) Maschen.

Die Unterscheidungsmerkmale Schaftlänge (Abstand Nadelkopf – Fuß) und Fußhöhe sind kombinierbar. Damit steigt die Anzahl getrennt ansteuerbarer Nadelgruppen. Das

heißt, die mögliche Anzahl der nacheinander unterschiedlich ausgebildeten Maschenreihen und somit die *Musterfläche (Rapportinhalt)* werden größer.
Unabhängig vom Vorhandensein verschiedener Nadelgruppen können die Schlösser, wie unter Abschnitt 11.1.1. ausgeführt, z.B. von Maschenbildung zu Henkelbildung (Fang) umschaltbar sein. Bild 11/1 demonstriert für diesen Fall die bei Verwendung von Hoch- und Niederfußnadeln möglichen Auswahlkombinationen. Daraus ist abzulesen, daß der

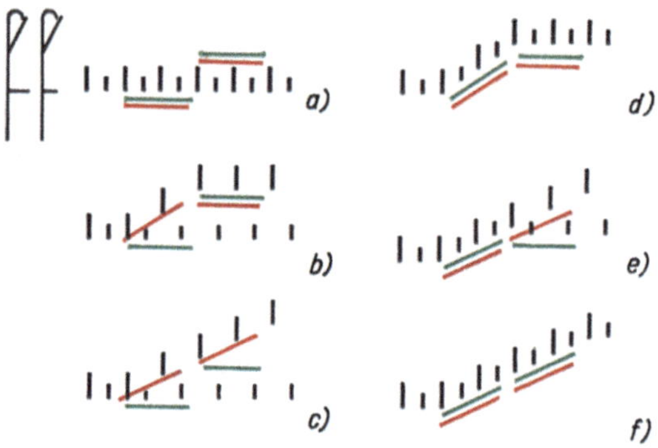

Bild 11/1. Gruppenweise Nadelauswahl durch Hoch- und Niederfußnadeln

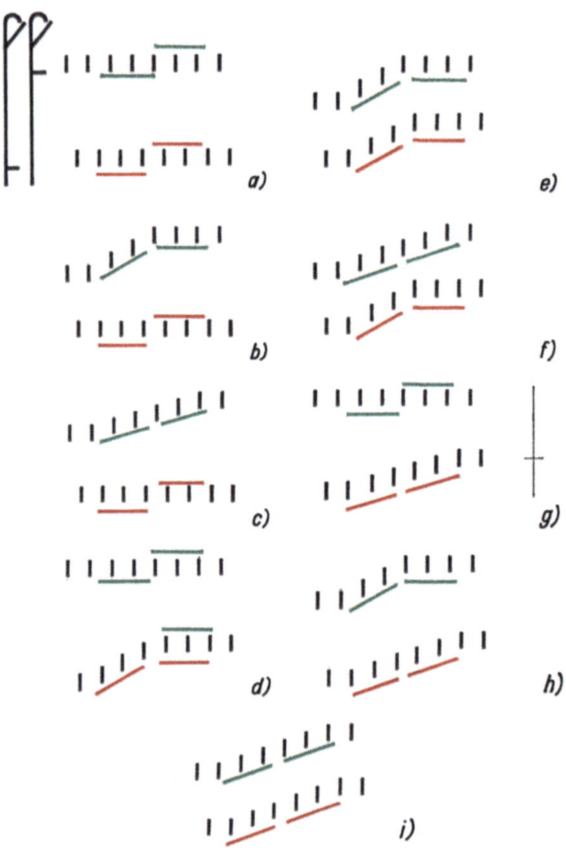

Bild 11/2. Gruppenweise Nadelauswahl durch Lang- und Kurzschaftnadeln

Austrieb der Niederfußnadeln ohne gleichzeitigen Austrieb der Hochfußnadeln nicht möglich ist. Die Auswahl der Niederfußnadeln kann nach diesem Prinzip nicht unabhängig von den Hochfußnadeln erfolgen. Da andererseits Lang- und Kurzschaftnadeln unabhängig voneinander gesteuert werden können, ist die Anzahl der in Bild 11/2 für Lang- und Kurzschaftnadeln dargestellten möglichen Kombinationen (bei analogen Schloßschaltungen) größer.
Für die prinzipiell gemeinsame Nadelbewegung bei Kulierwirk- und Kettenwirkmaschinen ist eine indirekte und passive gruppenweise Nadelsteuerung dann möglich, wenn geeignete Stellglieder die Durchführung einzelner Arbeitstakte für bestimmte Nadelgruppen festlegen. Als Beispiel für eine daraus resultierende bindungstechnische Veränderung ist hierzu die in Abschnitt 11.2. dargestellte Bindung „Ananas" zu nennen.

11.1.3. Einzelnadelsteuerung

Die *Einzelnadelauswahl* ist nicht an das Vorhandensein mehrerer Nadelsorten bzw. -gruppen gebunden. Somit gelten die nachfolgenden Ausführungen grundsätzlich gleichermaßen für die Strickverfahren, bei denen die Steuerung der Nadeln in die Positionen Nichtstricken, Stricken oder Fang erfolgt, wie auch für die Kulierwirk- und Kettenwirkverfahren, bei denen als indirekte Nadelsteuerung wiederum das Wirken von Stellgliedern auf Arbeitsorgane zur Durchführung oder Unterlassung von Arbeitstakten verstanden wird.
Die Einzelnadelsteuerung oder -auswahl setzt zunächst für die Strickverfahren Steuerungsmechanismen voraus, die unabhängig von den übrigen für jede Nadel die Entscheidung zur diskreten Auswahl treffen. Ob die ausgewählte Nadel dabei z.B. in die Position Fang anstatt Stricken gelangt, ist von der Einstellung des jeweiligen Schloßteiles abhängig.
Die für Kulierwirk- und Kettenwirkverfahren zur Anwendung kommenden Mechanismen steuern analog für jede Nadel einzeln einen (oder mehrere) für die Musterung ausgewählten Arbeitstakt. Dies ist am häufigsten der Arbeitstakt Pressen (→ Pressen – Nichtpressen); aber auch der Arbeitstakt Fadenlegen oder die Arbeitstakte Halbmaschenumhängen dienen bei Einzelnadelsteuerung der Musterung (→ *Musterbilder)*.
Nur in einigen Fällen ist unter Einzelnadelauswahl zu verstehen, daß *jede* Nadel des Nadelträgers unabhängig von den übrigen gesteuert werden kann. Meist wird diese Bedingung nur für eine beschränkte Nadelanzahl n erfüllt, deren Vielfaches i die Gesamtnadelanzahl $\Sigma_i n_i$ des Nadelträgers ist. Mit dieser Teilnadelanzahl n ist die Breite des asymmetrischen *Musterrapportes* festgelegt. Wird das Muster in der Breite gespiegelt, entsteht ein symmetrisches Muster der *Rapportbreite* $2n-2$ Maschen (Abschnitt 11.2.1.). Auch ein sich nur über eine Teilnadelanzahl n erstreckendes, durch Einzelnadelauswahl hergestelltes Muster wird als *Jacquardmuster* bezeichnet.

11.2. Steuerungssysteme und Vorrichtungen zur Nadelauswahl und Musterung

Es empfiehlt sich, für die Systeme zur Steuerung von Bindung bzw. Musterung die gleiche Unterteilung wie für die Funktionsgruppen zur Maschenbildung zu wählen, wobei Unterteilungskriterien die Art der Fadenvorlage und die Einzelbeweglichkeit der Nadeln sind (siehe Tafel 3/1). Es sei wiederholt: Das Stricken unterscheidet sich vom Kulierwirken – bei beiden erfolgt eine Querfadenvorlage – durch die Einzelbeweglichkeit der Nadeln. Die Nadeln der Kettenwirkverfahren sind nicht einzelbeweglich; jeder Nadel wird gleichzeitig ein Faden zugeführt.

11.2.1. Steuerungssysteme und Vorrichtungen zur Nadelauswahl beim Stricken

Eingangs sollen die Möglichkeiten zur farblichen und strukturellen Gestaltung der Gestricke *ohne* Nadelsteuerung erwähnt werden. An erster Stelle ist der Wechsel der *Fadenfarbe* zu nennen. Am einfachsten ist dies bei der intermittierenden Querfadenverarbeitung an Flachstrickmaschinen (analog auch an Flachkulierwirkmaschinen) zu realisieren, indem

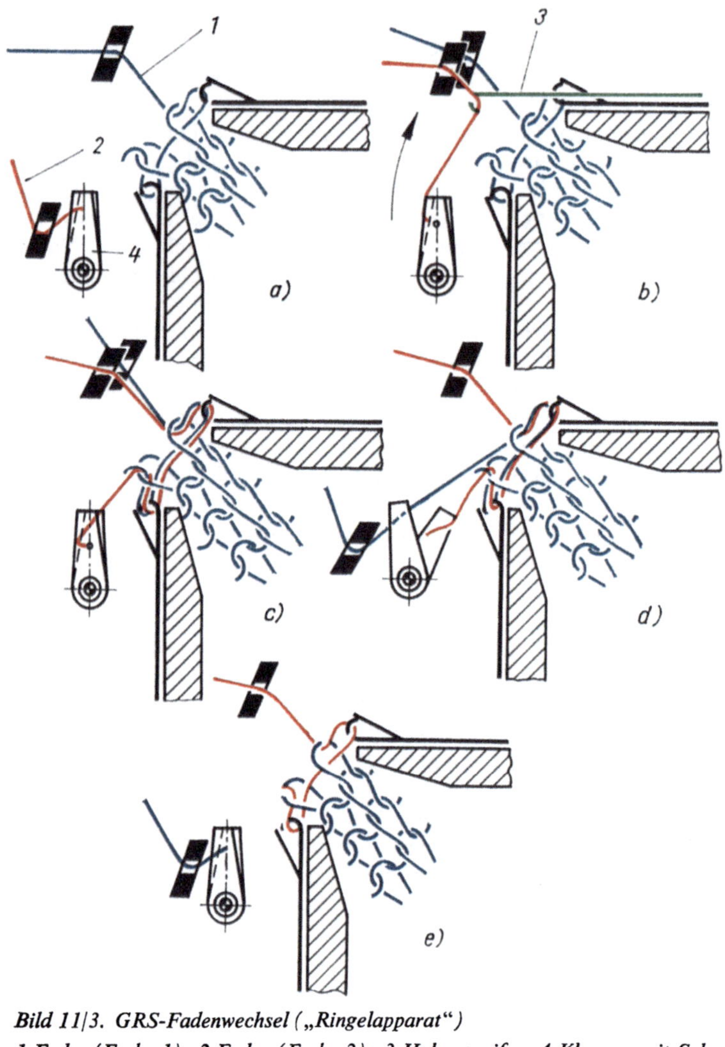

Bild 11/3. GRS-Fadenwechsel („Ringelapparat")
1 Faden (Farbe 1); 2 Faden (Farbe 2); 3 Hakengreifer; 4 Klemme mit Schneidvorrichtung

für die neue Maschenreihe ein Wechsel des Fadenführers erfolgt. Bild 11/3 demonstriert in den Schritten *a ... e* den *Fadenwechsel* an einer Großrundstrickmaschine. Während der Faden *1* verarbeitet wird, ist Faden *2* von dem zugeordneten Fadenführer außer Arbeitsstellung gebracht und wird durch die Klemme *4* fixiert. Der Wechsel wird eingeleitet, indem durch den Hakengreifer *3* der Faden *2*, dessen Fadenführer nunmehr in Arbeitsstellung ging, erfaßt und für ein bis zwei Maschen mit Faden *1* gemeinsam verstrickt wird. Daraufhin wird Faden *1* außer Arbeitsstellung gebracht, geschnitten und geklemmt. Analog erfolgt der Fadenwechsel an Rundkulierwirkmaschinen. Da im Gestrick- oder Gewirkeschlauch durch Wechsel der Fadenfarbe Ringel entstehen, werden *Fadenwechselvorrichtungen* trivial als *Ringelapparate* bezeichnet.
Zur strukturellen Veränderung führt die Bildung von *Plüschhenkeln* (Bild 11/4). Dazu sind im Teller einer Rechts/Rechts-Großrundstrickmaschine anstatt Zungennadeln Platinen *1* eingesetzt. Ein Grundfaden wird unterhalb

dieser Platinen und ein Plüschfaden darüber in den Kopf der Zylindernadel gelegt. Während die Basis der Kuliertiefe des Grundfadens die Abschlagkante des Zylinders ist, wird der Plüschfaden von der Plüschplatine aus kuliert. Er erhält längere Fußbogen, die linksseitig aus dem entstehenden *Rechts/Links-Plüsch-Gestrick* hervortreten (s. Abschnitt 11.3., Rundkulierwirken). Unter Berücksichtigung der nachfolgenden Ausführungen, z.B. zur gruppenweisen Steuerung über Schloß 2 oder Einzelnadelsteuerung, kann die Bildung von Plüschhenkeln mustergemäß erfolgen. Es entsteht ein gemustertes Plüschgestrick.

Die Steuerung der Schlösser zum Stellen der Nadeln in die Positionen Stricken, Fang und Nicht-Stricken wurde im Abschnitt 7. beschrieben.

Die gruppenweise Nadelauswahl tritt in einfacher Form an der RRG-Großrundstrickmaschine auf. Jeder Nadelträger ist im Wechsel mit Kurz- und Langschaftnadeln bestückt

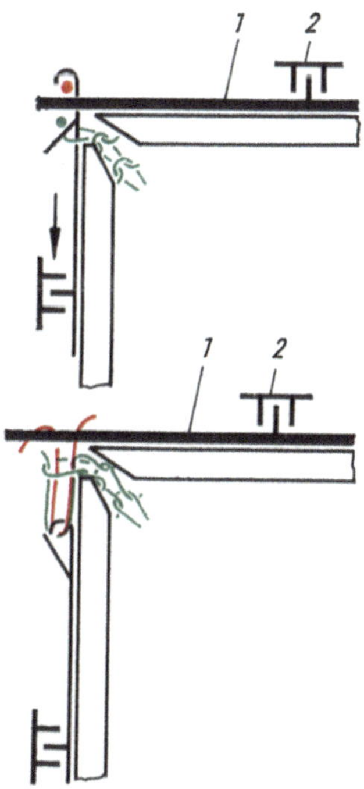

Bild 11/4. Rundstricken – RLP von RR – RSM
1 Platine; 2 Schloß

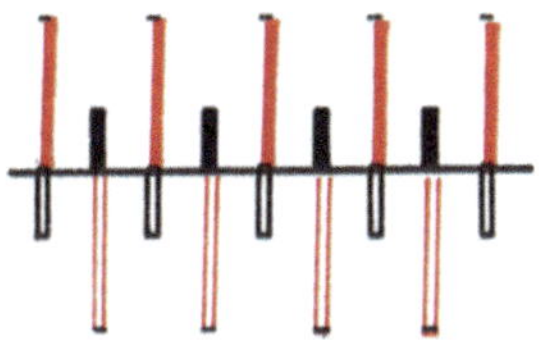

Bild 11/5. GRS-Nadeleinsatz zur Herstellung der RRG-Bindung

(Bild 11/5, s. Bild 5/8). Dementsprechend sind für jede Nadelart in Teller wie Zylinder getrennte *Schloßbahnen* vorhanden, wobei die Schlösser zueinander versetzt angeordnet sind. Eine vollständige Maschenreihe entsteht, wenn an einem Stricksystem die Kurzschaftnadeln des Zylinders mit den Langschaftnadeln des Tellers und am folgenden Stricksystem die Langschaftnadeln des Zylinders mit den Kurzschaftnadeln des Tellers gestrickt haben (Bild 11/6).

Flachstrickmaschinen sind häufig für die Herstellung sogenannter *Achtschloßmuster* konzipiert. Bei gruppenweisem Einsatz von Lang- und Kurzschaftnadeln im vorderen wie hinteren Nadelbett sowie je Nadelträger vier im Schlitten angeordneten Strickschlössern (insgesamt acht; daher die Musterbezeichnung) entstehen in Kombination mit verschiedenen Fadenfarben geradlinig begrenzte Muster. Kurz- und Langschaftnadeln sind mustergemäß in die Nadelbetten sortiert. Die typische Schloßanordnung zeigt Bild 11/7. Im ersten (vorlaufenden) Stricksystem verstricken z.B. die Kurzschaftnadeln beider Nadelbetten entsprechend dem mustergemäßen Nadeleinsatz den vom ersten Fadenführer vorgelegten Faden (Farbe 1) zu einer nicht vollständigen Maschenreihe (s. Bild 5/13). Diese Maschenreihe wird durch die Langschaftnadeln beider Nadelbetten, die vom zweiten (nachlaufenden) Strickschloß ausgetrieben werden, und einen vom zweiten Fadenführer vorgelegten Faden (Farbe 2) verstricken, zu einer vollständigen Maschenreihe ergänzt. Sie weist im Wechsel der Nadelsortierung Maschen unterschiedlicher Farbe auf. Da diese Nadelsortierung während des Strickens nicht variabel ist, entstehen vertikale *Farbstreifen*; durch programmierten Wechsel der Fadenführer nach vorgegebener Maschenreihenanzahl und

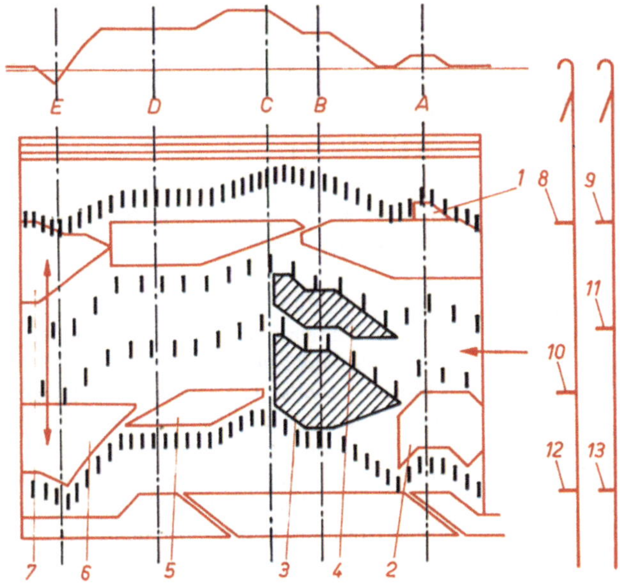

Bild 11/6. GRS-Zylinderschloß für RRG-Bindung

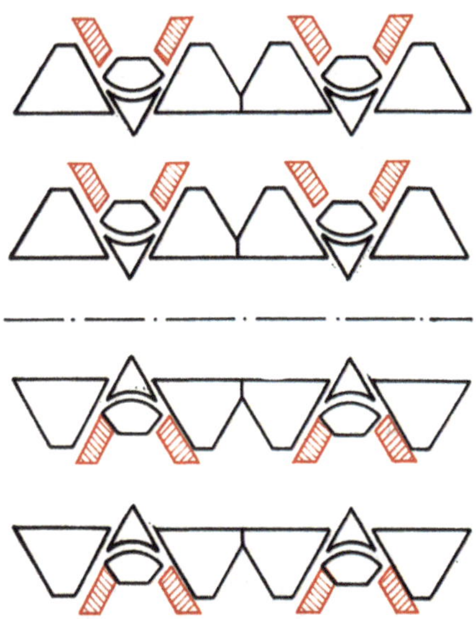

Bild 11/7. FS-Schloßanordnung für Achtschloßmusterung mit Kurz- und Langschaftnadeln

damit Farbwechsel werden sie zu Quadraten oder Rechtecken verkürzt.

Bei Verwendung von Hoch- und Niederfußnadeln sind letztere nicht unmittelbar unabhängig von den Hochfußnadeln auswählbar. Die in Bild 11/8 gezeigte Schloßanordnung sieht deshalb außer vier steuerbaren Strickschlössern (für den von den Niederfußnadeln getrennten Austrieb der Hochfußnadeln) vier *Vorwahlschlösser* vor. Diese Vorwahlschlösser bringen durch das Schloßteil *1* alle Nadeln in eine Position, in der sie von den nachfolgenden Austriebsteilen der Strickschlösser erfaßt werden könnten. Die Schloßteile *2* senken jedoch die Hochfußnadeln wieder, so daß nur die Niederfußnadeln in der Vorwahlposition

verbleiben und stricken können. Damit ist die von den Hochfußnadeln unabhängige Auswahl der Niederfußnadeln realisiert. Es entstehen Achtschloßmuster wie unter Verwendung von Lang- und Kurzschaftnadeln.
In Bild 11/9 sind die möglichen Auswahlvarianten für eine Flachstrickmaschine zusammengestellt, bei der eine mustergemäße Sortierung von zwei Nadelgruppen (Hoch- und Niederfußnadeln) und drei Stößergruppen (Hoch-, Mittel- und Niederfußstößer) vorliegt. Wirken die Austriebsteile des Strickschlosses nicht gemeinsam auf die Nieder- und Hochfußnadeln ein, dann können die Nadeln auch über die Mittel- und (oder) Hochfußstößer kombiniert mit oder ohne Hochfußnadeln in die Strickposition gebracht werden.
Bild 11/10 demonstriert am Beispiel eines Großrundstrickschlosses den kombinierten Einsatz von Lang- und Kurzschaft- sowie Hoch- und Niederfußnadeln. Grundsätzlich verfügen alle Nadeln über einen Fuß in der

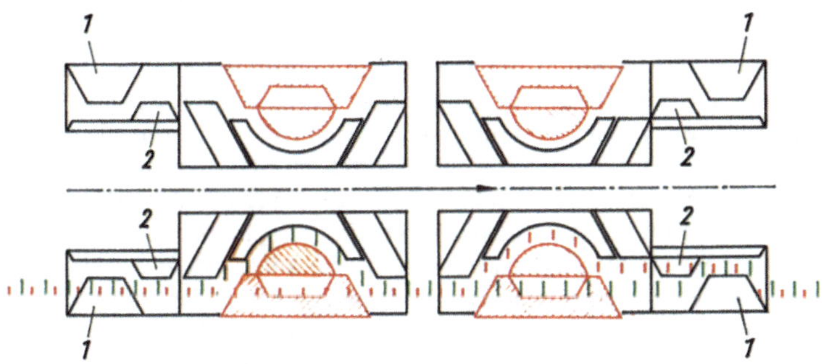

Bild 11/8. FS-Schloßanordnung für Achtschloßmusterung mit Hoch- und Niederfußnadeln
1 und 2 Schloßanteil des Vorwahlschlosses;

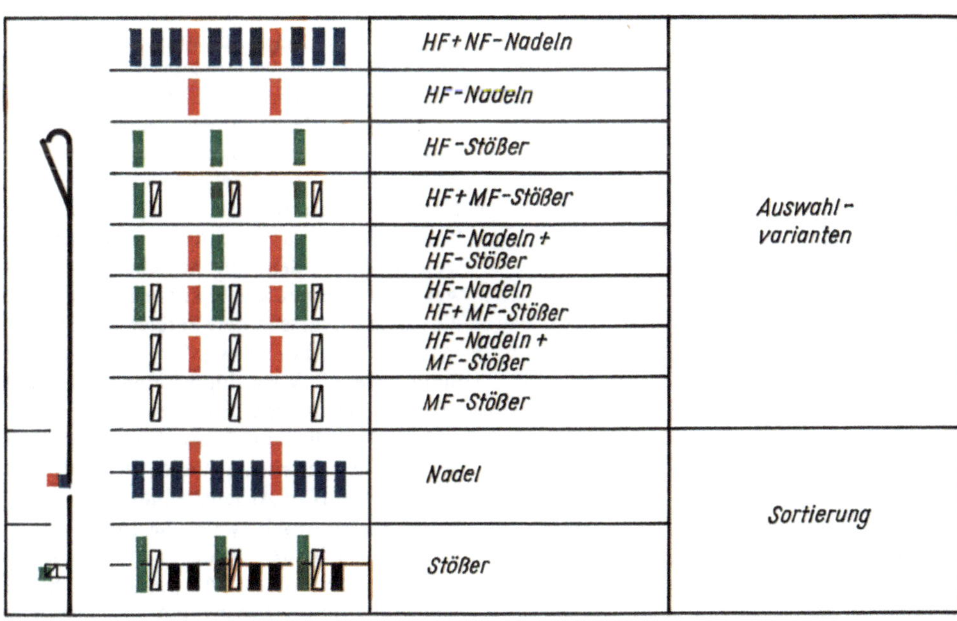

Bild 11/9. FS-Nadelauswahl über verschiedene Nadel - und Stößerfußhöhen

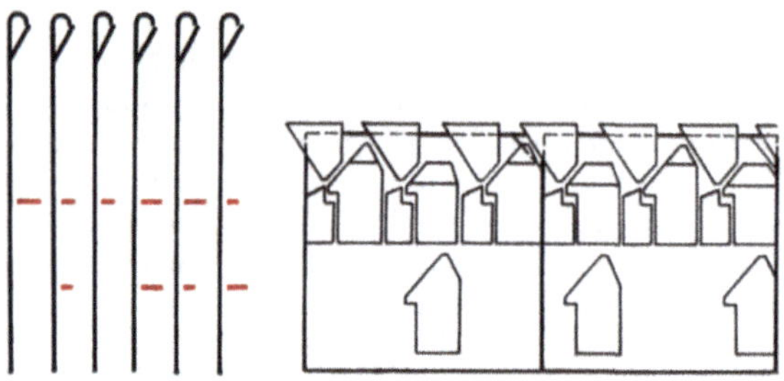

Bild 11/10. GRS-Hochleistungsschloß (RL)

oberen Schloßbahn, auf den das Kulierteil des jeweiligen Stricksystemes wirkt. Nadeln, die an dieser Stelle mit einem Hochfuß versehen sind, können außerdem getrennt von denen, die nur niedere Füße besitzen, in die Positionen Fang oder Stricken angesteuert werden, was von der Schloßstellung abhängig ist. Für die untere Schloßbahn sind die Nadeln mit Hoch- und Niederfüßen sowie ohne Füße ausgestattet. Entsprechende Schloßteile dieser Schloßbahn können somit auf Hoch- oder Hoch- und Niederfußnadeln wirken. Wie aus dem Bild hervorgeht, entstehen sechs Nadelgruppen.

Die für *Jacquardbuntmusterungen* (s. Bild 5/14) erforderliche Einzelnadelauswahl wurde zuerst an Flachstrickmaschinen verwirklicht. Gemäß dem Beispiel in Bild 11/11 sind jeder Nadel *1* jeweils ein langer und ein kurzer Stopper *2* und *3* zugeordnet. Die Entscheidung, ob eine Nadel an der Maschenbildung teilnimmt oder nicht, wird zunächst an die Stopper übertragen. Der Programmspeicher und gleichzeitig das Stellglied für die Stopperauswahl ist eine *Jacquardkarte* – eine *Stahlblechkarte*, in die analog dem *Lochband* Öffnungen eingestanzt sind. Die Stahlkarte wird an die Stopperreihe angedrückt. Dabei werden dort, wo keine Öffnungen vorhanden sind, die Stopper nach oben geschoben. Die übrigen verbleiben in ihrer Position. Nach Bild 11/12 nimmt die Schlittenplatte zwei Strickschlösser *I*, *II*, zwei Schlösser für lange Stopper *III*, *IV* und ein Schloß für kurze Stopper *V* auf. Der Schlitten bewegt sich in der Darstellung von rechts nach links. Im vorlaufenden Strickschloß *I* stricken diejenigen Nadeln, deren lange Stopper durch die Karte nach oben gedrückt, damit vom Stopperschloß *III* ausgetrieben wurden und die Nadeln in den Bereich des Strickschlosses *I* brachten. Im nachlaufenden Strickschloß *II* werden die Nadeln zur Maschenbildung bewegt, deren zugeordnete kurze Stopper durch die Jacquardkarte in den Bereich des Stopperschlosses *V* gebracht worden waren und im Sinne dieser Vorwahlpositionierung nachfolgend die langen Stopper dem Stopperschloß *IV* zuführten. Diese bringen dann in der oben beschriebenen Weise die Nadeln am Strickschloß *II* in Arbeitsstellung.

Durch einen Anschlag der Jacquardkarte erfolgte für die beiden Stricksysteme des Schlosses die Nadelauswahl. An jedem der Strickschlösser *I* und *II* wird ein andersfarbiger Faden zugeführt, so daß nach einem Schlitten-

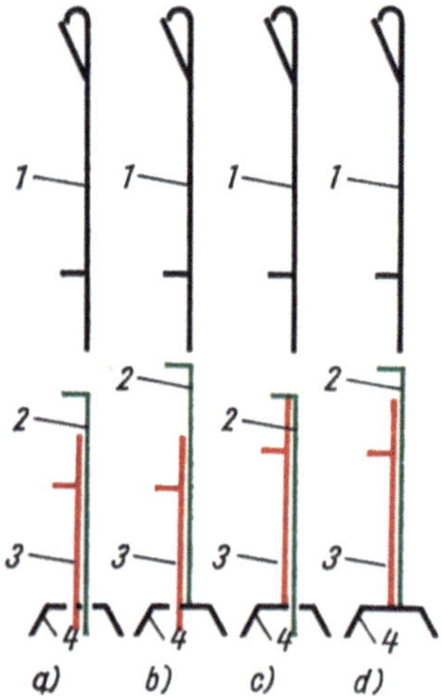

Bild 11/11. FS-Einzelnadelauswahl durch Lochkarte über kurze und lange Stopper

1 Zungennadel; 2 langer Stopper; 3 kurzer Stopper; 4 Kartenprisma mit Jacquardkarte

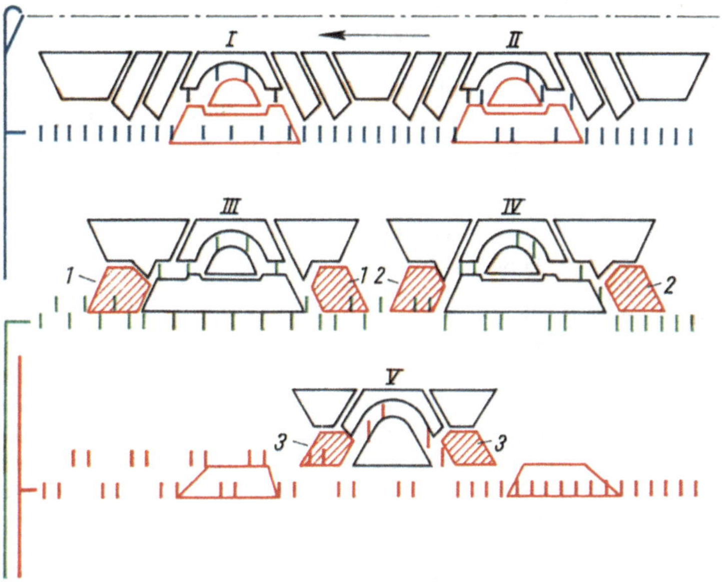

Bild 11/12
FS-Einzelnadelauswahl durch Lochkarte über kurze und lange Stopper
Anordnung der Schloßsysteme I bis V in der Schlittenplatte
1, 2, 3 Stopperabzugsteil (steuerbar)

hub im Falle einer zweifarbigen Buntmusterung eine vollständige Maschenreihe entstanden ist. Durch Auswahl der Fadenführer für jede Maschenreihe entstehen Muster mit theoretisch beliebiger Farbvielfalt. Darüber hinaus sind die bekannten Musterungen durch Schloßschaltungen möglich. Eine derartige Mustervielfalt ist ein wesentlicher Vorzug der Flachstrickmaschinen.

Für jede vollständige Maschenreihe wird bei der beschriebenen Jacquard-Flachstrickmaschine eine neue Stahlblechkarte benötigt, die durch Anschlag an die Stopper die Mustersignale reihenweise überträgt. Es sind daher im Prinzip so viele Stahlblechkarten aneinanderzureihen wie das Muster Maschenreihen enthalten soll. Dieser Programmspeicher – in der Breite des Nadelbettes – beansprucht viel Material und Raum und ist daher schwer archivierbar. Ein Musterrapport in der Breite des Nadelbettes wird in der Regel auch nicht benötigt.

Andere Mustervorrichtungen, die auch den Jacquardvorrichtungen zuzuordnen sind, sehen daher Musterrapporte vor, die sich über einen Teil der Arbeitsbreite erstrecken. Als Beispiel einer Vorrichtung für kleinrapportige Muster auch auf der Basis der Einzelnadelauswahl sind die an Großrundstrickmaschinen genutzten *Musterschieber* zu nennen. Das aus Bild 11/13 ablesbare Grundprinzip besteht darin, daß durch die Mustervorrichtung eine Nadel entweder in den Arbeitsbereich des Strickschlosses (Bild 11/13*a*) gebracht worden

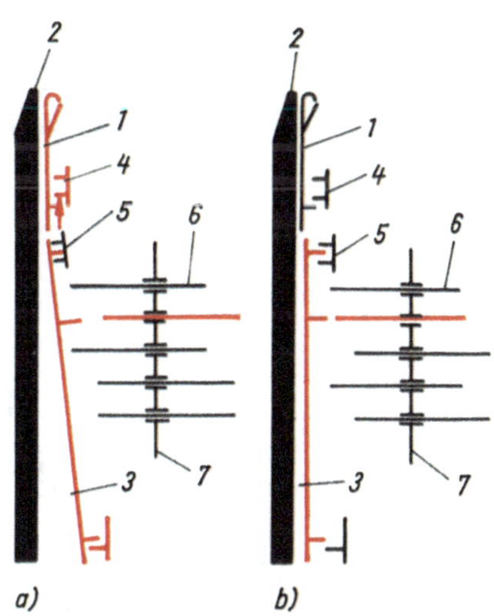

Bild 11/13. GRS-Einzelnadelauswahl mit Musterschiebern
1 Zungennadel; 2 Zylinder; 3 Stopper; 4 Strickschloß; 5 Stopperschloß; 6 Musterschieber; 7 Ständer

ist (und in die Position Stricken oder Fang je nach Schloßschaltung gelangt) oder nicht (Bild 11/13*b*). Die entsprechende Bewegung wird den Nadeln *1* über Nadelstopper *3* übertragen.

Die Nadelstopper besitzen Musterfüße, auf die die Musterschieber *6* wirken. An jeder Arbeitsstelle ist ein solcher Satz („Batterie") beispielsweise *41* übereinanderstehender Musterschieber angeordnet. Sie werden von Hand in eine Position gestellt, in der sie nach Bild 11/13*a* nicht auf den Musterfuß eines Stoppers wirken (roter Schieber), der demzufolge die schräge Ausgangslage behält und mit dem Arbeitsfuß in den Bereich des Stopperschlosses *5* eingreift. Bild 11/13*b* zeigt die zweite Position, in der der rote Musterschieber über den Musterfuß des Nadelstoppers dessen Arbeitsfuß aus dem Bereich seines Stopperschlosses führt. Von der Stellung des Stopperfußes zu seinem Schloß *5* ist abhängig, ob die Nadel in Arbeitsstellung geschoben wird oder nicht.

Im Bild 11/13 sind fünf Musterschieber zu sehen. Fünf im Zylinder der Großrundstrickmaschine aufeinanderfolgenden Nadelstoppern ist je ein Musterfuß in der Ebene eines Musterschiebers zugeordnet; d.h., der erste Nadelstopper trägt seinen Musterfuß in der Ebene des untersten Musterschiebers, der zweite Stopper in der Ebene des zweiten Mutersch iebers usw. Folglich trifft der unterste Musterschieber die Auswahl für den ersten Nadelstopper und die erste Nadel usw.

Die Anzahl n der übereinander angeordneten Musterschieber bestimmt die Anzahl n der aufeinanderfolgend einzeln auswählbaren Nadeln – und somit die *Rapportbreite* b_R (Musterbreite).

Dabei wird gemäß Bild 11/14*a* davon ausgegangen, daß der Einsatz der Nadelstopper bezüglich der Stopper-Musterfüße *asymmetrisch* erfolgt. Werden die Musterstopper wie in Bild 11/14*b* *symmetrisch* eingesetzt, können symmetrische Muster der Rapportbreite $b_{R_S} = 2n - 2$ erreicht werden. Darüber hinaus ist der Einsatz der Musterstopper in beliebiger Form frei wählbar. Die *Musterhöhe* ist durch die Anzahl unabhängig voneinander gemusterter übereinander angeordneter Maschenreihen festgelegt. Das entspricht an einer Großrundstrickmaschine der Anzahl Stricksysteme N_S am Umfang der Maschine. Da jedoch die vollständige Maschenreihe bei Farbjacquardmusterung aus einer Anzahl nicht vollständiger Maschenreihen gemäß der Anzahl Farben N_F besteht, ergibt sich die *Rapporthöhe* zu

$$h_R = \frac{N_S}{N_F}. \qquad (11/1)$$

Diese Beziehungen für die Rapportgröße gelten analog prinzipiell für alle Mustervorrichtungen.

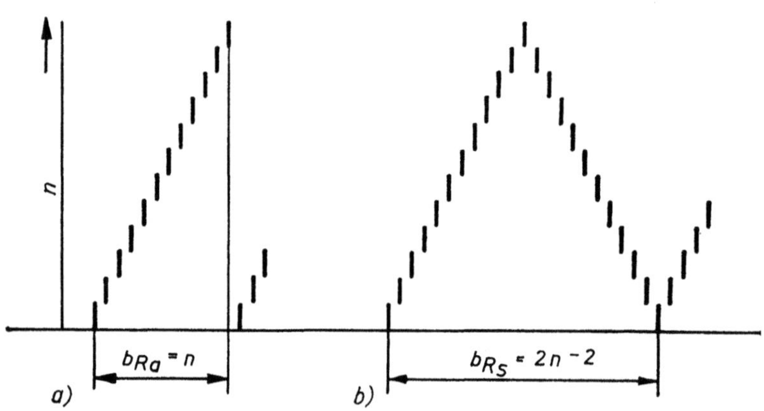

Bild 11/14. Einsatz der Nadelstopper für Einzelnadelauswahl
a asymmetrisch; b symmetrisch

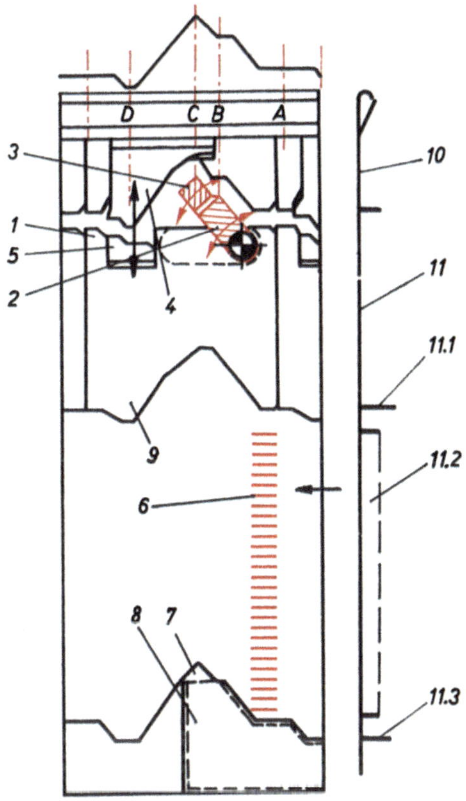

Bild 11/15. GRS-Zylinderschloß einer Jacquard-großrundstrickmaschine für Einzelnadelauswahl mit Musterschiebern

1 Führungsteil; 2 und 3 Nadelaustriebsteil (steuerbar); 4 und 5 Nadelabzugsteil; 6 Musterschieber; 7, 8, 9 Stopperschloßteil; 10 Zungennadel; 11 Stopper; 11.1 und 11.3 Arbeitsfuß; 11.2 Musterfuß

In Bild 11/15 ist das Zylinder- und in Bild 11/16 das Tellerschloß für eine Großrundstrickmaschine mit Musterschiebern zu sehen. Der Schloßmantel des Zylinders enthält die bekannten Schloßteile *1* bis *5* für die Nadeln zur Maschenbildung. Darunter sind übereinander die Musterschieber *6* angeordnet, die auf die Musterfüße *11.2* der Nadelstopper *11* wirken. Die Schloßteile *7*, *8*, *9* der Nadelstopper *11* bewirken in Zusammenspiel mit deren Arbeitsfüßen *11.1* und *11.3* die formschlüssige Führung der Stopper.

Die Konstruktion des in Bild 11/16 gezeigten Tellerschlosses ermöglicht keine Einzelnadelauswahl (die Nadeln des Tellerschlosses bilden die Rückseite des Gestrickes). Es sind nur zwei Nadelsorten – Kurzschaftnadeln *10* und Langschaftnadeln *9* – vorgesehen, so daß eine gruppenweise Nadelsortierung erfolgen kann. Neben den Kulierteilen und den die Gegenkurve bildenden Schloßteilen *1* bis *4* sind schaltbare Nadelaustriebsteile vorhanden; durch die Teile *6* und *8* ist der Nadelaustrieb bis in Fangposition und bei Zuschalten der Teile *5* und *7* der Austrieb in Strickposition wählbar. Werden die Schloßteile *5* und *6* bzw. *7* und *8* jeweils in die Schloßteile *3* bzw. *1* zurückgeschwenkt, stricken in der betreffenden Schloßbahn die Nadeln nicht (Rundlauf).

Musterschieber nach dem beschriebenen Prinzip – auch als *Selektoren* bezeichnet –

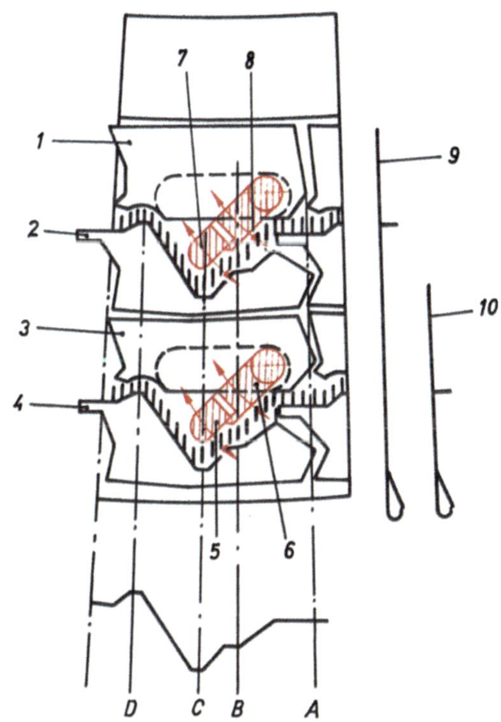

Bild 11/16. GRS-Tellerschloß einer Jacquard-großrundstrickmaschine für Einzelnadelauswahl im Zylinder mit Musterschiebern

1 und 2 Rundlaufteil; 3 und 4 Kulierteil; 5, 7 Austriebsteile für Maschenbildung; 6, 8 Austriebsteile für Fang; 9 Langschaftnadel; 10 Kurzschaftnadel

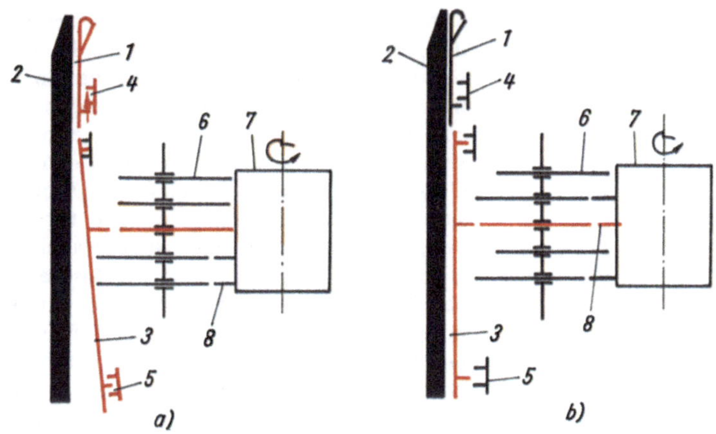

Bild 11/17. GRS-Einzelnadelauswahl durch Mustertrommel

1 Zylindernadel; 2 Nadelzylinder; 3 Nadelstopper; 4 Strickschloß; 5 Stopperschloß; 6 Schwinge; 7 Mustertrommel; 8 Musterplatine (Zahn)

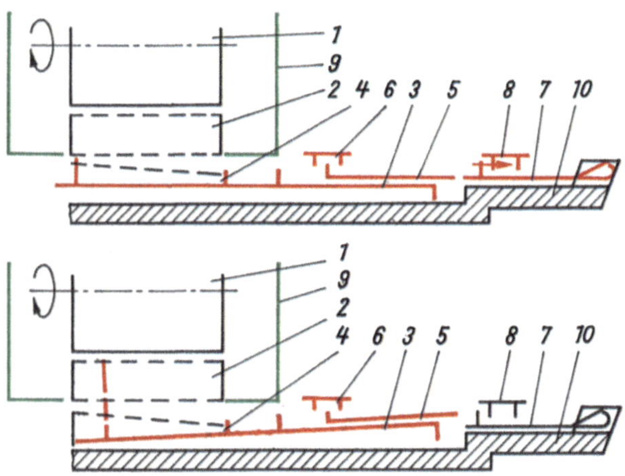

Bild 11/18. FS-Einzelnadelauswahl durch Mustertrommel mit Schwinghebel und Kippplatine

1 Mustertrommel; 2 Schwinghebel; 3 Kippplatine; 4 Musterfuß; 5 Stopper; 6 Stopperschloß; 7 Zungennadel; 8 Strickschloß; 9 Mustervorrichtung; 10 Nadelbett

werden vor Strickbeginn von Hand an der Maschine eingestellt. Diese Einstellung kann während des Strickens nicht verändert werden.

Eine sehr häufige Art des Programmspeichers ist die *Mustertrommel*. Mustervorrichtungen mit Mustertrommel können als Erweiterung der Musterung durch Musterschieber verstanden werden. Die Stellung der Musterschieber *6* (Bild 11/17) ist nicht mehr unveränderlich, sondern wird von einer taktmäßig rotierenden Mustertrommel 7 bestimmt. Die Mustertrommel ist dazu am Umfang in senkrechten Programmspuren mit Stiften *8* oder Platinen, deren Füße mustergemäß ausgebrochen sind, besetzt. Dort, wo in der den Musterschiebern zugewandten senkrechten Programmspur Stifte eingesetzt sind bzw. Platinenfüße stehen, wird der Musterschieber entgegen Federkraft auf den Nadelstopper gedrückt. Der weitere Ablauf der Nadelauswahl entspricht dem für Musterschieber beschriebenen.

Nach einer Umdrehung des Nadelzylinders kann die Mustertrommel weitergeschaltet werden, so daß die folgende Vertikalspur die erneute und programmgemäß veränderte Auswahl der Musterschieber realisiert. Dies ist so häufig möglich wie die Trommel senkrechte Programmspuren trägt. Die für die Verwendung von Musterschiebern berechnete Rapporthöhe h_R ist jetzt mit der Anzahl der Programmspuren N_P der Mustertrommel zu multiplizieren

$$h_R = \frac{N_S \cdot N_P}{N_F}. \qquad (11/2)$$

Das Prinzip der Mustertrommel wird für Groß- und Kleinrundstrickmaschinen häufig genutzt. Es findet aber auch Anwendung an Flachstrickmaschinen. Die Mustertrommel ist dann auf dem Schlitten gelagert (Bild 11/18) und wird für jede neu zu musternde Maschenreihe weitergeschaltet. Die Auswahl der Nadeln erfolgt nicht direkt durch die Musterstopper *3*, sondern durch Stopper *5*, die ihrerseits durch die Stopper *3* in Arbeitsstellung zu den Schlössern *6* gebracht werden oder nicht. Bezüglich der möglichen Rapporthöhe unterscheidet sich die Anwendung der Mustertrommeln an Flachstrickmaschinen insofern wesentlich von der an Großrundstrickmaschinen, als an Flachstrickmaschinen z.B. für eine Anzahl Stricksysteme $N_S = 2$ die Rapporthöhe bei einem zweifarbigen Muster gleich der Anzahl Vertikalspuren der Mustertrommel und damit weitaus kleiner als für Großrundstrickmaschinen mit bekanntlich sehr viel mehr Stricksystemen ist.

Ein weiteres Beispiel für die Anwendung von Mustertrommeln, und zwar als *Zwischenspeicher* für Flachstrickmaschinen findet sich an Flach-Rund-Strickmaschinen. Es war bereits festgestellt worden, daß diese Maschinen durch umlaufende Schlitten gekennzeichnet sind und mit diesem Konstruktionsprinzip auch der synchrone Umlauf der Fadenablaufkörper, Fadenleit- und -kontrolleinrichtungen sowie der Musterprogrammspeicher verknüpft ist.

Zur Steuerung der Nadelauswahl trägt jeder dieser Umlaufschlitten eine mit Musterplatinen *5* bestückte Mustertrommel 7 (Bild 11/19). Von der durch die Arretierung *6* fixierten Stellung der Musterplatinen ist über Druckbolzen *8* die gerade oder schräge Lage der Nadel *1* im Nadelbett *2* und damit die Position des Nadelfußes zum Strickschloß *9*, also

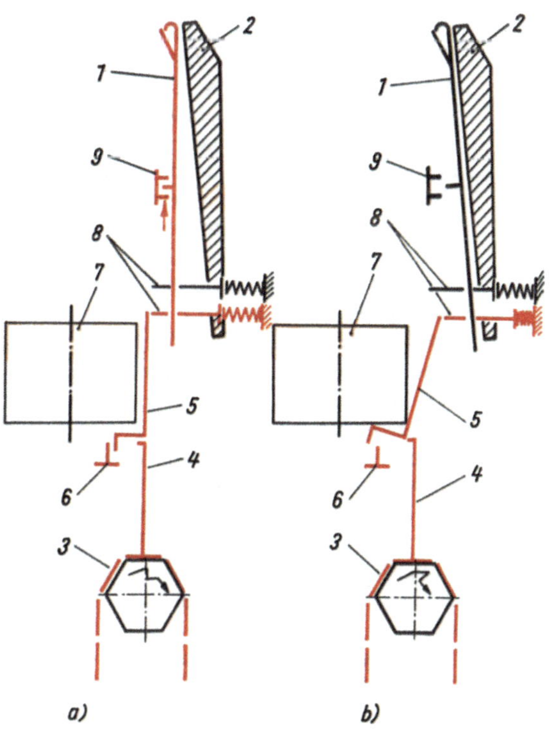

Bild 11/19. FS-Einzelnadelauswahl durch Musterrad und zentrales Lochkartenprogramm an Flach-Rund-Strickmaschinen

1 Zungennadel; 2 Nadelbett; 3 Lochkarte (Jacquardkarte); 4 Musterstopper; 5 Musterplatine; 6 Arretierung; 7 Mustertrommel; 8 Druckbolzen; 9 Strickschloß

die Strick-Stellung *a* oder Nicht-Strick-Stellung *b* der Nadel abhängig.

Für dieses Steuerungssystem ist hervorzuheben, daß die Mustertrommel 7 nur Zwischenspeicher ist, der für einen Schlittenumlauf das Musterprogramm speichert. Für jeden neuen Schlittenumlauf wird er von einer Jacquardkarte *3* als zentralem Programmspeicher neu programmiert. Dazu werden über die von der Jacquardkarte in der bekannten Weise gesteuerten Musterstopper *4* die Musterplatinen *5* neu gestellt.

Die Rapportbreite b_R ist durch die Anzahl der Musterplatinen und die Rapporthöhe h_R durch die Anzahl der Blätter der Jacquardkarte, geteilt durch die Anzahl der Farben N_F, festgelegt.

Analog den Mustertrommeln werden Mustervorrichtungen mit *Musterscheiben* angewendet, Bild 11/20. Das Nadelauswahlprinzip ist wiederum von Bild 11/17 bzw. 11/14 übertragbar. Die Musterscheiben 7 können sehr

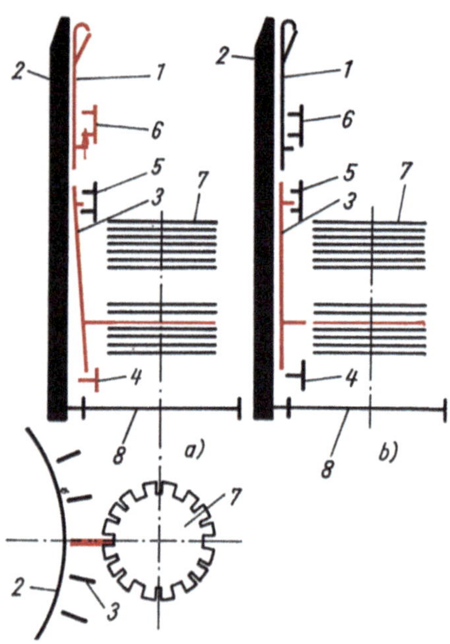

Bild 11/20. GRS-Einzelnadelauswahl durch Musterscheiben (gemeinsam und gleichzeitig in Eingriff)

1 Zungennadel; 2 Nadelbett; 3 Stopper; 4 Arretierung; 5 Stopperschloß; 6 Strickschloß: 7 Musterscheibe; 8 Antriebsrad

dicht übereinander gepackt werden, so daß eine Vertikalspur sehr viele diskrete Signale enthalten kann (große Rapportbreite). In Bild 11/20 ist auch der Antrieb des Musterscheibenpaketes nach jeder Zylinderumdrehung über das Rad *8*, das vom Zylinder geschaltet wird, gezeigt.

Musterräder 1 (Bild 11/21) fungieren als Programmspeicher und die eingesetzten Platinen *2* bzw. *3* als Stellglied für die Nadelauswahl an Großrundstrickmaschinen. Jedem Stricksystem der Großrundstrickmaschine ist ein Musterrad zugeordnet.

Die Achse des Musterrades ist zur Vertikalen geneigt. Auf den im gleichen Winkel zur Achse geneigten Mantellinien sind Nuten in das Rad eingefügt, in denen mustergemäß Platinen *2* und *3* eingesetzt werden. Das Musterrad liegt am Umfang des Nadelzylinders an, so daß sich die Mantellinien von Zylinder und Musterrad decken. Die Nadelteilung des Zylinders ist gleich der Teilung des Musterrades. Die Platinen des Musterrades greifen zwischen die Stege des Nadelzylinders ein; beide rotieren demnach mit gleicher Umfangsgeschwindigkeit.

Der Neigungswinkel des Musterrades zur Horizontalen ist gleich dem Steigungswinkel des Nadelaustriebsteiles (s. Bild 11/22), dessen Funktion das Musterrad übernommen hat. Ein Fuß *4* der in Rundlaufstellung im Nadelzylinder befindlichen Nadel wird entsprechend diesem **Steigungswinkel**

in Strick-Position *I* gehoben, wenn in seinen Nadelsteg eine hohe Platine *2* eingreift,

in Fang-Position II gehoben, wenn es eine niedrige Platine *3* ist bzw.

verbleibt in der Position *III*, Nicht-Stricken, wenn auf der ihm entsprechenden Mantellinie des Musterrades keine Platine eingesetzt ist.

Das Kulieren erfolgt nach Verlassen des Bereiches, in dem sich Zylinder und Musterrad berühren, am Nadelabzugsteil *5*.

Die Rapportbreite b_R ist gleich der Anzahl in das Musterrad einsetzbarer Platinen. Die Rapporthöhe h_R ergibt sich aus der Anzahl Stricksysteme, geteilt durch die Anzahl Farben.

Die Nadeln im Bild 11/22 haben zwei Arbeitsfüße, wovon der obere durch die Musterplatinen der Musterräder und der untere über

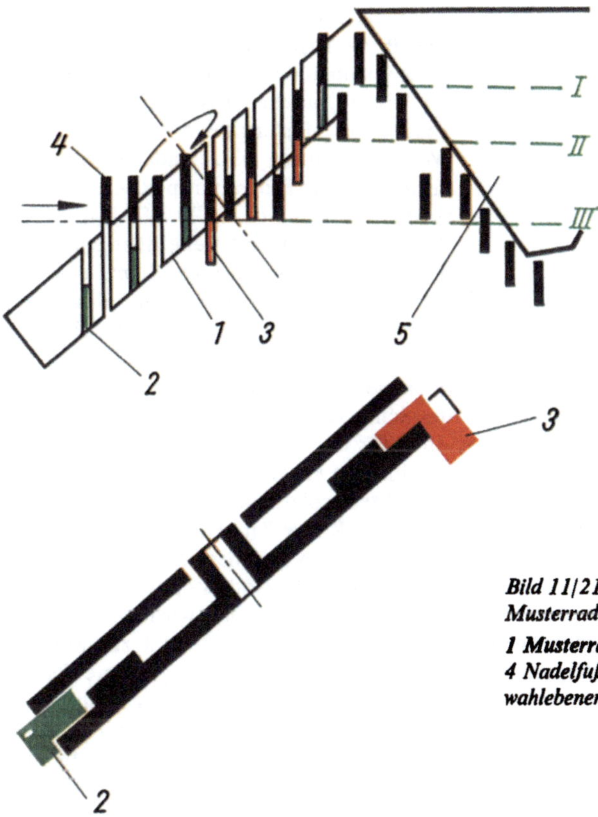

Bild 11/21. GRS-Einzelnadelauswahl mit Musterrad

***1* Musterrad; *2* hohe Platine; *3* niedrige Platine; *4* Nadelfuß; *5* Nadelabzugsteil; *I* bis *III* Auswahlebenen**

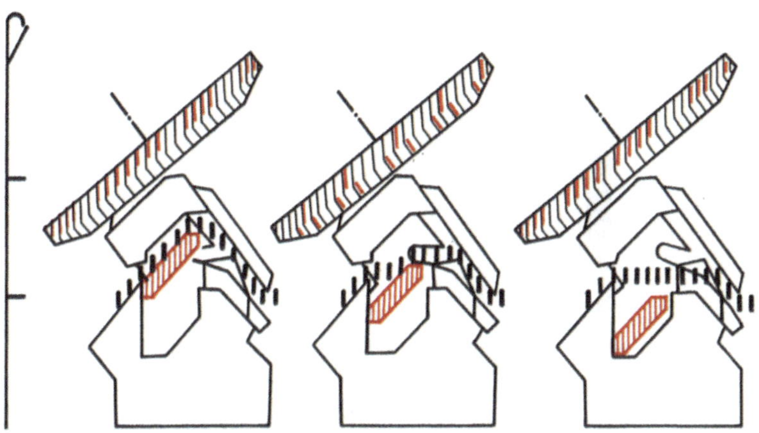

Bild 11/22. GRS-Hochleistungsschloß (RL) mit Musterrad

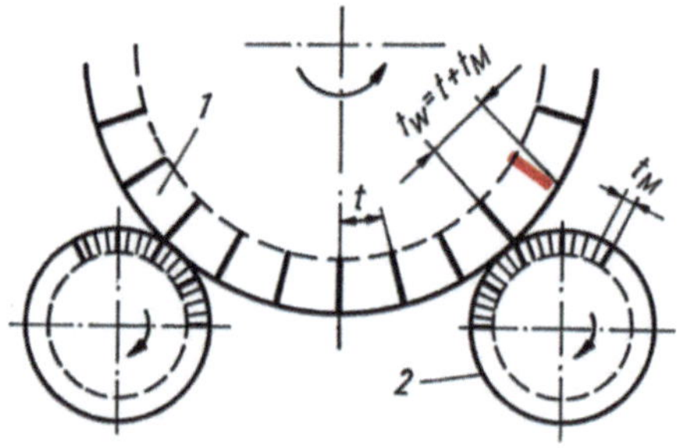

Bild 11/23. GRS-Einzelnadelauswahl mit Musterrädern ($t_M \neq t$)

schaltbare Nadelaustriebsteile (Stricken, Fang, Nichtstricken) beaufschlagt wird. Aus diesem Prinzip ergeben sich mehrere Kombinationsmöglichkeiten für eine einheitliche, gruppenweise oder einzelne Nadelauswahl durch schaltbare Schloßteile und/oder Musterräder.

In Bild 11/23 ist das Prinzip von Musterrädern, deren Feinheit t_M ein Vielfaches n der Maschinenfeinheit t beträgt, dargestellt. Dementsprechend kommt zunächst nur jede n-te Platine des Musterrades mit einer Nadel des Zylinders in Eingriff. An einer Stelle des Nadelzylinders beträgt die Teilung nicht t, sondern $t_W = t + t_M$. Von dieser Stelle an wird für eine Zylinderumdrehung nicht jede n-te, sondern jede $(n + 1)$-te Platine musterwirksam. Dieser Vorgang wiederholt sich bei jeder Zylinderumdrehung. Mit Hilfe dieses Prinzipes wird gegenüber dem einfachen Musterrad die n-fache Höhe des Musterrapportes erreicht. Die Rapportbreite ist gleich der Anzahl der bei einer Umdrehung des Musterrades maximal einsetzbaren Musterplatinen. Das Prinzip ist zweckmäßig für sehr grobe Maschinenfeinheiten (z. B. 4 E), dagegen würde bei feinen Nadelteilungen der Maschine die Teilung des Musterrades zu gering werden.

Weiter dienen zur Einzelnadelauswahl *Stahl-Lochbänder* als Programmspeicher. Bild 11/24 zeigt eine solche Lösung. Das Stahl-Lochband *4* wird an der Arbeitsstelle über eine Trommel *5* geführt. Das diskrete Signal des Lochbandes bewirkt eine Stellung des Nadelstoppers *3*, die die Nadel *1* im Nadelbett *2* in Arbeitsstellung zum Strickschloß *6* bringt *a* oder sie in Nicht-Arbeitsstellung außerhalb des Schlosses *6* beläßt *b*.

Auch für das Prinzip nach Bild 11/25 ist ein Stahlband *5* Programmspeicher. Es steuert die Kipp-Musterplatinen *4* eines Musterrades *3*. Über eine Kurve *7* und Schieber *6* werden gekippte Platinen gehoben, was dazu führt, daß der Nadelfuß des Nadelstoppers *8* von seinem Schloßteil *9* abgehoben wird und damit die Nadel *1* im Nadelbett *2* nicht zur Maschenbildung austreibt *b*. Nicht gekippte Platinen verbleiben in ihrer Ausgangsstellung, die Maschenbildung erfolgt *a*. Jedem Stricksystem ist ein stationäres Musterrad zugeordnet. Die Platinen des Musterrades stehen mit dem Nadelzylinder in Eingriff und drehen sich synchron mit ihm. Die Musterräder werden als Zwischenspeicher vom Stahlband als zentraler Programmspeicher programmiert. Die Rapportbreite ist gleich der möglichen Anzahl Musterplatinen im Musterrad. Die Rapporthöhe wird durch die in der Vorratstrommel speicherbare Stahlbandlänge bestimmt.

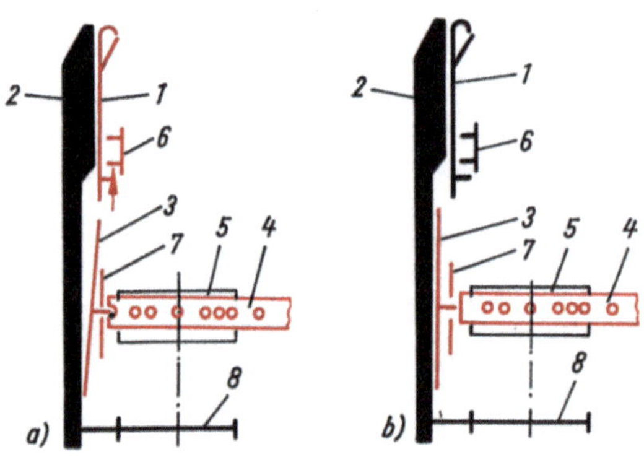

Bild 11/24. GRS-Einzelnadelauswahl mit Stahl-Lochband

1 Nadel; 2 Nadelbett; 3 Stopper; 4 Stahlband; 5 Stahlbandtrommel; 6 Strickschloß; 7 Kulisse; 8 Antriebsrad

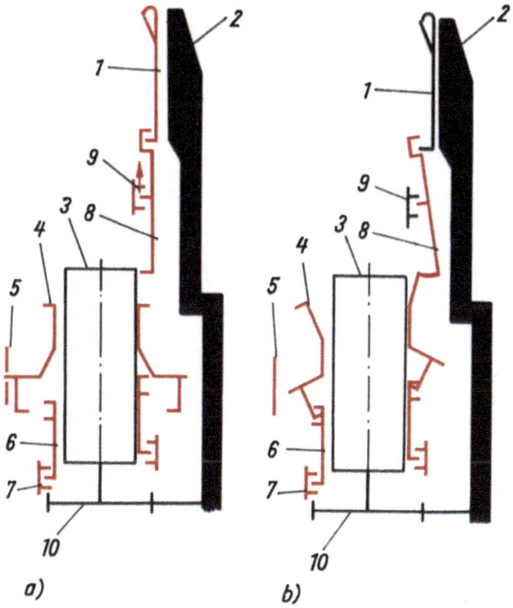

Bild 11/25. GRS-Einzelnadelauswahl durch Musterräder mit Stahlband

1 Zungennadel; 2 Nadelbett; 3 Musterrad; 4 Kipp-Musterplatine; 5 Stahlband; 6 Schieber; 7 Kurve; 8 Nadelstopper; 9 Stopperschloß; 10 Antriebsrad

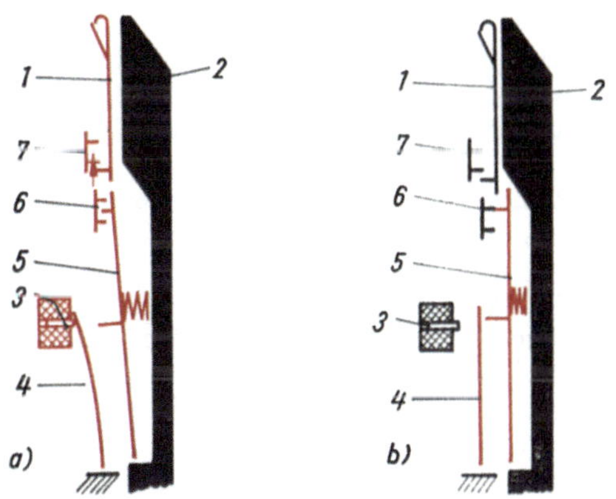

Bild 11/26. GRS-Einzelnadelauswahl durch photo-elektro-mechanische Wandlung mit Filmband

1 Zungennadel; 2 Nadelzylinder; 3 Steuermagnet; 4 Steuerfeder; 5 Nadelstopper; 6 Stopperschloß; 7 Strickschloß

Die Beschreibung der Lösungen zur Nadelauswahl erhebt keinen Anspruch auf Vollständigkeit. Es wurden die wichtigsten Prinzipien vorgestellt. Parallel zu diesen mechanischen Vorrichtungen gibt es eine bedeutende Anzahl elektronisch gesteuerter Großrundstrickmaschinen, deren Nadelauswahl elektromechanisch erfolgt.

Die *elektromechanische Nadelauswahl* wird durch die mustergemäße Steuerung eines Elektromagneten realisiert. Die an dieser Stelle eintretende Wandlung von elektrischer in mechanische Größe ist von primärer Bedeutung für dieses Nadelauswahlprinzip. Es bestehen enge Zusammenhänge zwischen Größe und Masse der Bauelemente, Stellwegen, Arbeitsgeschwindigkeit und Funktionssicherheit. Die elektromechanische Nadelauswahl setzt die elektronische Informationsverarbeitung zur Mustersteuerung (Abschnitt 11.3.) voraus.

Das Prinzip der elektromechanischen Nadelauswahl wird am Beispiel der ersten realisierten Lösung beschrieben (Bild 11/26). Jedem Stricksystem ist zur Nadelauswahl ein Steuermagnet zugeordnet. Er erhält vom Programm-

speicher – hier ein fotooptisches *Filmband* – nach Verstärkung die Mustersignale.
Der Steuermagnet *3* ist permanent magnetisiert und hält so die Steuerfeder *4* in Grundstellung (Teil *a* des Bildes 11/26). Dabei steht der Nadelstopper *5* schräg im Zylinder *1*, so daß sein Arbeitsfuß in den Eingriffsbereich des Stopperschlosses *6* gelangt und der Fuß der Nadel *1* dem Strickschloß *7* zur Maschenbildung zugeführt wird. Erhält der Steuermagnet dagegen einen Stromimpuls, wird er ummagnetisiert und gibt die Steuerfeder *4* frei. Nach Teil *b* des Bildes 11/26 verbleibt die Nadel außerhalb des Strickschlosses. Das den Steuerfedern übertragene Mustersignal würde zunächst nur über die Zeitdauer des Vorbeilaufes der Federn an den Magneten erhalten bleiben. Deshalb dienen *Schloßweichen* dazu, die vom Magnet gesteuerten Federn bei ihrer synchronen Rotation mit dem Nadelzylinder auf der erforderlichen Wegstrecke im Bereich des Stricksystemes in der ausgewählten Position zu fixieren.

11.2.2. Steuerungssysteme und Vorrichtungen zur Nadelauswahl und Musterung beim Kulierwirken

Für Kulierwirkverfahren sind Steuerungssysteme und Vorrichtungen bekannt, die eine Musterung durch Henkelbildung (Fang) und Umhängen von Halbmaschen (durchbrochene Muster) sowie Bindungen wie Plüsch und Futter ermöglichen.
Die einfachste Steuerung – der Programmspeicher ist hierbei gleichzeitig das Stellglied –

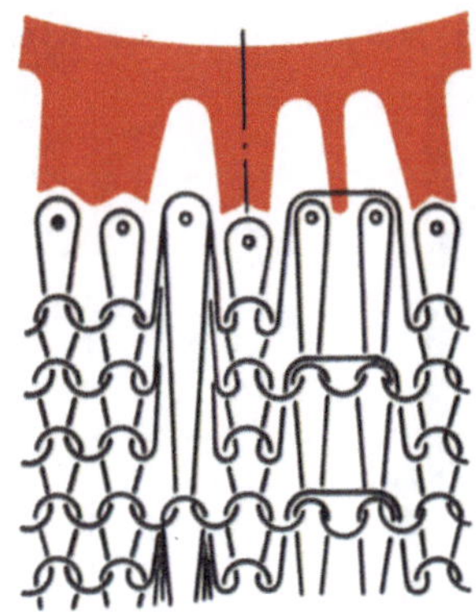

Bild 11/27. RKW-Rechts/Links-Fangmusterung („Preßmusterung")

zur Bildung eines Fangmusters sieht an der Rundkulierwirkmaschine die Verwendung eines *Musterpreßrades* vor. Aussparungen des Preßrades (Bild 11/27) bewirken ein Nicht-Pressen der Nadel und damit die Bildung eines (oder bei Wiederholung mehrerer) Henkel. Analog der in Abschnitt 11.2.1. beschriebenen Wirkungsweise der Musterräder wird die Rapportbreite b_R durch die Anzahl möglicher Preßvorgänge bei einer Umdrehung des Preßrades, also durch dem Umfang des Preßrades, bestimmt. Die Rapporthöhe h_R entspricht der Anzahl Arbeitsstellen am Umfang der Maschine.
Ein eben solches Fangmuster ist beim Flachkulierwirken durch die Verwendung von *Preßplatinen* anstelle der durchgängigen Preßkante möglich (Bild 11/28). Jeder Spitzennadel *6* ist eine Preßplatine *1* zugeordnet. Programmspeicher ist eine Trommel *3*, in die

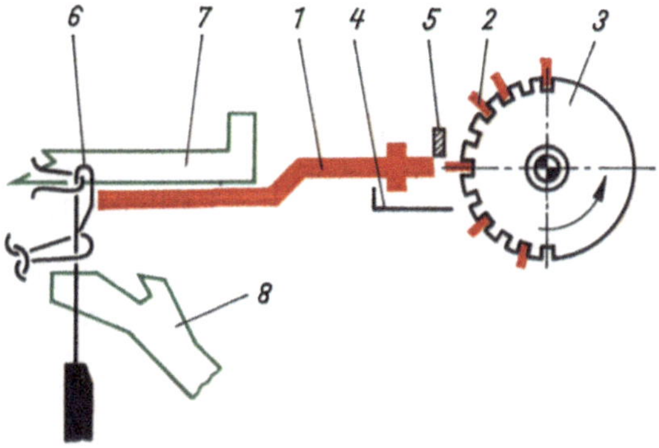

Bild 11/28. FKW-Mustertrommel zur Steuerung von Preßplatinen (RLF)

1 Preßplatine; 2 Stift; 3 Mustertrommel; 4 und 5 Anschlag; 6 Spitzennadel; 7 Kulierplatine; 8 Einschließ- und Abschlagplatine

mustergemäß Stifte *2* eingesetzt sind. Das Vorhandensein eines Stiftes bedeutet für die zugeordnete Platine Pressen; andernfalls wird ein Henkel gebildet. Die Platinenbeweglichkeit ist durch die Anschläge *4* und *5* begrenzt. Zur Arbeitsstelle gehören die bekannten Arbeitsorgane Kulierplatine 7 sowie Einschließ- und Abschlagplatine *8*.
Bei demselben Grundaufbau der Arbeitsstelle wird nach dem in Bild 11/29 gezeigten Prinzip die Spitzennadel durch eine vertikal angeordnete *Musterplatine* gesteuert. Die mustergemäße Information wird von einem Lochband auf die vertikale translatorisch bewegliche Platine übertragen. Gemäß der gewählten Stellung ist ihr Musterfuß unter dem vertikalen Musterschieber gelegen, der dann gegen Federzug, wie im Bild gezeigt, die Musterplatine in Preßstellung hebt. Andernfalls sind Musterschieber und -platine so weit tiefer posititioniert, daß die Spitzennadel nicht gepreßt wird.
Die Rapportbreiten b_R der in Bild 11/28 und 11/29 beschriebenen Vorrichtungen erstrecken

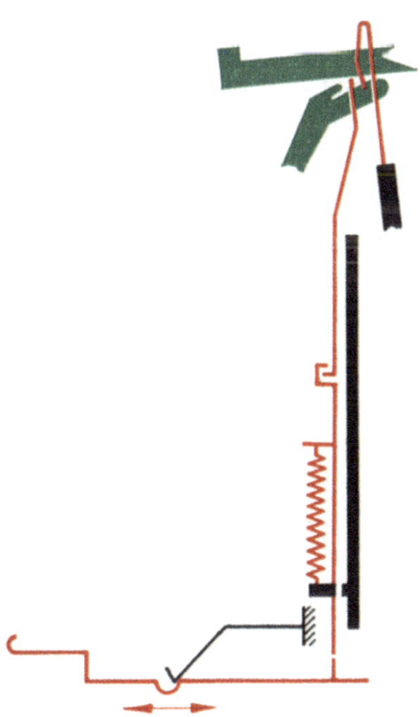

Bild 11/29. FKW – RLF-Jacquardmusterung mit Musterplatinen

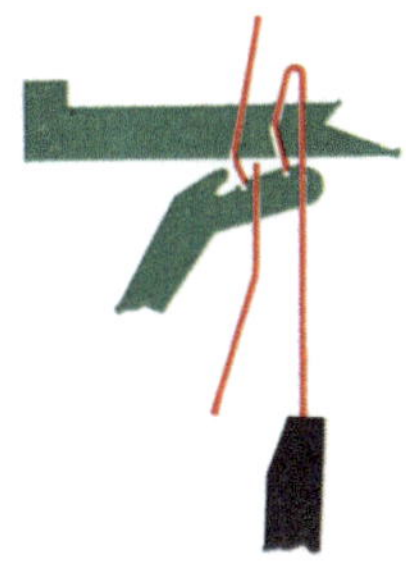

Bild 11/30. FKW – RLd-Jacquardmusterung mit Musterplatinen

sich maximal über die gesamte Arbeitsbreite. Die Rapporthöhe h_R ist vom Umfang der Mustertrommel bzw. von der theoretisch unbegrenzten Anzahl Lochreihen des Lochbandes abhängig.
Aus Abschnitt 9. ist das Umhängen von Halbmaschen zur Formgebung bekannt. Für die Kulierwirkverfahren ist dieses Umhängen von Halbmaschen gleichzeitig die wesentlichste Form der Musterung.
Die in Bild 11/29 zuletzt gezeigte Steuerung der Musterplatine dient gemäß der Darstellung in Bild 11/30 auch zur Steuerung einer Decknadel. Das Funktionsprinzip besteht darin, daß jeder Spitzennadel eine Decknadel zugeordnet ist. Mustergemäß werden über die Steuerung der Musterplatinen bestimmte Decknadeln von den Spitzennadeln abgehoben, so daß an diesen Spitzennadeln kein Deckvorgang stattfindet. Für die Rapportgröße gilt das zu dieser Steuerung schon Gesagte.
In Bild 11/31 wird die Steuerung der Decknadeln in umgekehrter Weise vorgenommen. Die Decknadeln *6* werden mustergemäß zu den Spitzennadeln *7* in Arbeitsstellung gebracht. Die Mustersignale trägt eine *Musterkette 1*, die über eine Walze *2* geführt wird und mit Stiften *3* besetzt ist. Ein Stift *3* führt zur Drehung des Hebels *4*, dessen zweiter Hebelarm die am Hebel *5* schwingbar gelagerte Decknadel *6* betätigt. Die Rapportbreite b_R muß nicht über die gesamte Arbeitsbreite reichen, die Rapporthöhe h_R ist von der Länge der Musterkette abhängig.
Die Vorrichtungen zum Umhängen von Halbmaschen beim Rundkulierwirken sind im Zu-

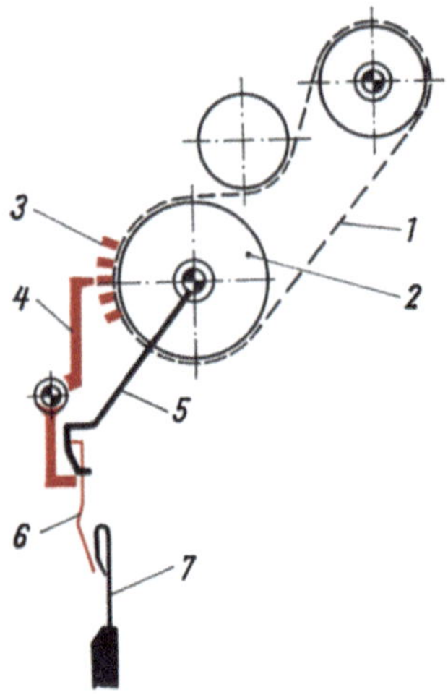

Bild 11/31. FKW-Steuerungsvorrichtung für Decknadeln mit Musterkette (RLd)

1 Musterkette; 2 Musterwalze; 3 Stift; 4 Hebel; 5 Hebel; 6 Decknadel; 7 Spitzennadel

sammenhang mit der Rotationsbewegung des Nadelträgers zu sehen. Bild 11/32 zeigt eine Halbmaschenreihe (diese Halbmaschen wurden besonders lang ausgebildet) auf im Schnitt dargestellten Nadeln des Nadelkranzes *a*. Das in den Nadelkranz zwischen die Nadeln eingreifende stationäre Drängrad *1* folgt der Rotation des Nadelkranzes und drückt jede zweite Spitzennadel unter die Nachbarnadel, während alle Halbmaschen nach vorn in den Nadelkopf geschoben werden. Die verdrängte Spitzennadel nimmt dabei die benachbarte Halbmasche mit auf. Danach werden alle Halbmaschen zurück auf den Nadelschaft geführt. Dem Drängrad folgt am Umfang des Nadelkranzes ein ebenfalls stationäres Preßrad *2*, das jede zweite Nadel preßt. An den gepreßten Nadeln werden die Halbmaschen über den Nadelkopf abgeschlagen, so daß resultierend jede zweite Nadel zwei Halbmaschen trägt. An der (oder mehreren) nachfolgenden Arbeitsstelle *n* wird wieder jeder Nadel Faden vorgelegt. Die an Rundkulierwirkmaschinen so erzielte Rechts/Links-durchbrochene Bindung wird auch als *Ajour-Bindung* bezeichnet.

Mit weiterem Aufwand entsteht gemäß Bild 11/33 die Rechts/Links-durchbrochene Bindung *Knüpftrikot*. Im oberen Teil des Bildes wird von der in Bild 11/32, Ansicht *a*, entstandenen Halbmaschenreihe mit teils umgehängten Halbmaschen ausgegangen. In den Nadelkranz greift zuerst ein stationäres Spreizrad *1* ein (vertikaler Pfeil), das mit dem Teller rotiert und die Nadeln soweit spreizt, daß eine *Umhängeplatine 4* in den Raum zwischen den Nadeln eingreifen kann. Diese nimmt die Halbmasche auf. Das Drängrad *3* steht vor dem Spreizrad und ist um einige Nadelteilungen in Richtung der Nadelbewegung versetzt. Es ist so eingestellt, daß es (wie im unteren Bildteil dargestellt, und zwar in vertikaler Pfeilrichtung tiefer gelegen) mit einer rechten Zahnflanke die Nadeln so weit nach rechts drängt, daß sie die von der Umhängeplatine gehaltene Halbmasche aufnehmen. Das im gleichen Bildteil gezeigte Spreizrad *2*, das in vertikaler Pfeilrichtung nach oben gesetzt ist, sorgt dafür, daß die

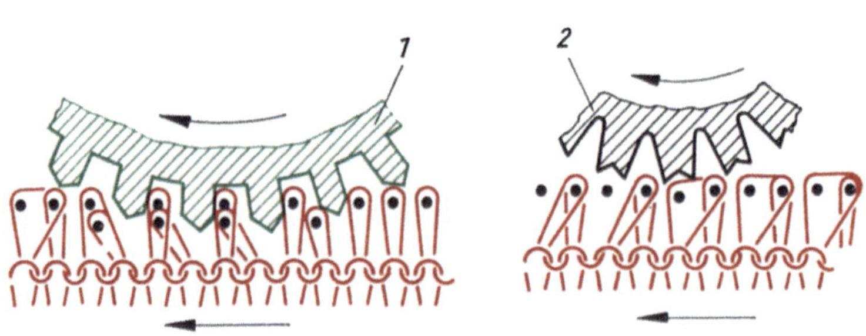

Bild 11/32. RKW-RLd („Ajour")

a 1 Drängrad; b 2 Musterpreßrad (1 voll, 1 leer)

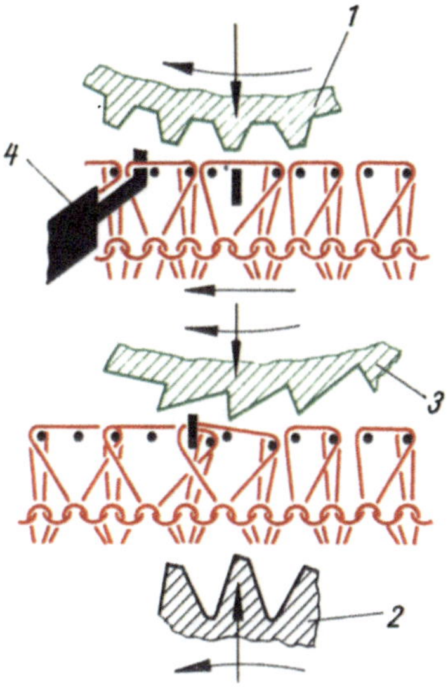

Bild 11/33. RKW-RLd („Knüpftrikot")
1 und 2 Spreizrad; 3 Drängrad; 4 Umhängeplatine

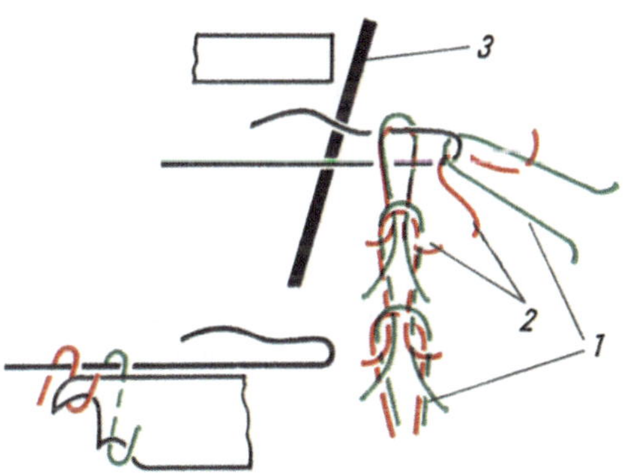

Bild 11/34. RKW-RLP
1 Plüschfadenschleife; 2 Grundfadenschleife;
3 Abschlagplatine

Nadeln spielfrei am Drängrad *3* anliegen. Nach Passieren der Einrichtung zum Umhängen von Halbmaschen nach Bild 11/32*a* und der eben beschriebenen Übertragungseinrichtung hängt jeweils eine von zwei Halbmaschen über drei Nadeln. Für die nächste Reihe erhält jede Nadel Faden; es entstehen im Wechsel Henkel und Halbmaschen. Das Gewirke hat die durchbrochene Struktur erhalten.

Mit den hier beschriebenen Vorrichtungen zur Variation der Gewirkebindung sind die Möglichkeiten der Rundkulierwirkmaschine nicht erschöpft.

Die Fertigung eines *Plüschgewirkes* setzt an der Rundkulierwirkmaschine nur relativ geringfügige Veränderungen der Arbeitsstelle voraus (Bild 11/34). Technologisch ist es erforderlich, eine lange und eine kurze Fadenschleife *1* und *2* zu kulieren. Da logischerweise nur die kurzen Fadenschleifen das Gerüst für die (Rechts/Links-)Grundbindung bilden, treten auf der linken Gewirkeseite die lang kulierten Fadenschleifen als Plüschhenkel *1* hervor. Da sie die eine Masche kennzeichnenden zwei Bindungseinheiten auf-

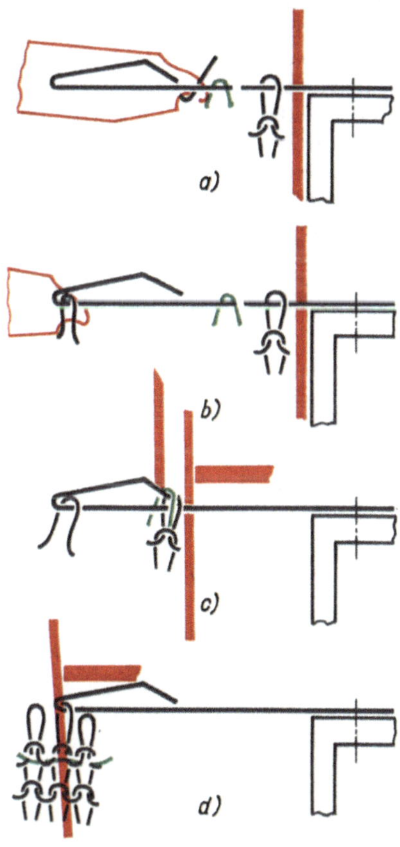

Bild 11/35. RKW-Herstellen von RLFu
a Kulieren des Grundfadens; b Vorbringen des Grundfadens; c Pressen und Auftragen von Halbmasche und Futterfadenschleife; d Abschlagen und Einbinden des Futterfadens

weisen, sind sie sicher im Gewirke eingebunden. Links unten im Bild ist gesondert der Kuliervorgang veranschaulicht, für den eine speziell ausgebildete Kulierplatine erforderlich ist; sie kuliert den gesondert zugeführten Grundfaden und den Plüschfaden zur jeweiligen Schleifenlänge. Das Abschlagen der zuletzt gebildeten Halbmaschen erfolgt durch die Abschlagplatine *3* für beide Fadenschleifen zugleich.

Aus Bild 11/35 geht hervor, daß zur Herstellung eines Gewirkes mit zusätzlichem *Futterfaden* (rot) dieser vor dem Kulieren des Grundfadens (schwarz) über den Nadelschaft gelegt werden muß (a). Zum Legen dieses Futterfadens dient ein *Futterrad* nach Bild 11/36. Das Futterrad *3* lenkt jede *n*-te Nadel, im Bild 11/36 jede zweite, nach unten aus, so daß zwischen ausgelenkten Nadeln *2* und nicht ausgelenkten der Futterfaden *1* einlaufen kann. Am Nadelkranz liegt ein Bürstenrad *4* schräg an, daß den Futterfaden ausreichend tief zwischen die Nadeln bis an die Halbmaschen heranführt. Nach dem Vorbringen des Grundfadens (Bild 11/35*b*) wird die Nadel gepreßt und Halbmasche wie Futterfaden werden gemeinsam aufgetragen *c* und über die neu kulierte Schleife des Grundfadens abgeschlagen *d*.

Es ist auch möglich, aufeinanderfolgend zwei Futterfäden versetzt in eine Maschenreihe einzubinden *(Doppelfutter)*.

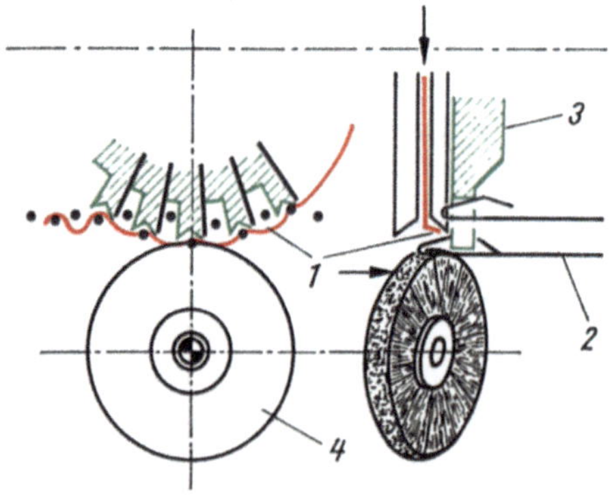

Bild 11/36. RKW-RLFu
Arbeitsprinzip des Futterrades
1 Futterfaden; 2 Spitzennadel; 3 Futterrad; 4 Bürstenrad

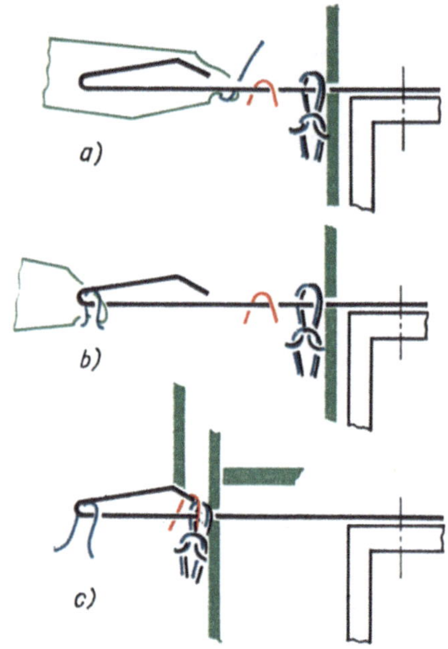

Bild 11/37. RKW-Herstellen von RLpFu
a Kulieren des Bindefadens; b Vorbringen des Bindefadens; c Pressen und Auftragen des Futterfadens und der Halbmaschen aus Grund- und Plattierfaden

Ein Teil des Kopfbogens eines nach dem eben beschriebenen Verfahren als Henkel eingebundenen Futterfadens ist von der rechten Gewirkeseite aus sichtbar. Dies kann vermieden werden, wenn der Futterfaden zwischen zwei maschenbildenden, plattiert verarbeiteten Fäden eingebunden wird (Bild 11/37). Der den Futterfaden bindende Faden wird als Binde- und der zur rechten Gewirkeseite liegende als Deckfaden bezeichnet *(Deck- oder Bindefadenfutter)*. Die Herstellung dieser Bindung erfolgt in drei Schritten. In der für die Bindung Rechts/Links-Futter schon beschriebenen Weise wird der Futterfaden gelegt und anschließend der Bindefaden kuliert (Bild 11/37*a*) und vorgebracht *b*. Danach wird die Nadel gepreßt und der Futterfaden sowie die auf dem Nadelschaft befindlichen Halbmaschen aufgetragen *c*. Sie werden jedoch nicht abgeschlagen, sondern verbleiben in dieser Position und laufen so auf die nächste Arbeitsstelle (Platinenrad) zu. Dort werden zuerst die Halbmaschen auf den Nadelschaft zurückgeschoben und dann in bekannter Weise der Deckfaden kuliert, vorgebracht etc. und schließlich beim Abschlagen der Halbmaschen über Deck- und Bindefaden (der noch im Nadelkopf ist) auch der auf dem Nadelkopf befindliche Futterfaden mit abgeschlagen. Mit geringen Veränderungen ist für die Herstellung der Bindung Rechts/Links-plattiert-Futter auch lediglich eine Futtervorrichtung erforderlich, jedoch zwei Arbeitsstellen (eine für Binde- und eine für Deckfaden), was die Produktivität bei der Fertigung dieses Gewirkes bestimmt.

11.2.3. Steuerungssysteme und Vorrichtungen zur Musterung beim Kettenwirken

Das Prinzip des nicht vollständigen Pressens aller Nadeln findet auch beim Kettenwirken mit Spitzennadeln für die Bindung „Ananas" Anwendung, obwohl es bindungstechnisch zu anderen Auswirkungen führt als dies vom Stricken oder Kulierwirken bekannt ist (Bild 11/38). Eine *Musterpresse* ist so ausgebildet, daß sie im Wechsel jeweils zwei Nadeln preßt und zwei ausläßt. In gleicher Folge sind auch die Lochnadeln eingezogen, d.h., nicht zu pressende Nadeln erhalten auch keine Fadenlegung. Auf diesen Nadeln befindliche Halbmaschen können nicht abgeschlagen werden, bis nicht wieder eine Fadenlegung und auch das Pressen und Abschlagen erfolgen. Es entstehen mustergemäß Maschen unterschiedlicher Größe. Diese Art der Musterung verdient für Kettenwirkmaschinen nur der Vollständigkeit wegen Erwähnung. Im wesentlichen besteht das Prinzip der Musterung grundsätzlich darin, in Verbindung mit mustergemäßem *Fadeneinzug* der Lochnadeln den Arbeitstakt Unterlegen zu variieren, d.h., die Unterlegung über eine variable Anzahl Nadeln auszuführen.

Ein *Musterrad*, wie im Abschnitt 7. bereits beschrieben, bietet aufgrund des begrenzten Umfanges dafür nur die Möglichkeit eines sehr begrenzten Musterrapportes.

Der Musterrapport kann sich über eine theoretisch unbegrenzte Anzahl Maschenreihen erstrecken, wenn die Funktion des Musterrades eine *Musterkette*, die im Takt der Maschenbildung über eine Transporttrommel geführt wird, übernimmt. Die Musterkette wird aus *Kettengliedern* unterschiedlicher Höhe zusammengesetzt, so daß analog dem Musterrad die zur Maschenbildung erforderlichen Versatzbewegungen auf die Legeschienen übertragen werden. Entsprechend Bild 11/39 gibt es vier Grundtypen von Kettengliedern:

a) Kettenglieder konstanter Höhe,
b) ansteigende Kettenglieder,
c) abfallende Kettenglieder,
d) ansteigende und abfallende Kettenglieder.

Demgemäß werden die Legeschienen bei Bewegung der Musterkette versetzt. Kettenglie-

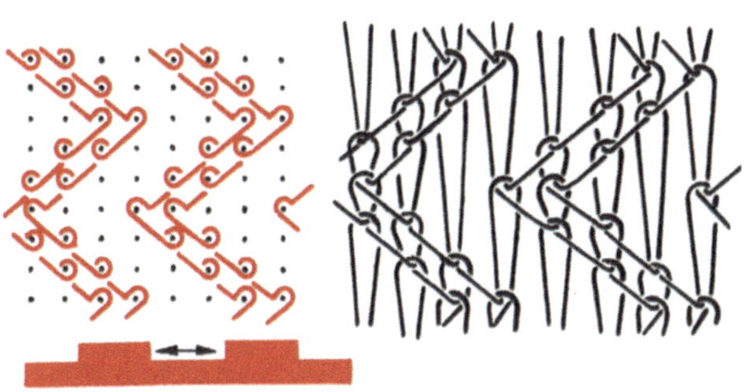

Bild 11/38. KW-Musterung durch Musterpresse (Preßmuster „Ananas")

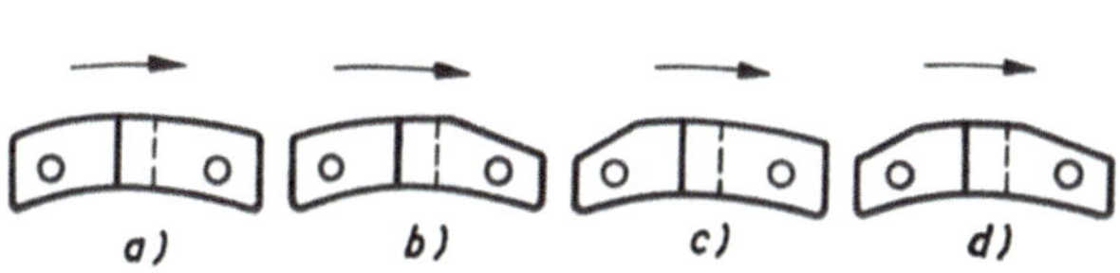

Bild 11/39. KW-Kettengliedergrundtypen

der müssen in Präzision und Verschleißbeständigkeit höchsten Ansprüchen genügen, da besonders bei feinsten Nadelteilungen die Lochnadel exakt mittig zwischen zwei Wirknadeln positioniert werden muß.
Häufig finden getriebetechnisch wie technologisch vorteilhaftere *Legeschienen-Versatzvorrichtungen* Anwendung, deren Prinzip die Abtastung der Musterkette über Schwinghebel ist (Bild 11/40). Damit kann eine Übersetzung von Kettengliedhöhe zu Legeschienenversatzbewegung realisiert werden.
Die Steuerung des Legeschienenversatzes stellt bei großen Rapportflächen (z.B. für Spitzen) eine sehr aufwendige Funktionsgruppe der Maschine dar, da die Kosten für einige Musterketten aufgrund der großen Anzahl benötigter Kettenglieder die Größenordnung des Anschaffungspreises einer Maschine erreichen. Einige konstruktive Lösungen zur Steuerung des Legeschienenversatzes zielen deshalb darauf hin, die Länge der Musterkette zu reduzieren. Dazu werden nur die Bewegungsanteile der Legeschienen, die der direkten Musterung dienen, in die Musterkette aufgenommen und konstante immer wiederkehrende Bewegungsanteile auf einen zweiten Programmspeicher, der parallel abläuft, übertragen. Beide Bewegungsanteile werden über ein Summierhebelgetriebe für den Legeschienenversatz wirksam.
Nachfolgende Beispiele veranschaulichen dieses Prinzip. So stellt Bild 11/41 die unabhängige Abtastung der Grund- und Musterlegung von zwei Ketten, einer Kette *1* für die Grundlegung und Kette *2* für die Musterlegung, dar. Beide Programmspeicher werden über Laufrollen *3* abgetastet und über einen Summierhebel *5* die Gesamtbewegung auf den Stößel *4* der Legeschienenversatzvorrichtung übertragen. In den Bildern 11/42, 11/43 und 11/44 wird mit unterschiedlicher konstruktiver Lösung jeweils die Überlegung, die nur über eine Nadelteilung erfolgt, durch ein Rad als Programmspeicher gesteuert, und unabhängig davon werden nur die für die Musterung erforderlichen Unterlegungen von der Musterkette (rot) gesteuert. Damit entfallen alle nach jeder Unterlegung für die Überlegung nötigen Kettenglieder; die Kosten für die Musterkette sinken.
Für die im voranstehenden beschriebenen Legeschienen-Versatzvorrichtungen gilt, daß

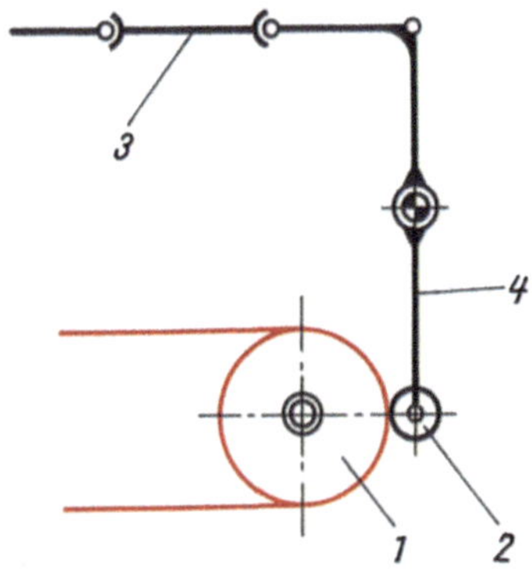

Bild 11/40. KW-Legeschienen-Versatzvorrichtung Abtastung über Schwinghebel
1 Transporttrommel; 2 Rolle; 3 Stößel; 4 Schwinghebel (Summierhebel)

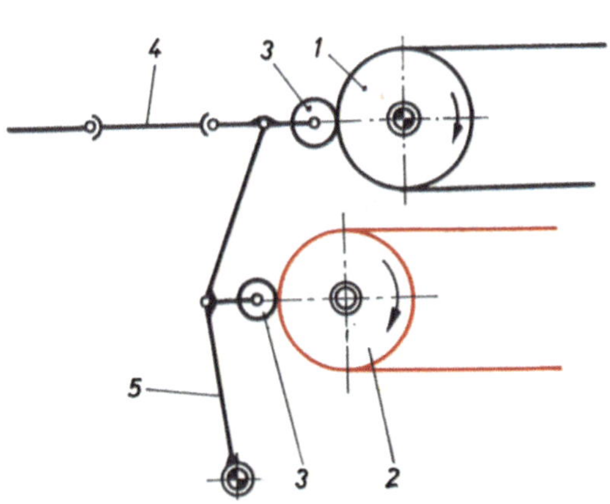

Bild 11/41. KW-Legeschienen-Versatzvorrichtung
Unabhängige Abtastung von Grund- und Musterlegung
1 Kette für Grundlegung; 2 Kette für Musterlegung; 3 Rolle; 4 Stößel; 5 Schwinghebel (Summierhebel)

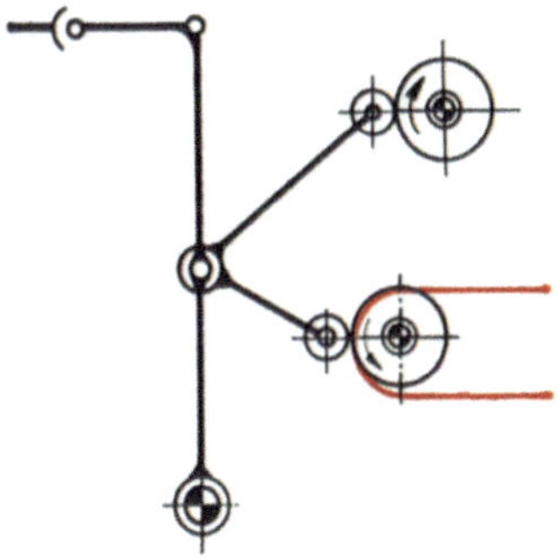

Bild 11/42. KW-Legeschienen-Versatzvorrichtung Unabhängige Steuerung von Unterlegung und Überlegung

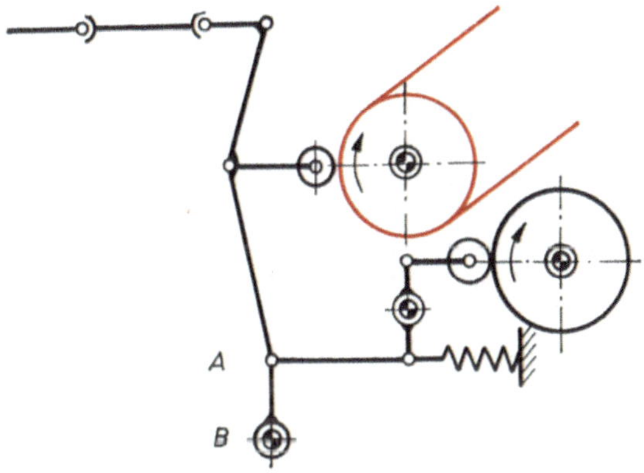

Bild 11/43. Wie Bild 11/42.

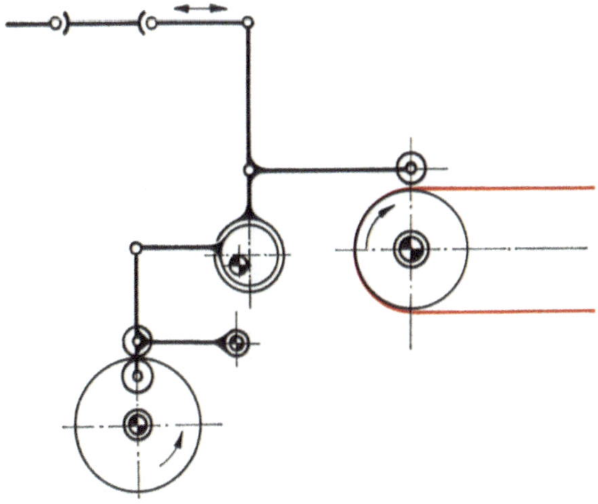

Bild 11/44. Wie Bild 11/42.

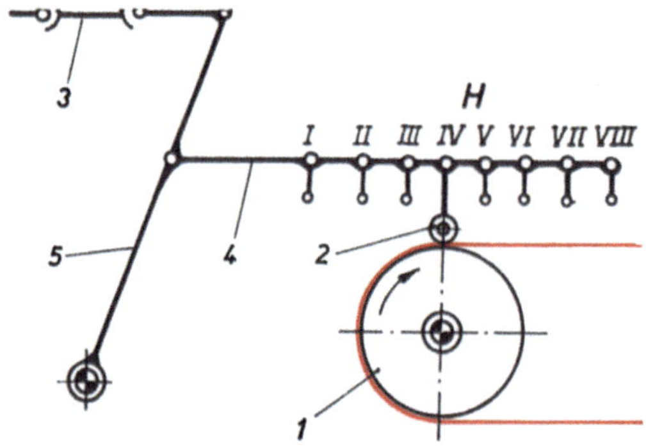

H	Feinheit in E					
I	14	14	7	28	3,5	56
II	16	12	8	24	4	48
III	18	10	19	20	4,5	40
VI	20	8	10	16	5	32
V	22	6	11	12	5,5	24
VI	24	4	12	8	6	16
VII	26	2	13	4	7,5	8
VIII	28	0	14	0	7	0
	Gliednummer					

Bild 11/45. KW-Konvertierbare Legeschienen-Versatzvorrichtung
1 Transporttrommel; 2 Rolle; 3 Stößel; 4 Konvertierhebel; 5 Schwinghebel

pie Abmessungen der Kettenglieder auf die jeweilige Feinheit der Maschine abgestimmt sein müssen. Die Umstellung der Kettenwirkmaschine auf eine andere Feinheit durch Austausch der die Arbeitsorgane tragenden Barren erfordert daher die Verwendung von Kettengliedern, die der neuen Nadelteilung (unter Berücksichtigung des Übersetzungsverhältnisses) gerecht werden, d.h., auch die Programmkette muß gewechselt werden. Das Prinzip der konvertierbaren Legeschienen-Versatzvorrichtung nach Bild 11/45 weist den wesentlichen Vorzug auf, daß bei Änderung der Maschinenfeinheit die gleiche Musterkette genutzt werden kann, indem nur die wirksame Hebellänge *H* des Hebelarmes *4*, der starr mit Hebel *5* verbunden ist, variiert wird. Dementsprechend ist die Laufrolle *2* zu positionieren. Die Hebellänge *H* kann die Beträge I bis VIII annehmen. Die Tabelle im Bild 11/45 gibt an, welche Einstellung *H* zu wählen ist, wenn bei vorgegebener Nummer der Kettenglieder mit bestimmter Maschinenfeinheit gearbeitet werden soll.

Die beschriebenen Steuerungen zum Legeschienenversatz dienten zur gruppenweisen Steuerung der Fadenführer, wobei die Anzahl der Gruppen der Anzahl Legeschienen und die Größe der Gruppen der je Legeschiene aufgenommenen Fadenführer entsprach. Die Annäherung an die Steuerung eines einzelnen Arbeitsorganes erfolgt durch zunehmende Anzahl Gruppen, also größere Anzahl Legeschienen. Demgegenüber steht die Einzelsteuerung der Fadenführer (Lochnadeln) einer Legeschiene bei einer Kettenwirkmaschine mit Zungennadeln (Bild 11/46). Im oberen Teil des Bildes ist die Arbeitsstelle im Schnitt dargestellt, im unteren Teil die Draufsicht auf das Fräsblech mit geschnittenen Nadelschäften sowie die Arbeitsorgane *1* bis *3*. Der Arbeitsstelle ist neben drei Grundlegeschienen

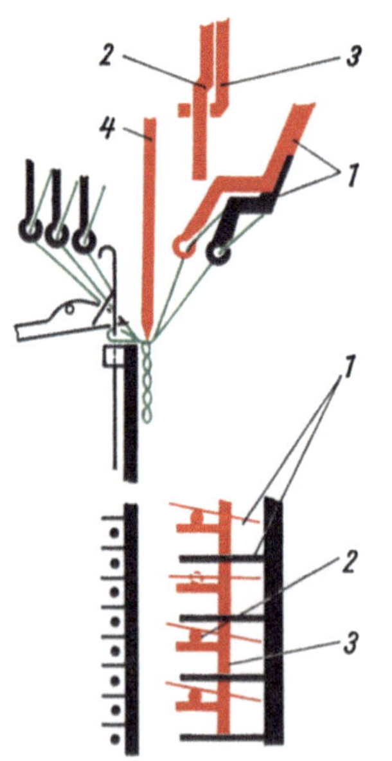

Bild 11/46. KW-Jacquardmusterung durch Einzelsteuerung der Lochnadeln über Drängstifte
1 Lochnadel; 2 Drängstift; 3 Drängstift-Führungsschiene; 4 Fallblech

eine Musterlegeschiene mit den Lochnadeln *1* zugeordnet. Diese Lochnadeln zeigt das Bild 11/46 im Wechsel rot und schwarz. Die schwarz gezeichneten Lochnadeln unterliegen keiner Einzelsteuerung, sondern folgen geschlossen der Bewegung der Legeschiene. Die dazwischenstehenden rot dargestellten Lochnadeln werden mustergemäß von Drängstiften *2* beeinflußt, die in der Führung *3* liegen. Auf die Führung *3* wird intermittierend eine Bewegung in Richtung einer Legeschienenversatzbewegung übertragen, wobei die Drängstifte *2* mitgenommen werden. Die Einzelsteuerung wirkt auf die Drängstifte in der Weise, daß diese in Tieflage bei Versatz der Führungsschiene die „roten" Lochnadeln seitlich verdrängen und in Hochlage nicht. Die Auswahl der Drängstifte erfolgt durch Lochkartensteuerung.

Die Anzahl der „roten" plus „schwarzen" Lochnadeln ist gleich der Anzahl Zungennadeln. Werden die rot dargestellten Lochnadeln nicht ausgelenkt, erhält jede Zungennadel eine Fadenlegung. Das Auslenken einer solchen Lochnadel hat zur Folge, daß der in sie eingezogene Faden auf die benachbarte Zungennadel gelegt wird, die auch von der benachbarten „schwarzen" Lochnadel eine Fadenlegung erhält. Mit Hilfe dieser Steuerung kann von zwei Zungennadeln entweder jede eine Musterfadenlegung erhalten, oder eine Zungennadel keine und die andere zwei Musterfadenlegungen. Die Fadenlegungen dieser Musterlegeschiene werden durch das Fallblech *4* beeinflußt, d.h., das Kettengewirke kann mustergemäß mit Henkeln und Flottungen versehen werden.

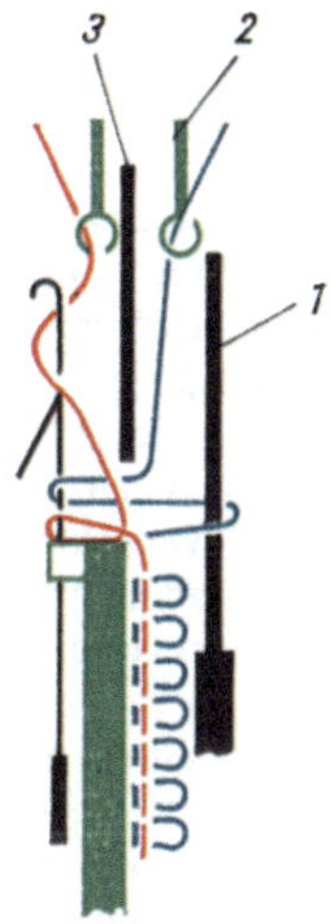

Bild 11/48. KW-Herstellung eines Polgewirkes (Polfaden als Henkel eingebunden)

1 Stiftbarre; 2 Polfadenlegeschiene
3 Fallblech

Die Feinheit der Musterfäden wird so gewählt, daß diese gegenüber den Grundfäden deutlich hervortreten.

Abschließend sind für das Kettenwirken Vorrichtungen zu erwähnen, die auf der Basis der bekannten Bindungstechnik (Abschnitt 5.) sowie Fadenlegungen (Abschnitt 13.) wesentliche Veränderungen der Oberfläche ermöglichen. So erfolgt die Herstellung von *Polgewirken* durch die zur Grundfadenlegung zusätzliche Legung eines *Polfadens*, wobei der Maschenfußbogen jedes Polfadens um den Stift (Polplatine) einer Stiftbarre gelegt wird. Dabei entsteht auf der linken Gewirkeseite eine Polschleife, deren Größe durch den Abstand der Stiftbarre von der maschenbildenden Zungennadelbarre bestimmt wird. Bild 11/47 zeigt das Prinzip am Beispiel der Kettenwirkmaschine mit Zungennadeln. Der Polfaden bildet selbst Masche und ist daher fest eingebunden. Auch für die Nähwirktechnik Malipol wurde das Prinzip genutzt. (Abschnitt 7., Bild 7/53). Der Polfadenverbrauch

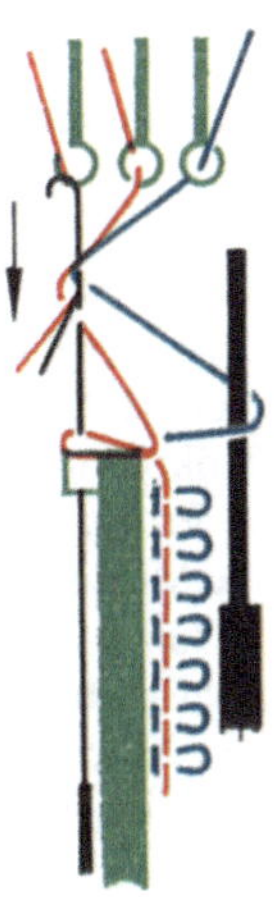

Bild 11/47. KW-Herstellung eines Polgewirkes (Polfaden als Masche eingebunden)

ist geringer, wenn keine Einbindung als Masche sondern nur als Henkel erfolgt (Bild 11/48). Zur Polschleifenbildung dient ebenfalls eine Stiftbarre *1*. Zwischen der Legeschiene für die Grundlegung und der Polfadenlegeschiene *2* wird ein Fallblech *3* angeordnet, durch dessen bereits beschriebene Funktion der Polfaden als Henkel gelegt wird. Die Einbindung ist in diesem Falle jedoch wesentlich loser und erfordert je nach Verwendungszweck eine spezielle Veredlungstechnologie. Diese Art der Polfadeneinbindung entspricht auch dem Nähwirkverfahren Malimo-Schußpol.

Nach dem im Bild 11/49 dargestellten Verfahren können auf der Basis der Rechts/Rechts-Kettenwirkmaschine mit Zungennadeln *Schneidplüsch-Gewirke* gefertigt werden. Da zwei Zungennadelbarren vorhanden sind, zwischen denen die Polfadenlegung erfolgt, erübrigt sich eine Stiftbarre für die Ausbildung von Polfadenschleifen. Rechts und links der Polfadenlegeschiene *3* sind Fallbleche *1* und *2* (Einbindung des Plüschfadens als Henkel) angeordnet. Jeweils die zwei äußeren Legeschienen führen die Legung der Grundfäden aus. Nach der Maschenbildung werden die Plüschfäden mittig geschnitten (Pfeilrichtung), so daß zwei Rechts/Links-Plüschgewirke entstehen.

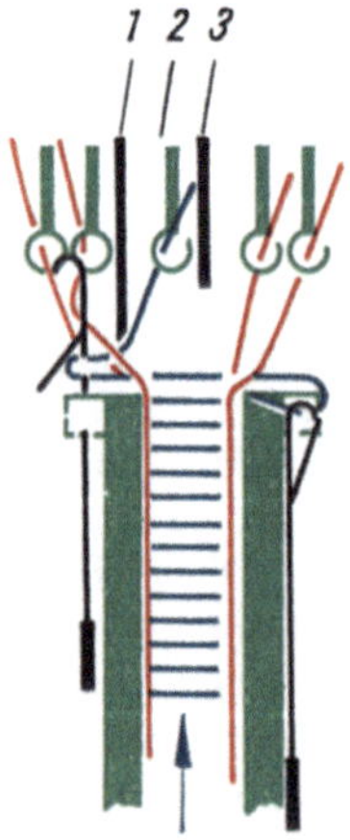

Bild 11/49. KW-Herstellung von RL-Plüschgewirken auf RR-Kettenwirkmaschinen mit Zungennadeln
1, 2 Fallblech; 3 Polfadenlegeschiene

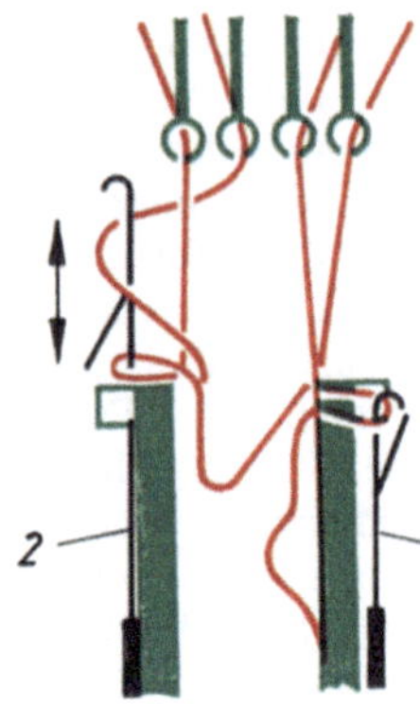

Bild 11/50. KW-Herstellung eines Kreppgewirkes
1 und 2 Zungennadelbarre

Als letztes Beispiel für die Vielseitigkeit der Kettenwirkmaschine, insbesondere der Raschelmaschine, sei die Herstellung eines *Kreppgewirkes* beschrieben (Bild 11/50). An den zwei Nadelbarren einer Rechts/Rechts-Kettenwirkmaschine mit Zungennadeln wird je ein Rechts/Links-Kettengewirke gefertigt. Die Nadelbarre *1* bildet weniger Maschenreihen als die Nadelbarre *2*, so daß dort mehr Fläche entsteht. Nach vorgegebener Anzahl Maschenreihen führen die Legeschienen der Nadelbarre *2* eine Legung an der Nadelbarre *1* aus, so daß eine Verbindung zwischen den beiden Rechts/Links-Kettengewirken und damit die Kreppstruktur zustandekommt.

11.3. Elektronische Musterverarbeitung und -steuerung

In Abschnitt 7. wurde begründet, daß für den Antrieb der Arbeitsorgane von Flachkulierwirkmaschinen einfache Kurvenmechanismen technisch ausreichend und ökonomisch sinnvoll sind. Auch mechanische Programmspeicher und Stellglieder für die die Musterung bestimmenden Arbeitsorgane erfüllen ihre Aufgaben. Ob die Anwendung der Elektronik gegenüber der ausschließlichen Mechanik vorteilhafter ist, hängt von einer Reihe spezifischer Bedingungen ab.

Eine für die Musterung an Wirk- und Strickmaschinen bestehende *Steuerkette* verfügt im allgemeinen Falle in der *Steuerungsvorrichtung* über

- Programmgeber, d.h. Programmspeicher und Taktgeber,
- Lesevorrichtung,
- Verstärker,
- Signalverteiler,
- Verstärker,
- Wandler,
- Stellglieder

und in der
Steuerstrecke über

- Arbeitsorgane, die die
- Musterung der Maschenware

realisieren (s. Bild 6/11).
Bei mechanischer Mustersteuerung wird der Wirkungsweg der Steuerung vom Programmspeicher bis zur Musterung ausschließlich mechanisch gestaltet.
Bei einer „elektronischen" Mustersteuerung ist der Wirkungsweg vom Programmspeicher bis zum Wandler elektronisch gestaltet. Stellglieder und Arbeitsorgane sind unverändert mechanische Maschinenelemente. Zwischen elektronischem und mechanischem Teil der Steuerung erfolgt eine Wandlung von elektrischer in die mechanische Größe, und zwar in der Regel mittels elektromagnetischer Bauelemente. Diese Wandlung ist hinsichtlich Präzision, Funktionssicherheit, Wartung und Kosten ein kritischer Punkt der Steuerung.
Vorteile für die elektronische Steuerung treten auf, wenn die Arbeitsgeschwindigkeit der rein mechanisch wirkenden Steuerungsvorrichtungen die Arbeitsgeschwindigkeit der Arbeitsorgane der Steuerstrecke nicht mehr erreicht. Dieser Punkt ist bislang nicht wirksam geworden. Vorteilhaft ist weiter, daß ein elektronischer Programmspeicher eine höhere *Informations(Signal-)dichte* und *Speicherkapazität* besitzt als ein mechanischer. Er kann mehrere bzw. größere Muster speichern und hat dabei geringe *Zugriffszeiten* bzw. höhere *Übertragungsraten* (Bild 11/51). Dieser Vorteil wird wirksam, wenn durch die Steuerung eine große Anzahl Stellglieder und diese darüber hinaus über eine große Anzahl Maschenreihen unabhängig voneinander zu steuern sind, also bei Einzelsteuerung von Arbeitsorganen und großen Musterrapporten. Damit wird auch gleichzeitig die *Archivierbarkeit* der Programmspeicher wesentlich verbessert.
Die Bedingungen hierfür sind beim Stricken, Kettenwirken und auch Flachkulierwirken gegeben. Die Anzahl der Einzelinformationen, die zu speichern sind, hängt von der Musterrapportgröße und der Maschinenfeinheit ab. Es ist für den elektronischen Speicher belanglos, ob die Informationen für aufeinanderfolgende Maschenreihen z.B. an ein einzelnes Stricksystem der Flachstrickmaschine zu leiten oder auf mehrere Stricksysteme einer Großrundstrickmaschine zu verteilen sind. Dagegen wirkt sich diese Aufteilung für mechanische Programmspeicher in kleineren Dimensionen günstig aus.
Zu steuernde Arbeitsorgane sind beim Stricken die Zungennadeln, beim Kettenwirken die Schließdrähte von Schiebernadeln. Für Flachkulierwirkmaschinen sind keine realisierten Lösungen bekannt. Theoretisch wäre z.B. die Steuerung der Preßplatinen (s. Bilder 11/28

Informationsträger bzw. Speicher	Mittlere Zugriffszeit in s	Übertragungsrate in bit/s mittl.	max.	Speicherkapazität in bit (Informationen)	Informationsdichte in bit/cm²
Lochkarte	0,2–120	$1,6 \cdot 10^3$	$14,4 \cdot 10^3$	$1,4 \cdot 10^3$	7,1
Lochband	bis zu einigen min	10^3	$8 \cdot 10^3$	10^4 bis 10^5	15,5
Magnetkern	10^{-6} bis 10^{-7} (Zykluszeit 10^{-6})	10^6	10^7	10^4 bis 10^8	10
Magnettrommel	$2 \cdot 10^{-3}$ bis $2 \cdot 10^{-2}$	10^2	10^3	10^3 bis 10^7	10 Imp./cm³
Magnetplatten	$1,5 \cdot 10^{-1}$	10^4	10^5	10^7 bis 10^9	200
Magnetband	$5 \cdot 10^{-3}$	$3 \cdot 10^5$	$1,5 \cdot 10^6$	10^8 bis 10^{10}	100–600

Bild 11/51. Kennwerte wichtiger Informationsträger bzw. Speicher

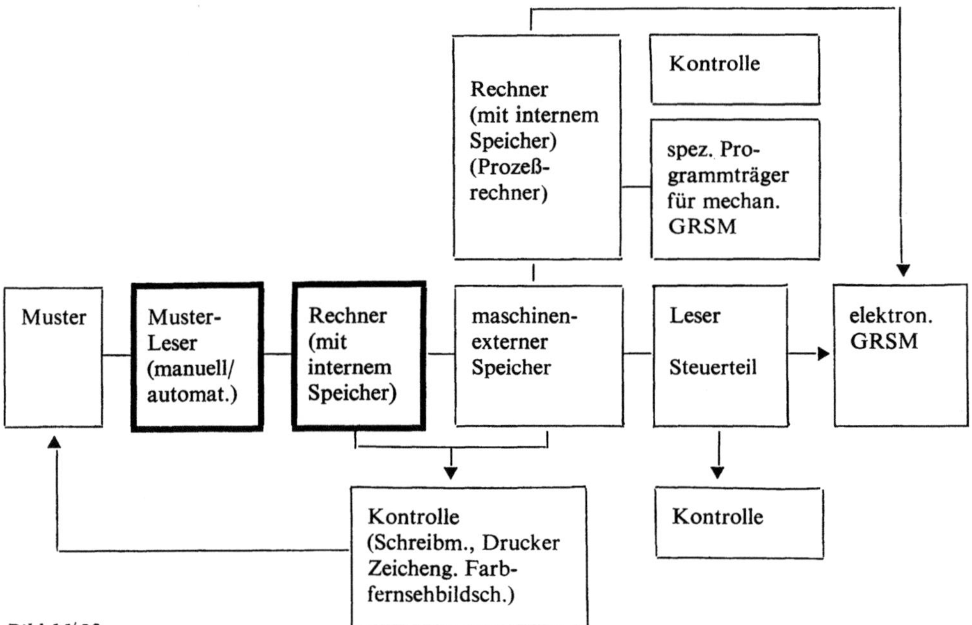

Bild 11/52
Allgemeines Modell verschiedener Varianten elektronischer Muster-Verarbeitungs- und -Steuerungssysteme

und 11/29) möglich. Da für Flachkulierwirkmaschinen die Frage der Weiterentwicklung trotz ihrer ökonomischen Vorteile international generell steht, beschränkt sich die Anwendung der elektronischen Mustersteuerung zunächst auf Flach- und Rundstrickmaschinen und zwar mit jeweils unterschiedlicher Bedeutung.
Bevor hierzu näheres ausgeführt wird, sei auf die bislang nur kurz erwähnte *Musterverarbeitung (Mustervorbereitung)* eingegangen. Darunter wird die Verarbeitung einer beliebig gestalteten *Mustervorlage* (Entwurf, Fotografie, Stoffmuster u.a.) zum maschinenlesbaren Programmspeicher verstanden.
Die Musterverarbeitung erfolgte bisher manuell. Für Stricken und Kulierwirken sowie Kettenwirken gelten unterschiedliche Gesetzmäßigkeiten zur Entwicklung des Musters (über die in dieser Auflage nicht berichtet wird). Nach diesen Gesetzmäßigkeiten ist die Mustervorlage in einen mechanischen Programmspeicher umzusetzen. Dies bedeutet unter Berücksichtigung der zu verarbeitenden Farben beispielsweise für das Flachstricken das Herstellen einer Jacquardkarte in Arbeitsbreite und der Maschenreihenanzahl entsprechender Länge; für das Klein- oder Großrundstricken die Bestückung von etwa 50 bis 100 Mustertrommeln je Maschine mit Platinen oder Stiften, das Ausbrechen von Musterscheiben u.a., für das Kettenwirken das Stanzen von Jacquardkarten für die Steuerung der Jacquardlochnadeln.
Dieser hohe manuelle Arbeitsaufwand für die Vorbereitung des Musters kann durch Systeme der elektronischen Musterverarbeitung, an die logischerweise eine elektronische Mustersteuerung adaptiert werden kann, eliminiert werden. Bild 11/52 zeigt in allgemeiner Form ein Modell verschiedener Varianten elektronischer *Musterverarbeitungs- und -steuerungssysteme.* Die Mustervorlage wird manuell über eine Tastatur, Steckfeld, Zeichentafel oder maschinell (ggf. über die Stufe einer Musterpatrone) gelesen und die erhaltenen Informationen (etwa 4 bis 8, maximal 12 Farben) in einem hard-ware-programmierten *Rechner* verarbeitet. Von diesem Rechner werden *maschinenexterne Speicher* verschiedener Form (z.B. *Lochband*, *Magnetband*) geliefert. Über Schreibmaschine, Drucker, Zeichengerät, meist jedoch Color-Bildschirm, werden die ausgegebenen Daten kontrolliert. Es sind auch

über diese peripheren Geräte in umgekehrter Richtung über den Rechner Korrekturen am Muster und Manipulationen wie Spiegelung des Musters, Vervielfachung oder Farbumkehrung möglich. Die weitere Verarbeitung des maschinenexternen Speichers geschieht in unterschiedlicher Weise. So kann über das Lesegerät und ein hard-ware-programmiertes Steuerteil die Musterprogrammsteuerung der Wirk- oder Strickmaschine erfolgen. Die Verarbeitung der *Steuerdaten* kann ebenso in einem soft-ware-programmierten Rechner ablaufen, der als *Prozeßrechner* die Wirk- oder Strickmaschine bzw. eine Gruppe Maschinen direkt steuert. In beiden Fällen sehen fast alle Systeme für Strickmaschinen auch die Möglichkeit vor, mechanische Programmspeicher wie Mustertrommeln, Scheiben, Bänder, Karten für mechanisch steuerbare Maschinen bei gleichzeitiger Kontrolle auszufertigen. Für diesen dritten Weg zur Steuerung der Wirk- oder Strickmaschine setzt die elektronische Musterverarbeitung keine elektronisch steuerbare Maschine voraus.

Als wesentliche Unterscheidungsmerkmale der verschiedenen Varianten des beschriebenen allgemeinen Modelles sind

die Art des Musterlesens (manuell oder maschinell, direkt von der Vorlage oder über eine Musterpatrone) und die dabei selektiv lesbare Anzahl Farben,
die Kapazität der internen Rechnerspeicher,
die dadurch bedingten Musterrapportgrößen,
die Variabilität der Rechner infolge hard-ware- oder soft-ware-Programmierung, damit der Einsatz als Mustersteuergerät bzw. Prozeßrechner ggf. für eine Maschinengruppe sowie die *Programm-* und *Datenkompatibilität* zu anderen Systemen,
die Art der maschinenexternen Speicher als maschinenlesbare Speicher für nicht mechanische Steuerung (fotooptischer Film, Papierlochband, Magnetbandkassette oder für mechanische Stellglieder (Mustertrommeln, Scheiben etc.))

neben weiteren Merkmalen hervorzuheben. Zugleich sind damit bedeutende Unterschiede im ökonomischen Aufwand bedingt.

Der Entwicklungsstand elektronischer Musterverarbeitungs- und -steuerungssysteme ist für die verschiedenen Maschenbildungsverfahren sehr unterschiedlich. Die größten Fortschritte bestehen auf dem Gebiet der Großrundstricktechnik mit einigen Dutzend teils aufeinander aufbauender Systeme. Wesentlich geringer ist die Anzahl der analogen Systeme für Flachstrickmaschinen. Für Kettenwirkmaschinen existiert eine Lösung zur mustergemäßen Steuerung der Schließdrähte von Schiebernadeln.

Die Einzelbeweglichkeit der Nadeln und die Vielzahl der zu verarbeitenden Musterinformationen sowie die Bedeutung des Musterns für das Stricken überhaupt stellten grundsätzlich sehr vorteilhafte Voraussetzungen für die entstandenen Entwicklungen für Strickmaschinen dar. Für das Kettenwirken stehen jedoch grundsätzlich andere Probleme als für das Stricken, da hier musterungsbedingter unterschiedlicher Fadenverbrauch schwer zu beherrschen ist. Für die industrielle Realisierung beim Kettenwirken steht zweifellos die nichtmechanische Steuerung der Legeschienen an, da die Erstellung der Musterketten sehr kostenintensiv ist.

Mit der elektronischen Musterverarbeitung bzw. -steuerung sind technische, technologische und organisatorische Vor- und Nachteile verbunden. Als Vorteile sind zu nennen:

große Variabilität und Anpassungsfähigkeit durch schnellen Musterwechsel,
rationellere Mustervorbereitung bei großen Kollektionen und entsprechender Betriebsgröße,
Möglichkeit der Mustermanipulation (durch Spiegelung, Farbumkehr, Vervielfachung u. a.),
Erleichterung bzw. Ermöglichen der Musterarchivierung,
Schaffung einer Voraussetzung für die Automatisierung,
Ermöglichen hoher theoretischer Arbeitsgeschwindigkeiten der Programmspeicher.

Es müssen aber auch wesentliche Nachteile aufgeführt werden:

Notwendigkeit spezifischer Facharbeiter für die Wartung und Bedienung der elektronischen Baugruppen,

Gruppe	Rapport	Maschen je Rapport
1	sehr klein	200 ... 650
2	klein	2000 ... 2600
3	mittel	7600 ... 10800
4	groß	30000 ... 60000
5	sehr groß	über 60000

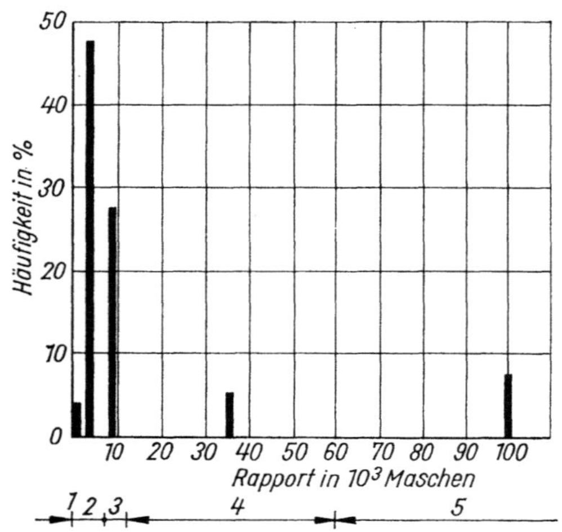

Bild 11/53. Häufigkeit angebotener Modelle von Großrundstrickmaschinen nach der maximalen Musterrapportgröße, 1969

Gruppe	Rapport	Maschen je Rapport
1	sehr klein	0 ... 2000
2	klein	2000 ... 8000
3	mittel	8000 ... 35000
4	groß	35000 ... 60000
5	sehr groß	über 60000

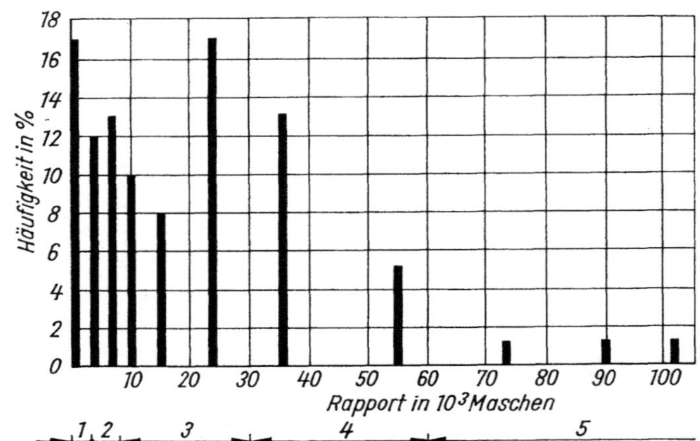

Bild 11/54. Häufigkeit angebotener Modelle von Großrundstrickmaschinen nach der maximalen Musterrapportgröße, 1975

höhere Kosten je Muster bei kleineren Kollektionen bzw. großen Partien,
bei Mehrmaschinensteuerung ggf. gruppenweiser Stillstand von Maschinen,
stärkerer Zwang zu Typenreinheit bei Produktionseinsatz elektronisch gesteuerter Maschinen, da häufig keine Daten- und Programmkompatibilität gegeben ist,
erschwerte Instandhaltung aufgrund des rascheren moralischen Verschleißes der Elektronik gegenüber der Mechanik.

Vielfach werden der elektronischen Mustersteuerung als hervorstechendes Argument hohe mögliche Musterrapportgrößen zugesprochen.
Da die Entwicklung der elektronischen Musterverarbeitung und -steuerung auf dem Gebiet der Großrundstricktechnik eingeleitet wurde und dort die umfangreichsten Erfahrungen vorliegen, erfolgt eine kurze Betrachtung der Musterrapportgrößen am Beispiel des Großrundstrickens. Willkürlich für die Jahre 1969 und 1975 wird die Häufigkeit angebotener Modelle von Großrundstrickmaschinen nach der maximal möglichen Musterrapportgröße in den Bildern 11/53 und 11/54 dargestellt (die Gruppeneinteilung entspricht dem jeweils mustersteuerungstechnisch realisierten Stand). Für 1969 sagt die Häufigkeitsverteilung aus, daß zu über 80% sehr kleine und kleine Rapporte (dazu zählt nach jetzigen Maßstäben auch die im Bild 11/53 ausgewiesene mittlere Rapportgröße) vorgesehen wurden, obwohl mechanisch wesentlich größere Rapporte realisierbar waren. Auch dem Aufkommen der elektronischen Musterverarbeitung und -steuerung zufolge liegt 1975 der Anteil der Maschinen, deren Mustervorrichtungen Rapporte bis 10^4 Maschen gestatten, bei etwa 50%. Etwa 40% beträgt der Anteil der Maschinenmodelle, die mittlere oder große Rapporte, die aber noch mit mechanischen Steuerungen zu realisieren sind, vorsehen.
Interessant ist eine Gegenüberstellung in Bild 11/55 zwischen den genutzten Musterprogrammspeichern an den 1974/1975 angebotenen Großrundstrickmaschinen-Modellen, deren Häufigkeitsverteilung sowie der mit diesen Programmspeichern erreichten Rapportgrößen bzw. möglichen Speicherkapazitäten für die Musterinformationen. Der dabei ausgewiesene Anteil der elektronischen Mustersteuerung ist als wesentlich einzuschätzen. Es fällt gleichzeitig auf, daß sich die Rapportgrößen der mechanischen und elektronischen Mustervorrichtungen im Bereich der mittleren und großen Musterrapporte überdecken.

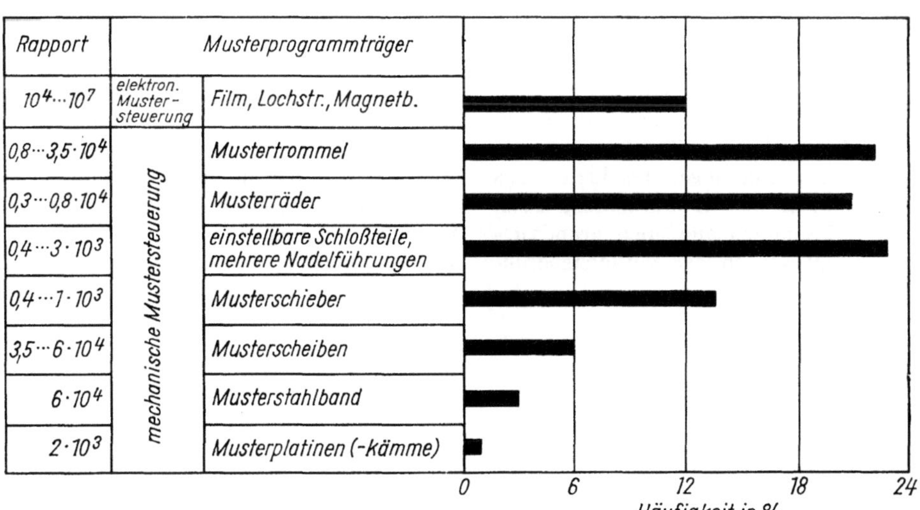

Bild 11/55. Häufigkeit der mechanischen und elektronischen Musterprogramm-Speicher und deren Musterrapporte an angebotenen Modellen von Großrundstrickmaschinen

Das gemäß der angebotenen Maschinenmodelle zu 90% ausreichende Musterangebot umfaßt zu 40% bis 10^3 Maschen. Extrem große Musterrapporte im Bereich von 10^6 bis 10^7 finden praktisch kaum Anwendung, erstens da für Maschinen gröberer Teilung der Musterrapport größer wäre als die im Erzeugnis enthaltenen Maschen, zweitens da vorwiegend kleinere Muster aus verschiedenen Gründen erforderlich sind.
Der Anteil exklusiver Artikel mit extrem großen Musterrapporten liegt bei etwa 5%.
Es ist ferner grundsätzlich zu berücksichtigen, daß innerhalb der Einsatzgebiete, für die Musterungen interessant sind, ein bis zwei Drittel der Kollektionen großer Betriebe unifarbene Gestricke sind. Das führt dazu, daß die vorhandenen Musterungsmöglichkeiten des Großrundstrickmaschinenparkes in der Praxis nicht voll genutzt werden.
Somit wird festgestellt, daß große Musterrapporte kein Argument für die elektronische Mustersteuerung sind. Elektronische Musterverarbeitungs- und -steuerungssysteme werden daher vielfach auch für mittlere und kleine Musterrapporte konzipiert. Neben modisch-ästhetischen Gesichtspunkten ist ein schwerwiegendes Argument gegen große Rapporte der sich in der Konfektion ergebende große Zuschnittverlust.
Die zu beobachtende Entwicklung mechanischer Mustersteuerungen läßt zu einem angemessenen Anteil auch sehr große Musterrapporte zu und zielt im wesentlichen darauf hin, den Musterspeicherwechsel zu vereinfachen und die Wechselzeiten zu verkürzen. Bedeutende Erleichterungen resultieren aus der elektronischen Musterverarbeitung. Es ist in diesem Zusammenhang auch grundsätzlich darauf hinzuweisen, daß Mustersteuerungen in der Regel um so funktionssicherer sind, je einfacher ihr Aufbau ist. Dies ist eine einfache Feststellung, für die es viele Parallelen auch aus völlig anderen Bereichen gibt.
Ökonomische Untersuchungen auf der Basis der bisher vorliegenden Technik und Erfahrungen sagen aus, daß es im Bereich der praktischen Realisierung Grenzen gibt, die mechanische und elektronische Musterung als jeweils kostengünstiger ausweisen. Diese Grenzen werden durch die *Kollektionsgröße*, die *Partiegröße*, auch durch *Sortiment*, *Betriebsgröße* u.a. bestimmt.
Insgesamt kann geschlußfolgert werden, daß die elektronische Mustersteuerung eine Bereicherung der Großrundstricktechnik darstellt. Sie wird die mechanische Mustersteuerung nicht verdrängen. Der zuerst produktionswirksame Vorteil des Einsatzes der Elektronik liegt in der Musterverarbeitung (die ja auch die Herstellung mechanischer Programmspeicher vorsieht) innerhalb der Mustervorbereitung, und zwar gilt dies in erster Linie für das Stricken.
Abschließend ist festzustellen, wenngleich es nicht Gegenstand der Flächengebildeherstellung selbst ist, daß ein großer Teil der Musterung durch Druck erfolgt, für Maschenwaren besonders auch durch Transfer-Druck. Die dabei erreichten Fortschritte beeinflussen den Anwendungsbereich der garnfarbigen Musterung und bilden einen Gegenpol zur Mustersteuerung jeder Wirk- und Strickmaschine. Wirken und Stricken als Flächenbildungsverfahren rechtfertigen sich jedoch auch durch ihre Möglichkeiten der garnfarbigen Musterung. Deshalb müssen und werden auf diesem Gebiet stetige Bestrebungen der technischen Vervollkommnung und der ökonomischen Verbesserungen zu verzeichnen sein.

12. Maschinentechnische Übersichten und technologische Kennwerte

Über den Einsatz eines Verfahrens zur Flächenbildung und über den Einsatz verschiedener Maschinengruppen entscheiden die Eigenschaften des herstellbaren Flächengebildes in Verbindung mit den *Kennwerten* der Maschinen. Diese Kennwerte bestimmen einerseits innerhalb der Maschinengruppe weitgehend die *Flächengebildeeigenschaften*, andererseits geben sie Auskunft über die *Produktivität* der Maschine oder Maschinengruppe. Es ist zunächst erforderlich, die Maschinen in Gruppen einzuteilen, für die dann die durchschnittlichen und die Grenzkennwerte angegeben werden können. Eine solche Einteilung ist für Wirk- und Strickmaschinen verfahrensspezifisch wie auch finalerzeugnisspezifisch möglich, da Wirk- und Strickmaschinen überwiegend für ein jeweils enger begrenztes Einsatzgebiet konzipiert sind, als dies für Maschinen anderer Flächenbildungsverfahren aus Fäden gilt. Vorwiegend kommt das in der Feinheit des Fadens, der auf einer vorgegebenen Maschine bestimmter Maschinenfeinheit verarbeitet werden kann, zum Ausdruck.

Die Ursache hierfür liegt darin, daß für jedes Maschinenmodell der Abstand der Zungen-, Spitzen- oder Schiebernadeln untereinander festliegt und auf Grund damit korrelierender anderer konstruktiver Details, wie Schloßabmessungen, Kurbelmechanismen u.a. bis auf wenige Ausnahmen auch nicht variabel ist.

Die nachfolgend zusammengestellten Tafeln 12/1 ... 12/30 mit Kenndaten von Wirk- und Strickmaschinen repräsentieren den internationalen Entwicklungsstand der Wirk- und Strickmaschinentechnik. Sie umfassen die wesentlichen produktionsmäßig genutzten Technologien.

Die Tafeln 12/1 bis 12/30 enthalten Angaben über *Baugrößen* und *Leistung*, wie *Arbeitsbreite*, *Durchmesser*, *Systemanzahl*, *Feinheit*, *Schlittendoppelhübe*, *Strickgeschwindigkeit*, *Maschenreihen je Minute*.

Damit vermitteln die Tafeln einmal einen Überblick über maschinentechnische und technologische Kennwerte des gesamten Gebietes der Wirkerei/Strickerei und gestatten zum anderen eine gezielte Information über Kenndaten der für vorgegebene *Einsatzgebiete* nutzbaren Technologien einschließlich konkreter Maschinenparameter. Es ist anhand der Tafeln auch elementar die Information über die Einsatzgebiete der verschiedenen Maschinengruppen und -arten auf der Basis der gegenwärtigen industriellen Praxis möglich.

In den Tafeln 12/1 bis 12/30 bedeuten:

b_A Arbeitsbreite
s_S Schlittenweg für eine Umdrehung
d_N Nenndurchmesser
N_A Anzahl der Arbeitsstellen
N_S Anzahl der Stricksysteme
N_L Anzahl der Legeschienen
n Drehzahl
DH Schlittendoppelhübe
v_S Strickgeschwindigkeit
MR Maschenreihen
N_N Nadelanzahl

Die in den grafischen Darstellungen innerhalb der angegebenen Bereiche grün dargestellten Flächen kennzeichnen die jeweils vorherrschenden Werte.

Striche anstelle Zahlen deuten darauf hin, daß aus objektiven Gründen zuverlässige Angaben nicht möglich sind. Ein rotes Dreieck in der Zahlenfolge der Tafelköpfe verweist darauf, daß die Skala an dieser Stelle verkürzt wurde und die in der Tafel enthaltenen Bereiche folglich auch gerafft abgebildet sind. Die die Kennwerte verbindenden mathematischen Zusammenhänge sind bekannt (Abschnitt 3.). Vielfach sind in der Tafel bzw. im Kopf der Tafel Angaben dazu enthalten, für welche Bedingungen ein Kennwert errechnet wurde bzw. gilt, so

$N_A = 1$ für eine Arbeitsstelle,

$N_S = 1$ für ein Stricksystem,

$b_A = 2$ m für 2 m Arbeitsbreite,

$s_S = 8$ m für 8 m Umlaufweg eines Schlittens einer Flachstrickmaschine mit Umlaufschlitten,

d_N (inch) $= 30$ für eine Großrundstrickmaschine mit 30 engl. Zoll Durchmesser.

Die Angabe N_S/d_N [inch^{-1}] beinhaltet die Anzahl Stricksysteme je engl. Zoll Durchmesser einer Rundstrickmaschine. Maßeinheiten sind in Klammern gesetzt.

Flachstrickmaschinen Tafeln 1 und 2

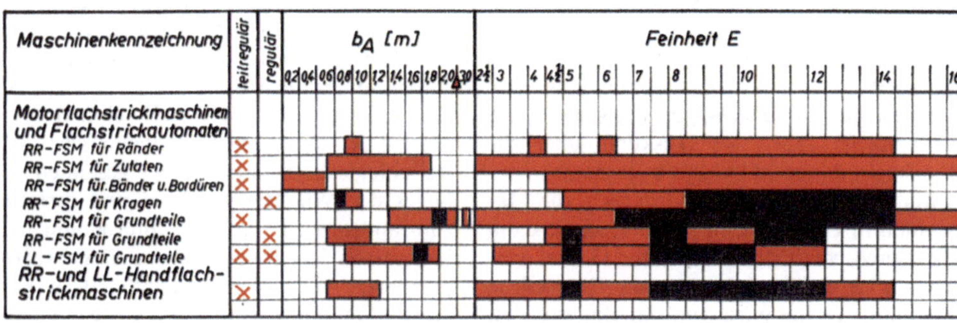

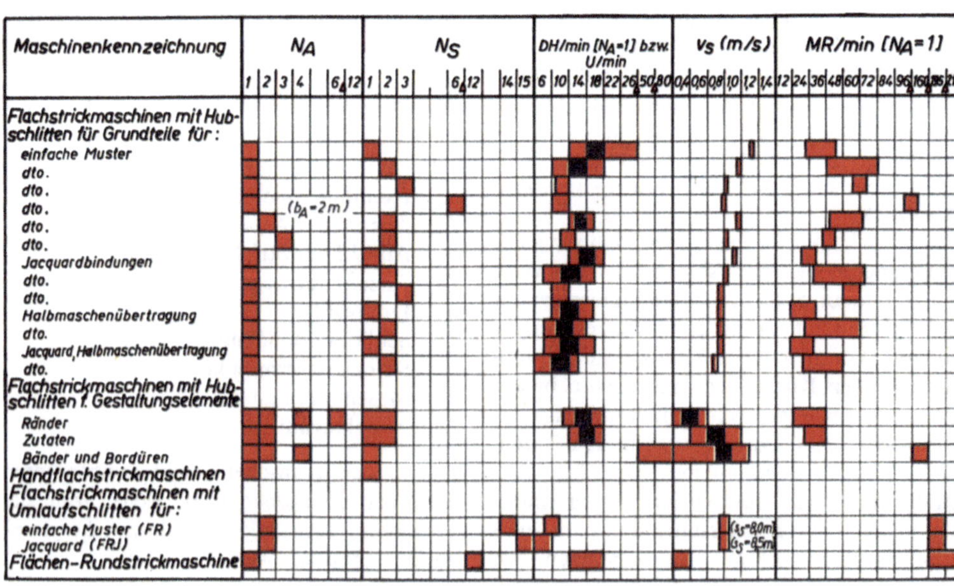

Tafeln 3 bis 6

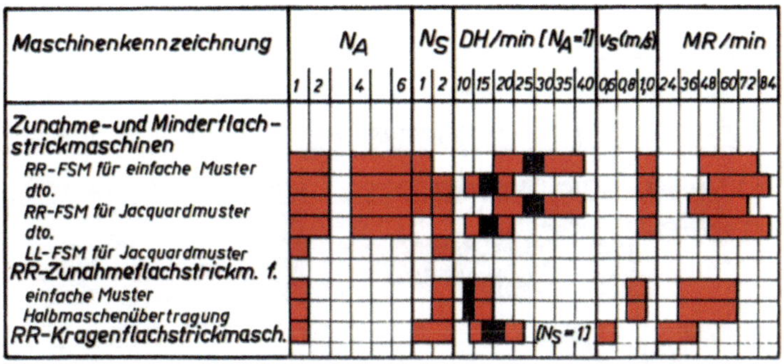

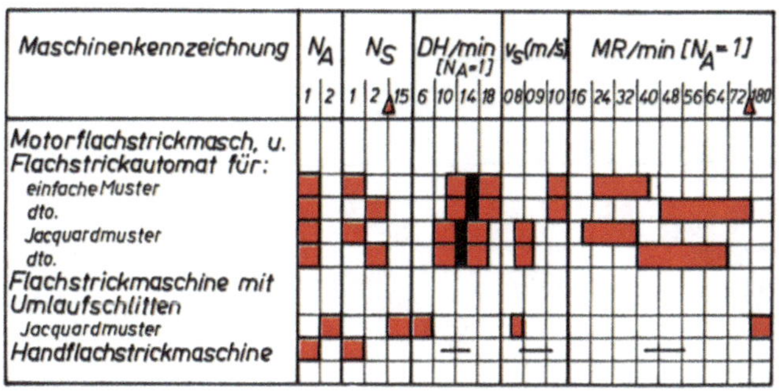

Großrundstrickmaschinen

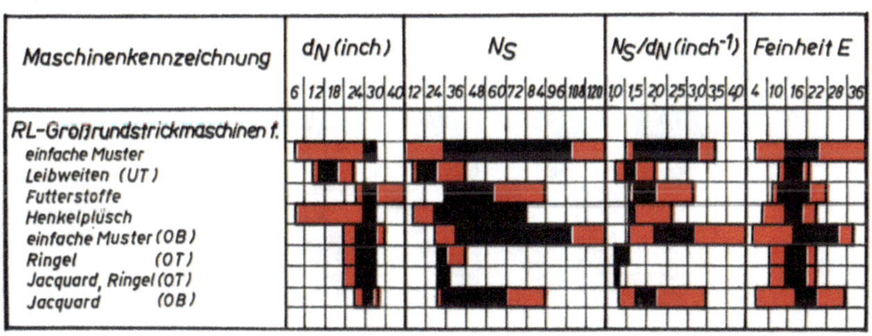

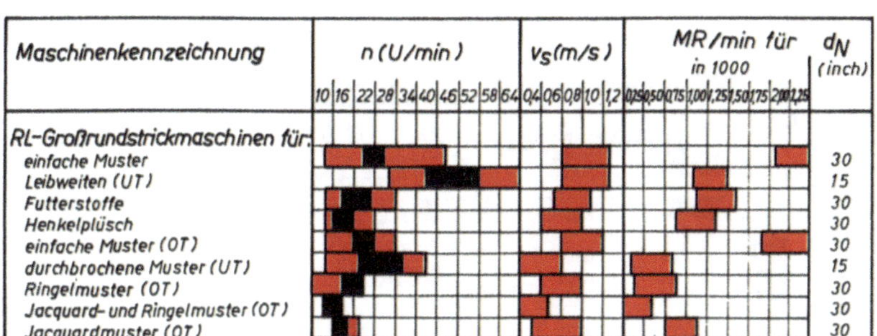

Tafeln 7 bis 15

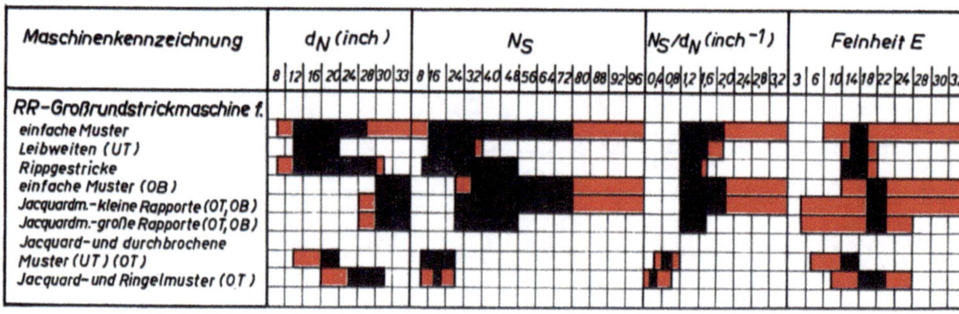

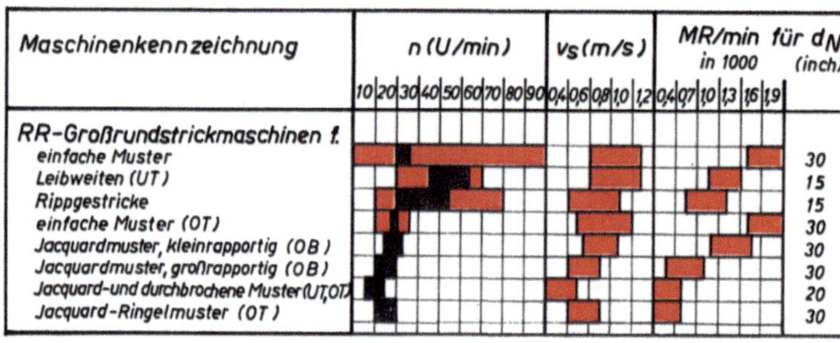

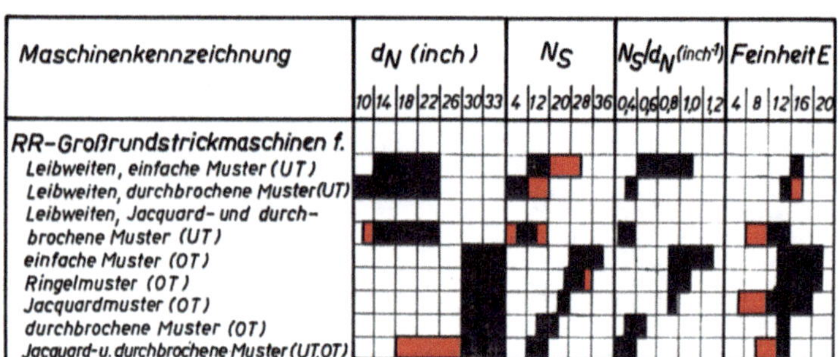

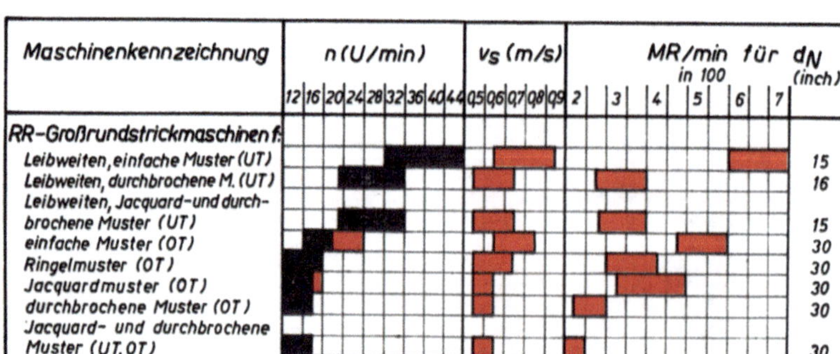

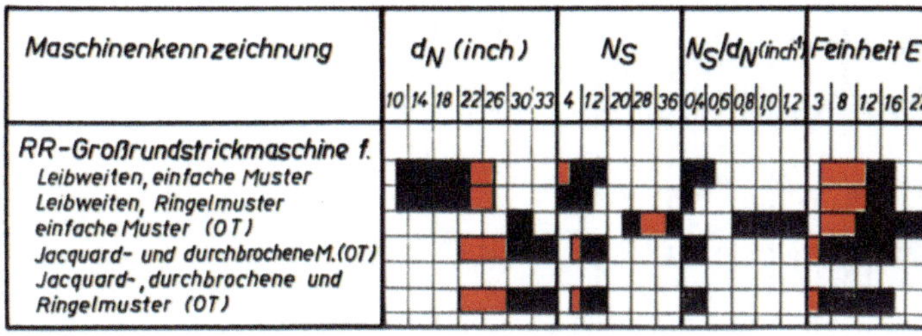
Maschinenkennzeichnung
d_N (inch)
10 14 18 22 26 30 33
N_S
4 12 20 28 36
N_S/d_N (inch^{-1})
0,4 0,6 0,8 1,0 1,2
Feinheit E
3 8 12 16 22
RR-Großrundstrickmaschine f.
Leibweiten, einfache Muster
Leibweiten, Ringelmuster
einfache Muster (OT)
Jacquard- und durchbrochene M. (OT)
Jacquard-, durchbrochene und
Ringelmuster (OT)

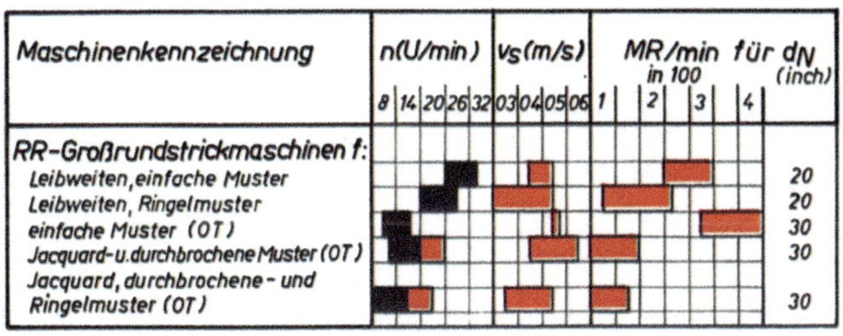
Maschinenkennzeichnung
n (U/min)
8 14 20 26 32
v_S (m/s)
0,3 0,4 0,5 0,6
MR/min für d_N
in 100
(inch)
1 2 3 4
RR-Großrundstrickmaschinen f:
Leibweiten, einfache Muster
Leibweiten, Ringelmuster
einfache Muster (OT)
Jacquard- u. durchbrochene Muster (OT)
Jacquard, durchbrochene - und
Ringelmuster (OT)
20
20
30
30
30

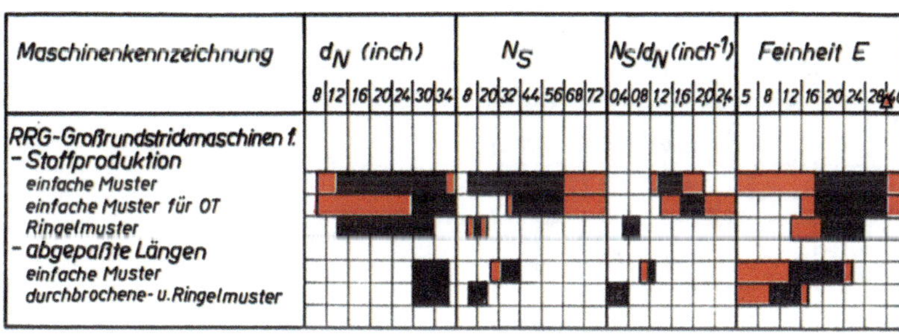
Maschinenkennzeichnung
d_N (inch)
8 12 16 20 24 30 34
N_S
8 20 32 44 56 68 72
N_S/d_N (inch^{-1})
0,4 0,8 1,2 1,6 2,0 2,4
Feinheit E
5 8 12 16 20 24 28 40
RRG-Großrundstrickmaschinen f.
- Stoffproduktion
einfache Muster
einfache Muster für OT
Ringelmuster
- abgepaßte Längen
einfache Muster
durchbrochene- u. Ringelmuster

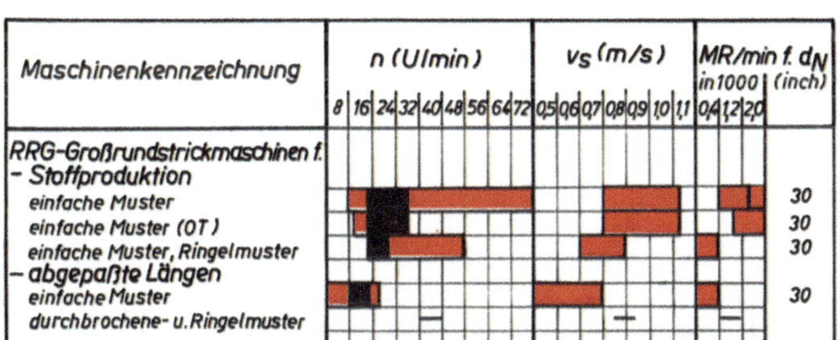
Maschinenkennzeichnung
n (U/min)
8 16 24 32 40 48 56 64 72
v_S (m/s)
0,5 0,6 0,7 0,8 0,9 1,0 1,1
MR/min f. d_N
in 1000
(inch)
0,4 1,2 2,0
RRG-Großrundstrickmaschinen f.
- Stoffproduktion
einfache Muster
einfache Muster (OT)
einfache Muster, Ringelmuster
- abgepaßte Längen
einfache Muster
durchbrochene- u. Ringelmuster
30
30
30
30

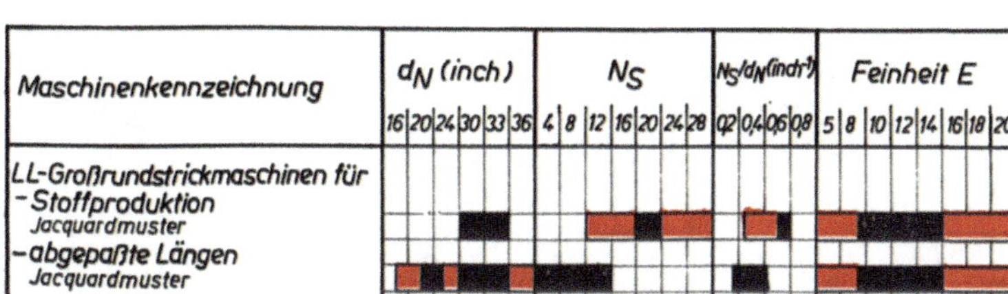
Maschinenkennzeichnung
d_N (inch)
16 20 24 30 33 36
N_S
4 8 12 16 20 24 28
N_S/d_N (inch^{-1})
0,2 0,4 0,6 0,8
Feinheit E
5 8 10 12 14 16 18 20
LL-Großrundstrickmaschinen für
- Stoffproduktion
Jacquardmuster
- abgepaßte Längen
Jacquardmuster

Tafeln 16 bis 23

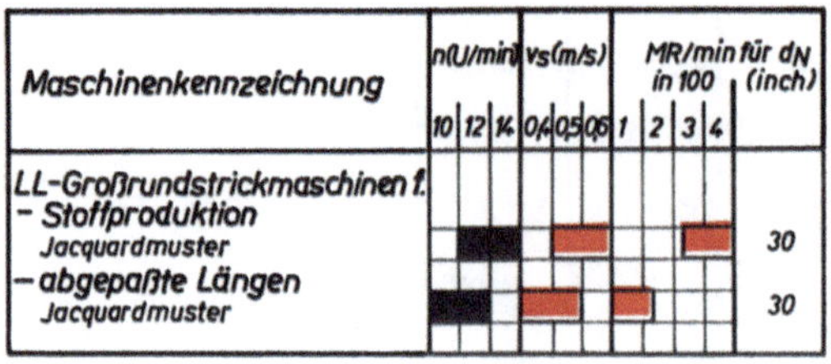

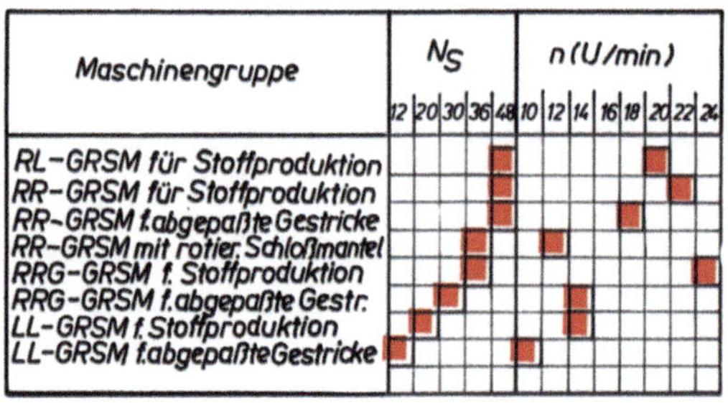

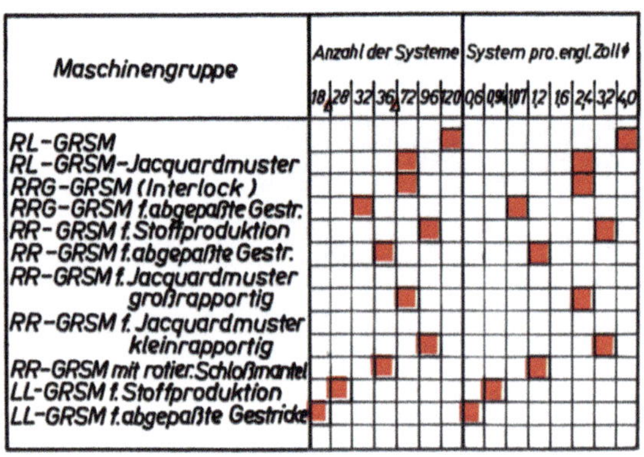

Kleinrundstrickmaschinen

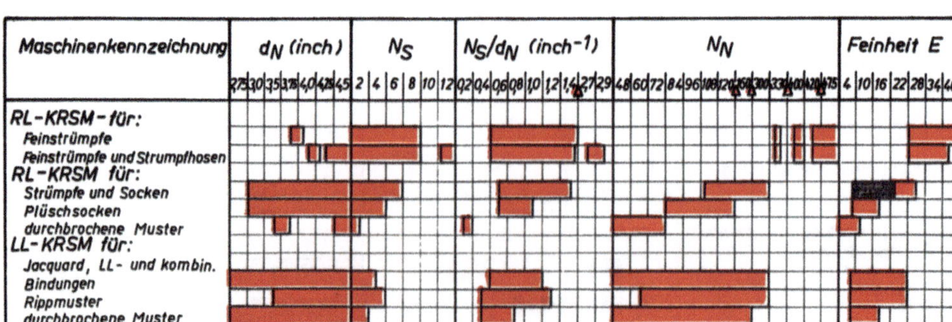

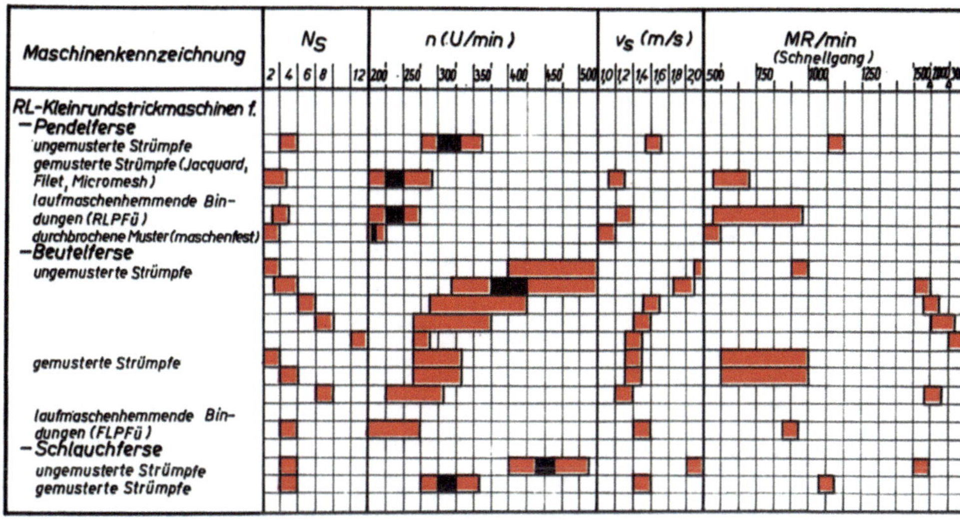

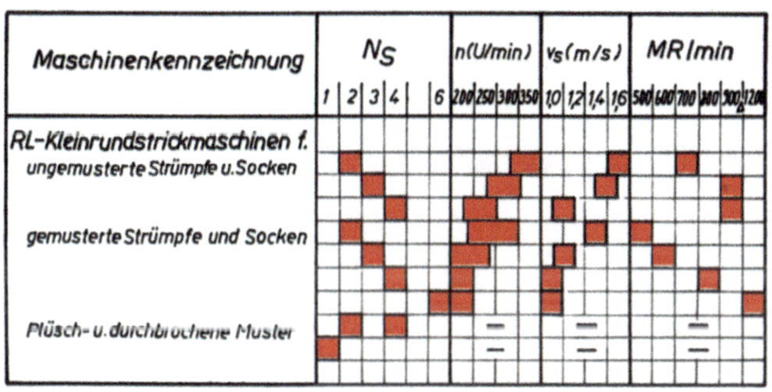

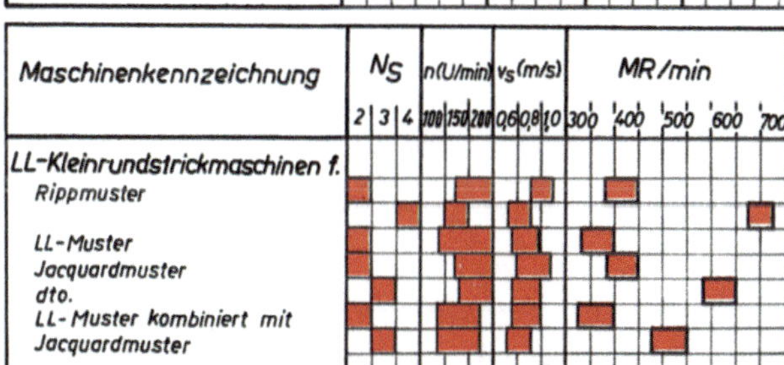

Flachkulierwirkmaschinen

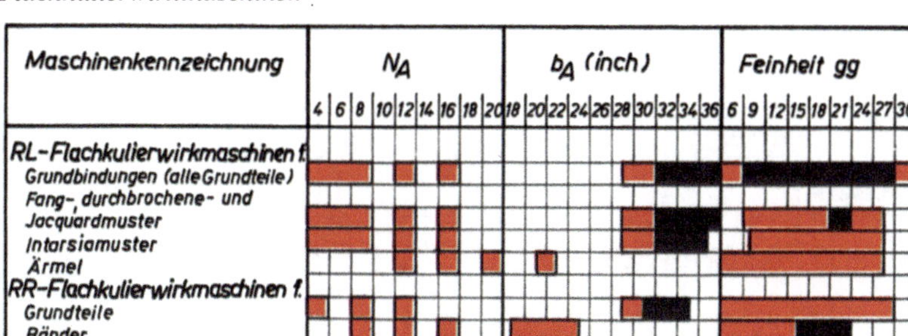

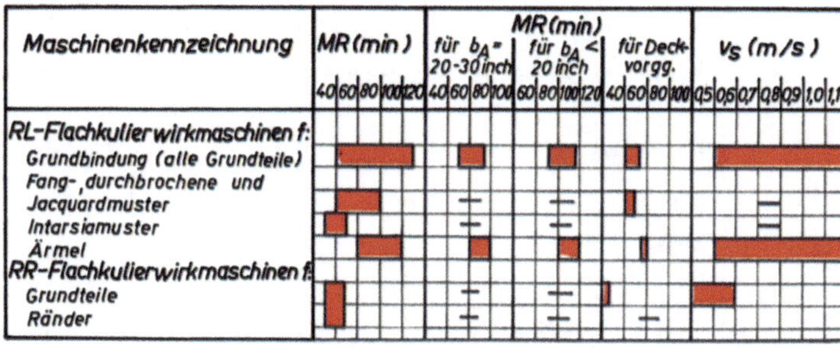

Kettenwirkmaschinen

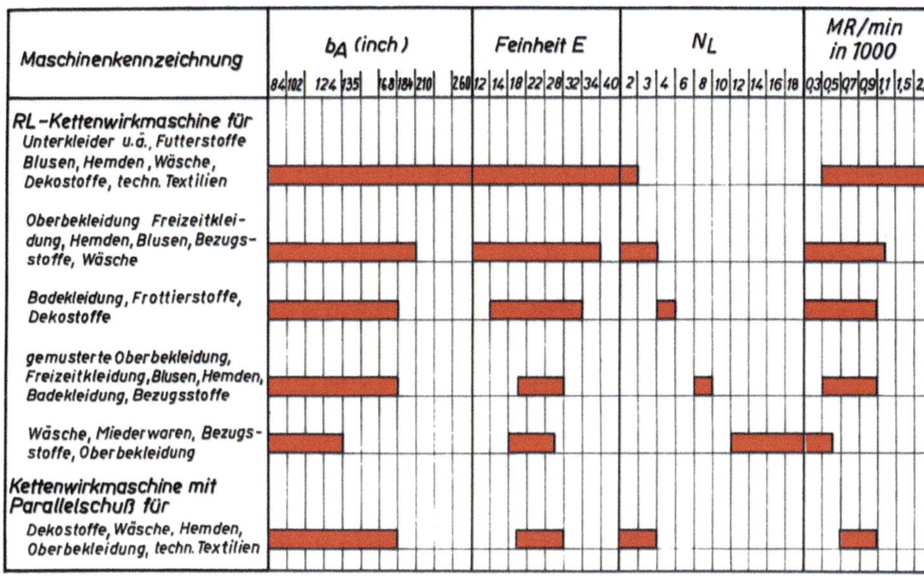

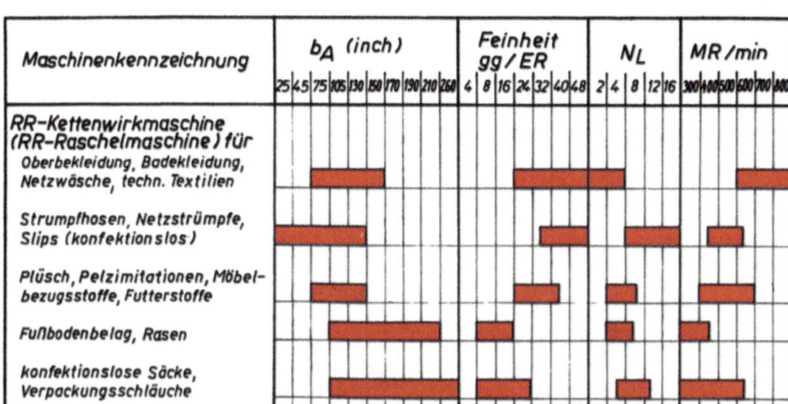

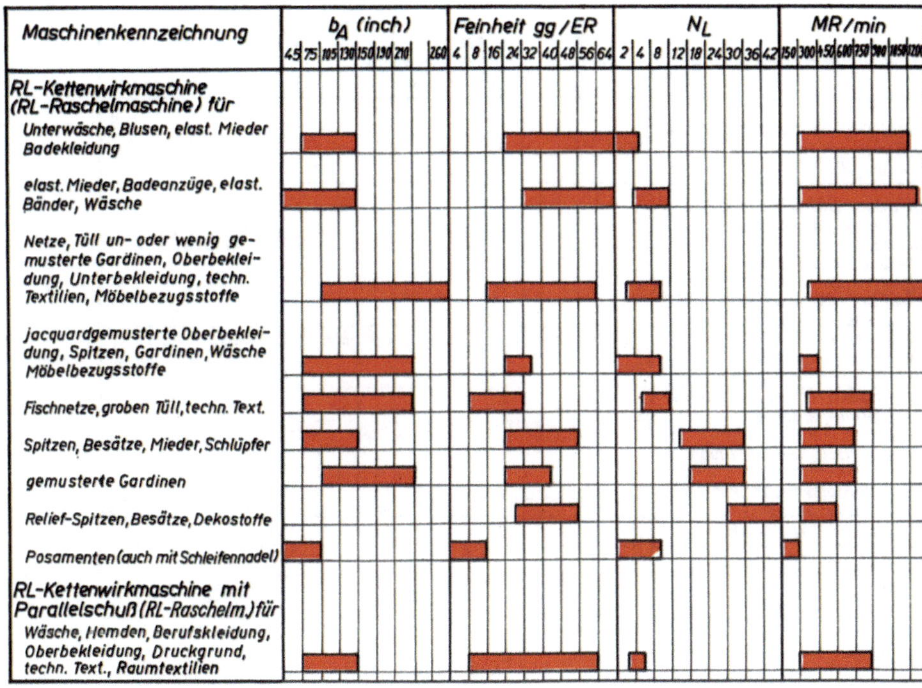
Maschinenkennzeichnung
b_A (inch)
Feinheit gg/ER
N_L
MR/min
RL-Kettenwirkmaschine (RL-Raschelmaschine) für
Unterwäsche, Blusen, elast. Mieder Badekleidung
elast. Mieder, Badeanzüge, elast. Bänder, Wäsche
Netze, Tüll un- oder wenig gemusterte Gardinen, Oberbekleidung, Unterbekleidung, techn. Textilien, Möbelbezugsstoffe
Jacquardgemusterte Oberbekleidung, Spitzen, Gardinen, Wäsche Möbelbezugsstoffe
Fischnetze, groben Tüll, techn. Text.
Spitzen, Besätze, Mieder, Schlüpfer
gemusterte Gardinen
Relief-Spitzen, Besätze, Dekostoffe
Posamenten (auch mit Schleifennadel)
RL-Kettenwirkmaschine mit Parallelschuß (RL-Raschelm.) für
Wäsche, Hemden, Berufskleidung, Oberbekleidung, Druckgrund, techn. Text., Raumtextilien

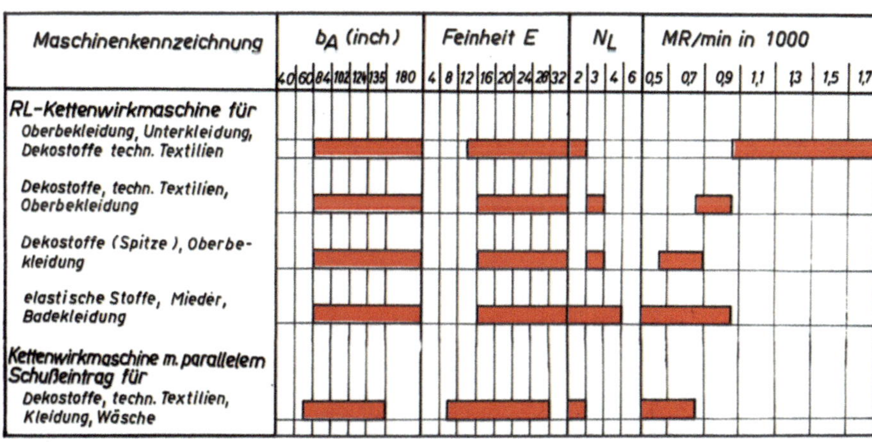
Maschinenkennzeichnung
b_A (inch)
Feinheit E
N_L
MR/min in 1000
40 60 84 102 124 136 180
4 8 12 16 20 24 28 32
2 3 4 6
0,5 0,7 0,9 1,1 1,3 1,5 1,7
RL-Kettenwirkmaschine für
Oberbekleidung, Unterkleidung, Dekostoffe techn. Textilien
Dekostoffe, techn. Textilien, Oberbekleidung
Dekostoffe (Spitze), Oberbekleidung
elastische Stoffe, Mieder, Badekleidung
Kettenwirkmaschine m. parallelem Schußeintrag für
Dekostoffe, techn. Textilien, Kleidung, Wäsche

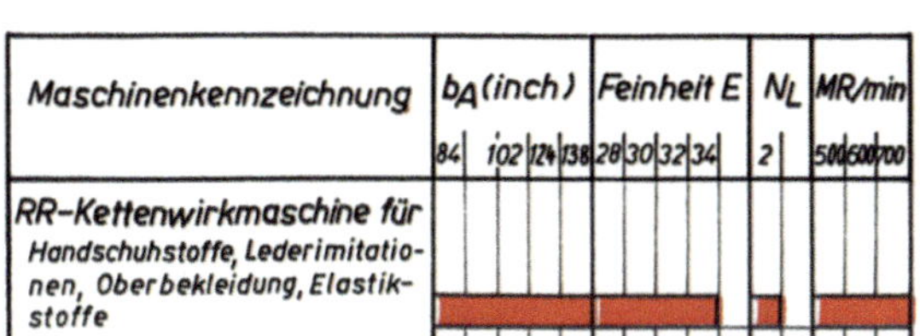
Maschinenkennzeichnung
b_A (inch)
Feinheit E
N_L
MR/min
84 102 124 138
28 30 32 34
2
500 600 700
RR-Kettenwirkmaschine für
Handschuhstoffe, Lederimitationen, Oberbekleidung, Elastikstoffe

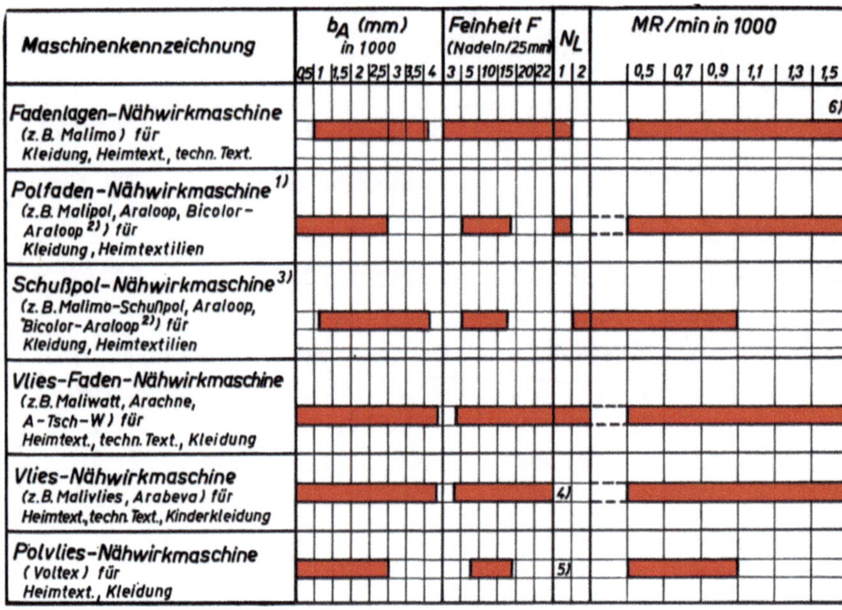

Maschinenkennzeichnung
bA (mm) in 1000
0,5 1 1,5 2 2,5 3 3,5 4
Feinheit F (Nadeln/25mm)
3 5 10 15 20 22
NL
1 2
MR/min in 1000
0,5 0,7 0,9 1,1 1,3 1,5
Fadenlagen-Nähwirkmaschine (z.B. Malimo) für Kleidung, Heimtext., techn. Text.
6)
Polfaden-Nähwirkmaschine 1) (z.B. Malipol, Araloop, Bicolor-Araloop 2)) für Kleidung, Heimtextilien
Schußpol-Nähwirkmaschine 3) (z.B. Malimo-Schußpol, Araloop, Bicolor-Araloop 2)) für Kleidung, Heimtextilien
Vlies-Faden-Nähwirkmaschine (z.B. Maliwatt, Arachne, A-Tsch-W) für Heimtext., techn. Text., Kleidung
Vlies-Nähwirkmaschine (z.B. Malivlies, Arabeva) für Heimtext., techn. Text., Kinderkleidung
4)
Polvlies-Nähwirkmaschine (Voltex) für Heimtext., Kleidung
5)

Tafel 30

13. Bindungs- und Musterungstechnik

In Anlehnung an TGL 6509 für Kuliergewirke und Gestricke sowie an TGL 7820 für Kettengewirke wird in diesem Abschnitt ein zusammenfassender Überblick über Bindungen, abgeleitete und kombinierte Bindungen sowie Legungen und kombinierte Legungen gegeben. Um den geschlossenen Charakter zu erhalten, sind auch die schon behandelten vier Grundbindungen noch einmal mit angeführt. Besonders hinsichtlich der kombinierten Bindungen und Legungen ist in der Darstellung auf Grund der Vielzahl theoretisch möglicher Kombinationen keine Vollständigkeit angestrebt, sondern es sind nur die praktisch bedeutsamen Varianten aufgenommen worden. Nach der vollständigen Bindungs- bzw. Musterbezeichnung steht in runden Klammern das Kurzzeichen lt. TGL und in eckigen Klammern ggf. eine Trivialbezeichnung. Für abgeleitete Bindungen wird nur jeweils das Merkmal, das sie von der vorangegangenen Bindung unterscheidet, herausgestellt.

13.1. Bindungen für Kuliergewirke und Gestricke

Grundbindungen (s. Abschnitt 2.) bestehen aus dem Bindungselement Masche. Daraus abgeleitete Bindungen enthalten als weitere Bindungselemente Henkel, Flottungen, Schußfäden sowie ggf. weitere Fadensysteme. Kombinierte Bindungen stellen Kombinationen von Elementen der Grundbindungen in verschiedener Folge dar. Es sind daher beliebig viele Beispiele denkbar. Sie können alle Bindungselemente enthalten. Als Beispiele werden im Abschnitt 13.1.2. die kombinierten Bindungen Schweizer Overnit und Französich Overnit dargestellt. Sie bestehen aus Elementen der *RL*-, *RR*- und *RRG*-Bindung.

13.1.1. Grundbindungen und abgeleitete Bindungen für Kuliergewirke und Gestricke (Tafeln 13/1 ... 13/4)

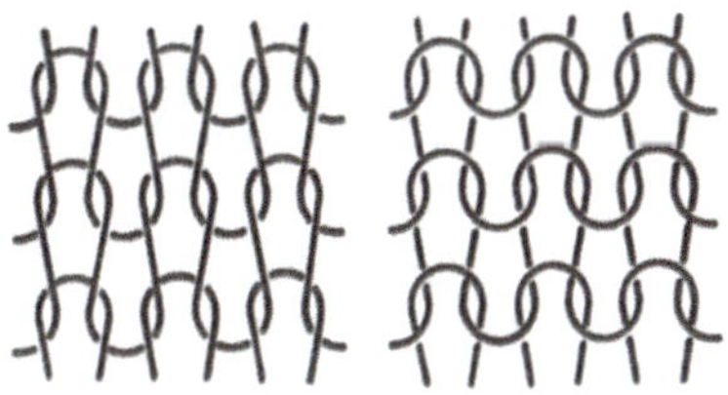

a)

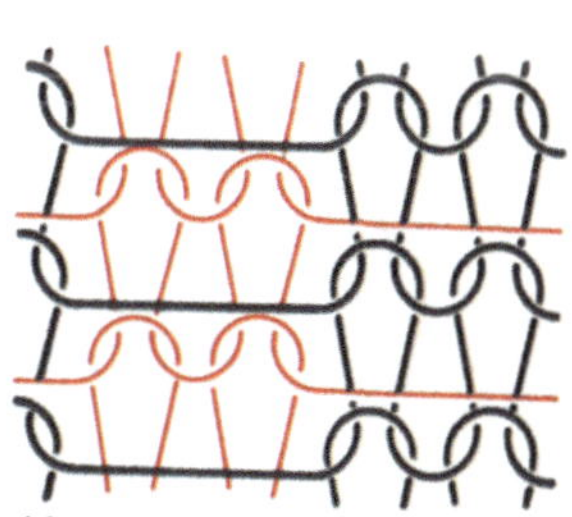

b)

Tafel 13/1
Rechts/Links-Grundbindung und abgeleitete Bindungen für Kuliergewirke und Gestricke
a) Rechts/Links *(RL)*. Eine Gewirke- oder Gestrickseite zeigt rechte (linke Abb.) und die andere linke (rechte Abb.) Maschenseiten.
b) Rechts/Links-hinterlegt *(RLh)*. Zur Grundbindung treten Flottungen in Maschenreihenrichtung hinzu.

c) Rechts/Links-hinterlegt-eingebunden *(RLhe)*. Die Flottungen sind an bestimmten Stellen als Henkel eingebunden.
d) Rechts/Links-durchbrochen *(RLd)*. [Petinet, Ajour u.a. bei Kuliergewirken]. Bindungselemente sind in benachbarte Bindungselemente eingebunden, wodurch Öffnungen in der Fläche entstehen.
e) Rechts/Links-Fang *(RLF)* [Preßmuster]. Bestimmte Maschen jeder Seite tragen Henkel. Die henkeltragenden Maschen in der nächsten Reihe sind um eine oder mehrere Maschen übersetzt.
f) Rechts/Links – Perlfang *(RLPF)* [Köper]. Bestimmte Maschen in jeder zweiten Reihe tragen Henkel.
g) Rechts/Links-Perlfang-übersetzt *(RLPFü)* [schräger bzw. versetzter Köper]. Die henkeltragenden Maschen sind in der nachfolgenden Reihe um eine oder mehrere Maschen übersetzt.
h) Rechts/Links-Doppelfang *(RLDF)* [Preßmuster]. Bestimmte Maschen jeder zweiten Reihe tragen zwei Henkel. Die henkeltragenden Maschen sind in der nachfolgenden Musterreihe um eine oder mehrere Maschen übersetzt.

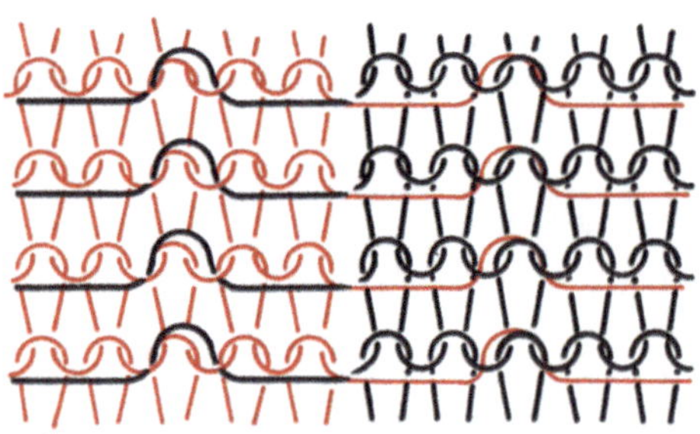
c)

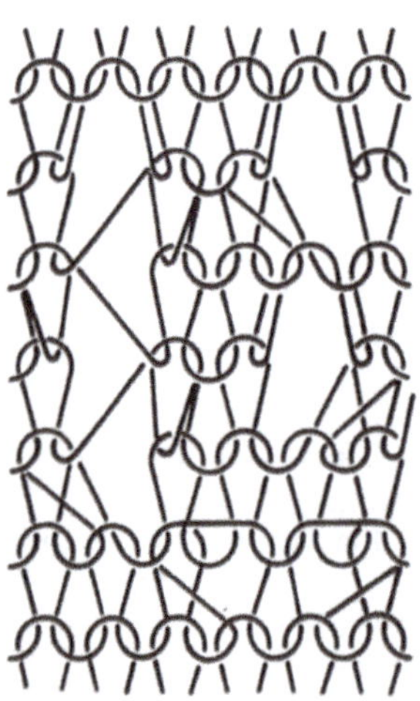
d)

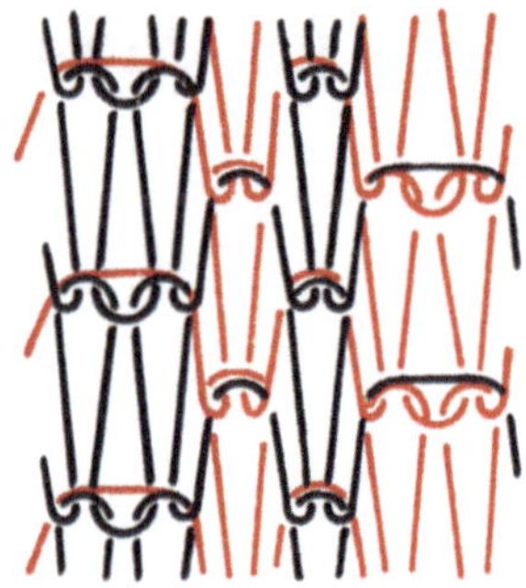
e)

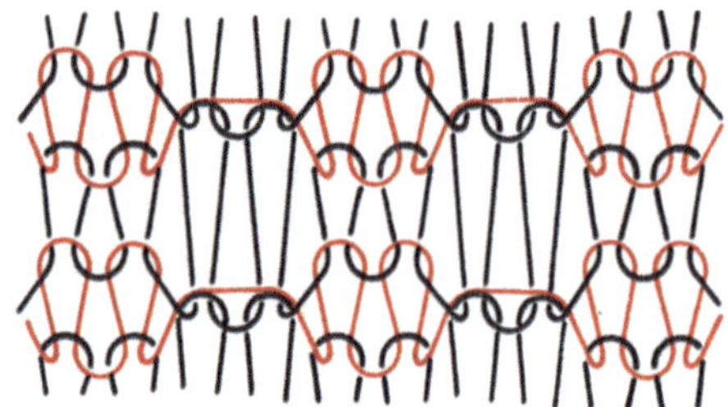
f)

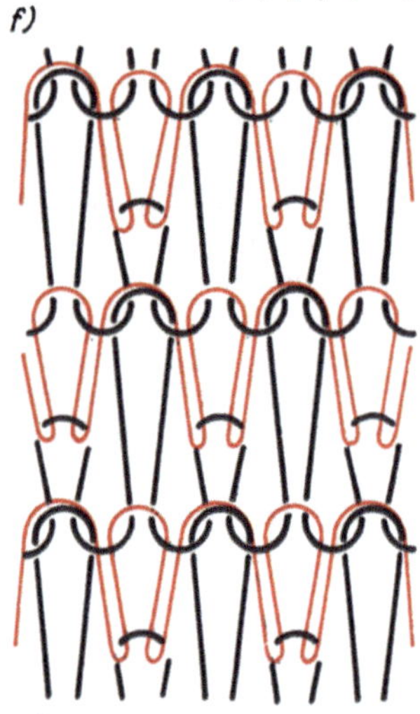
g)

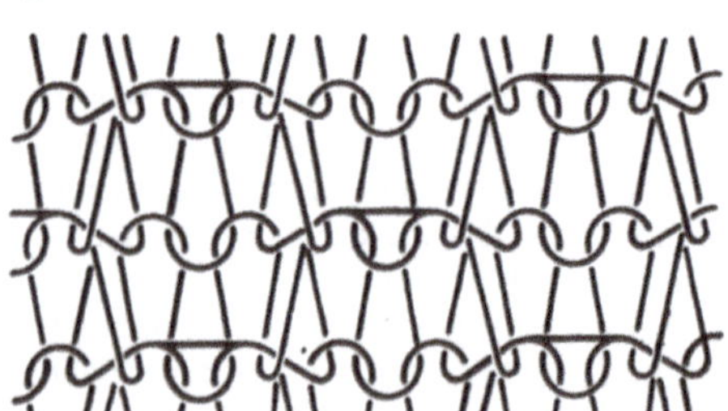
h)

i) Rechts/Links-Doppelperlfang *(RLDPF)* [Doppelköper]. Bestimmte Maschen in jeder dritten Reihe tragen zwei Henkel.

() Rechts/Links-Doppelperlfang-übersetzt *jRLDPFü)* [schräger bzw. versetzter Doppelköper]. Die henkeltragenden Maschen sind in der nachfolgenden Musterreihe um eine oder mehrere Maschen übersetzt.

k) Rechts/Links-Noppe *(RLN)*. Bestimmte Maschen tragen mehr als zwei Henkel.

l) Rechts/Links-Noppe-übersetzt *(RLNü)*. Die henkeltragenden Maschen sind in den Musterreihen um eine oder mehrere Maschen übersetzt.

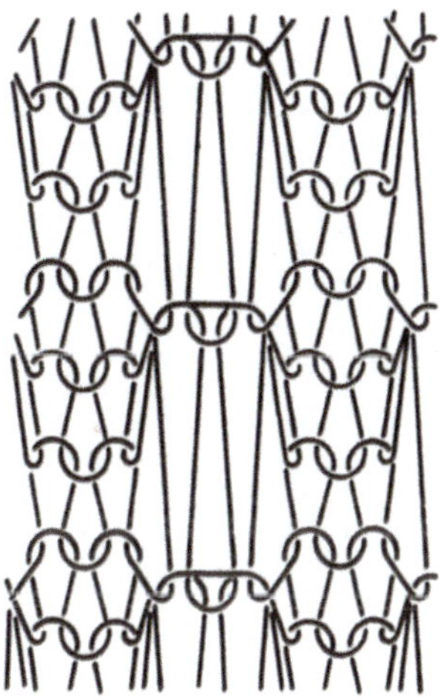

i)

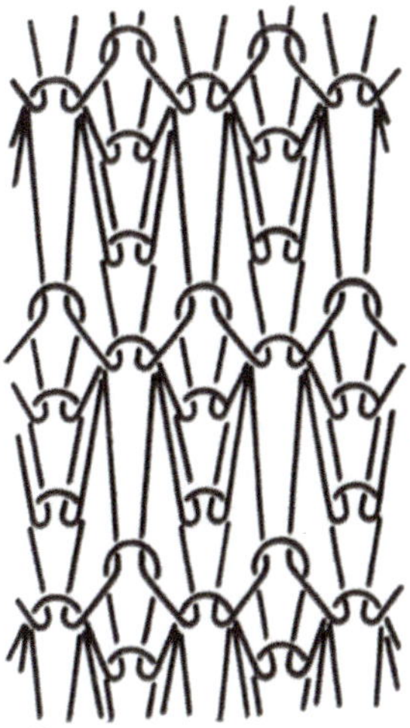

j)

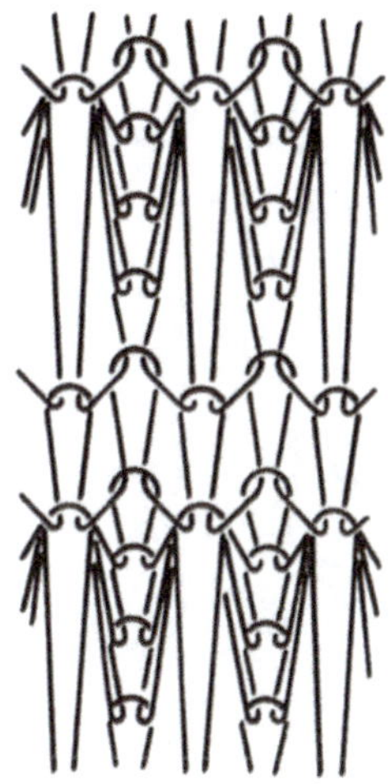

k)

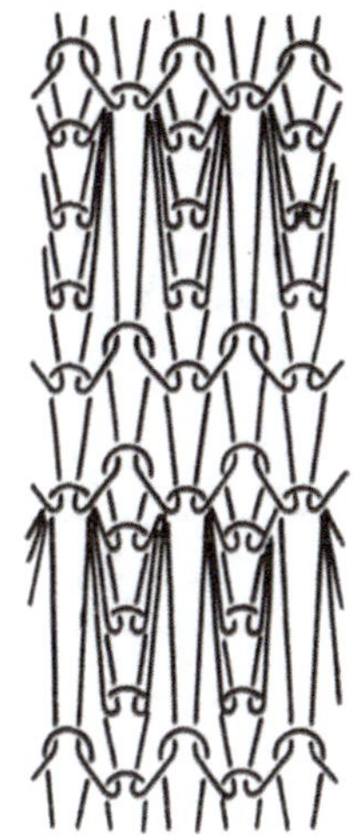

l)

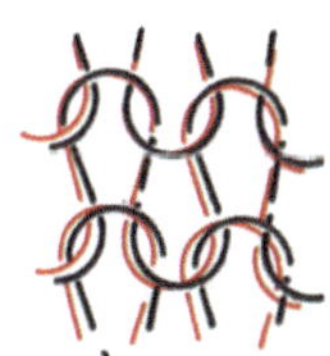

m)

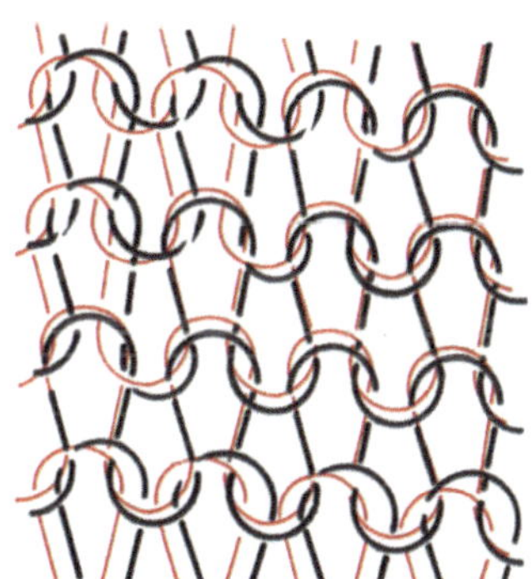

n)

m) Rechts/Links-plattiert *(RLp)*. Es sind zwei Fadensysteme, die sich gleichmäßig gegeneinander abdecken, verarbeitet.

n) Rechts/Links-wendeplattiert *(RLpw)*. Zwei Fadensysteme decken sich gegeneinander wechselweise bei bestimmten Maschen.

o) Rechts/Links-aufplattiert *(RLpa)*. Zwei Fadensysteme decken sich bei bestimmten Maschen gegeneinander ab und zeigen verschiedentlich Flottungen.

p) Rechts/Links-hinterlegt-plattiert *(RLph)*. Zwei Fadensysteme decken sich bei bestimmten Maschen gegeneinander ab und zeigen stellenweise waagerechte Flottungen.

q) Rechts/Links-Plüsch *(RLP)*. Zwei Fadensysteme decken sich gegeneinander ab. Ein Fadensystem weist als Plüschfaden längere Fußbögen auf.

r) Rechts/Links-Plüsch-gemustert *(RLPm)*. Die größeren Plüschmaschen sind nur stellenweise mustergemäß angeordnet.

s) Rechts/Links-Futter *(RLFu)*. Von zwei Fadensystemen weist eines Flottungen auf, die an bestimmten Stellen als Henkel gebunden sind.

t) Rechts/Links-plattiert-Futter *(RLpFu)* [Deckfadenfutter, Bindefadenfutter]. Von drei Fadensystemen decken sich zwei Fadensysteme gleichmäßig gegeneinander ab und von einem dritten sind Flottungen an bestimmten Stellen als Henkel gebunden.

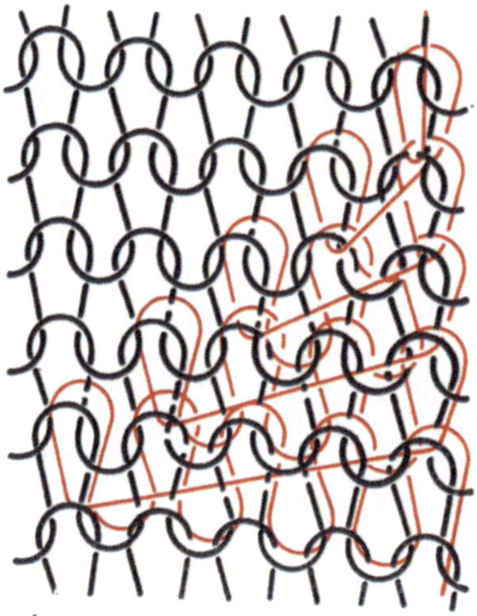

o)

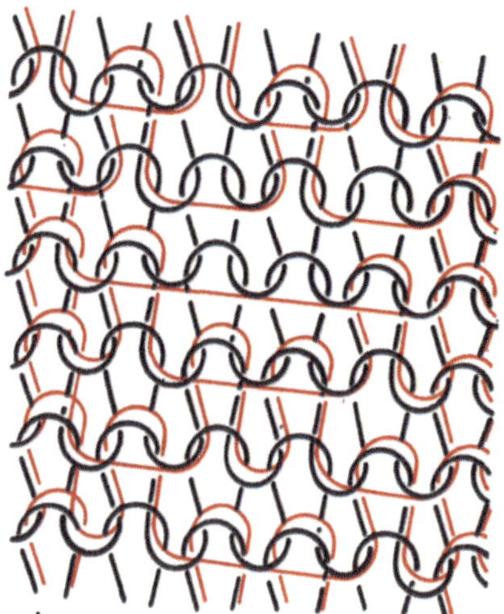

p)

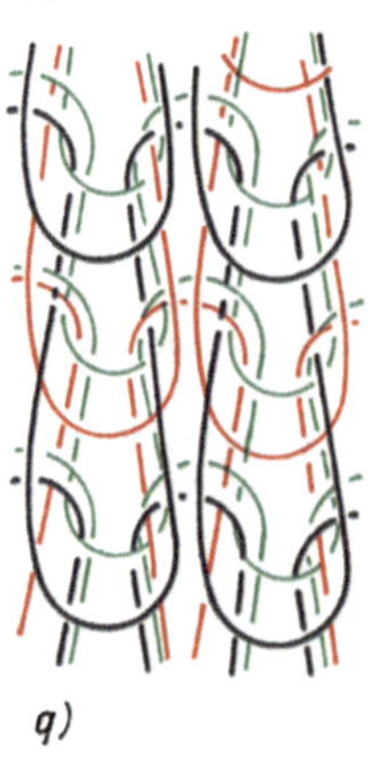

q)

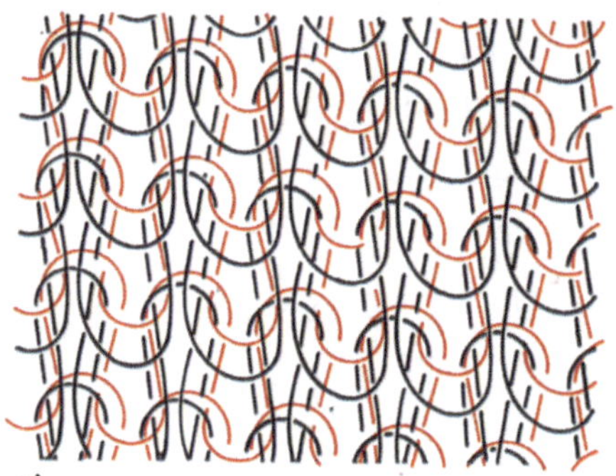

r)

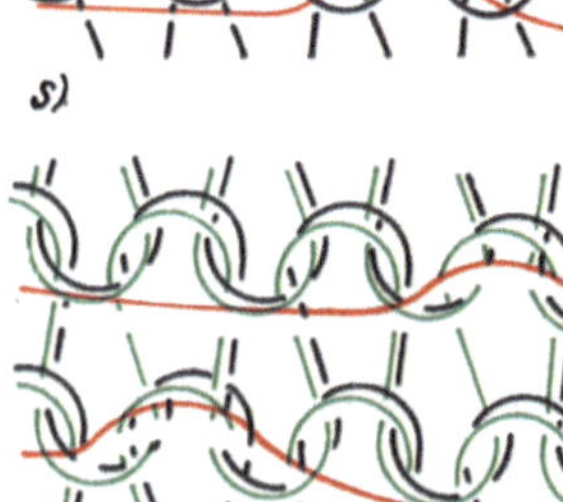

s)

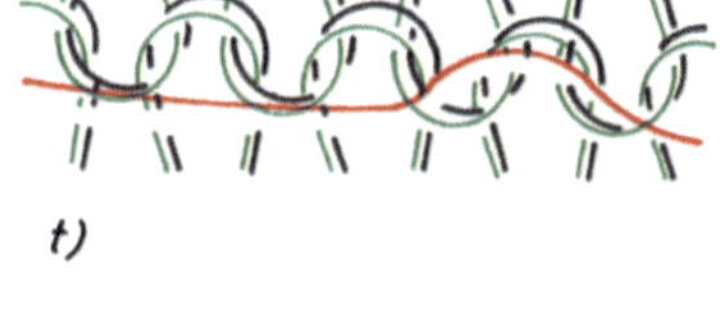

t)

Tafel 13/2

Rechts/Rechts-Grundbindung und abgeleitete Bindungen für Gewirke und Gestricke

a) Rechts/Rechts *(RR)*. Beide Gewirke- oder Gestrickseiten zeigen in der Maschenreihe wechselnd rechte und linke Maschenseiten.

b) Rechts/Rechts-plattiert *(RRp)*. Zwei Fadensysteme decken sich gleichmäßig gegeneinander ab.

c) Rechts/Rechts-durchbrochen *(RRd)*. An bestimmten Stellen sind Bindungselemente in benachbarten Bindungselementen eingebunden, wodurch Öffnungen in der Fläche entstehen.

d) Rechts/Rechts-gerippt *(RRg)*. Die Folge von rechten und linken Maschenstäbchen ist andersals 1:1.

e) Rechts/Rechts-versetzt *(RRv)*. Die Maschen liegen schräg.

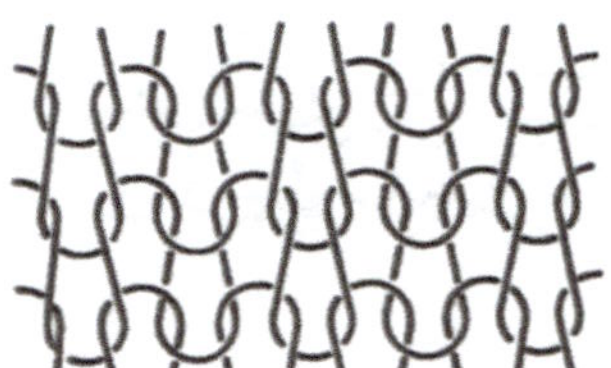

a)

b)

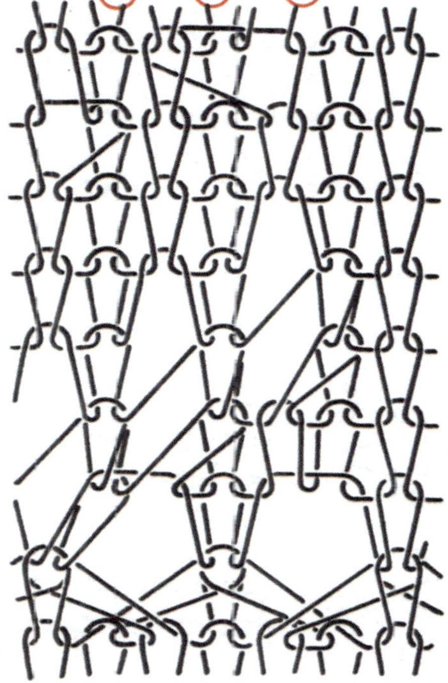

c)

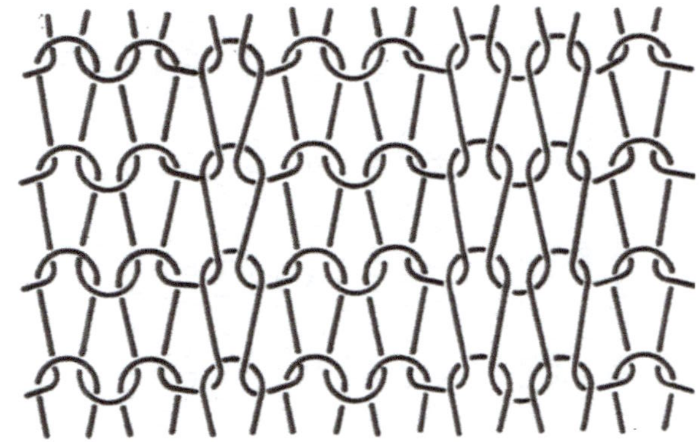

d)

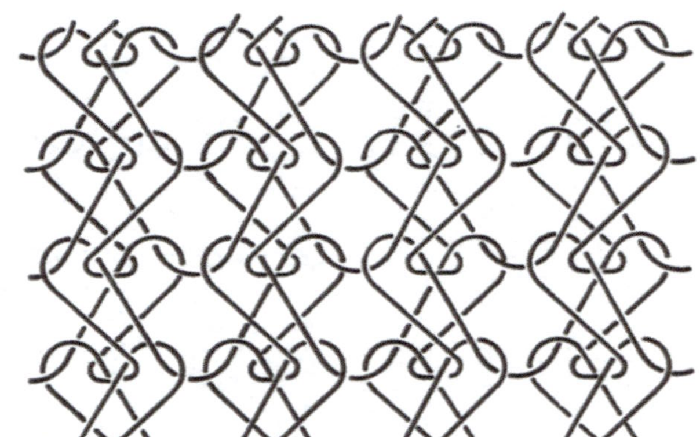

e)

f) Rechts/Rechts-gerippt-versetzt *(RRgv)*. Der Wechsel von rechten und linken Maschenstäbchen ist stellenweise von mehreren nebeneinander angeordneten rechten und linken Maschenseiten unterbrochen und bestimmte Maschen liegen schräg.

g) Rechts/Rechts-Welle *(RRW)*. Der Wechsel von rechten und linken Maschenseiten wird in bestimmten Reihen durch Anhäufungen von Maschen auf einer Seite unterbrochen, und beide Seiten weisen unterschiedliche Maschenhöhen auf.

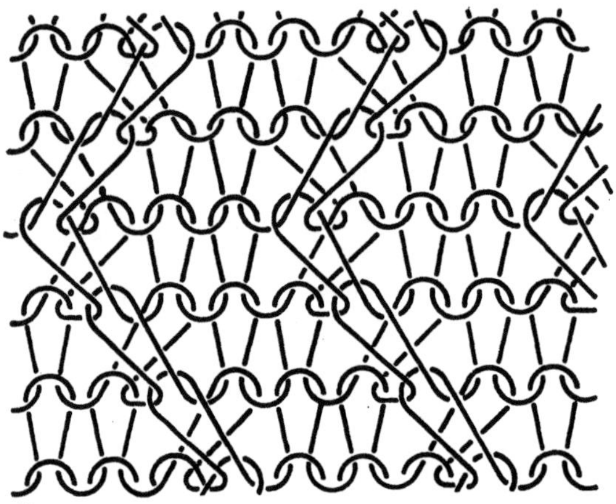

f)

h) Rechts/Rechts/Welle-versetzt *(RRWv)*. Der Wechsel rechter und linker Maschenseiten wird in bestimmten Reihen durch Anhäufungen schräg liegender Maschen auf einer Seite unterbrochen, und beide Seiten weisen unterschiedliche Maschenhöhen auf.

i) Rechts/Rechts-Welle-unterbrochen *(RRWu)*. Der Wechsel von rechten und linken Maschenseiten wird in bestimmten Reihen stellenweise durch Anhäufungen von Maschen auf einer Seite unterbrochen, und beide Seiten weisen unterschiedliche Maschenhöhen auf.

j) Rechts/Rechts-Welle-unterbrochen-übersetzt *(RRWuü)*. Der Wechsel der rechten und linken Maschenseiten wird in bestimmten Reihen stellenweise durch Anhäufungen von Maschen auf einer Seite unterbrochen, die Anhäufungen sind in der Wiederholung um eine oder mehrere Maschen übersetzt und beide Seiten weisen unterschiedliche Maschenhöhen auf.

k) Rechts/Rechts-Fang *(RRF)*. Die linken Maschenseiten sind teilweise von Henkeln überdeckt.

l) Rechts/Rechts-Fang-gerippt *(RRFg)*. Der Wechsel der rechten und linken Maschenseiten ist stellenweise von mehreren nebeneinander angeordneten rechten oder linken Maschenseiten unterbrochen, und die linken Maschenseiten sind von Henkeln unterschiedlicher Breite teilweise überdeckt.

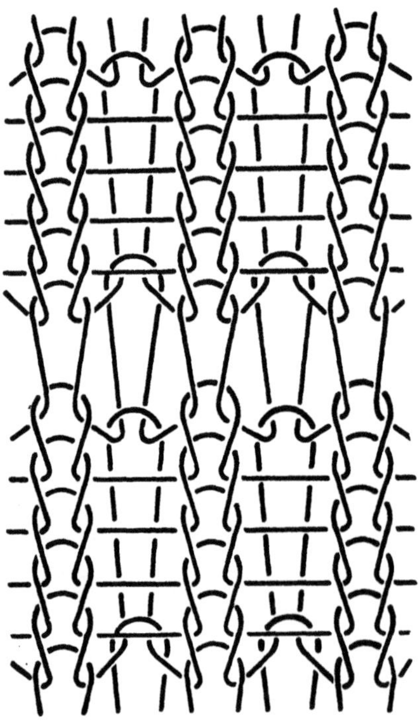

g)

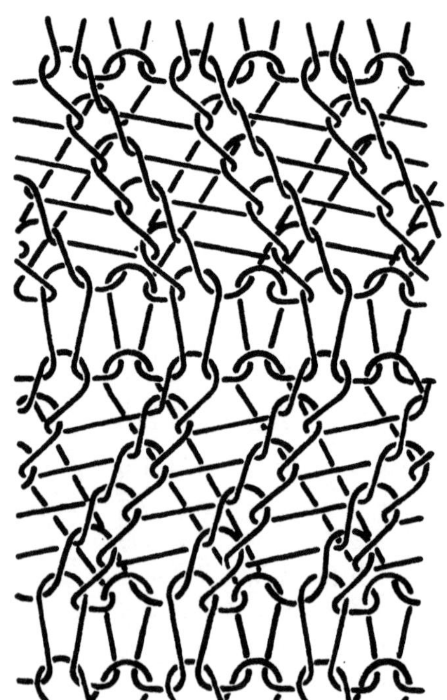

h)

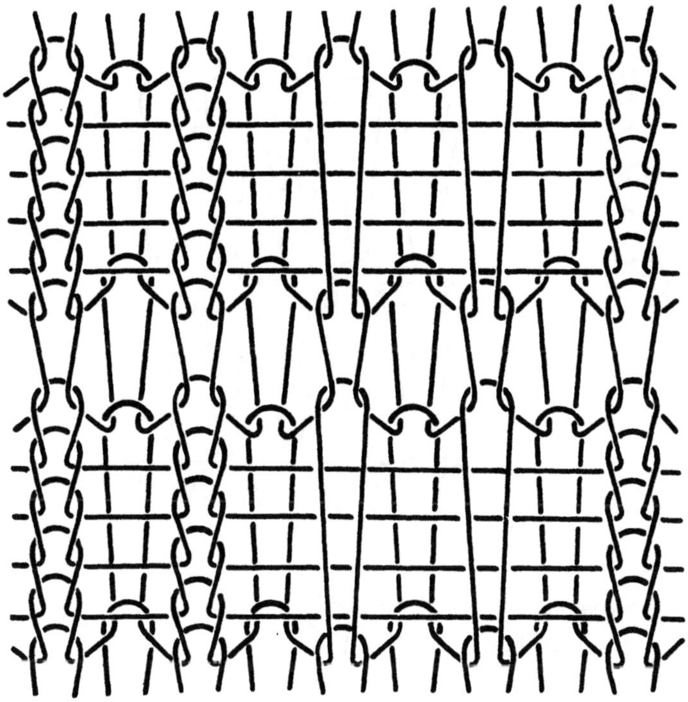

i)

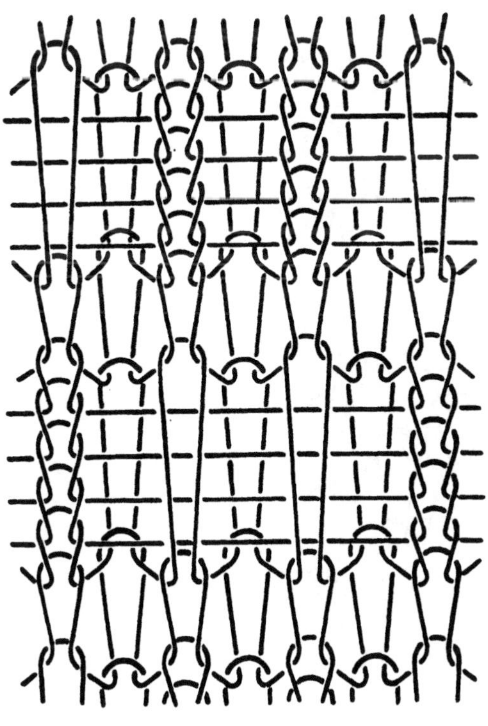

j)

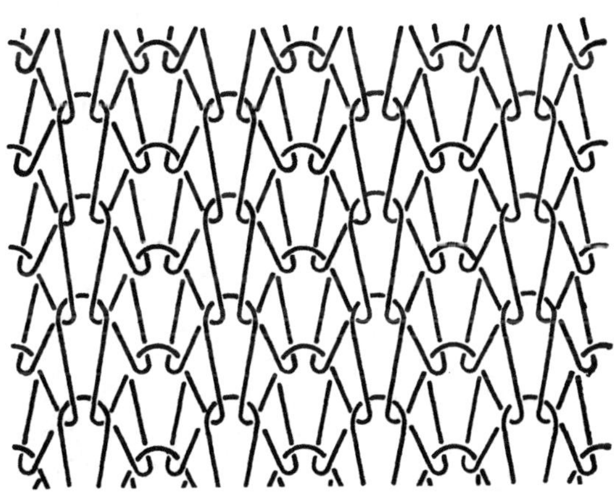

k)

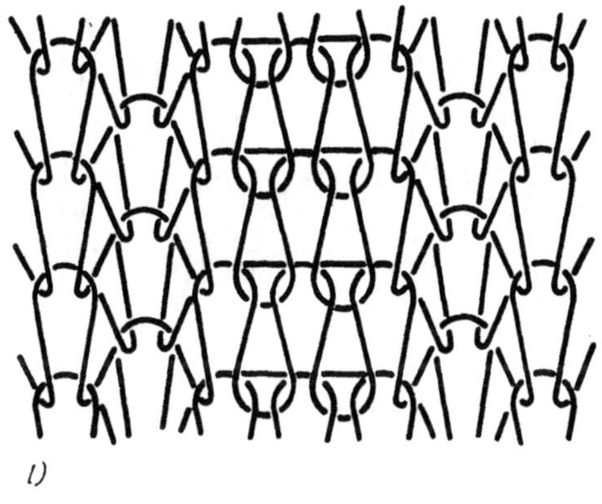

l)

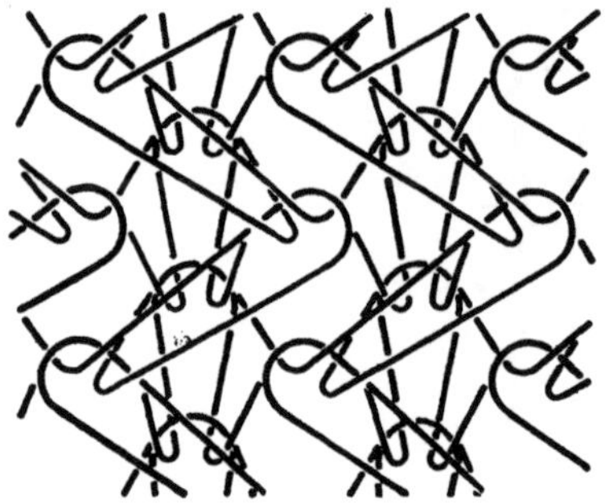

m)

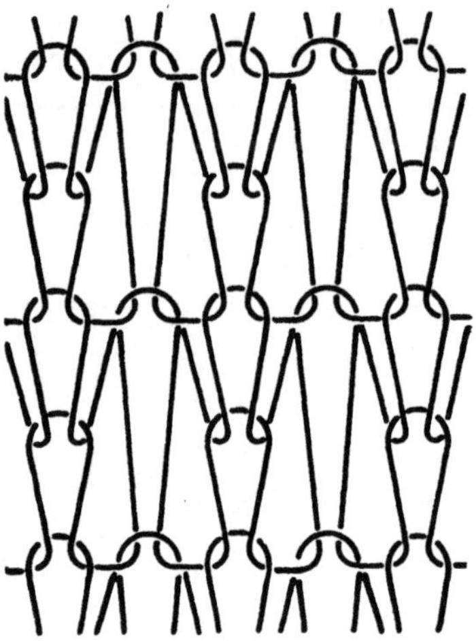

o)

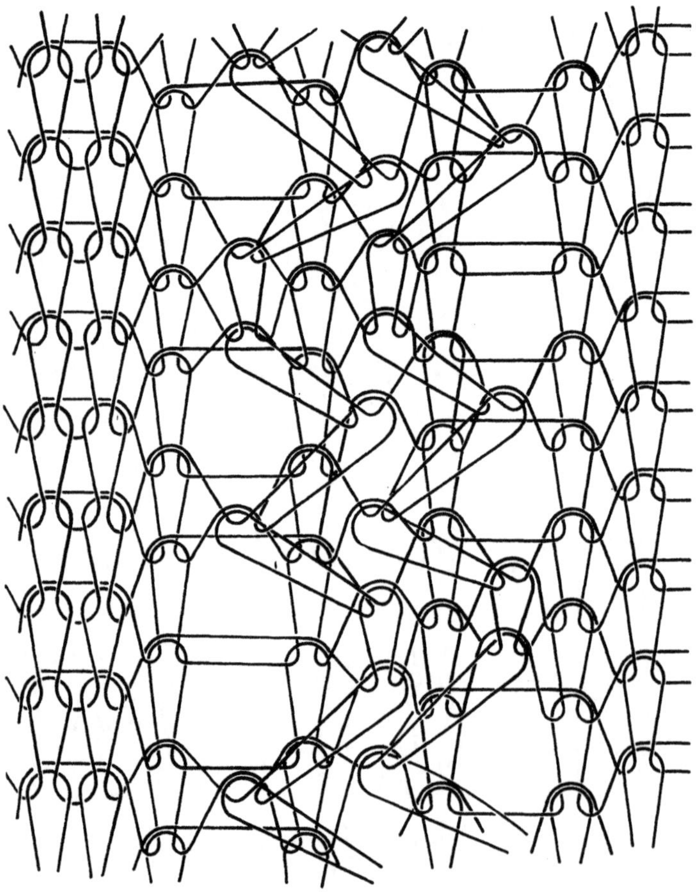

n)

m) Rechts/Rechts-Fang-versetzt *(RRFv)*. Die Maschen liegen schräg, und die linken Maschenseiten sind von Henkeln teilweise überdeckt.

n) Rechts/Rechts-Fang-gerippt-versetzt *(RRFgv)*. Der Wechsel rechter und linker Maschenseiten ist stellenweise von mehreren nebeneinander angeordneten rechten oder linken Maschenseiten unterbrochen, bestimmte Maschen liegen schräg, und die linken Maschenseiten sind von Henkeln unterschiedlicher Breite teilweise überdeckt.

o) Rechts/Rechts-Perlfang *(RRPF)*. Eine Maschenseite zeigt perlartige rechte Maschen, und auf der anderen Seite sind die linken Maschenseiten von Henkeln teilweise überdeckt.

p) Rechts/Rechts-Perlfang-gerippt *(RRPFg)*. Der Wechsel rechter und linker Maschenseiten ist stellenweise von mehreren nebeneinander angeordneten rechten oder linken Maschenseiten unterbrochen, die eine Seite zeigt perlartige rechte Maschenseiten, und auf der anderen Seite sind die linken Maschenseiten von Henkeln unterschiedlicher Breite teilweise überdeckt.

q) Rechts/Rechts-Perlfang-versetzt *(RRPFv)*. Die Maschen liegen schräg, die eine Seite zeigt perlartige rechte Maschenseiten, und auf der anderen Seite sind die linken Maschenseiten von Henkeln teilweise überdeckt.

r) Rechts/Rechts-Perlfang-gerippt-versetzt *(RRPFgv)*. Der Wechsel rechter und linker Maschenseiten ist stellenweise von mehreren nebeneinander angeordneten rechten oder linken Maschenseiten unterbrochen, bestimmte Maschen liegen schräg, die eine Seite zeigt perlartige rechte Maschenseiten, und auf der anderen Seite sind die linken Maschenseiten von Henkeln unterschiedlicher Breite teilweise überdeckt.

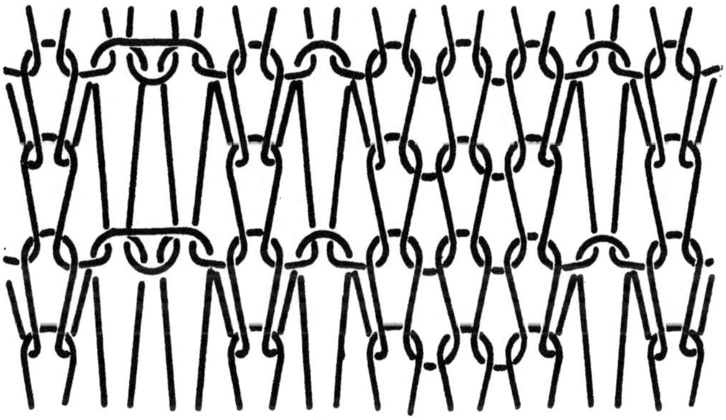

p)

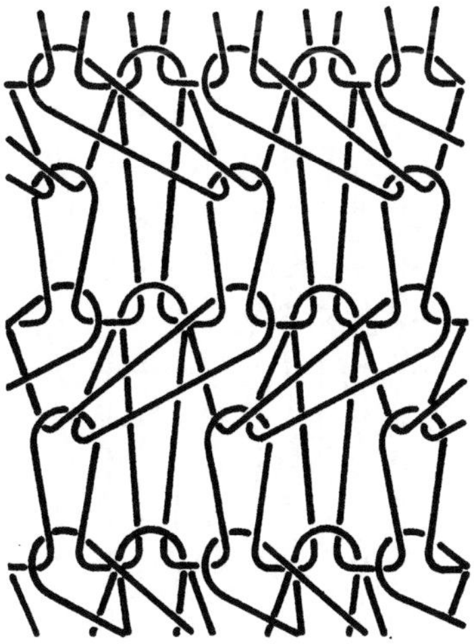

q)

r)

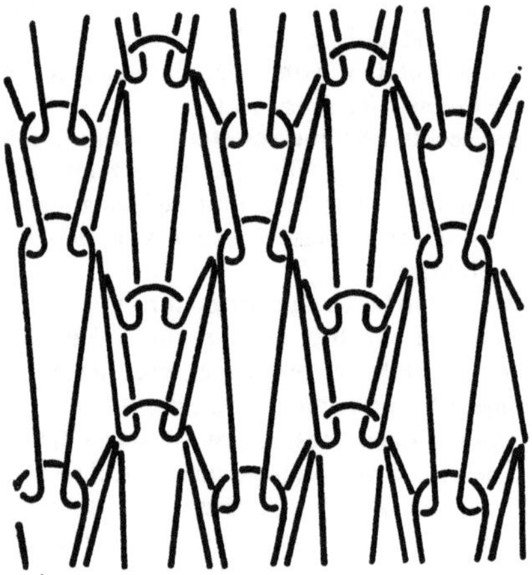

s)

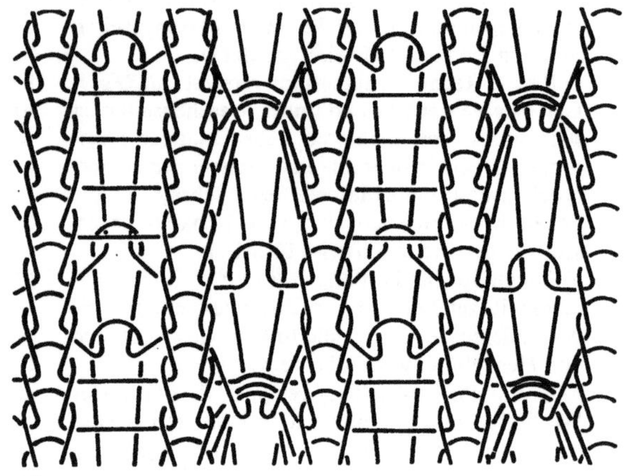

u)

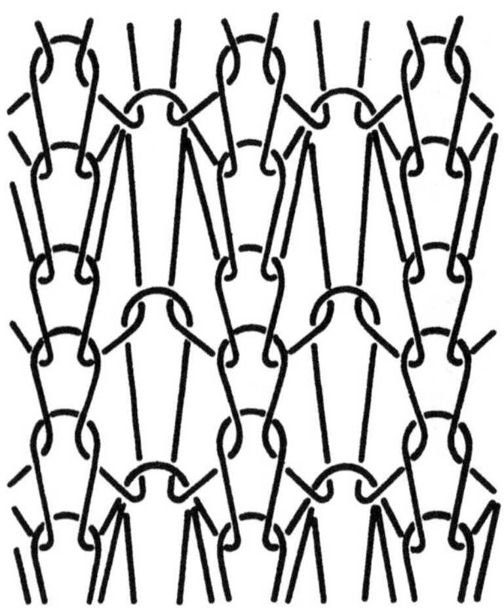

t)

v)

s) Rechts/Rechts-Doppelfang *(RRDF)*. Die linken Maschenseiten jeder zweiten Reihe sind von zwei Henkeln teilweise überdeckt.

t) Rechts/Rechts-Doppelperlfang *(RRDPF)*. Eine Seite zeigt perlartige rechte Maschenseiten, und auf der anderen Seite sind die linken Maschenseiten jeder zweiten Reihe von zwei Henkeln teilweise überdeckt.

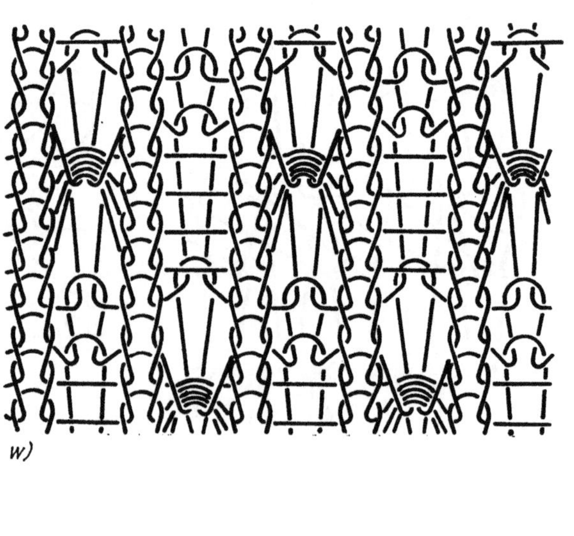

w)

u) Rechts/Rechts-Noppe *(RRN)*. Der Wechsel von rechten und linken Maschenseiten ist in bestimmten Reihen stellenweise durch Anhäufen von Maschen auf einer Seite und jeweils mehr als zwei übereinander liegenden Henkeln, die Öffnungen bilden, auf der anderen Seite unterbrochen, und beide Seiten weisen unterschiedliche Maschenhöhen auf.
v) Rechts/Rechts-Noppe-versetzt *(RRNv)*. Der Wechsel von rechten und linken Maschenseiten ist in bestimmten Reihen stellenweise durch Anhäufen schräg liegender Maschen auf einer Seite und jeweils mehr als zwei übereinander liegenden Henkeln, die Öffnungen bilden, auf der anderen Seite unterbrochen, und beide Seiten weisen unterschiedliche Maschenhöhen auf.
w) Rechts/Rechts-Noppe-übersetzt *(RRNü)*. Der Wechsel rechter und linker Maschenseiten wird in bestimmten Reihen stellenweise durch Anhäufen von Maschen auf einer Seite und jeweils mehr als zwei übereinander liegenden Henkeln, die Öffnungen bilden, auf der anderen Seite unterbrochen, die Anhäufungen und Öffnungen sind in der Wiederholung um eine oder mehrere Maschen übersetzt, und beide Seiten weisen unterschiedliche Maschenhöhen auf.

Tafel 13/3
Links/Links-Grundbindung und abgeleitete Bindungen für Gestricke
a) Links/Links *(LL)*. Beide Gestrickseiten zeigen im Maschenstäbchen wechselnd rechte und linke Maschenseiten
b) Links/Links-übersetzt *(LLü)*. Jeweils in zwei benachbarten Maschenstäbchen ist der Wechsel rechter und linker Maschenseiten zueinander übersetzt.
c) Links/Links-versetzt *(LLv)*. Die Maschen liegen schräg.
d) Links/Links-unterbrochen *(LLu)*. An bestimmten Stellen ist der Wechsel rechter und linker Maschenseiten aufgehoben, und dort sind nur rechte oder linke Maschenseiten sichtbar.
e) Links/Links-unterbrochen-übersetzt *(LLuü)*. An bestimmten Stellen ist der Wechsel rechter und linker Maschenseiten aufgehoben, und dort sind nur rechte oder linke Maschenseiten sichtbar, die nach einer oder mehreren Maschenreihen in Maschenstäbchenrichtung zueinander übersetzt sind.

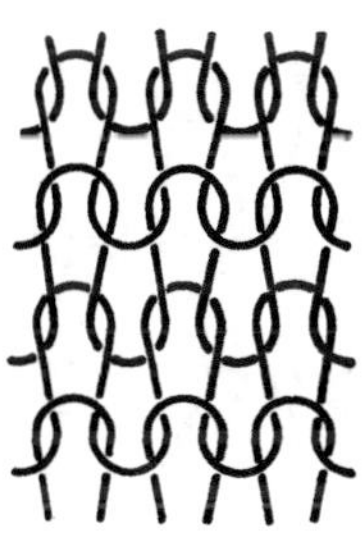
a)

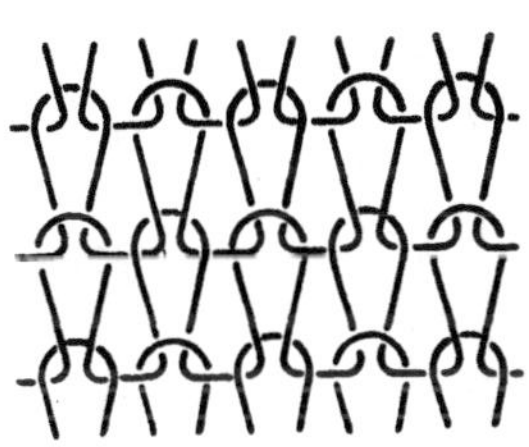
b)

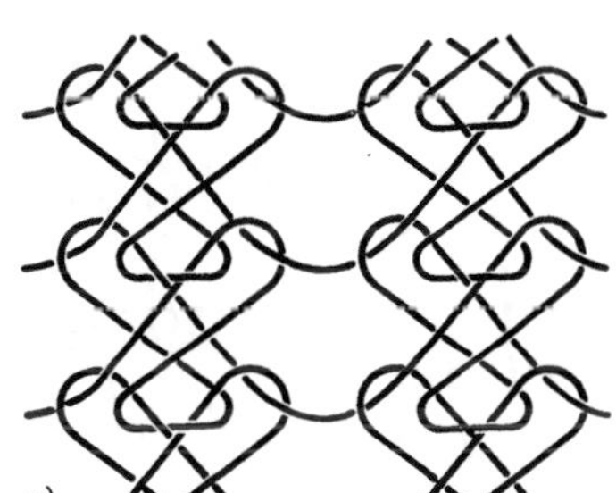
c)

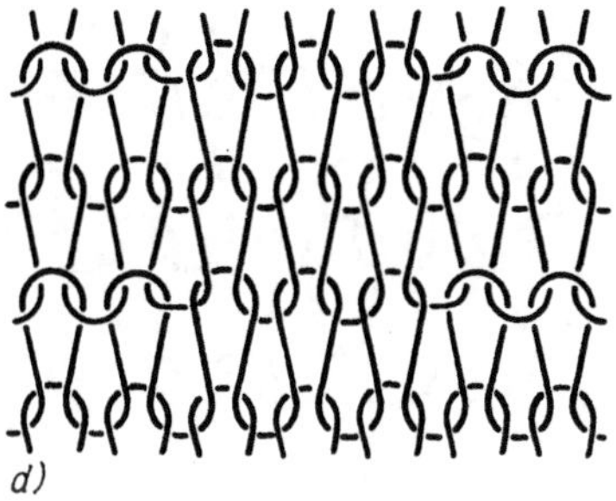
d)

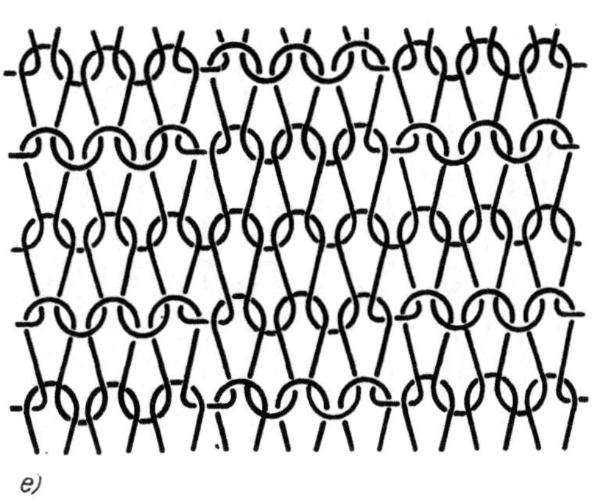
e)

f) Links/Links-hinterlegt *(LLh)*. An bestimmten Stellen treten Flottungen auf.
g) Links/Links-hinterlegt-eingebunden *(LLhe)*. Flottungen sind stellenweise als Henkel gebunden.
h) Links/Links-durchbrochen *(LLd)*. An bestimmten Stellen sind Bindungselemente in benachbarten Maschen gebunden, wodurch Öffnungen in der Fläche entstehen.
i) Links/Links-Fang *(LLF)*. Jede Masche trägt einen Henkel, und in zwei benachbarten Maschenstäbchen sind diese um jeweils eine halbe Maschenhöhe zueinander übersetzt.
j) Links/Links-Perlfang *(LLPF)*. Bestimmte Maschen in jeder Reihe tragen einen Henkel.
k) Links/Links/Doppelfang *(LLDF)*. Die Maschen in jeder zweiten Reihe tragen zwei Henkel, und diese sind in zwei benachbarten Maschenstäbchen zueinander übersetzt.

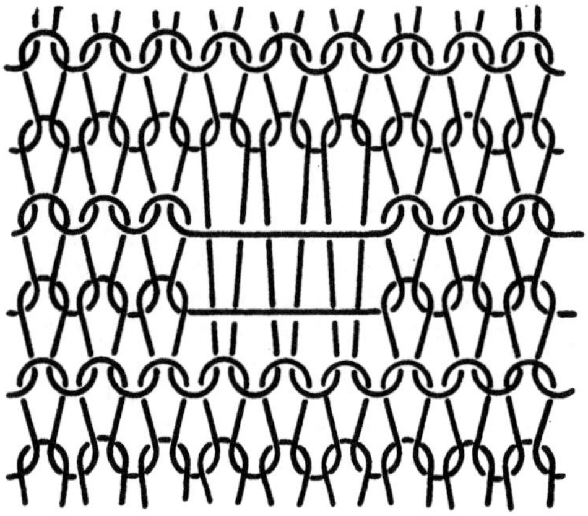

f)

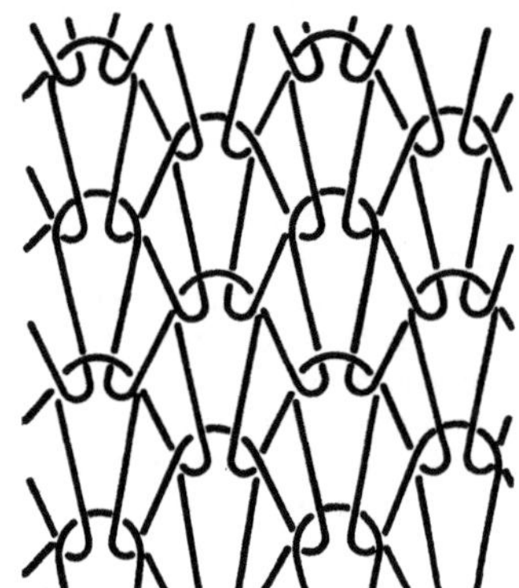

i)

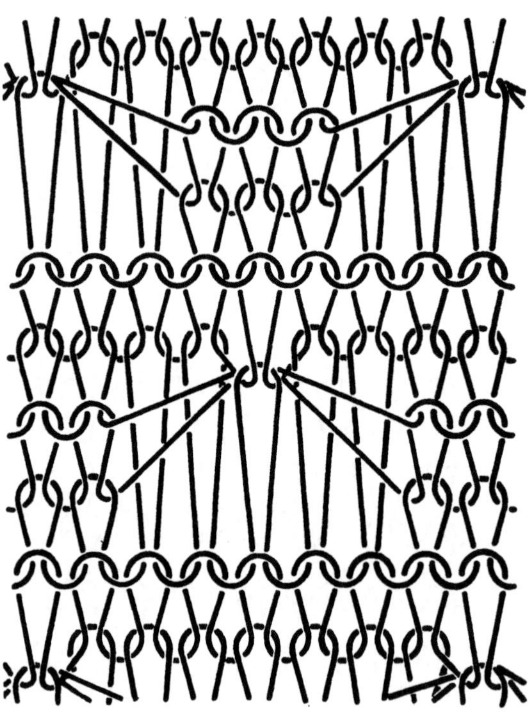

g)

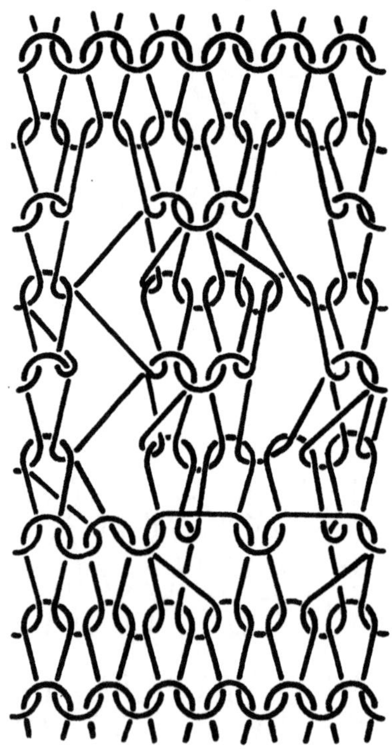

h)

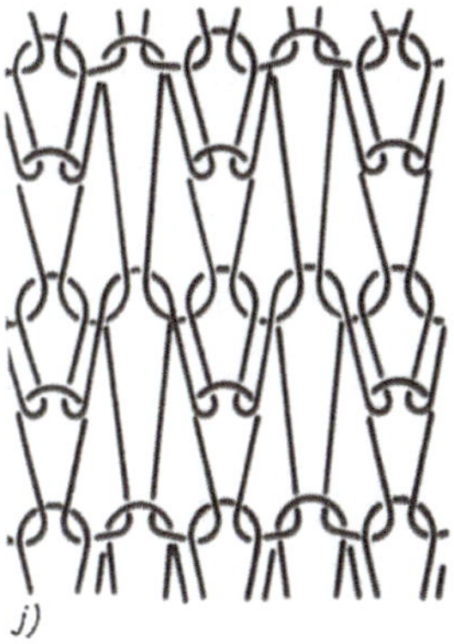

j)

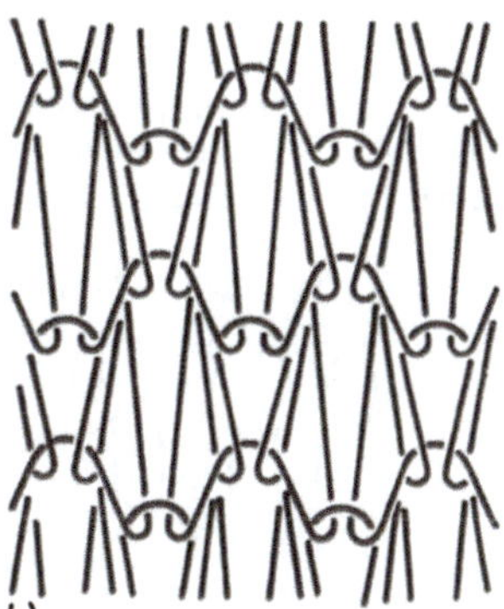

k)

l) Links/Links-Doppelperlfang (*LLDPF*). Bestimmte Maschen tragen in jeder dritten Reihe zwei Henkel.

m) Links/Links-Noppe *(LLN)*. Bestimmte Maschen tragen mehr als zwei Henkel

n) Links/Links-Noppe-übersetzt *(LLNü)*. Bestimmte Maschen tragen mehr als zwei Henkel, und die henkeltragenden Maschen sind nach einer bestimmten Reihenzahl um eine oder mehrere Maschen übersetzt.

o) Links/Links-plattiert *(LLp)*. Das Gestrick ist aus zwei Fäden, die sich gleichmäßig gegeneinander abdekken, gebildet.

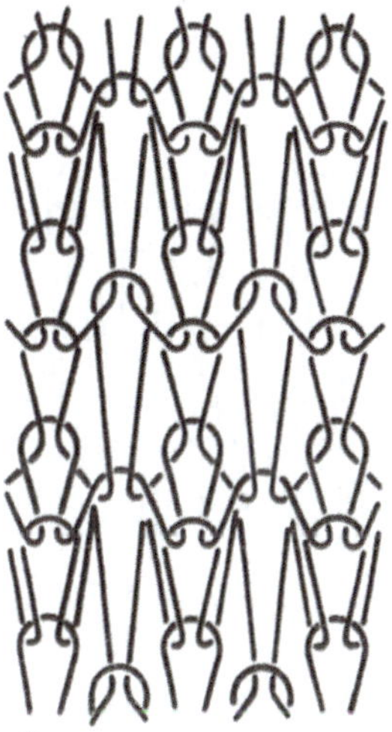

l)

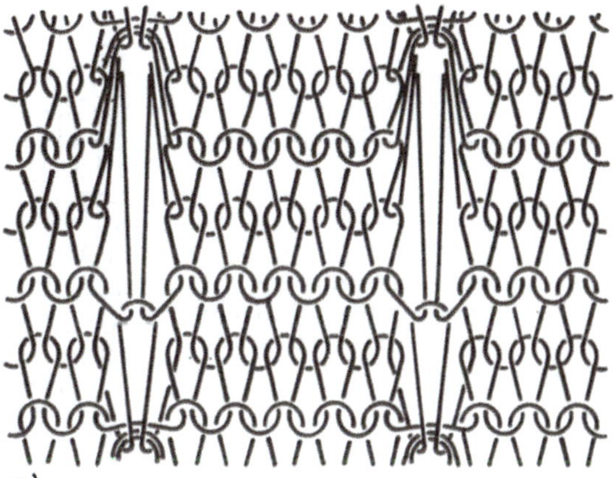

m)

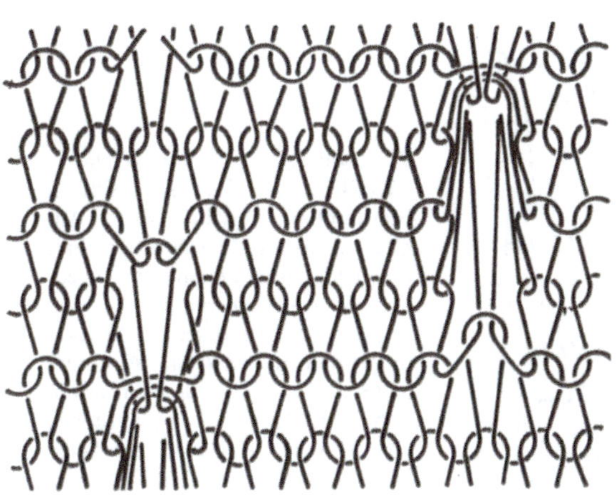

n)

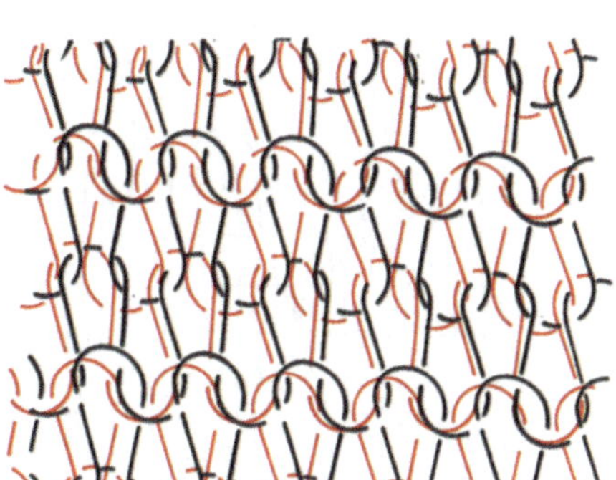

o)

Tafel 13/4
Rechts/Rechts/gekreuzt-Grundbindung und abgeleitete Bindung für Gestricke
a) Rechts/Rechts/gekreuzt *(RRG)* [Interlock]. Beide Gestrickseiten zeigen in Richtung der Maschenreihe jeweils um eine halbe Maschenhöhe zueinander übersetzte rechte Maschenseiten.
b) Rechts/Rechts/gekreuzt-plattiert *(RRGp)*. Beide Gestrickseiten sind aus zwei Fäden, die sich gleichmäßig gegeneinander abdecken, gebildet.

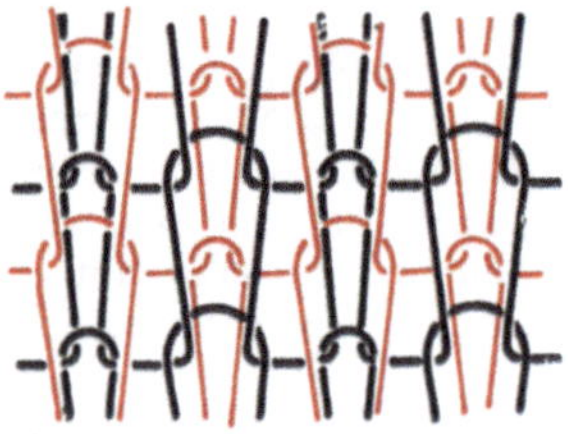
a)

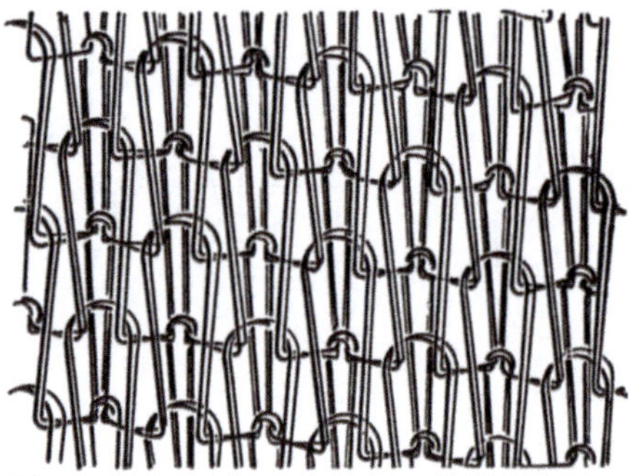
b)

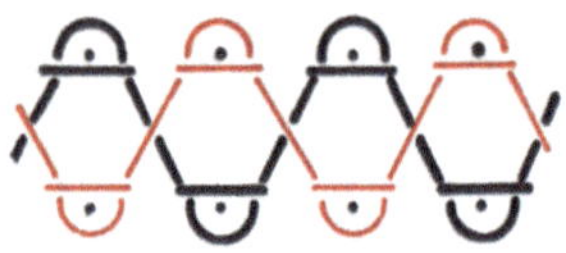
c)

c) Rechts/Rechts/gekreuzt-gerippt *(RRGg)*. Stellenweise treten Flottungen auf, die mit linken Maschenseiten abwechseln.

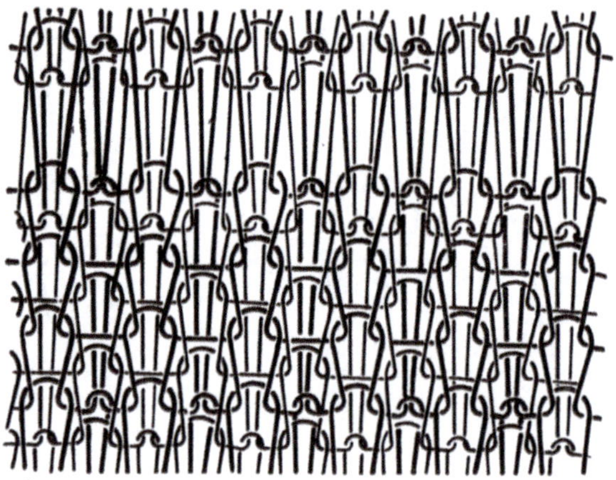
d)

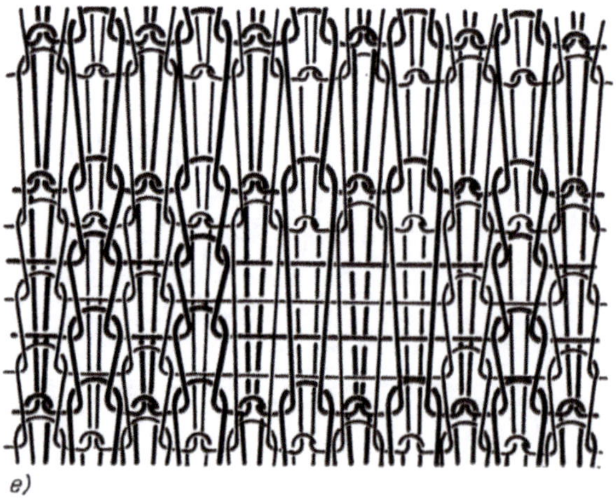
e)

d) Rechts/Rechts/gekreuzt-Welle *(RRGW)*. Auf einer Seite sind in bestimmten Maschenreihen Anhäufungen von Maschen sichtbar, und beide Seiten weisen unterschiedliche Maschenhöhen auf.
e) Rechts/Rechts/gekreuzt-Welle-unterbrochen *(RRGWu)*. Auf einer Seite sind in bestimmten Maschenreihen stellenweise Anhäufungen von Maschen sichtbar, und beide Seiten weisen unterschiedliche Maschenhöhen auf.

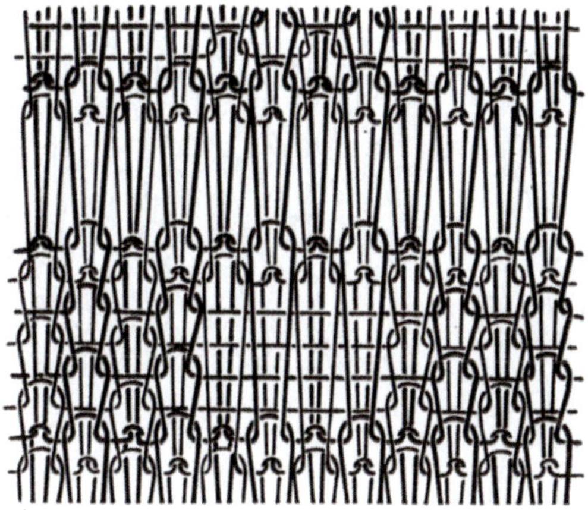

f)

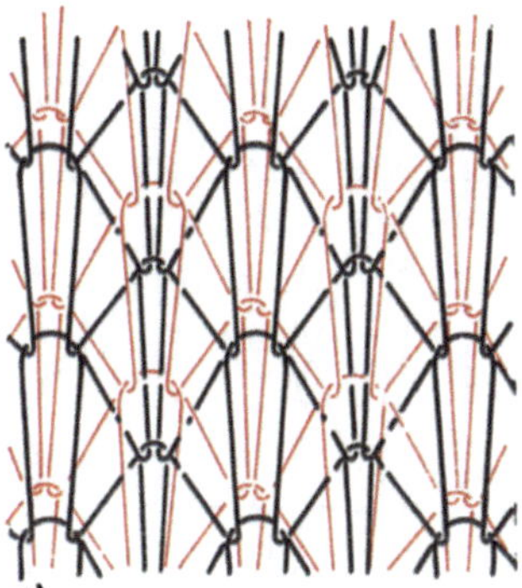

g)

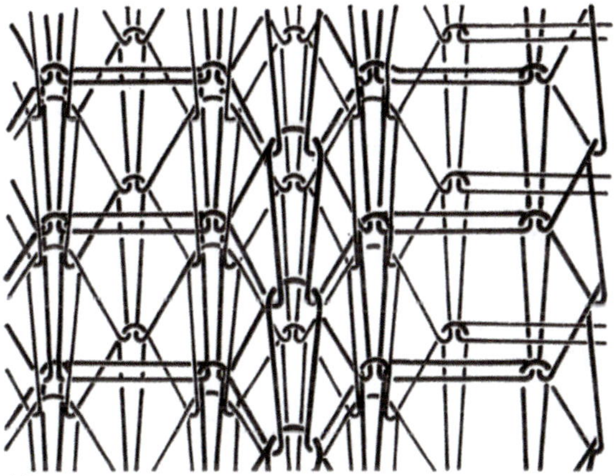

h)

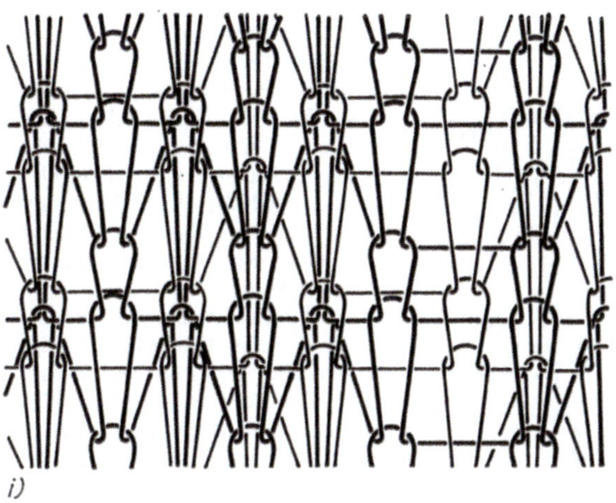

i)

f) Rechts/Rechts/gekreuzt-Welle-unterbrochen-übersetzt *(RRGWuü)*. Auf einer Seite sind in bestimmten Maschenreihen stellenweise Anhäufungen von Maschen sichtbar, die Anhäufungen sind in der Wiederholung um eine oder mehrere Maschen übersetzt, und beide Seiten weisen unterschiedliche Maschenhöhen auf.

g) Rechts/Rechts/gekreuzt-Fang *(RRGF)*. Beide Gestrickseiten weisen Maschen mit Henkel auf.

h) Rechts/Rechts/gekreuzt-Fang-gerippt *(RRGFg)*. Rechte Maschenseiten mit Henkeln wechseln an bestimmten Stellen mit linken Maschenseiten und Flottungen ab.

i) Rechts/Rechts/gekreuzt-Perlfang *(RRGPF)*. Eine Gestrickseite zeigt perlartige rechte Maschenseiten und die andere rechte Maschenseiten mit Henkeln.

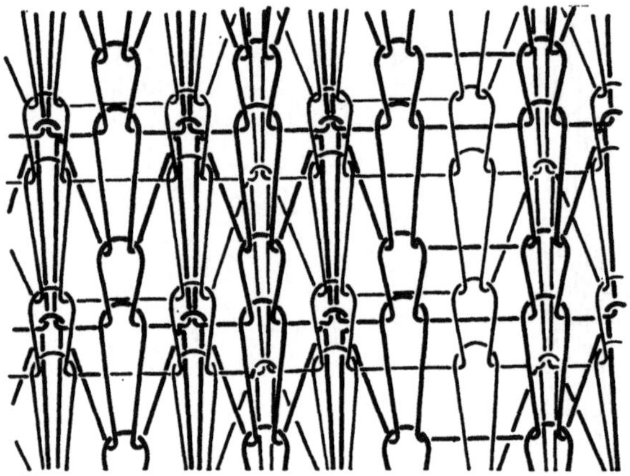

j)

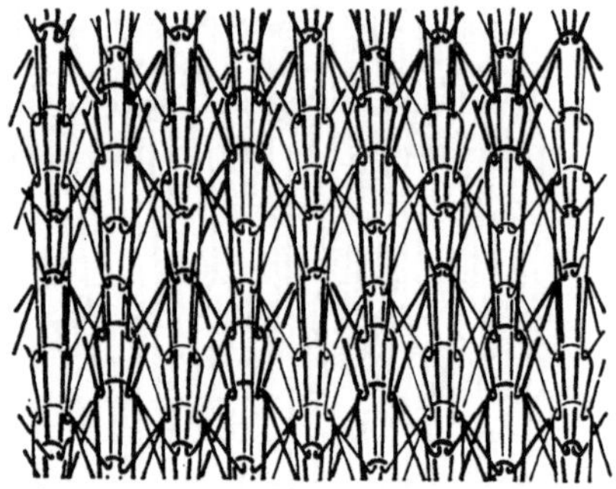

k)

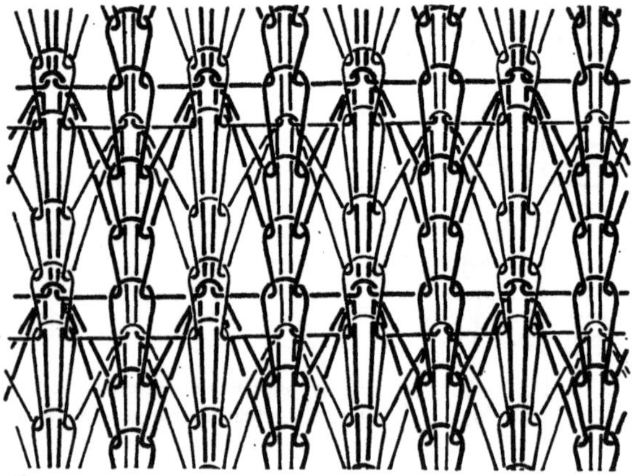

l)

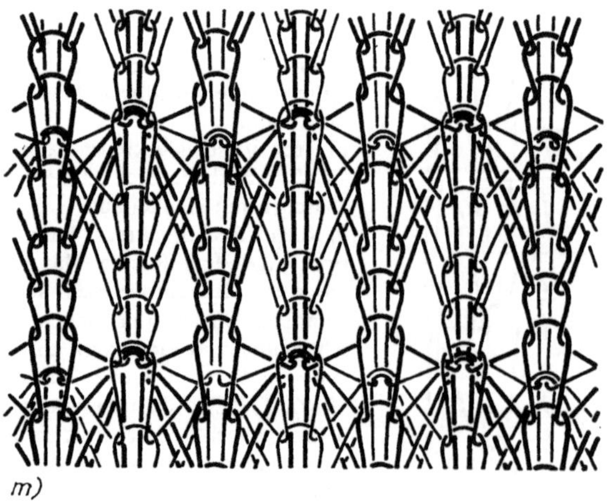

m)

j) Rechts/Rechts/gekreuzt-Perlfanggerippt *(RRGPFg)*. Rechte Maschenseiten wechseln an bestimmten Stellen mit linken Maschenseiten und Flottungen ab, wobei die eine Seite perlartige rechte Maschenseiten und die andere rechte Maschenseiten mit Henkel zeigt.

k) Rechts/Rechts/gekreuzt-Doppelfang *(RRGDF)*. Die Maschen jeder zweiten Reihe tragen zwei Henkel.

l) Rechts/Rechts/gekreuzt-Doppelperlfang *(RRGDPF)*. Eine Seite zeigt perlartige rechte Maschenseiten und die andere rechte Maschenseiten mit zwei Henkeln.

m) Rechts/Rechts/gekreuzt-Noppe *(RRGN)*. Eine Gestrickseite zeigt stellenweise perlartige rechte Maschenseiten die andere rechte Maschenseiten mit mehr als zwei Henkeln, und beide Seiten weisen unterschiedliche Maschenhöhen auf.

n) Rechts/Rechts/gekreuzt-Futter *(RRGFu)*. Eine Seite zeigt abwechselnd größere, aus zwei Fäden bestehende, und kleinere rechte Maschenseiten.

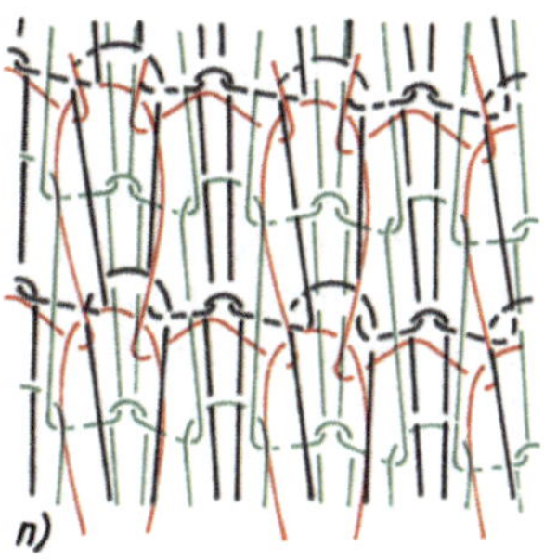

n)

o) Rechts/Rechts/gekreuzt-Doppelfutter *(RRGDFu)*. Eine Seite zeigt größere, aus zwei Fäden bestehende rechte Maschenseiten.

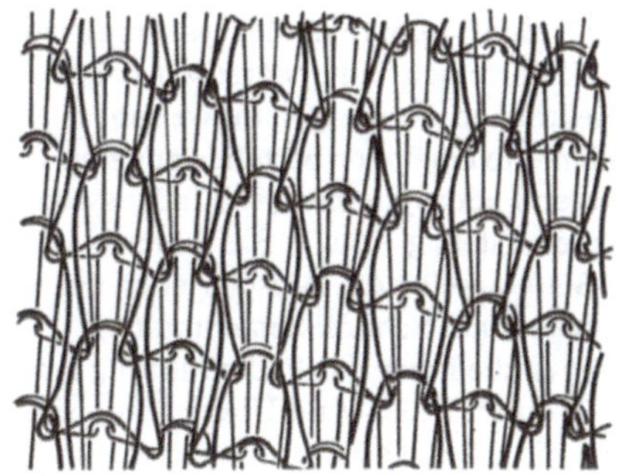

o)

13.1.2. Kombinierte Bindungen für Gestricke (Tafel 13/5)

Tafel 13/5
Kombinierte Bindungen für Gestricke
a) Rechts/Rechts-gerippt – Rechts/Rechts/gekreuzt – Rechts/Links-hinterlegt *(RRg/RRG/RLh)* [Schweizer Overnit].
b) Rechts/Rechts-gerippt – Rechts/Rechts/gekreuzt – Rechts/Links-hinterlegt *(RRg/RRG/RLh)* [Französisch Overnit].

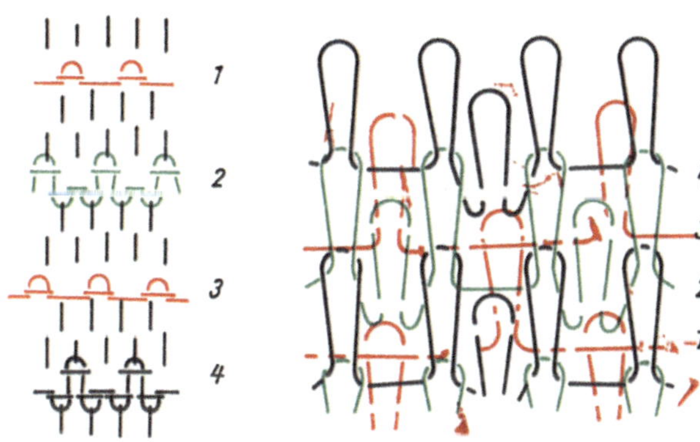

a)

Außer den in Tafel 13/5 genannten kombinierten Bindungen sind noch folgende besonders bekannte zu nennen:

Interlock-Piqué,
Milano-Rib,
Punta di Roma,
Rodier,
Evermonte.

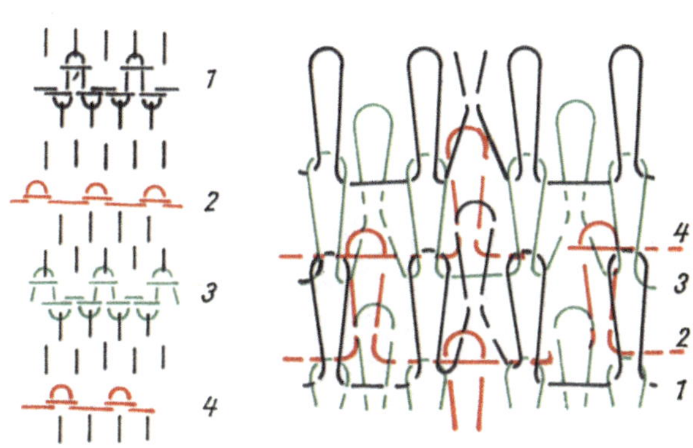

b)

13.2. Bindungen und Legungen für Kettengewirke

Grundbindungen und Legungen bestehen aus einem Fadensystem (einfadensystemig), wobei ein Teil derselben nur theoretisch vorstellbar ist. Sie können Flottungen aufweisen.
Kombinierte Legungen bestehen aus zwei oder mehreren Fadensystemen (zweifadensystemig, dreifadensystemig usw.). Sie können außer dem Bindungselement Masche noch Henkel, Flottungen und Schußfäden enthalten.
Legung ist die Form der Fadenführung um die Nadeln durch Unter- und Überlegung; sie bestimmt die Lage des Fadens in seiner Bindung und die Benennung der Legung. Die Legung gibt u.a. die Länge der Flottungen an.

Die Benennung einer Bindung bzw. Legung aus mehreren Fadensystemen setzt sich aus Legungen der einzelnen Fadensysteme zusammen, wobei die Legung des oberen und vorderen Fadensystems (Decke) zuerst und die der weiteren in der Reihenfolge genannt werden.
Wird die Legung von mehreren Fadensystemen gleichzeitig unter den Nadeln in gleicher Richtung ausgeführt, so wird die Bindung als gleichlegig, im entgegengesetzten Fall als gegenlegig gekennzeichnet. Die Bezeichnung der Bindung setzt sich nur aus grundsätzlichen Angaben zusammen. Diese sind in der Praxis durch das Legungsbild, die Kette, den Fadeneinzug und das Schärverhältnis zu ergänzen.

13.2.1. Grundbindungen und Legungen für Kettengewirke (Tafel 13/6)

Tafel 13/6
Grundbindungen und Legungen für Kettengewirke
a) Rechts/Links *(RL)*. Eine Gewirkeseite zeigt rechte (linke Abb.) und die andere linke (rechte Abb.) Maschenseiten (Maschenbild).
Rechts/Links-Franse *(RLF)*. Die linken Maschenseiten sind durch senkrecht oder schräg von Maschenreihe zu Maschenreihe sich erstreckende Fäden teilweise überdeckt (Legung und Maschenbild).
b) Rechts/Links-Franse, einmaschig geschlossen.
c) Rechts/Links-Franse, einmaschig offen.
d) Rechts/Links-Franse, zweimaschig, geschlossen.
e) Rechts/Links-Franse, zweimaschig, offen.

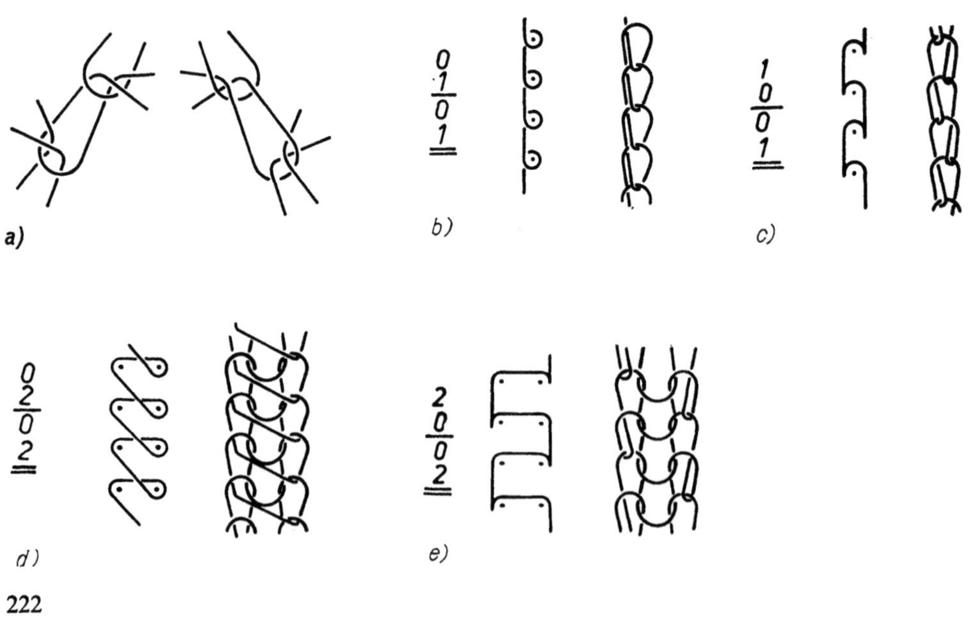

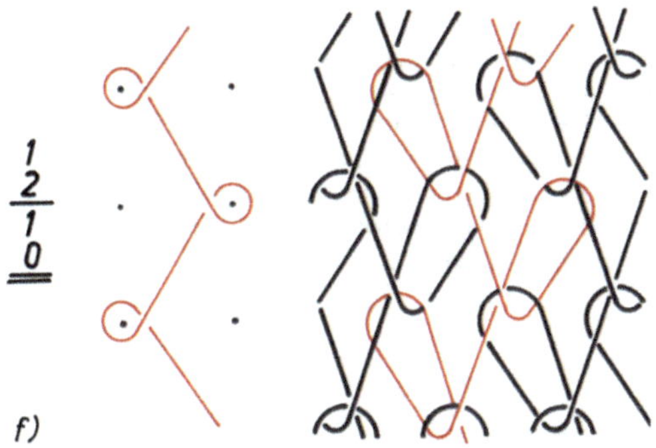

f)

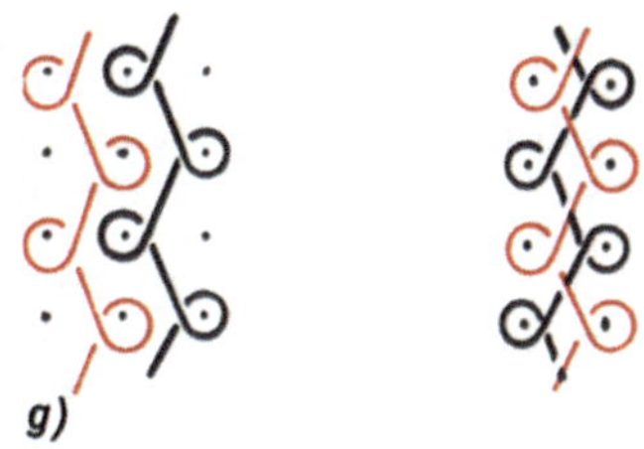

g)

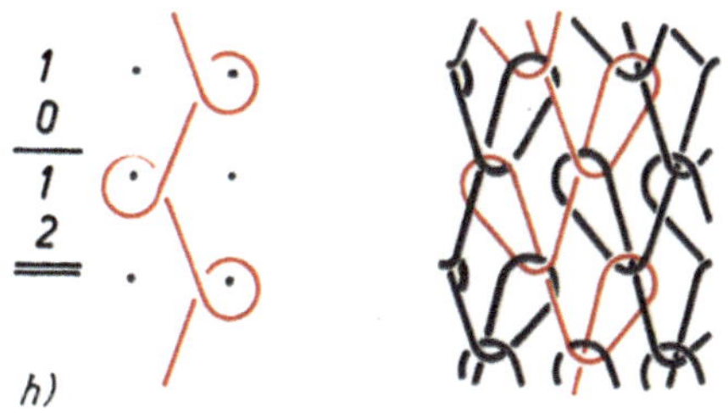

h)

i)

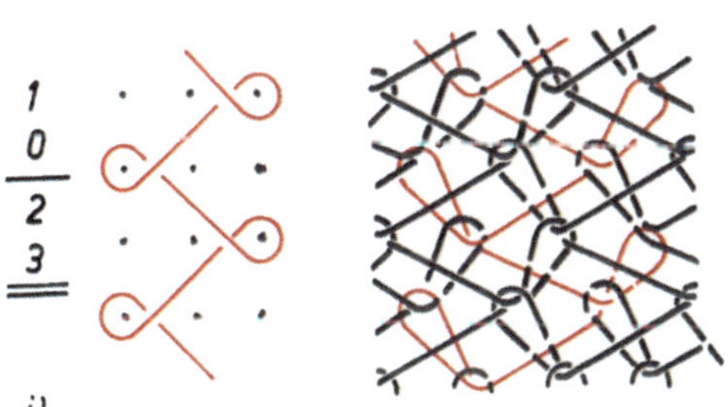

j)

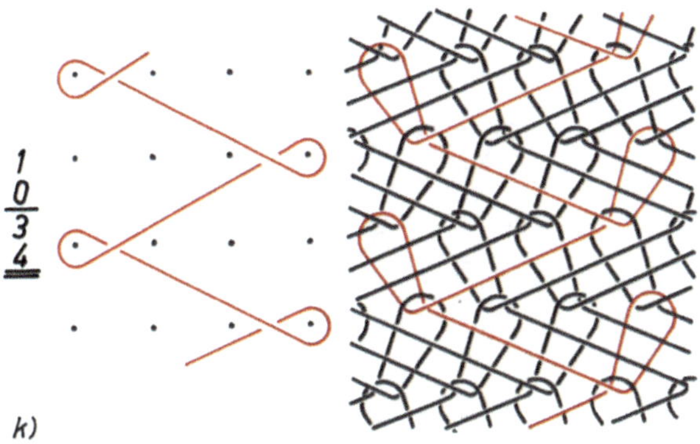

k)

f) Rechts/Links-Trikot *(RLT)*. Unterlegung: zwei Nadelteilungen. Die linken Maschenseiten werden durch schräg von Maschenstäbchen zu Maschenstäbchen sich erstreckende Fäden teilweise überdeckt (Legung und Maschenbild).
g) Rechts/Links-Trikot, gleichlegig (linke Abb.), gegenlegig (rechte Abb.) (Legung).
h) Rechts/Links-Trikot, geschlossen (Legung und Maschenbild).
i) Rechts/Links-Trikot, offen (Legung und Maschenbild)
j) Rechts/Links-Tuch *(RLTu)*. Unterlegung: drei Nadelteilungen. Die linken Maschenseiten sind durch schräg über ein Maschenstäbchen sich erstreckende Fäden teilweise überdeckt;
Rechts/Links-Tuch, geschlossen (Legung und Maschenbild).
k) Rechts/Links-Samt *(RLS)*. Unterlegung: mehr als drei Nadelteilungen. Die linken Maschenseiten sind durch schräg über 2 ... n Maschenstäbchen sich erstreckende Fäden teilweise überdeckt; Rechts/Links-Samt, geschlossen (Legung und Maschenbild).

l) Rechts/Links-Atlas *(RLA)*. Die Fäden verlaufen schräg und sind in jedem Maschenstäbchen gebunden. Sie ändern nach 2 ... n Maschenreihen ihre Richtung. Rechts/Links-Atlas, geschlossen (Legung und Maschenbild).

m) Rechts/Links-Atlas-hinterlegt *(RLAh)*. Die Fäden sind in jedem zweiten Maschenstäbchen gebunden und ändern nach 2 ... n Maschenreihen ihre Richtung;
Rechts/Links-Atlas-hinterlegt, offen (Legung und Maschenbild).

n) Rechts/Rechts-Franse *(RRF)*. Beide Gewirkeseiten zeigen rechte Maschenseiten. Die Fäden verlaufen innerhalb des Gewirkes senkrecht oder schräg von Maschenreihe zu Maschenreihe;
Rechts/Rechts-Franse, einmaschig, offen (Legung und Maschenbild).

o/p) Rechts/Rechts-Trikot *(RRT)*. Unterlegung: zwei Nadelteilungen. Es entsteht das Maschenbild der Legung einer Franse.
Rechts/Rechts-Trikot, offen (Legung).

q) Rechts/Rechts-Tuch *(RRTu)*. Unterlegung: drei Nadelteilungen. Fäden innerhalb des Gewirkes verlaufen schräg über ein Maschenstäbchen;
Rechts/Rechts-Tuch, offen (Legung).

r) Rechts/Rechts-Samt *(RRS)*. Unterlegung: mehr als drei Nadelteilungen. Die Fäden verlaufen innerhalb des Gewirkes schräg über 2 ... n Maschenreihen (Legung).

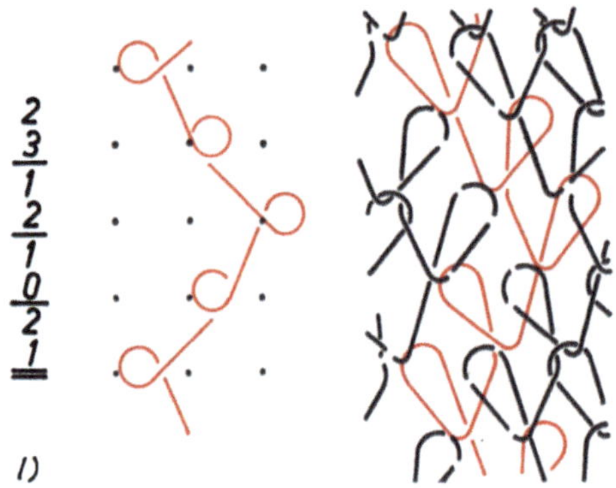

l)

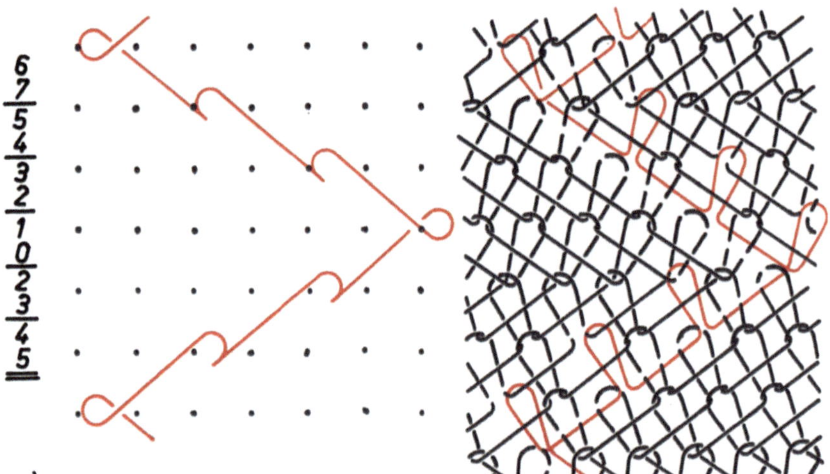

m)

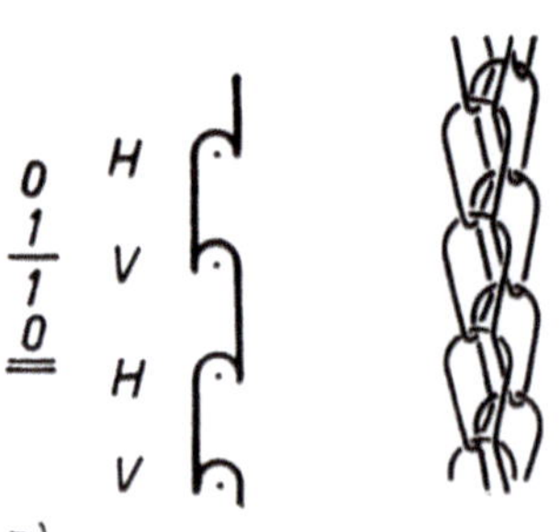

n)

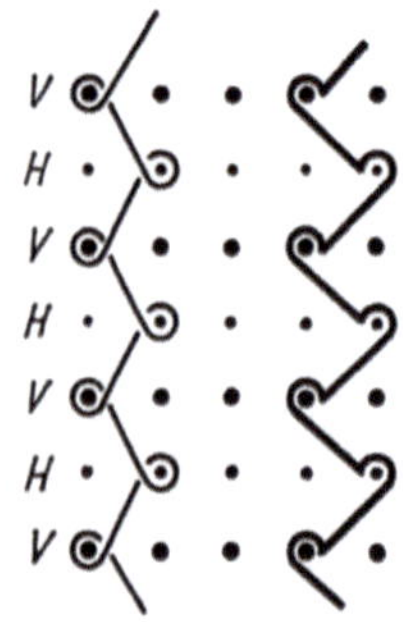

o/p

s) Rechts/Rechts-Atlas *(RRA)*. Die Fäden verlaufen innerhalb des Gewirkes schräg und sind in jedem Maschenstäbchen gebunden. Sie ändern nach 2 ... n Maschenreihen ihre Richtung; geschlossen (linke Abb.), offen (rechte Abb.) (Legung).

t) Rechts/Rechts-Atlas-hinterlegt (*RRAh*). Die Fäden innerhalb des Gewirkes sind in jedem zweiten Maschenstäbchen gebunden und ändern nach 2 ... n Maschenreihen ihre Richtung; Rechts/Rechts-Atlas-hinterlegt, geschlossen (Legung).

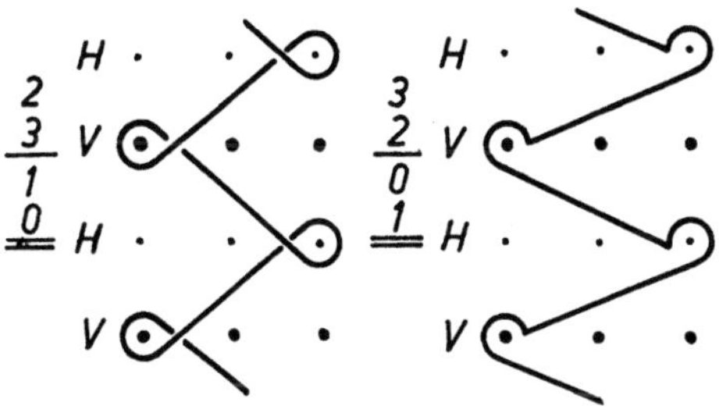

q)

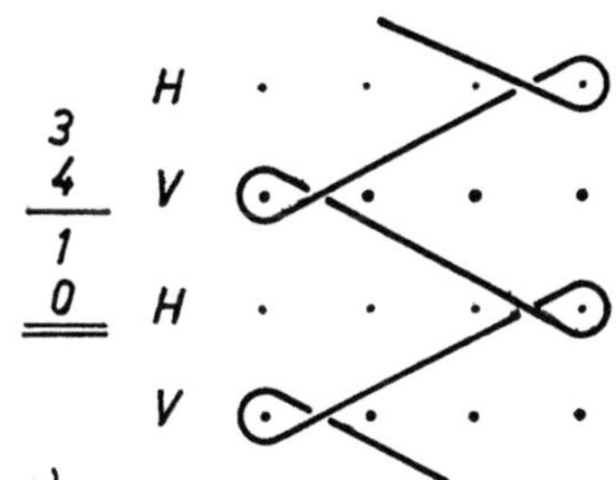

r)

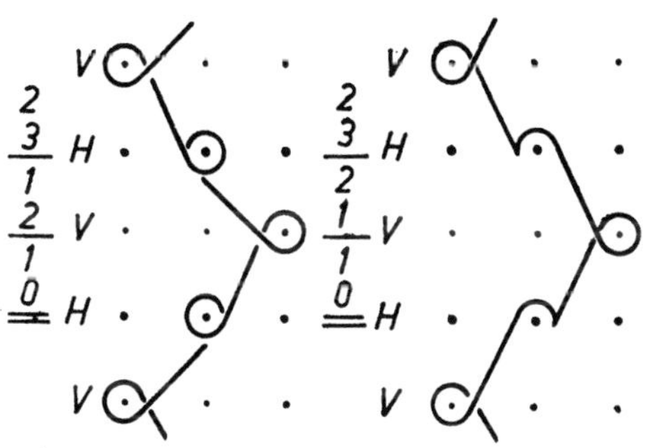

s)

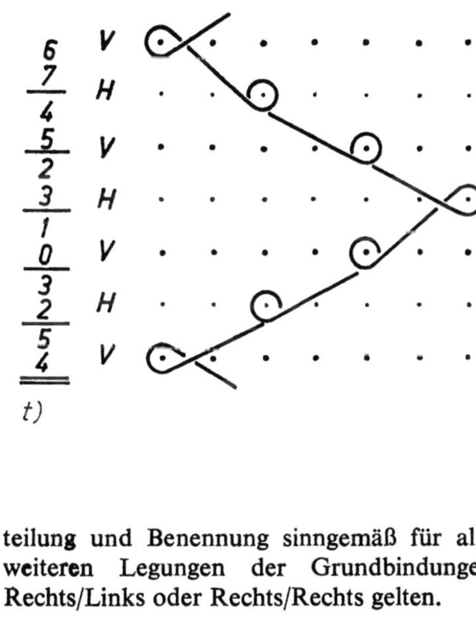

t)

13.2.2. Kombinierte Legungen für Kettengewirke (Tafel 13/7)

Alle aufgeführten Bindungen sind Beispiele für Kombinationen von Legungen der Rechts/Links- oder der Rechts/Rechts-Grundbindungen, wobei die festgelegten Prinzipien der Einteilung und Benennung sinngemäß für alle weiteren Legungen der Grundbindungen Rechts/Links oder Rechts/Rechts gelten.

Tafel 13/7
a) Kombinierte Legungen für Kettengewirke *(*Rechts/Links-Trikot-zweifadensystemig *RLT2)*. Kombination der Grundlegungen Trikot (Beispiel gegenlegig) (Legung)

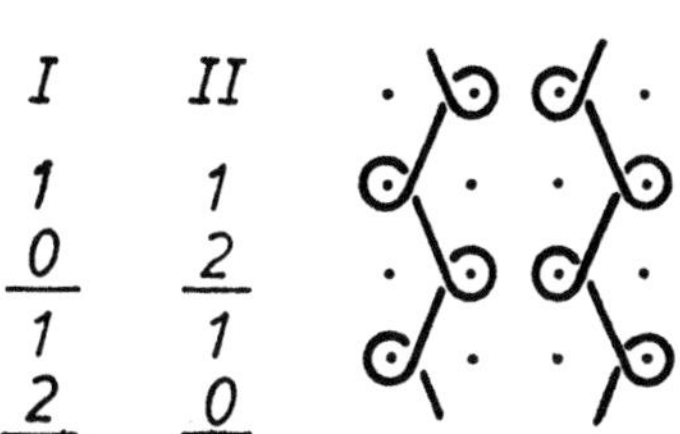

a)

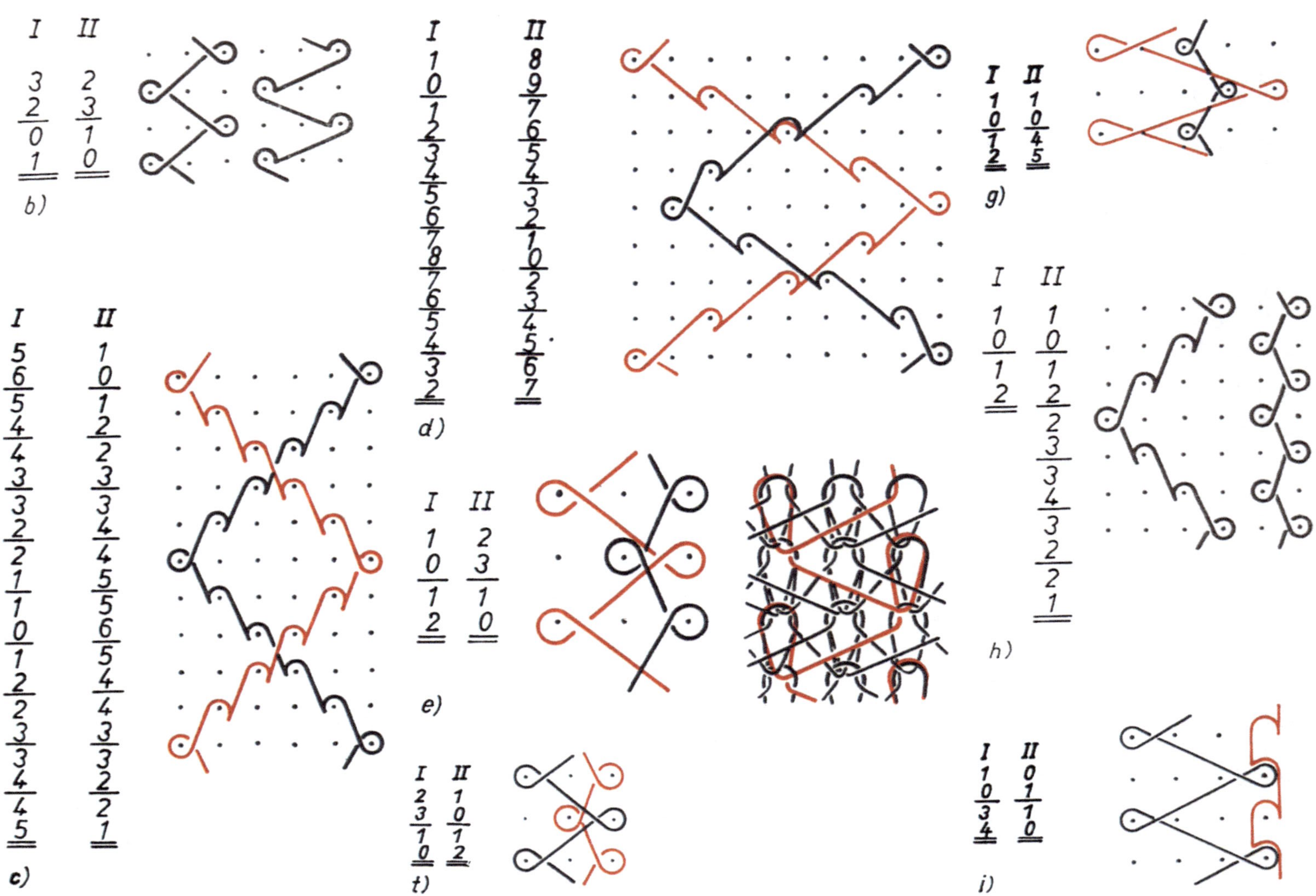

b)
I 3 2/0 1
II 2 3/1 0
c)
I 5 6/5 4/4 3/3 2/2 1/1 0/1 2/2 3/3 4/4 5
II 1 0/1 2/2 3/3 4/4 5/5 6/5 4/4 3/3 2/2 1
d)
I 1 0/1 2/3 4/5 6/7 8/7 6/5 4/3 2
II 8 9/7 6/5 4/3 2/1 0/2 3/4 5/6 7
e)
I 1 0/1 2
II 2 3/1 0
t)
I 2 3/1 0
II 1 0/1 2
g)
I 1 0/1 2
II 1 0/4 5
h)
I 1 0/1 2
II 1 0/1 2/2 3/3 4/3 2/2 1
i)
I 1 0/3 4
II 0 1/1 0

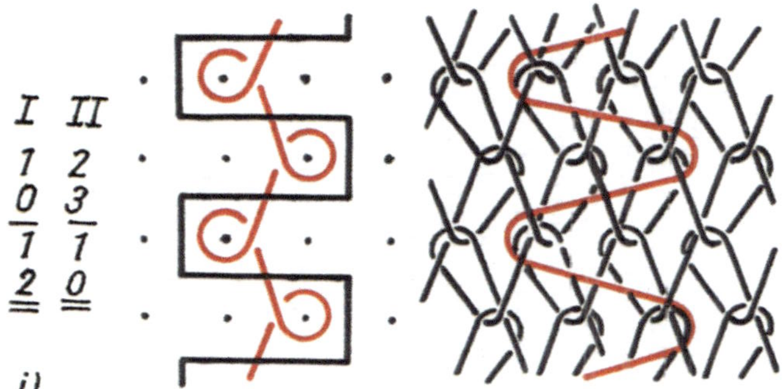

j)

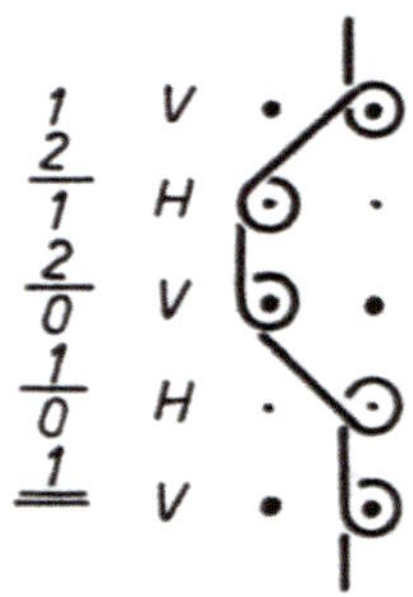

k)

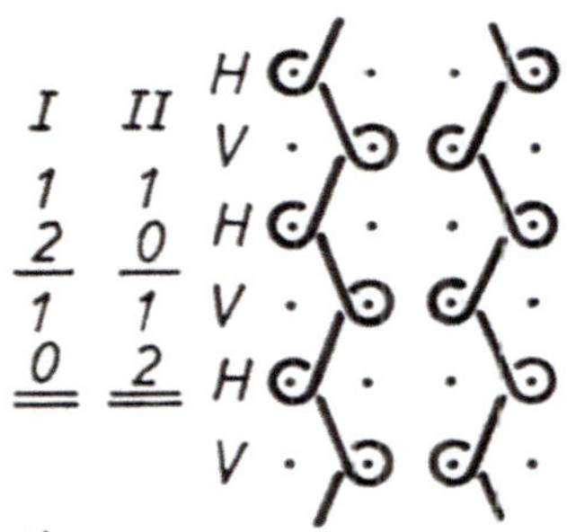

l)

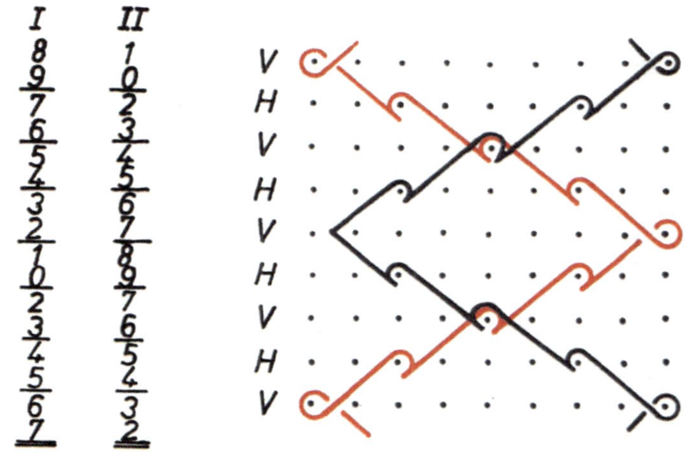

m)

b) Rechts/Links-Tuch-zweifadensystemig *(RLTu 2)*. Kombination der Grundlegungen Tuch (Beispiel gleichlegig, offen und geschlossen) (Legung).
c) Rechts/Links-Atlas-zweifadensystemig *(RLA 2)*. Kombination der Grundlegungen Atlas (Beispiel gegenlegig offen) (Legung).
d) Rechts/Links-Atlas-hinterlegt-zweifadensystemig *(RLAh 2)*. Kombination der Grundlegungen Atlas-hinterlegt (Beispiel gegenlegig, offen) (Legung).
e) Rechts/Links-Tuch-Trikot-zweifadensystemig *(RLTuT 2)* [Charmeuse]. Kombination der Grundlegungen Tuch und Trikot; gegenlegig (Legung und Maschenbild).
f) Rechts/Links-Trikot-Tuch-zweifadensystemig *(RLTTu 2)* [Renversé]. Kombination der Grundlegungen Trikot und Tuch; gegenlegig (Legung).
g) Rechts/Links-Samt-Trikot-zweifadensystemig *(RLST 2)*. Kombination der Grundlegungen Samt und Trikot; gegenlegig (Legung).
h) Rechts/Links-Atlas-Trikot-zweifadensystemig *(RLAT 2)*. Kombination der Grundlegungen Atlas und Trikot; gegenlegig (Legung).
i) Rechts/Links-Franse-Samt-zweifadensystemig *(RLFS 2)*. Kombination der Grundlegungen Franse und Samt; gegenlegig (Legung).
j) Rechts/Links-Trikot-Schuß-zweifadensystemig *(RLTSch 2)*. Kombination der Legungen Trikot und Schuß; gegenlegig (Legung).
k) Rechts/Rechts-Franse-versetzt (*RRFv*). Nach bestimmter Anzahl Maschenreihen werden die Faden zu den Nachbarnadeln versetzt.
l) Rechts/Rechts-Trikot-zweifadensystemig *(RRT 2)*. Kombination der Grundlegungen Trikot; gegenlegig (Legung).
m) Rechts/Rechts-Atlas-hinterlegt-zweifadensystemig *(RRAh 2)*. Kombination der Grund bindungen Atlas-hinterlegt (Beispiel gegenlegig, offen) (Legung).

14. Historischer Überblick und Kriterien der Weiterentwicklung der Maschenwarentechnik

Die Geschichte der Maschenwaren ist im Vergleich zu der des jahrtausende alten Gewebes wesentlich jünger, woraus geschlossen werden kann, daß der Schritt zur manuellen Herstellung eines textilen Flächengebildes aus Fäden durch Maschenbindungen einen höheren Entwicklungsstand des technischen Schöpfertums der Menschen erforderte als die elementare rechtwinklige Verbindung zweier Fadensysteme zum Gewebe.

Aus der Tafel 14/1 geht hervor, daß die entscheidenden Erfindungen der Verfahren und der verarbeitungstechnischen Grundprinzipien zur mechanischen Maschenwarenherstellung in den vergangenen vierhundert Jahren gemacht wurden. Die ständige Vervollkommnung der Verfahren und die progressive Weiterentwicklung der Verarbeitungstechnik zur Herstellung von Maschenwaren haben seitdem zu einem hohen technisch-ökonomischen Entwicklungsstand geführt, der sich u. a. auch in der Produktivität ausdrückt, die im allgemeinen wesentlich über der derzeitigen Produktivität des Webens liegt.

Die Tatsache, daß seit der Erfindung der Verfahren Kulierwirken, Kettenwirken und Stricken keine weiteren Maschenbildungsverfahren hinzugekommen sind und sich die gesamte wissenschaftlich-technische Entwicklung der Maschenwarentechnologie auf die ständige Vervollkommnung dieser Verfahren konzentriert, führt zu folgenden Überlegungen:

1. Kann es in Zukunft prinzipiell neue, noch effektivere Maschenbildungsverfahren geben?
2. Welches sind die wichtigsten Kriterien für die Weiterentwicklung der vorhandenen Maschenwarentechnik?

Die wissenschaftliche Beantwortung der ersten Frage ist auf der Grundlage einer analytisch-logischen Betrachtung möglich.

Die Analyse aller bekannten Verfahren zur Herstellung von Maschenwaren ergibt, daß in jedem Falle zwei grundsätzliche Voraussetzungen (logische Prämissen) erfüllt sein müssen:

1. das Vorhandensein mindestens eines Fadensystems
2. das Vorhandensein eines Systems technischer Elemente zur Maschenbildung (Maschenbildungsorgane ≙ Nadeln).

Das Fadensystem kann als Quer-(„Schuß"-) fadensystem oder als Längs-(„Kett"-)fadensystem auftreten *(1. Aussagenvariable)*. Das System der Maschenbildungsorgane führt eine Relativbewegung zu den auf ihnen hängenden Halbmaschen aus, wobei im Verlaufe eines Maschenbildungszyklus zwei extreme Stellungen (Endlagen) eingenommen werden. Diese Relativbewegung kann entweder für alle Maschenbildungsorgane gleichzeitig oder für jedes Maschenbildungsorgan individuell erfolgen *(2. Aussagenvariable)*.

Tafel 14/1

Historischer Überblick und bedeutsame Erfindungen der Maschenwarentechnik

(Zusammengestellt aus: Die Geschichte der Textilindustrie. Südverlag G.m.b.H. Leipzig, Stuttgart' Zürich: 1932)

Zeitpunkt/Ort	Ereignis bzw. Erfindung
6. Jh. Ägypten	**Handgestricke** (Funde bei Ausgrabungen.)

Zeitpunkt/Ort		Ereignis bzw. Erfindung
13. Jh.	Spanien, Italien	Das **flache Handstricken** mit zwei Nadeln wird als Handwerk ausgeübt.
16. Jh.	Schweiz	**Handstricken mit fünf Nadeln** (Rundstricken).
1560	Europa	Erste nahtlose **Strümpfe** im Handel. Es entsteht ein neues Handwerk, von Männern ausgeübt.
	England, Frankreich Deutschland	Zünfte der Strumpfstricker werden gebildet.
1589	England	*William Lee* erfindet den **Handkulierstuhl** und die **Spitzennadel.** Originalbezeichnung: Stocking loom oder Knitting frame. Damit ist der entscheidende Schritt für die Mechanisierung der Strumpfherstellung getan.
1758	England	*J. Strutt*, Zusatzvorrichtung zur Herstellung von *RR*-Flachkuliergewirken(„**Rändermaschine**")
1768	England	*Crane* erfindet den **Handkettenstuhl.**
2. Hälfte des 18. Jh.	England	Einbau der **Hauptwelle** in den Kulierstuhl, Übergang zur Kulierwirkmaschine.
1791	England	*Dawson* entwickelt eine **Legeschienenversatzvorrichtung** und leitet damit die Mechanisierung des Kettenstuhles ein.
1798	Frankreich	*Decroix* erhält ein erstes Patent auf einen **Rundkulierstuhl.**
1805	Deutschland	*Carl Christian Langsdorf*, Professor der Mathematik, und *Johann Michael Wassermann*, Universität Erlangen, veröffentlichen die erste vollständige Beschreibung des **Strumpfwirkstuhles** und der technologischen Vorgänge bei der Strumpfherstellung.
1853	Frankreich	Entwicklung eines **Rundränderstuhles** (*RR*-Rundkulierwirkmaschine).
1856	England	*Townsend* erfindet die **Zungennadel.**
1859	Deutschland	Einsatz der Zungennadel und senkrechte Anordnung im Kettenstuhl. Bezeichnung: **Raschelmaschine,**
1860/ 1864	England	*W. Cotton* erhält ein Patent auf einen mechanischen **Flachkulierstuhl** mit **senkrechter Anordnung der Nadelbarre,** tiefliegender Hauptwelle und Antriebsmechanismen. Diese Bauart erlangt die größte industrielle Bedeutung.
1857 bis 1870	Europa Nordamerika	Verschiedene Erfindungen von Strickmaschinen, teilweise mit Spitzennadeln.
1863	USA	*W. Lamb* erfindet das Grundprinzip des mechanischen **Strickens mit Zungennadeln** und Antriebskurven. Dachförmige Anordnung der Nadelbetten.
1865	England	*Clay* erfindet die **Doppelzungennadel,** Voraussetzung für das Stricken der *LL*-Bindung.
1866	USA	Erteilung eines Patents auf **Rundstrickmaschinen** einschließlich des Verfahrens zur Herstellung von Ferse und Spitze (Pendelgang) an *Mac Nary*.
1878	England	*Griswold* führt als zweiten Nadelträger bei Rundstrickmaschinen den **Nadelteller** („**Rippscheibe**") ein.
1881		*Durand* erfindet als erste **Schiebernadel** die **Röhrchennadel.**
1886	Deutschland	*Beyer* entwickelt ein Verfahren zum selbsttätigen **Zunehmen** und **Mindern** durch Halbmaschenumhängen beim Flachstricken.
1900	Deutschland	*H. Stoll* schafft die entscheidenden technischen Voraussetzungen für *LL*-**Flachstrickmaschinen.**
1910	England	*Spiers*, Erfinder der *LL*-**Rundstrickmaschine.**
1949	DDR	*H. Mauersberger* patentiert das **Nähwirkverfahren** „Malimo", Ausgangspunkt für die Entwicklung der Nähwirktechnik und damit auch des Schußeinbindungsprinzips über die gesamte Arbeitsbreite einer Kettenwirkmaschine.

Weiterhin muß jedes einzelne Maschenbildungsorgan (Nadel) in Verbindung mit entsprechenden Hilfsorganen (z. B. Platinen) in der Lage sein, das zugeordnete Fadenstück in die für Maschen kennzeichnende Schleifenform zu bringen. Die Schleifenbildung kann dabei entweder vor dem Verbinden oder während des Verbindens mit der Halbmasche durchgeführt werden *(3. Aussagenvariable)*. In allen drei Fällen ist die logische Aussage binär. Die Kombination dieser drei, für alle Maschenbildungsverfahren bestimmenden

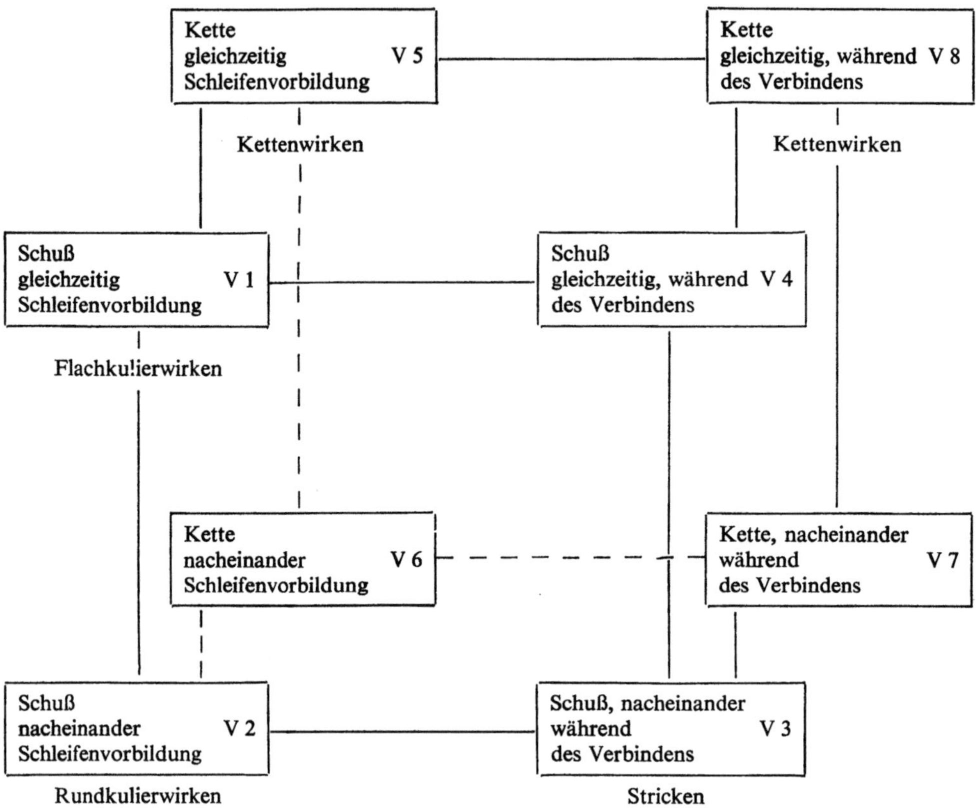

		Belegung	Eckpunktinschrift
1. Aussagenvariable			
Fadenvorlage:	Quer-(Schuß-)fadensystem	p	Schuß
	Längs-(Kett-)fadensystem	~p	Kette
2. Aussagenvariable			
Relativbewegung der Maschenbildungsorgane zu den Halbmaschen:	gleichzeitig	q	gleichzeitig
	nacheinander	~q	nacheinander
3. Aussagenvariable			
Zeitpunkt der Schleifenbildung:	während des Verbindens mit der Halbmasche	r	während des Verbindens
	vor dem Verbinden mit der Halbmasche	~r	Schleifenvorbildung

Bild 14/1. Formal-logische Darstellung der Maschenbildungsverfahren

Kriterien, ergibt somit $2^3 = 8$ verschiedene, theoretisch mögliche Verfahrensvarianten, für deren Darstellung sich der Variablenwürfel nach Bild 14/1 eignet. Den Eckpunkten eines jeden Streckenkomplexes wird die Kombinationsbelegung der vorgegebenen Variablen so zugeordnet, daß sich benachbarte Eckpunkte nur in einer Aussage unterscheiden. Die Variablenkombinationen V 1 bis V 4 kennzeichnen Maschenbildungsverfahren mit *Querfadenvorlage* (*„Schußwirkverfahren"* Kulierwirken, Stricken), die Variablenkombinationen V 5 bis V 8 die mit *Längsfadenvorlage (Kettenwirkverfahren)*. Aus Bild 14/1 wird dabei ersichtlich, daß gegenwärtig die Verfahren V 1, V 2, V 3, V 5 und V 8 technisch realisiert sind.

Es ist deshalb grundsätzlich zu untersuchen, ob die theoretisch postulierten Verfahren V 4, V 6 und V 7 neuartige technologische Möglichkeiten beinhalten, deren Realisierung technisch-ökonomische Vorteile gegenüber den bestehenden Verfahren erwarten läßt. Die analytisch-logische Untersuchung nach den Gesetzen der Elementaren Logik ergibt unter Verwendung der Variablenbelegungen in Bild 14/1 für das Verfahren V 4:

Verfahren V 4	*Belegung*	
1. Aussagen-variable	Querfadensystem (Schuß)	p
2. Aussagen variable	Relativbewegung der Maschenbildungs-organe zu den Halbmaschen gleichzeitig	q
3. Aussagen-variable	Schleifenbildung während des Verbindens (Herstellung der neuen Bindungseinheit)	r

Wenn ein Querfadensystem p vorhanden ist und die Relativbewegung der Maschenbildungsorgane zu den Halbmaschen gleichzeitig q erfolgt, kann die Schleifenbildung *nicht* während des Verbindens stattfinden ($\sim r$), d.h., es gilt die Regel der zusammengesetzten Kontraposition

$$\frac{\dfrac{(p \wedge q) \rightarrow \sim r}{(r \wedge q) \rightarrow \sim p}}{(p \wedge r) \rightarrow \sim q} \qquad (14/1)$$

Es ist bekannt, daß das Kuliergesetz die gleichzeitige Schleifenbildung über die Arbeitsbreite ausschließt, wenn ein Querfadensystem vorgelegt wird, da der Faden nur von einer Seite zur Arbeitsstelle zugeführt werden kann, aber nach der theoretischen Variablenbelegung des Verfahrens V 4 an jeder Maschenbildungsstelle über die gesamte Arbeitsbreite zur gleichen Zeit in gleicher Menge benötigt würde.

Aus der angeführten Regel der formalen Logik kann von $(p \wedge q) \rightarrow \sim r$ (V 1) auf $(r \wedge q) \rightarrow \sim p$ und $(p \wedge r) \rightarrow \sim q$ geschlossen werden. Diese Schlüsse kennzeichnen aber die Kombinationen für die Verfahren V 8 und V 3, die auch als technisch realisiert ausgewiesen werden können. Damit entfällt nach der formallogischen Untersuchung eine technische Realisierbarkeit des Verfahrens V 4. Aus Bild 14/1 wird graphisch die Gesetzmäßigkeit der zusammengesetzten Kontraposition sichtbar, da die Unmöglichkeit des Verfahrens V 4 über die Strecken ebenfalls zu den möglichen Verfahren V 1, V 3, V 8 und nur zu diesen führt.

Die Schlußregel $(p \wedge q) \rightarrow \sim r$ gilt jedoch nicht mehr, wenn die Zuführung des Fadens während der Schleifenbildung entfallen kann. Das ist bei der Verarbeitung reckfähiger synthetischer Seiden möglich. Der Fadenbedarf wird in diesem Falle aus der Substanz herausgezogen. Auf Grund der sich mit einer solchen Methode ergebenden verfahrenstechnischen Probleme (Gleichmäßigkeit, Anfärbeunterschiede u.a.) ist eine produktionsmäßige Anwendung nicht sinnvoll und im höchsten Maße eingeschränkt (z.B. Feinstrumpfartikel). Eine weitere Untersuchung dieser Möglichkeit wird nicht empfohlen.

Für die Variablenbelegung des Verfahrens V 6 gilt:

Verfahren V 6	*Belegung*	
1. Aussagen-variable	Längsfadensystem	$(\sim p)$
2. Aussagen-variable	Relativbewegung der Maschenbildungs-organe zu den Halb-maschen nacheinander	$(\sim q)$
3. Aussagen-variable	Schleifenbildung vor dem Verbinden mit den Halbmaschen	$(\sim r)$

Wenn ein Längsfadensystem ($\sim p$) vorhanden ist, bestehen technologisch keine Bedingungen hinsichtlich der Belegung der beiden anderen Aussagenvariablen. Es besteht prinzipiell die Möglichkeit, die Relativbewegung Halbmasche/Nadel nacheinander ($\sim q$) oder gleichzeitig q und die Schleifenbildung vor ($\sim r$) oder während des Verbindens r durchzuführen, da jeder Nadel ein „eigener" Faden zugeordnet ist.
Es gilt somit für das Kettenwirken der Ausdruck

$$\sim p \wedge (q \vee \sim q) \wedge (r \vee \sim r) = \sim p \quad (14/2)$$

Die Frage nach der technischen Realisierbarkeit ist damit für die Verfahren V 6 und V 7 prinzipiell beantwortet.
Die Weiterführung der logischen Analyse führt zu der Erkenntnis, daß mit der Variablenbelegung

$$\sim p \wedge q \wedge r$$

die technisch-ökonomisch effektivste Variante des Kettenwirkens definiert ist, da die Gleichzeitigkeit der Relativbewegung und die zeitliche Integrität der Schleifenbildung den höchsten Grad der Zeitausnutzung eines Maschenbildungsvorganges, als grundsätzliche Basis der erreichbaren Arbeitsgeschwindigkeit, bedeuten. Die technische Realisierung der Verfahren V 6 und V 7 würde deshalb immer eine geringere Effektivität zur Folge haben. Die forschungsseitige Behandlung von Maschenbildungsverfahren nach der theoretisch gefundenen Variablenbelegung für V 6 und V 7 wird deshalb ebenfalls abgelehnt.
Es sei darauf hingewiesen, daß bereits zur Zeit der Erfindungen der Maschenbildungsverfahren Kulierwirken, Stricken und Kettenwirken auch Patente zu den in der Analyse theoretisch formulierten „offenen Verfahrensvarianten" erteilt wurden.
Die Maschenwarentechnik wird in ihrer Weiterentwicklung immer unter Zugrundelegung ökonomischer Gesichtspunkte einerseits von den rein technisch-technologischen Möglichkeiten der *Leistungssteigerung* der Wirk- und Strickmaschinen bestimmt, zum anderen sind die den Verfahren innewohnenden Möglichkeiten der *Erzeugniskonstruktion* in Verbindung mit dem Einsatz von Chemiefaserstoffen, einschließlich der Musterung, von entscheidender stimulierender Bedeutung.

Hinsichtlich der weiteren Leistungssteigerung der Wirk- und Strickmaschinen sind eine Reihe grundsätzlicher Kriterien zu beachten.

Bei den Flachkulierwirkmaschinen entfallen etwa $\frac{2}{3}$ der für einen Maschenbildungsvorgang zur Verfügung stehenden Zeit technologisch bedingt allein auf das Fadenlegen und Schleifenbilden (Kulieren). Je Hub der Kulierkurve über die Arbeitsbreite wird nur eine Schleifenreihe (analog: Maschenreihe) gebildet. Das Arbeitsprinzip ist intermittierend. Trotzdem ist das Flachkulierwirken eine rationelle, für bestimmte Erzeugnisse sogar die rationellste Technologie, wenn bei Verarbeitung hochwertigen Faserstoffes dieser als vergegenständlichte Arbeit (Materialökonomie) in einem Vergleich mit anderen Verfahren mit einbezogen wird.
Auch das Arbeitsprinzip der Flachstrickmaschinen ist intermittierend. Der platzaufwendige, symmetrische Schloßaufbau für die Stricksysteme sowie die, bezogen auf die Breite des Nadelbettes, nur wenigen Stricksysteme (um den Leerhub des Schlittens gering zu halten) setzen einer weiteren wesentlichen Leistungssteigerung objektive Grenzen. Wird das intermittierende Bewegungsprinzip umgangen, ist jedoch eine erhebliche Leistungssteigerung bei den Flachstrickmaschinen zu vermerken. Die Flach-Rund-Strickmaschinen (Umlaufschlitten) sind gegenwärtig bei zwei Arbeitsstellen mit 14 oder 15 einsystemigen Schlitten ausgerüstet. Die Schlittenbewegung erfolgt kontinuierlich in einer Richtung umlaufend. Somit entstehen je Zeiteinheit drei- bis viermal mehr Maschenreihen im Verhältnis zu einer Flachstrickmaschine mit drei bzw. zwei Stricksystemen. Ihre Leistung wird von der einer *Flächenrundstrickmaschine* kaum übertroffen. Nur Großrundstrickmaschinen für Meterware produzieren je Zeiteinheit (bei vergleichbarer einfacher Gestrickbindung) etwa die doppelte bis dreifache Gestrickmenge.
Die Grenzen für die Leistungssteigerung der Klein- und Großrundstrickmaschinen können nicht exakt formuliert werden. Probleme bereiten *Nadelkopfbrüche* bei hohen Drehzahlen

desgleichen Fadenbrüche, vor allem bei ungenügender Fadengleichmäßigkeit.
Die Nadelkopfbrüche, die letztlich mit der Einzelbeweglichkeit der Nadeln in Zusammenhang stehen, werden durch stoßartige, unregelmäßige Nadelbewegung verursacht. Vom Prinzip her steigen die *Stoßkräfte* mit größer werdendem Steigungswinkel der Schloßkurven und höherer Drehzahl. Dies sind jedoch andererseits, neben der Erhöhung des *Maschinenwirkungsgrades*, die Ansatzpunkte zur Leistungssteigerung der Strickmaschinen.
Mit zunehmender Steigung der Schloßkurvenflanken kann eine größere Anzahl Stricksysteme am Umfang der Maschine untergebracht werden. Bei gleicher Gestrickqualität können im wesentlichen geringere Energiekosten und auch Investitionskosten je Stricksystem sowie eine größere Musterfläche (Höhe) hervorgehoben werden. Die Steigerung der Arbeitsproduktivität nimmt asymptotisch ab, je höher die Ausgangsbasis der Systemzahl, von der aus gesteigert wird, bereits ist. Auch deshalb, und nicht ausschließlich wegen der objektiven Grenzen, den Schloßsteigungswinkel zu erhöhen, geht das Bemühen der Strickmaschinenhersteller dahin, die Drehzahlen wesentlich zu steigern. Die Abschreibungen sinken, während die Arbeitsproduktivität steigt. Die zielgerichteten Untersuchungen des Systems Nadel/Nadelbett/Strickschloß sind somit sowohl auf die Steigerung der Systemanzahl als auch der Drehzahl gerichtet, da reale Lösungen für eine Abkehr vom Prinzip des mechanischen Antriebs der Zungennadeln nicht abzusehen sind. Die Leistungsentwicklung bei den Kettenwirkmaschinen ist vor allem mit der Minimierung der *Arbeitshübe* für die Maschenbildungsorgane und mit der Anwendung von *Kurbelmechanismen* zur Realisierung der technologisch vorgegebenen Arbeitsdiagramme verbunden. Dabei wurde die Anwendung wissenschaftlicher Methoden zur Beherrschung der maschinendynamischen Probleme unumgänglich. Die technisch und technologisch nunmehr erreichbaren Arbeitsgeschwindigkeiten der Kettenwirkmaschinen werfen als neues Problem eine starke *Lärmentwicklung* auf, die die praktische Anwendung dieser Arbeitsgeschwindigkeiten teilweise verbieten. Daher ist bei Kettenwirkmaschinen ein sehr wesentlicher Weg zu höherer Produktivität die Erhöhung der Arbeitsbreite. Die Arbeitsgeschwindigkeit geht dabei nur relativ wenig zurück.
Eine besondere Bedeutung erlangt mit steigender Arbeitsgeschwindigkeit die Beherrschung der Fadenzuführung bei minimaler Fadenbeanspruchung. Für alle Gruppen der Maschinen für die Herstellung von Maschenwaren ist die steuerungs- und regelungstechnische Durchdringung für die differenziert auftretenden Funktionen der Fadenzuführung, der Musterung und der Formgebung kennzeichnend. Vor der elektronischen Mustersteuerung von Maschinen und Maschinengruppen besitzt die reine Musterverarbeitung in der Musterabteilung bis zur Herstellung maschinenlesbarer Datenträger als Mustervorbereitung noch die vorrangige Bedeutung. Gerade an diesem Beispiel wird deutlich, daß die Anwendung technischer Mittel nicht allein vom Gesichtspunkt der technisch modernsten Möglichkeit, sondern der technisch-ökonomischen Zweckmäßigkeit und Notwendigkeit zu entscheiden ist.
Die elementare Konstruktion der Maschenwaren führt zu ihren charakteristischen Eigenschaften – wie Körperschmiegsamkeit, Elastizität sowie der offenen Struktur – die sie markant von den Geweben und ihren Einsatzgebieten abgrenzt. In Verbindung mit der Ausweitung der Chemiefaserstoffproduktion setzte jedoch eine gezielte Erzeugnisentwicklungsarbeit ein, die den Maschenwaren den Einsatz in fast allen Gebieten der Anwendung textiler Flächengebilde erschloß:
Die traditionellen Einsatzgebiete der Maschenwarenproduktion (Strümpfe, OT, UT) haben nach wie vor einen festen Platz in der menschlichen Kleidung. Die Sortimente konnten durch den Einsatz von texturierten Seiden aus PA-S und PE-S sowie von Garnen und Zwirnen aus und mit Chemiefasern (vor allem PVY-F, PE-F) mehrfach erweitert werden. Die damit außer den charakteristischen Eigenschaften der Maschenwaren noch verstärkt hervortretenden Eigenschaften des *Tragekomforts*, der *Pflegeleichtigkeit* und modischen *Repräsentation* sind die Hauptgründe für die Entwicklung spezifischer Bedürfnisse und den wachsenden Bedarf der Bevölkerung nach

dieser zeitgemäßen und äußerst variablen Kleidung.
Im Bereich der *Raumtextilien* gelang es den Maschenwaren mittels der Kettenwirkerei (einschließlich Raschelwirkerei) in wenigen Jahren, den Sektor der Gardinen (Stores) annähernd vollständig zu übernehmen. Die Vorteile des Einsatzes lichtstabiler Chemieseiden, verbunden mit der hohen Effektivität der Kettenwirkerei, waren ausschlaggebend für das Eindringen in diese ehemalige Domäne der Weberei.
Immer mehr substituieren rundgestrickte Stoffe gewebte Polsterbezüge, Wandbespannungen, auch Fußbodenbeläge u.a. Ihr Vorteil liegt teils in der erreichbaren Elastizität, teils in den Mustermöglichkeiten nicht nur gegenüber den Geweben, auch gegenüber dem Kettengewirke.
Generell sind die Raumtextilien als ein progressiv wachsendes Entwicklungsfeld und künftiges Einsatzgebiet für Maschenwaren zu betrachten.
Entwicklungsseitig wird international auch konzentriert an Einsatzmöglichkeiten von Maschenwaren für *technische Textilien* gearbeitet. Auch dieses Gebiet ist als äußerst zukunftsträchtig anzusehen.
Ein wechselvolles, wenn auch progressives Bild ergibt sich im internationalen Maßstab bei den Versuchen, „klassische" gewebte *Oberbekleidung* (Anzug, Kostüm, Mantel, aber auch Herrenoberhemd, Damenbluse und -kleid) durch gewirkte und gestrickte Oberbekleidung nicht nur zu ergänzen, sondern teilweise oder vollkommen abzulösen. Ohne Zweifel führten diese Entwicklungsarbeiten zu einem großen wissenschaftlich-technischen Fortschritt, für den einige Beispiele stehen sollen:
Erhöhung der Maschinenfeinheit bei Großrundstrickmaschinen und Kettenwirkmaschinen,
Entwicklung einer Vielzahl spezieller Chemieseiden, insbesondere aus PE-S, mit bestimmten textilphysikalischen Werten sowie Zwirnen und Fadenkombinationen,
Entwicklung einer Vielzahl spezieller Maschenwarenbindungen und -legungen zur Herbeiführung eines geschlossenen, formstabilen Flächengebildes,
Entwicklung spezifischer Veredlungstechnologien und -maschinen.

Im Bereich der Damenoberbekleidung, Kinderoberbekleidung und Freizeitbekleidung sowie für verschiedene Berufsbekleidung haben die gestrickten und kettengewirkten Erzeugnisse einen hohen Anteil erreicht. Die für die Trikotagen geltenden Vorteile wirken auch hier stimulierend auf die Bedürfnis- und Bedarfsentwicklung. Eine Tendenz geht in Richtung der Entwicklung zu leichten Gestricken (Hemden, Blusen, Bondings). Hierfür kommen *RL*-Großrundstrickmaschinen, *RRG*-Großrundstrickmaschinen (z.B. 32...50E) und auch *RR*-Großrundstrickmaschinen zum Einsatz.
Die reale Einschätzung der weiteren Entwicklungsmöglichkeiten der Maschenwaren durch konstruktiv-bindungstechnische Maßnahmen erfordert eine Betrachtung der hierfür entscheidenden verfahrensbedingten Kriterien.
Die auf eine bestimmte Länge und Breite einer Maschenware verarbeitete Fadenlänge ist immer erheblich größer als bei einem Vergleichsgewebe. Durch die determinierte Maschenbindung ist die Länge des in einer Masche eingebundenen Fadenstückes definiert. Die räumliche Verteilung dieser Schleifenlänge über Höhe und Breite der Maschenware ist aber in weiten Grenzen durch Krafteinwirkung veränderbar. Die daraus resultierende Dehnbarkeit kann vermindert werden, wenn sich die eingearbeitete Fadenlänge bei gleicher Bezugslänge bzw. -breite der Maschenware verringern läßt oder wenn zusätzliche Fäden in Längs- oder in Querrichtung (bzw. in beiden Koordinaten) eingebunden werden, die nicht an der Maschenbildung teilnehmen, sondern – analog zu einem Gewebe – parallel zueinander verlaufen und bei Krafteinwirkung somit primär belastet werden.
Alle Entwicklungen, die zu Maschenwaren führen sollen, deren Eigenschaften den alternativen Einsatz zum Gewebe ermöglichen, gehen gezielt von diesen beiden verfahrensgebundenen Möglichkeiten bei der Konstruktion von Maschenwaren aus. Dabei werden insbesondere solche Eigenschaften wie eine geschlossene Oberfläche („der Stoffcharakter")

die Dehnungsstabilität sowie der gewebetypische Griff und Fall angestrebt.
Die hohe ***Produktivität*** bei der Maschenwarenherstellung war und ist der ursächliche Ausgangspunkt für derartige Entwicklungen. Sie ist aber auch die logische Begründung dafür, daß es nicht gleichermaßen eine gezielte Entwicklung zum „Gewebe mit maschenwarenähnlichen Eigenschaften" gibt, abgesehen von bestimmten Erzeugnissen, bei denen Texturseide zum Einsazt kommt, um einen „Stretcheffekt" im Gewebe zu erzielen.
Zurückkommend auf die beiden grundsätzlichen Möglichkeiten, die Maschenwarenkonstruktion gezielt zu betreiben, läßt sich ableiten, daß die Eigenschaften eines Gewebes um so näher erreicht werden, je besser es gelingt, senkrecht und parallel zueinander stehende Fäden in die Maschenware einzuarbeiten, so daß nicht nur die Dehnungswerte, sondern auch die Oberflächenstruktur, Griff und Fall sich einem Gewebe annähern.
Die Möglichkeiten hierfür sind beim Stricken objektiv enger begrenzt als beim Kettenwirken. Beim Stricken, speziell dem Großrundstricken, können

die verarbeitete Fadenlänge/Bezugsbreite durch hohe Maschinenfeinheit und Kombination der Bindungselemente Masche und Flottung reduziert werden, ohne das Minimum der verarbeiteten Fadenlänge bei einem Vergleichsgewebe zu erreichen und
in Maschenreihenrichtung und -stäbchenrichtung zusätzliche Fäden als „Schuß- bzw. Kettfäden" eingebunden werden.

In Verbindung mit dem Einsatz synthetischer Seiden (z.B. PE-S-t FDm) und den damit gegebenen Veredlungsmöglichkeiten lassen sich die textilphysikalischen Eigenschaften und die *Oberflächen(Struktur-)effekte* in relativ breitem Maße beeinflussen, obwohl es auch hier wieder optimale Werte gibt. Besonders weitreichende und noch nicht erschöpfend genutzte Möglichkeiten liegen in der Veredlung von Maschenwaren mit Garnanteil. Hier kann z.B. eine tuchartige Maschenware erzielt werden, wie sie allein durch Quer- und Stehschußelemente nicht zu erreichen ist.
Für alle die „modifizierten" Gestricke, die nicht schlechthin Trikotagen sein sollen, gilt aber grundsätzlich, daß sie Maschenwaren bleiben. Ihre Verwendung für bisher ausschließlich gewebte Erzeugnisse bringt keine alternativen gleichartigen, sondern immer neue Erzeugnisse hervor, die ihren Platz als Maschenware neben den Geweben haben.
Weiterreichende Möglichkeiten der gezielten Entwicklung von Maschenwaren mit „Gewebecharakter" sind mit den Kettenwirkverfahren realisierbar. Beim Kettenwirken lassen sich zu den für das Stricken ausgewiesenen Konstruktionsmaßnahmen zusätzlich Kettfäden, mit zum Gewebe vergleichbarer Einarbeitung, verarbeiten. Das Verkreuzen mit Unterlegungen und Teilschußfäden ergibt ein gewebeähnliches Aussehen und entsprechende textilphysikalische Eigenschaften, einen vergleichbaren Fall und Griff des Flächengebildes. Es gilt allerdings auch hier wieder, daß alle diese Maßnahmen die Flächenbildungsgeschwindigkeit beim Kettenwirken z.T. erheblich herabsetzen. Hinzu kommt, daß die Besonderheiten der Konstruktion (mindestens ein „tragendes" maschenbildendes Fadensystem, „Schichtung" der eingearbeiteten zwei oder mehr Kett- und Schußfadensysteme) einen höheren Materialaufwand erfordern, um etwa die Zugkraft-Dehnungscharakteristik und die Fülligkeit des Vergleichsgewebes zu erreichen. Dabei kann die Festigkeit der verarbeiteten Fäden nicht in dem Maße ausgenutzt werden, wie bei dem Gewebe. Damit soll aber nicht unterbewertet werden, daß Kettenwirkmaschinen bei der Produktion großer Metragen („Stapelwaren") mit geringen Musterungsansprüchen und bei Anwendung relativ einfacher legungstechnischer Mittel für alternative Oberbekleidungsstoffe, der Berufs-, Freizeit- und Oberbekleidung für Damen, Herren und Kinder, gegenüber den Web- und Großrundstrickmaschinen ökonomisch vorteilhafte Einsatzmöglichkeiten bieten.
Zusammenfassend ist festzustellen, daß die bindungstechnische Konstruktion und die Veredlung von Maschenwaren für zukünftige Einsatzentwicklungen vielfältige Möglichkeiten beinhalten, die zur weiteren Ausbreitung der Maschenwaren in allen textilen Einsatzbereichen führen werden. Im Hinblick auf die Oberbekleidung wird eingeschätzt, daß

alle konstruktiven Maßnahmen, die bei Anerkennung der typischen Merkmåle einer Maschenware zu Flächengebilden mit „gekoppelten“ Eigenschaften bei ökonomisch vorteilhafter Produktion führen, also Maschenwaren mit zusätzlich erworbenen Merkmalen ergeben, zu aussichtsreichen neuen Sortimenten in Ergänzung zu gewebter Oberbekleidung führen werden. Über den jeweiligen Anteil am Gesamtvolumen entscheiden äußere Bedingungen in Verbindung mit der modisch-aktuellen Bedarfsentwicklung. Weiterhin ist anzunehmen, daß sich Maschenwarentechnik und Webtechnik auch in Zukunft in ihrer Entwicklung gegenseitig progressiv beeinflussen.

Sachwortverzeichnis

GPSR Compliance

The European Union's (EU) General Product Safety Regulation (GPSR) is a set of rules that requires consumer products to be safe and our obligations to ensure this.

If you have any concerns about our products, you can contact us on ProductSafety@springernature.com

In case Publisher is established outside the EU, the EU authorized representative is:

Springer Nature Customer Service Center GmbH
Europaplatz 3
69115 Heidelberg, Germany

Batch number: 10584556

Printed by Printforce, the Netherlands